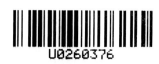

CAD/CAM 专业技能视频教程

CATIA V5-6 R2014 数控加工技能课训

云杰漫步科技 CAX 教研室

张云杰　尚　蕾　张云静　编著

電子工業出版社

Publishing House of Electronics Industry

北京 · BEIJING

内容简介

CATIA 是法国 Dassault 公司开发的 3D CAD/CAM/CAE 一体化软件，是目前世界上主流的 CAD/CAE/CAM 软件之一，广泛用于电子、通信、机械、模具、汽车、自行车、航空航天、家电、玩具等制造行业的产品设计。本书共 8 章，主要针对 CATIA V5-6 R2014 的数控加工功能进行讲解，详细介绍数控加工基础、铣削加工、点位加工、车削加工、孔和螺纹加工等内容，另外，本书还配备交互式多媒体教学视频，便于读者学习。

本书结构严谨、内容翔实、知识全面、可读性强，设计实例专业性强，步骤明确，是读者快速掌握 CATIA V5-6 R2014 数控加工的实用指导书，也适合作为职业培训学校和大专院校计算机辅助设计课程的指导教材。

图书在版编目（CIP）数据

CATIA V5-6 R2014数控加工技能课训 / 张云杰，尚蕾，张云静编著. —北京：电子工业出版社，2016.8
CAD/CAM专业技能视频教程
ISBN 978-7-121-29059-6

Ⅰ. ①C… Ⅱ. ①张… ②尚… ③张… Ⅲ. ①数控机床—加工—计算机辅助设计—应用软件—教材 Ⅳ.①TG659-39

中国版本图书馆CIP数据核字（2016）第131912号

策划编辑：许存权
责任编辑：许存权　　特约编辑：谢忠玉 等
印　　刷：北京京科印刷有限公司
装　　订：北京京科印刷有限公司
出版发行：电子工业出版社
　　　　　北京市海淀区万寿路 173 信箱　邮编 100036
开　　本：787×1 092　1/16　印张：22.5　字数：576 千字
版　　次：2016 年 8 月第 1 版
印　　次：2016 年 8 月第 1 次印刷
定　　价：59.00 元（含光盘 1 张）

凡所购买电子工业出版社图书有缺损问题，请向购买书店调换。若书店售缺，请与本社发行部联系，联系及邮购电话：（010）88254888，88258888。

质量投诉请发邮件至 zlts@phei.com.cn，盗版侵权举报请发邮件至 dbqq@phei.com.cn。

本书咨询联系方式：（010）88254484，xucq@phei.com.cn。

Preface/前 言

本书是“CAD/CAM 专业技能视频教程”丛书中的一本，本套丛书是建立在云杰漫步科技 CAX 教研室和众多 CAD 软件公司长期密切合作的基础上，通过继承和发展了各公司内部培训方法，并吸收和细化了其在培训过程中客户需求的经典案例，从而推出的一套专业课训教材。丛书本着服务读者的理念，通过大量的内训用经典实用案例对功能模块进行讲解，提高读者的应用水平。使读者全面地掌握所学知识，投入到相应的工作中去。丛书拥有完善的知识体系和教学套路，采用阶梯式学习方法，对设计专业知识、软件的构架、应用方向以及命令操作都进行了详尽的讲解，循序渐进地提高读者的使用能力。

本书介绍的是 CATIA 软件数控加工方法，CATIA 是法国 Dassault 公司于 1975 年起开发的一套完整的 3D CAD/CAM/CAE 一体化软件，是目前主流的 CAD/CAE/CAM 软件之一，它的内容涵盖了产品从概念设计、工业设计、三维建模、分析计算、动态模拟与仿真、工程图的生成到生产加工成产品的全过程。目前已经推出了 CATIA V5-6 R2014 版本，为了使读者能更好地学习和熟悉 CATIA V5-6 R2014 中文版的数控加工功能，笔者根据多年在该领域的设计经验精心编写了本书。本书拥有完善的知识体系和教学套路，按照合理的 CATIA V5-6 R2014 软件教学培训分类，采用阶梯式学习方法，对 CATIA V5-6 R2014 软件的数控加工模块、应用方向及命令操作都进行了详尽的讲解，循序渐进地提高读者的使用能力。全书共 8 章，主要包括以下内容：数控加工基础、铣削加工、点位加工、车削加工、孔和螺纹加工等，在每章中结合了实例进行讲解，以此来说明 CATIA V5-6 R2014 数控加工功能的实际应用，也充分介绍了 CATIA V5-6 R2014 的数控加工方法和设计职业技能。

作者的 CAX 教研室长期从事 CATIA 的专业设计和教学，数年来承接了大量的项目，参与 CATIA 的教学和培训工作，积累了丰富的实践经验。本书就像一位专业设计师，针对使用 CATIA V5-6 R2014 中文版进行数控加工的广大初、中级用户，将设计项目时的思路、流程、方法和技巧、操作步骤面对面地与读者交流，是广大读者快速掌握 CATIA V5-6 R2014 数控加工方法的实用指导书，同时更适合作为职业培训学校和大专院校计算机辅助设计课程的指导教材。

本书还配备了交互式多媒体教学演示光盘，将案例制作过程制作成多媒体进行讲解，有从教多年的专业讲师全程多媒体语音视频跟踪教学，以面对面的形式讲解，便于读者学习使用。同时光盘中还提供了所有实例的源文件，以便读者练习使用。关于多媒体教学光盘的使用方法，读者可以参看光盘根目录下的光盘说明。另外，本书还提供了网络的免费技术支持，欢迎大家登录云杰漫步多媒体科技的网上技术论坛进行交流：http://www.yunjiework.com/bbs。论坛分为多个专业的设计板块，可以为读者提供实时的软件技术支持，解答读者问题。

本书由云杰漫步科技 CAX 教研室编著，参加编写工作的有张云杰、靳翔、尚蕾、张云静、郝利剑、金宏平、李红运、刘斌、贺安、董闯、宋志刚、郑晔、彭勇、刁晓永、乔建军、马军、周益斌、马永健等。书中的设计范例、多媒体光盘效果均由北京云杰漫步多媒体科技公司设计制作，同时感谢电子工业出版社的编辑和老师们的大力协助。

由于本书编写时间紧张，编写人员的水平有限，因此在编写过程中难免有不足之处，在此，编写人员对广大用户表示歉意，望广大用户不吝赐教，对书中的不足之处给予指正。

编　者

Contents/目录

第 1 章　CATIA 数控加工基础

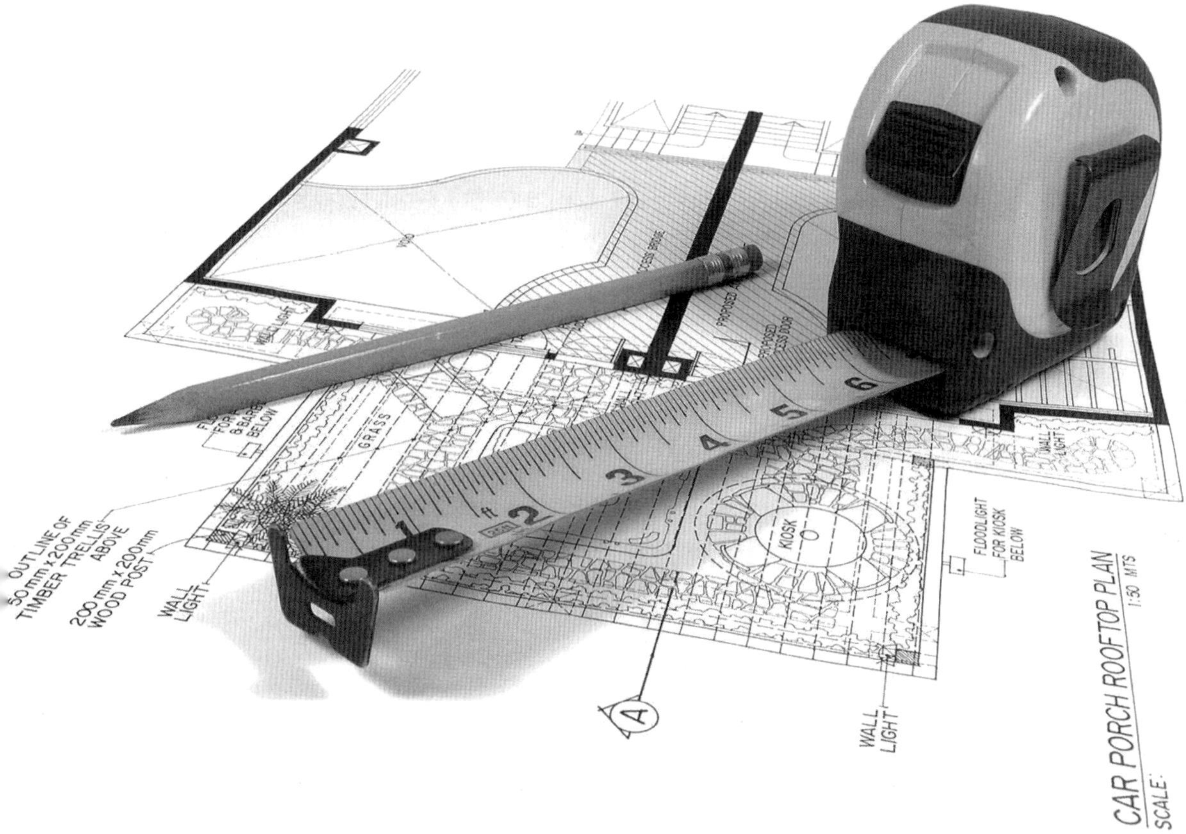

	内　容	掌握程度	课　时
课训目标	CATIA 加工界面	熟练运用	2
	加工基本流程	熟练运用	2

课程学习建议

数控技术即数字控制技术（Numerical Control Technology，简称 NC 技术）的简称，是指用计算机以数字指令方式控制机床动作的技术。近年来，由于计算机技术的迅速发展，数控技术的发展相当迅速。数控技术的水平和普及程度，已经成为衡量一个国家综合国力和工业现代化水平的重要标志。数控加工具有产品精度高、自动化程度高、生产效率高以及生产成本低等特点，在制造业及航天工业，数控加工是所有生产技术中相当重要的一环。尤其是汽车或航天产业零部件，其几何外形复杂且精度要求较高，更突出了 NC 加工制造技术的优点。

CATIA V5-6R 2014 的加工模块为我们提供了非常方便、实用的数控加工功能。本章首先介绍软件加工界面，再通过零件的加工准备说明 CATIA V5-6R 2014 数控加工的一般过程。通过本章的学习，读者能够清楚地了解数控加工的一般流程及操作方法，并理解其中的原理。

本课程主要基于软件的数控加工模块来讲解，其培训课程表如下。

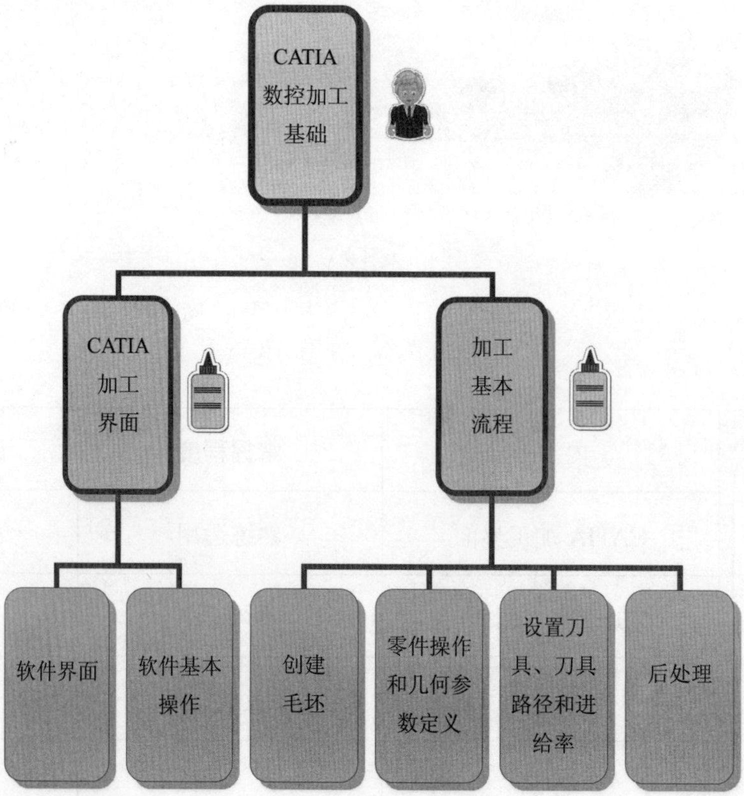

1.1 CATIA 加工界面

基本概念

CATIA V5-6R 2014 数控加工模块包括标题栏、菜单栏、工具栏、命令提示栏、绘图区和特征树等，我们着重介绍 CATIA 界面的菜单栏、工具栏、命令提示栏和特征树的功能，以便后续课程的学习。

课堂讲解课时：2 课时

1.1.1 设计理论

CATIA 数控加工技术集传统的机械制造、计算机、信息处理、现代控制、传感检测等光机电技术于一体，是现代机械制造技术的基础。它的广泛应用，给机械制造业的生产方式及产品结构带来了深刻的变化。打开 CATIA 软件，CATIA 启动完成之后进入零件设计界面，选择【开始】|【加工】|【曲面加工】、【二轴半加工】或【车床加工】菜单命令，系统进入相应的数控加工工作台，进行界面和操作的熟悉。

1.1.2 课堂讲解

1. CATIA V5-6R 2014 数控加工界面

（1）菜单栏

与其他 Windows 软件相似，CATIA 的菜单栏位于用户界面主视窗的最上方。系统将控制命令按照性质分类放置于各个菜单中。单击展开【开始】菜单，如图 1-1 至图 1-3 所示。

【开始】菜单包含了 CATIA 的各个不同设计模块，每个模块都有其相应的子菜单。

名师点拨

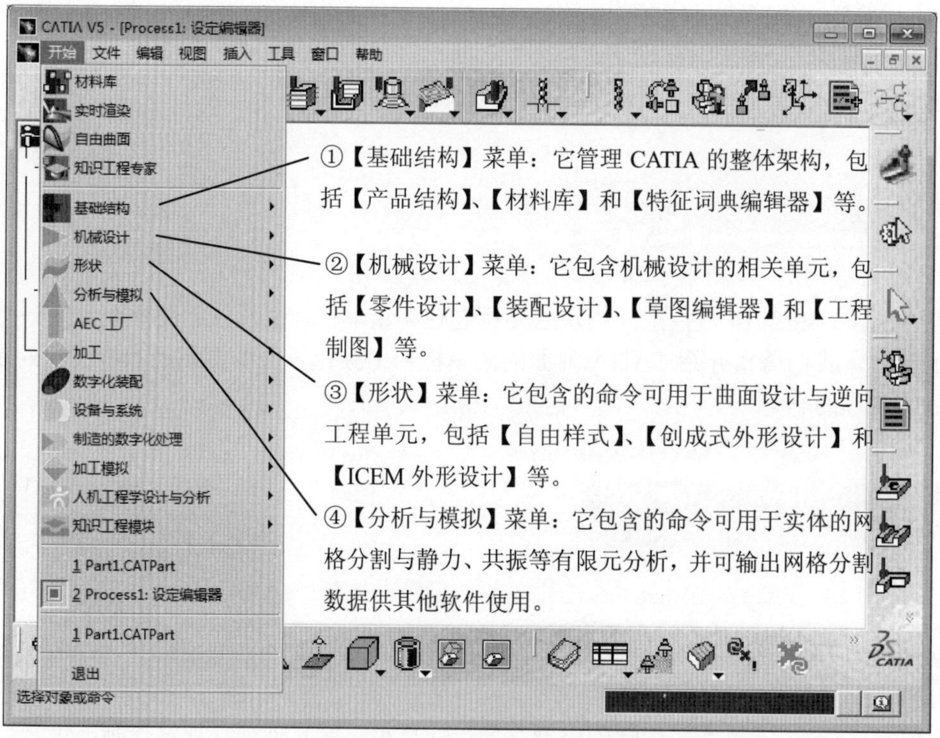
CATIA V5 - [Process1: 设定编辑器]
开始
文件
编辑
视图
插入
工具
窗口
帮助
材料库
实时渲染
自由曲面
知识工程专家
基础结构
机械设计
形状
分析与模拟
AEC 工厂
加工
数字化装配
设备与系统
制造的数字化处理
加工模拟
人机工程学设计与分析
知识工程模块
1 Part1.CATPart
2 Process1: 设定编辑器
1 Part1.CATPart
退出
选择对象或命令
①【基础结构】菜单：它管理 CATIA 的整体架构，包括【产品结构】、【材料库】和【特征词典编辑器】等。
②【机械设计】菜单：它包含机械设计的相关单元，包括【零件设计】、【装配设计】、【草图编辑器】和【工程制图】等。
③【形状】菜单：它包含的命令可用于曲面设计与逆向工程单元，包括【自由样式】、【创成式外形设计】和【ICEM 外形设计】等。
④【分析与模拟】菜单：它包含的命令可用于实体的网格分割与静力、共振等有限元分析，并可输出网格分割数据供其他软件使用。

图 1-1　【开始】菜单 1

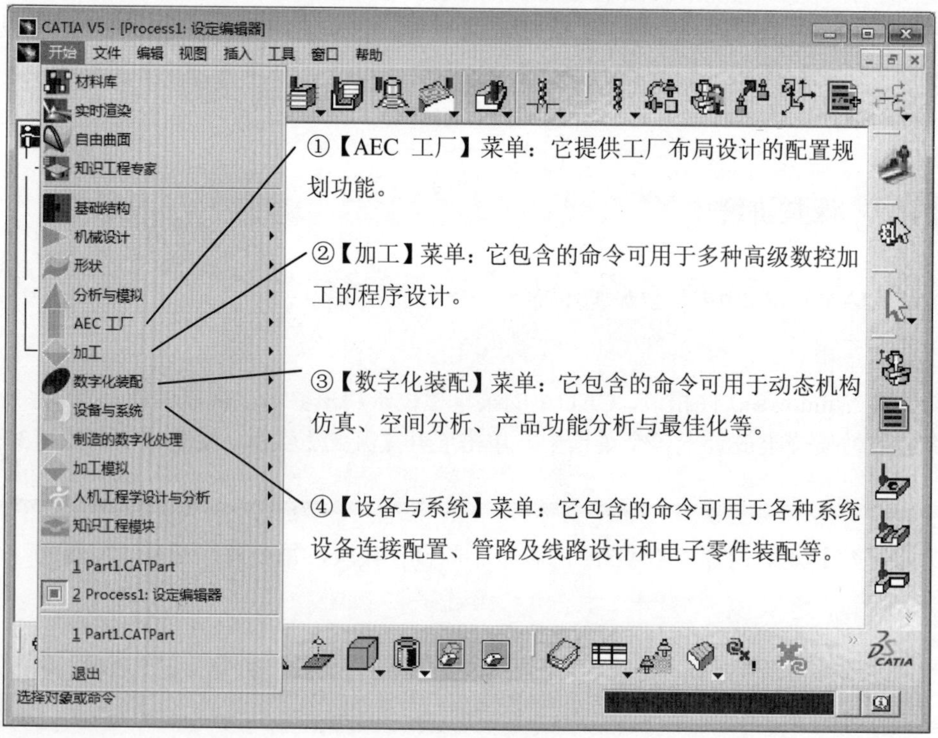
CATIA V5 - [Process1: 设定编辑器]
开始
文件
编辑
视图
插入
工具
窗口
帮助
材料库
实时渲染
自由曲面
知识工程专家
基础结构
机械设计
形状
分析与模拟
AEC 工厂
加工
数字化装配
设备与系统
制造的数字化处理
加工模拟
人机工程学设计与分析
知识工程模块
1 Part1.CATPart
2 Process1: 设定编辑器
1 Part1.CATPart
退出
选择对象或命令
①【AEC 工厂】菜单：它提供工厂布局设计的配置规划功能。
②【加工】菜单：它包含的命令可用于多种高级数控加工的程序设计。
③【数字化装配】菜单：它包含的命令可用于动态机构仿真、空间分析、产品功能分析与最佳化等。
④【设备与系统】菜单：它包含的命令可用于各种系统设备连接配置、管路及线路设计和电子零件装配等。

图 1-2　【开始】菜单 2

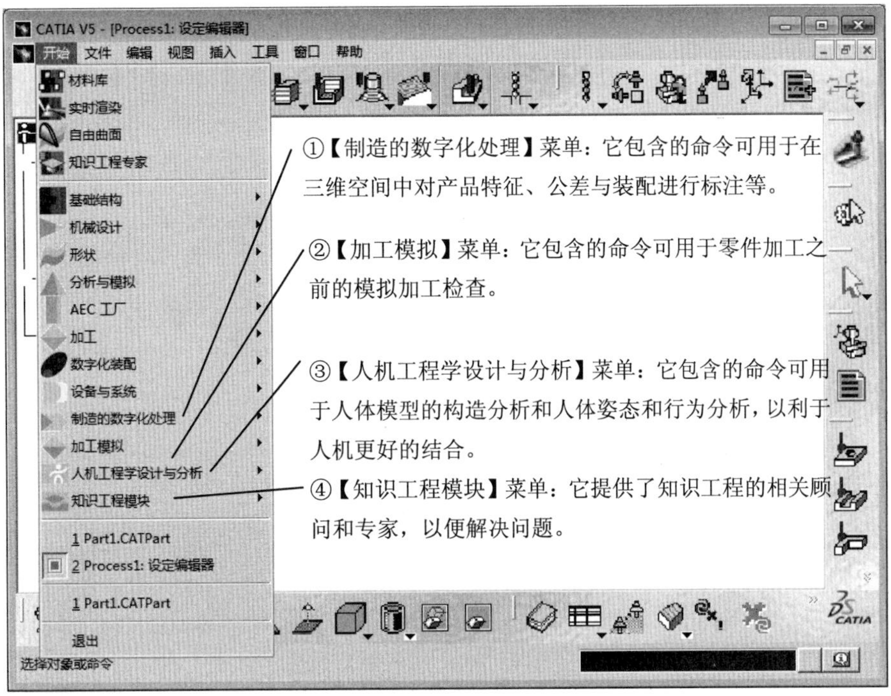
CATIA V5 - [Process1: 设定编辑器]
开始 文件 编辑 视图 插入 工具 窗口 帮助
材料库
实时渲染
自由曲面
知识工程专家
基础结构
机械设计
形状
分析与模拟
AEC 工厂
加工
数字化装配
设备与系统
制造的数字化处理
加工模拟
人机工程学设计与分析
知识工程模块
1 Part1.CATPart
2 Process1: 设定编辑器
1 Part1.CATPart
退出
选择对象或命令
①【制造的数字化处理】菜单：它包含的命令可用于在三维空间中对产品特征、公差与装配进行标注等。
②【加工模拟】菜单：它包含的命令可用于零件加工之前的模拟加工检查。
③【人机工程学设计与分析】菜单：它包含的命令可用于人体模型的构造分析和人体姿态和行为分析，以利于人机更好的结合。
④【知识工程模块】菜单：它提供了知识工程的相关顾问和专家，以便解决问题。

图 1-3 【开始】菜单 3

其他的菜单的含义，如图 1-4 所示。

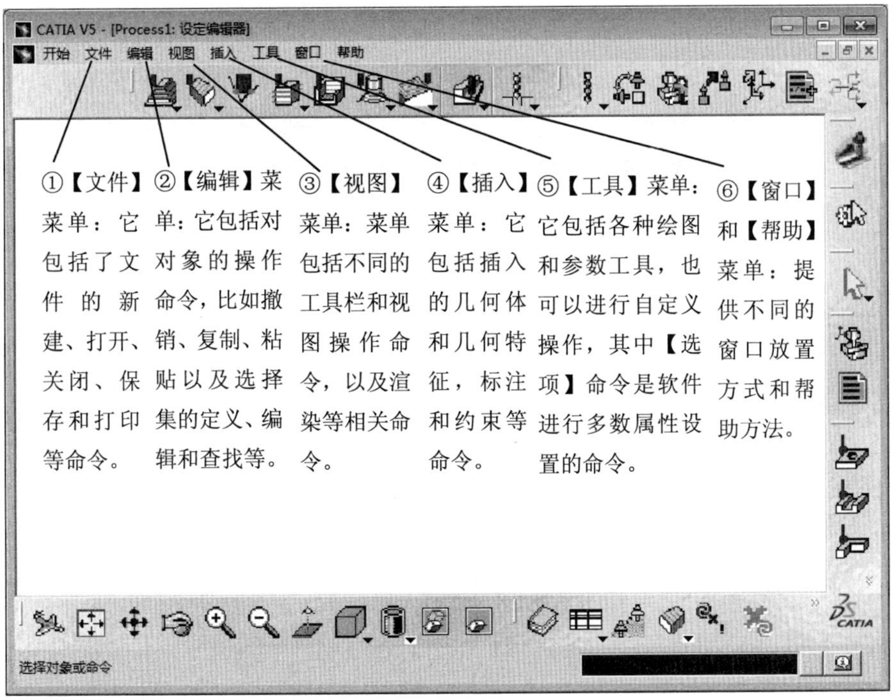
CATIA V5 - [Process1: 设定编辑器]
开始 文件 编辑 视图 插入 工具 窗口 帮助
①【文件】菜单：它包括了文件的新建、打开、关闭、保存和打印等命令。
②【编辑】菜单：它包括对对象的操作命令，比如撤销、复制、粘贴以及选择集的定义、编辑和查找等。
③【视图】菜单：菜单包括不同的工具栏和视图操作命令，以及渲染等相关命令。
④【插入】菜单：它包括插入的几何体和几何特征，标注和约束等命令。
⑤【工具】菜单：它包括各种绘图和参数工具，也可以进行自定义操作，其中【选项】命令是软件进行多数属性设置的命令。
⑥【窗口】和【帮助】菜单：提供不同的窗口放置方式和帮助方法。
选择对象或命令

图 1-4 菜单栏

（2）工具栏

CATIA 创建不同的模型，有不同的工具栏和其对应。选择【开始】|【加工】|【曲面加工】菜单命令，打开的软件界面如图 1-5 所示。

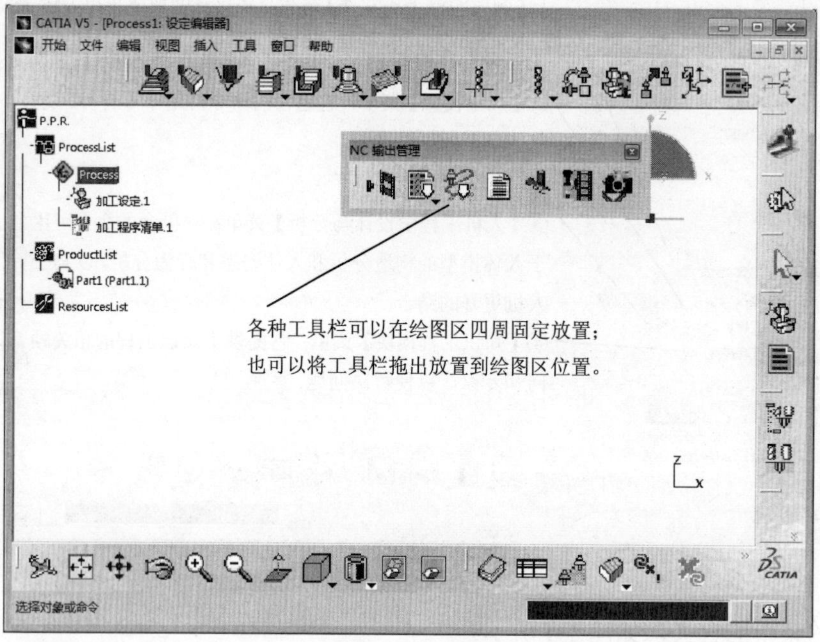

图 1-5　工具栏

有的工具栏还有次级目录，如图 1-6 所示。

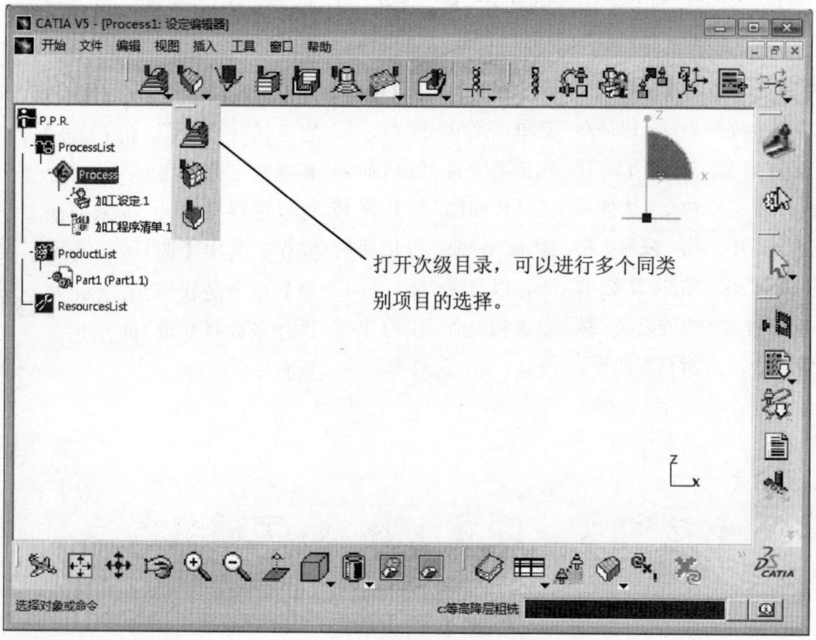

图 1-6　工具栏次级目录

（3）命令提示栏

命令提示栏位于软件界面最下方，在鼠标无操作的状态下是选择状态，命令提示栏提示当前的状态为选定元素的状态，而右方的命令输入栏可以输入各种绘图命令，如图 1-7 所示。

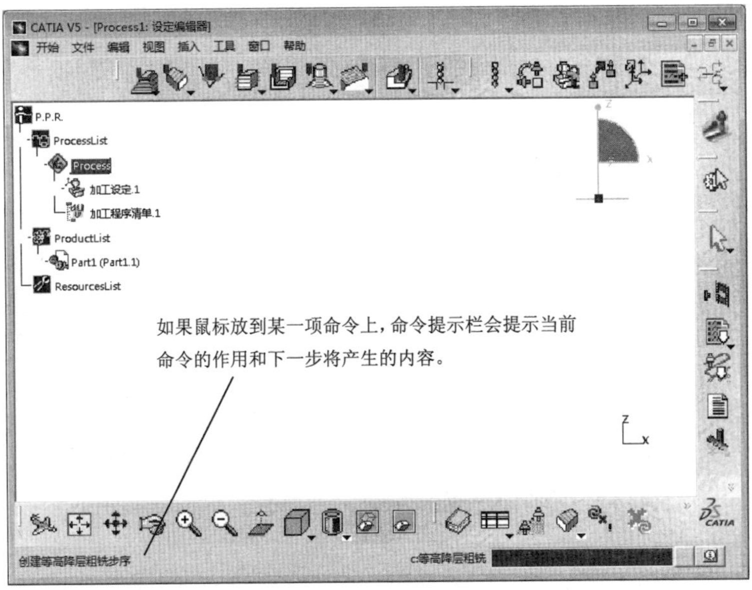

图 1-7　命令提示栏

（4）特征树

打开的零件特征树，如图 1-8 所示，它包括零件的所有加工特征和基础信息。

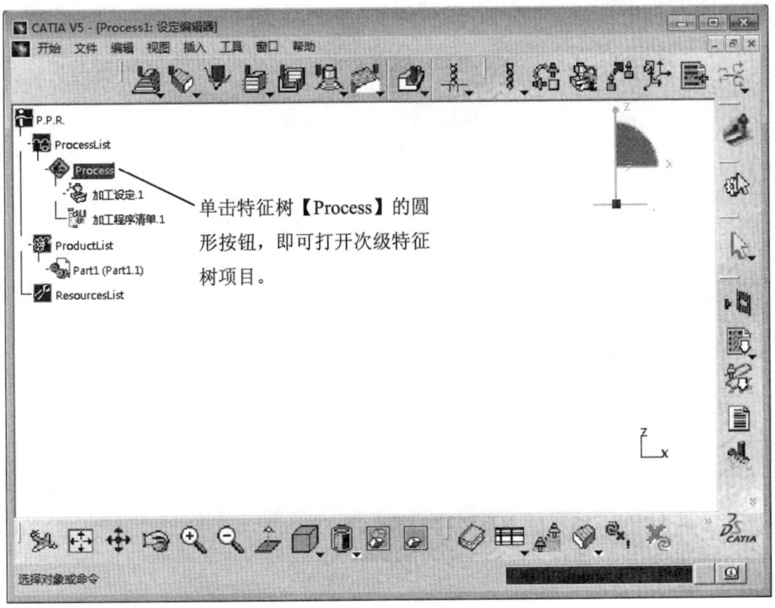

图 1-8　次级特征树和选中的特征

在特征树中，鼠标右键单击【制造程序.1】选项，弹出快捷菜单，如图 1-9 所示。

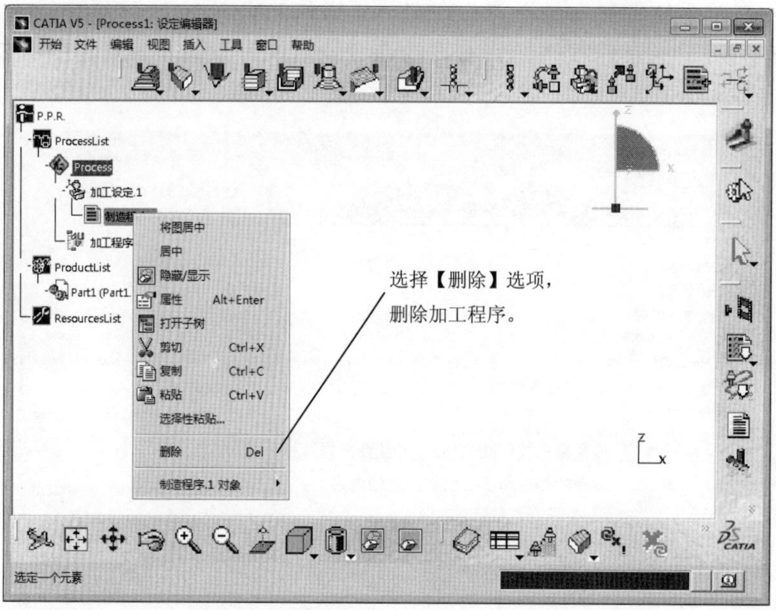

图 1-9　快捷菜单和【删除】选项

2. 软件基本操作

文件的基本操作包括新建文件、打开文件、保存文件和退出文件。

（1）新建文件

启动 CATIA，进入初始界面，如图 1-10 所示。

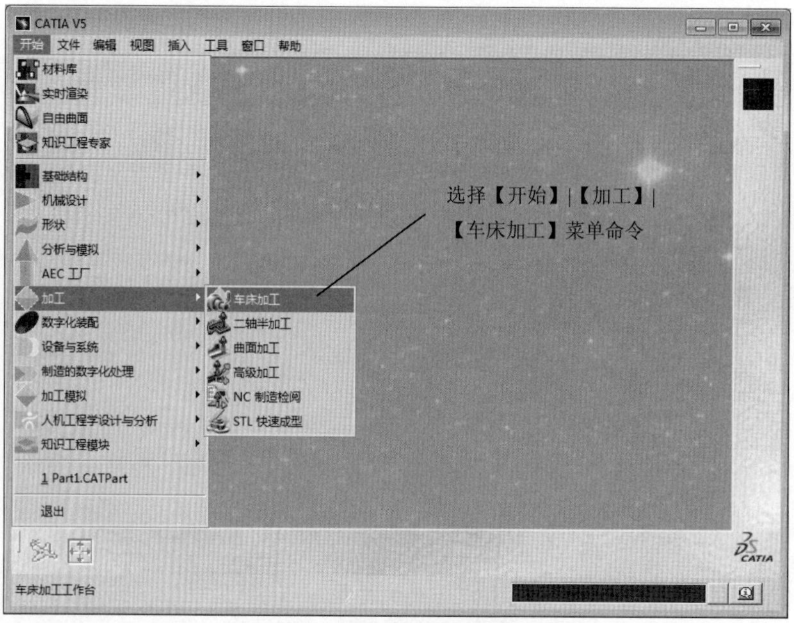

图 1-10　【新建】零件操作

进入零件设计环境，如图 1-11 所示。

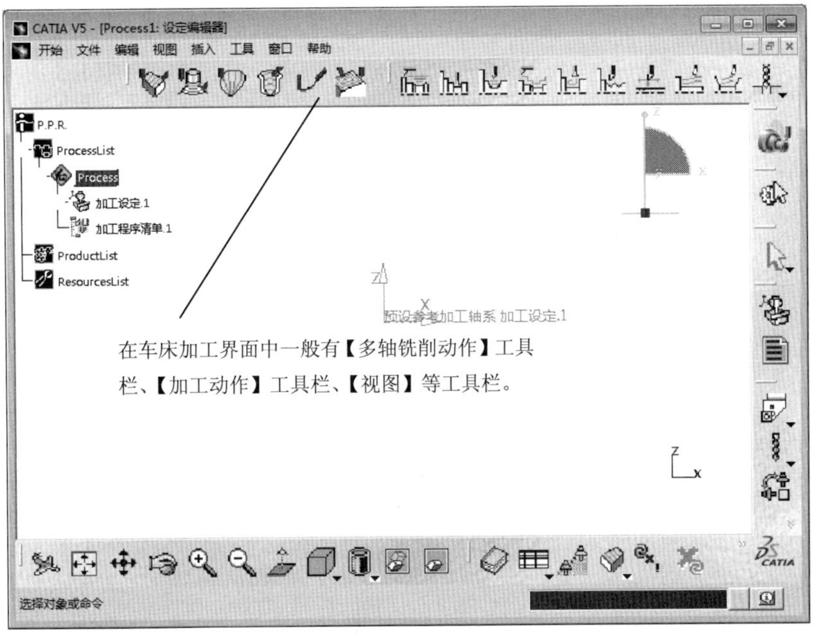

图 1-11　零件设计界面

选择【文件】|【新建】菜单命令，弹出【新建】对话框，进入曲面加工环境，如图 1-12、图 1-13 所示。创建其他类型的新文件和这两种方法类似。

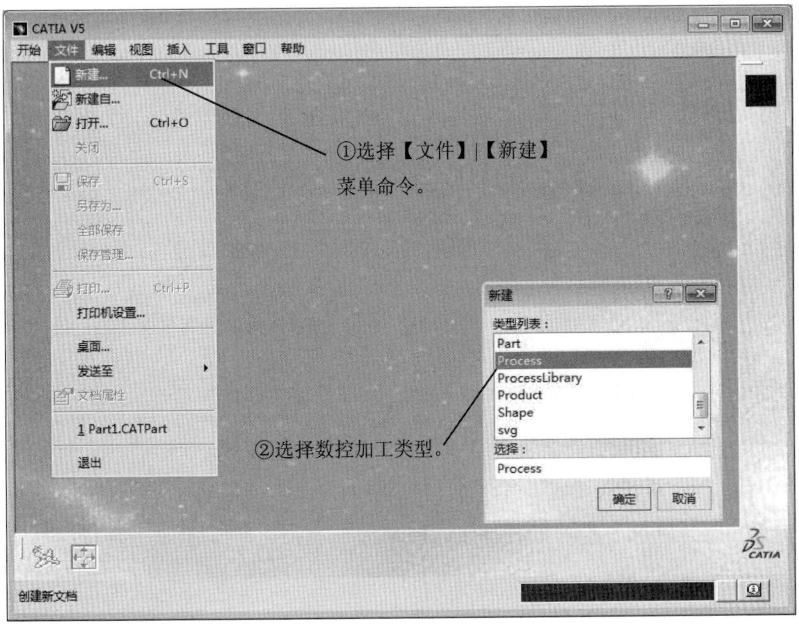

图 1-12　【新建】对话框

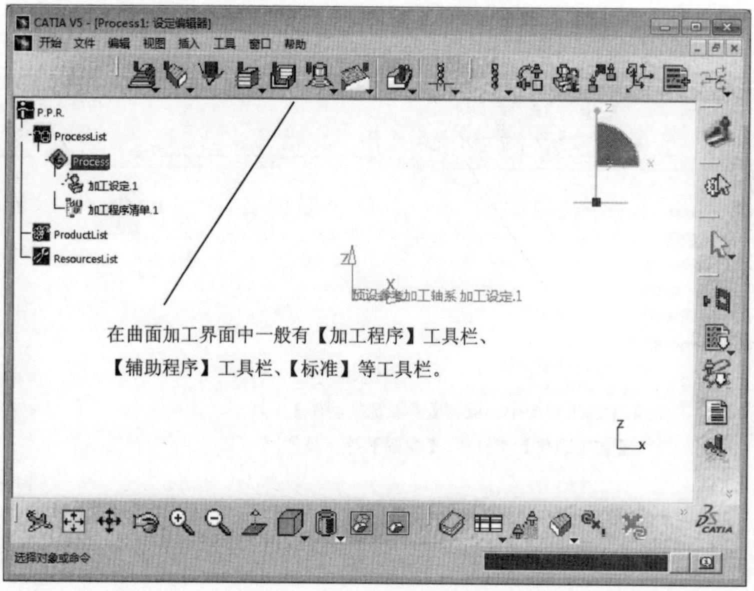

图 1-13　曲面加工界面

（2）打开文件

选择【文件】|【打开】菜单命令，弹出【选择文件】对话框，如图 1-14 所示。

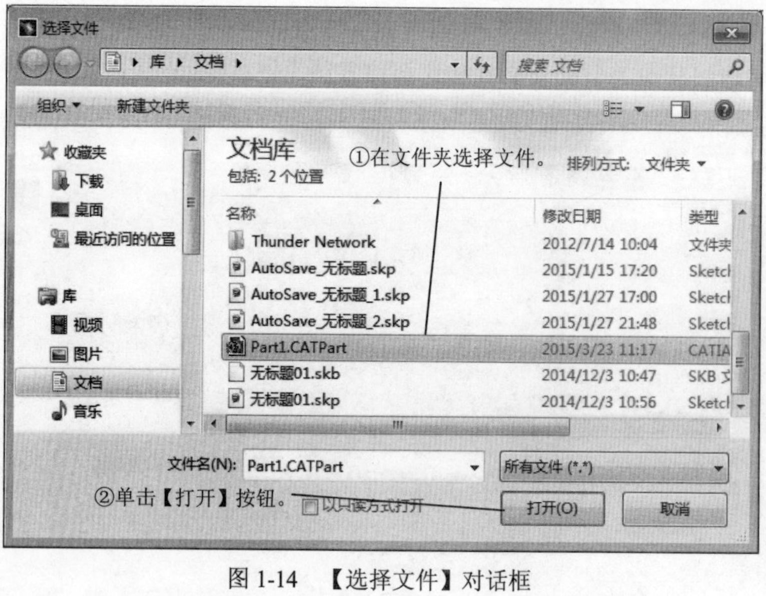

图 1-14　【选择文件】对话框

打开的数控加工零件，显示如图 1-15 所示。

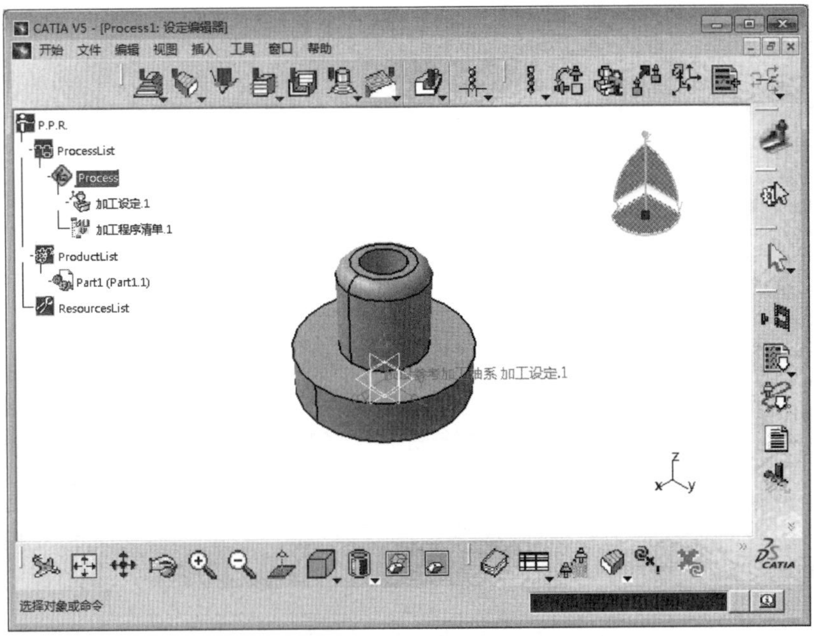

图 1-15　打开的零件

软件界面左下方显示的是创建的零件窗口，如图 1-16 所示。

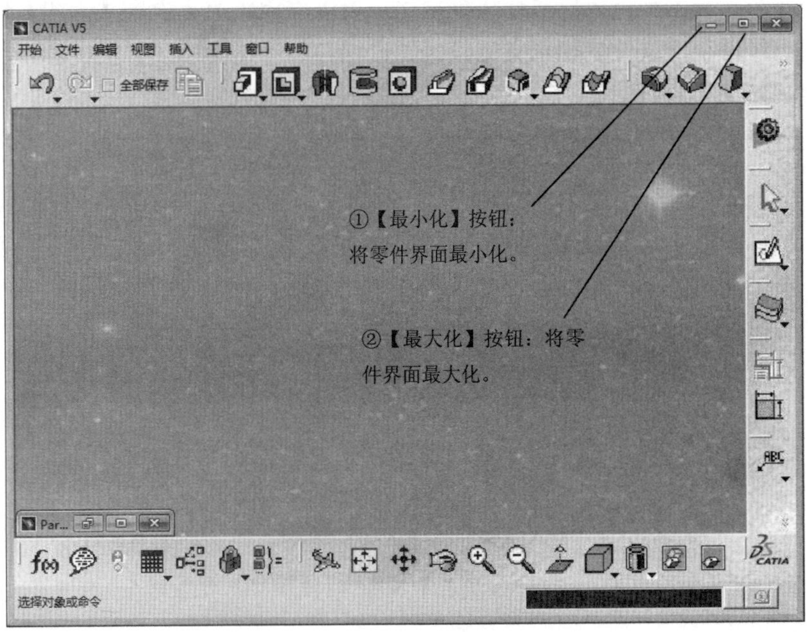

图 1-16　窗口设置

（3）保存文件

选择【文件】|【保存】或者【另存为】菜单命令，弹出【另存为】对话框中，如图 1-17 所示。

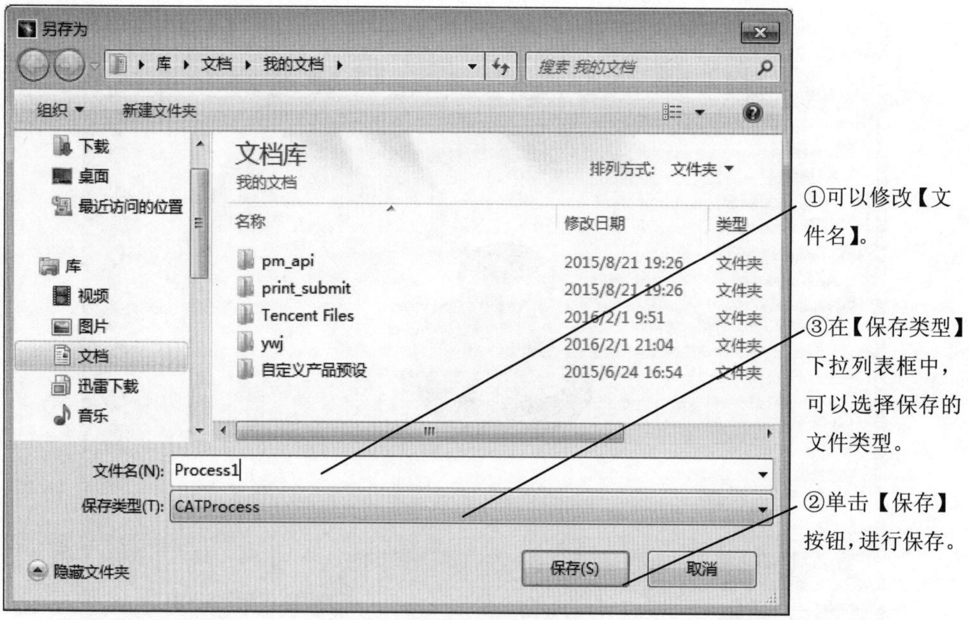

图 1-17 【另存为】对话框

（4）退出文件

在保存完毕文件之后，可以直接进行退出。单击绘图区右上方的【关闭】按钮，可以直接关闭已经保存的文件。如果文件没有经过保存，单击【关闭】按钮后会弹出【关闭】对话框，如图 1-18 所示。

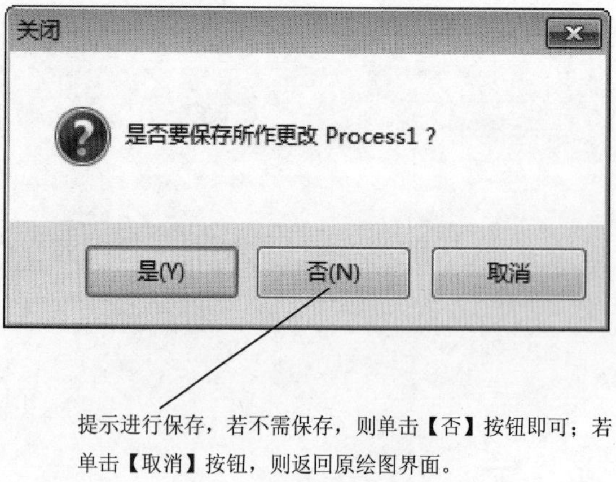

图 1-18 【关闭】对话框

（5）鼠标操作

零件的基本操作包括鼠标操作和罗盘操作。鼠标左键用于选取，单击模型的一个特征，如“制造程序.1”，如图 1-19 所示。

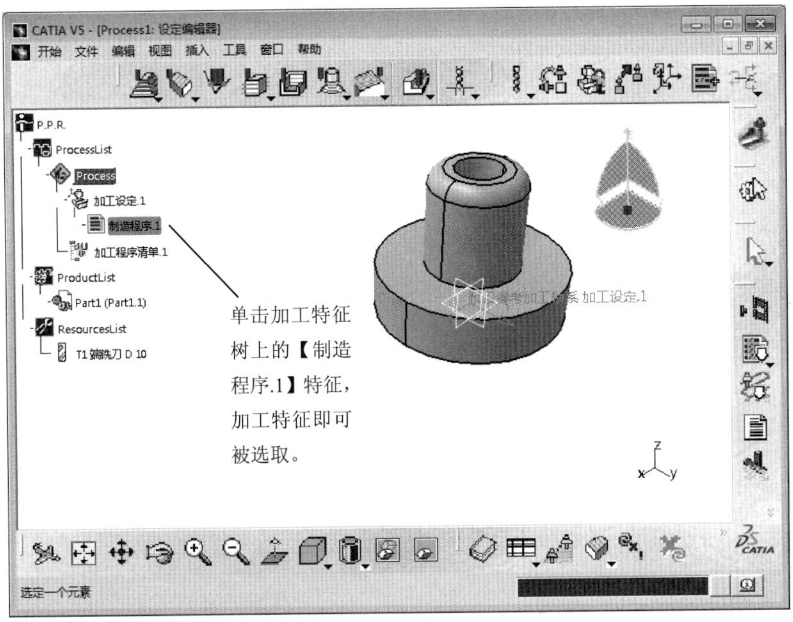

图 1-19　选中的特征

在特征树中，右键单击【制造程序.1 对象】特征，选择【制造程序.1】|【定义】命令，弹出【制造程序.1】对话框，进行属性设置，如图 1-20 所示。

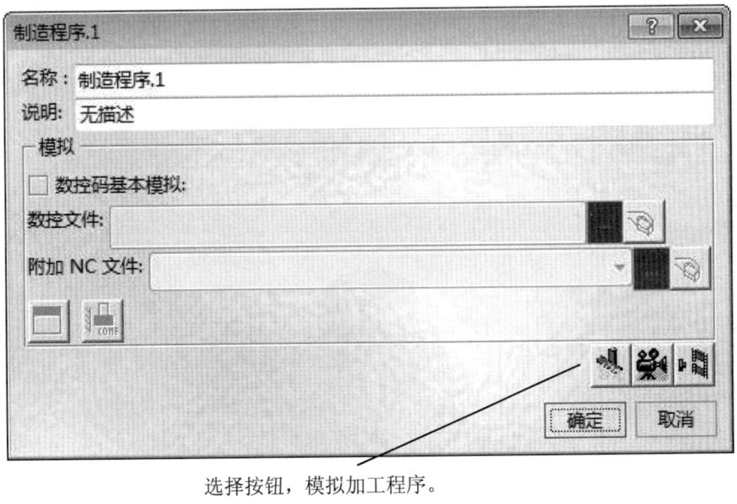

图 1-20　【制造程序.1】对话框

（6）坐标系操作

在绘图区右下角显示的是模型的当前坐标系，如图 1-21 所示。

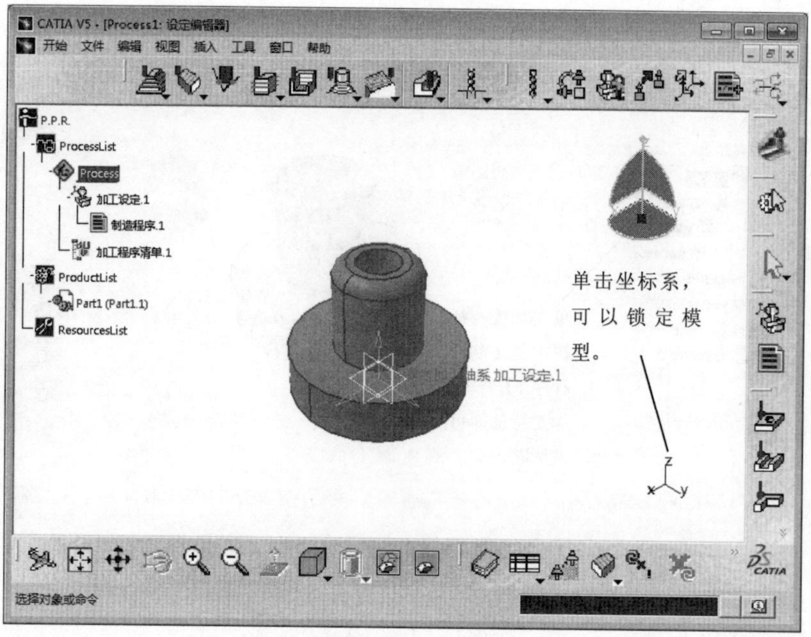

图 1-21　模型及坐标系

（7）视图操作

模型的视图操作包括视图显示操作和多窗口的操作，视图和窗口显示在绘图当中十分重要。视图操作有【视图】工具栏，可以调出进行快捷操作，如图 1-22 所示。

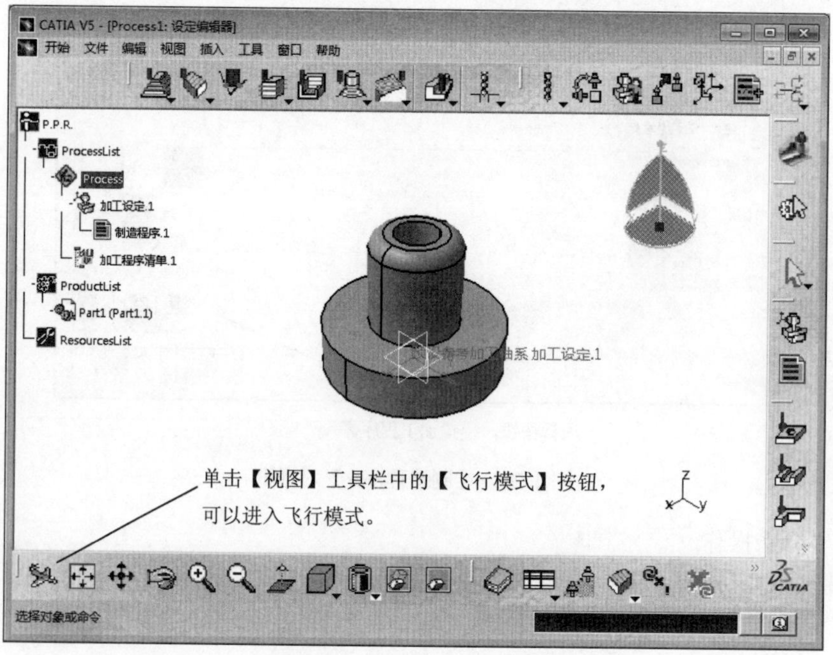

图 1-22　【视图】工具栏

单击【视图】工具栏中的【检查模式】按钮，恢复【视图】工具栏的原状态，如图 1-23 所示。

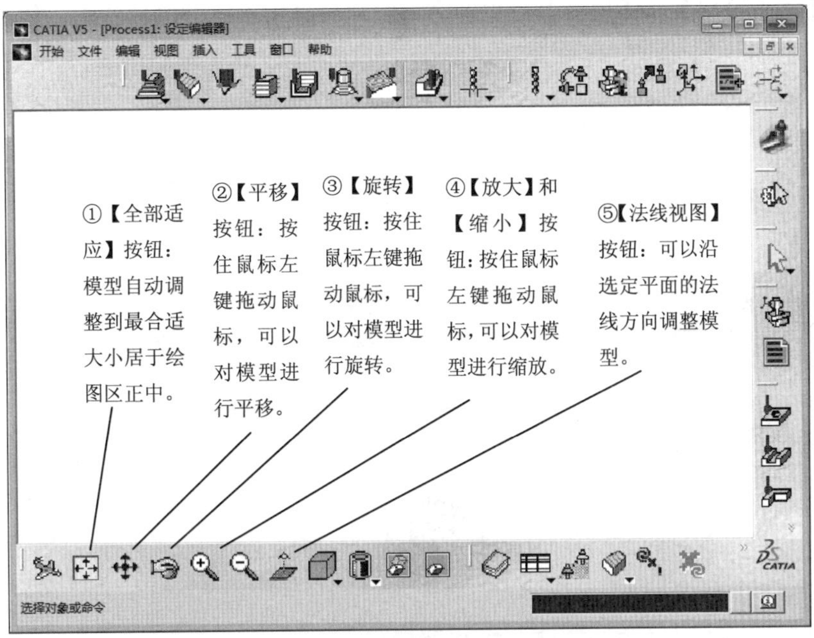
CATIA V5 - [Process1: 设定编辑器]
开始 文件 编辑 视图 插入 工具 窗口 帮助
①【全部适应】按钮：模型自动调整到最合适大小居于绘图区正中。
②【平移】按钮：按住鼠标左键拖动鼠标，可以对模型进行平移。
③【旋转】按钮：按住鼠标左键拖动鼠标，可以对模型进行旋转。
④【放大】和【缩小】按钮：按住鼠标左键拖动鼠标，可以对模型进行缩放。
⑤【法线视图】按钮：可以沿选定平面的法线方向调整模型。
选择对象或命令

图 1-23 【视图】工具栏的按钮含义

单击打开【视图】工具栏模型显示的下拉列表，如图 1-24 所示。

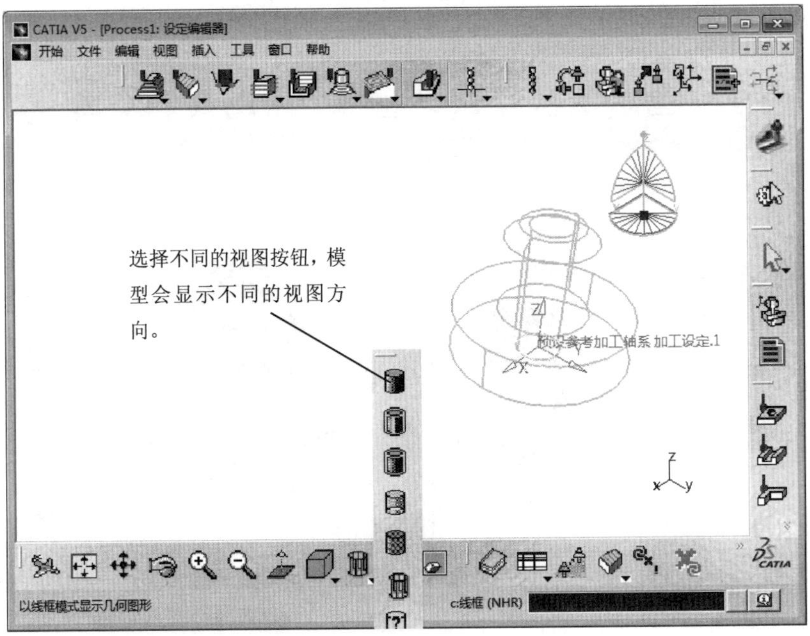
CATIA V5 - [Process1: 设定编辑器]
开始 文件 编辑 视图 插入 工具 窗口 帮助
选择不同的视图按钮，模型会显示不同的视图方向。
以线框模式显示几何图形
c:线框 (NHR)

图 1-24 视图方向的下拉列表

（8）窗口操作

选择【窗口】|【新窗口】菜单命令，创建一个新的文件窗口，分别选择【窗口】|【水平窗口】、【垂直窗口】和【层叠】菜单命令，窗口会显示不同的位置状态，如图 1-25 至图 1-27 所示。

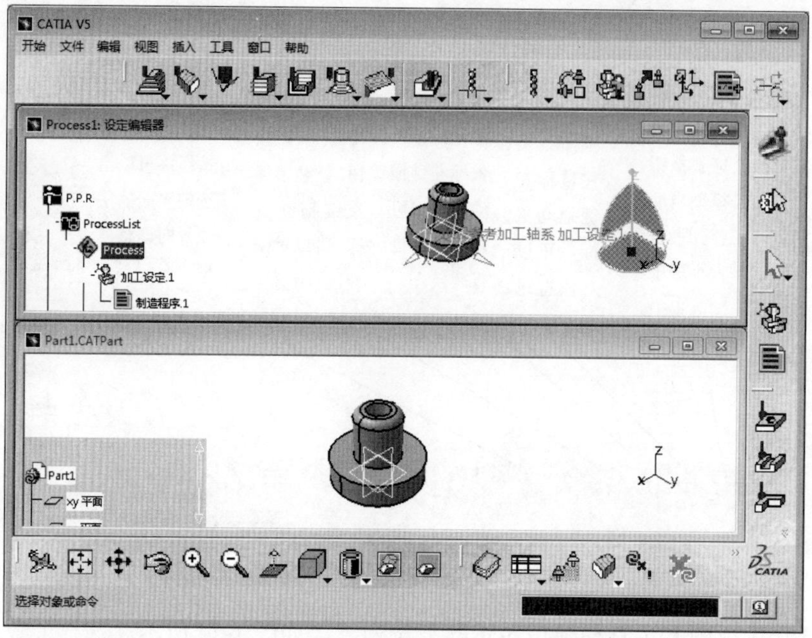

图 1-25　水平窗口

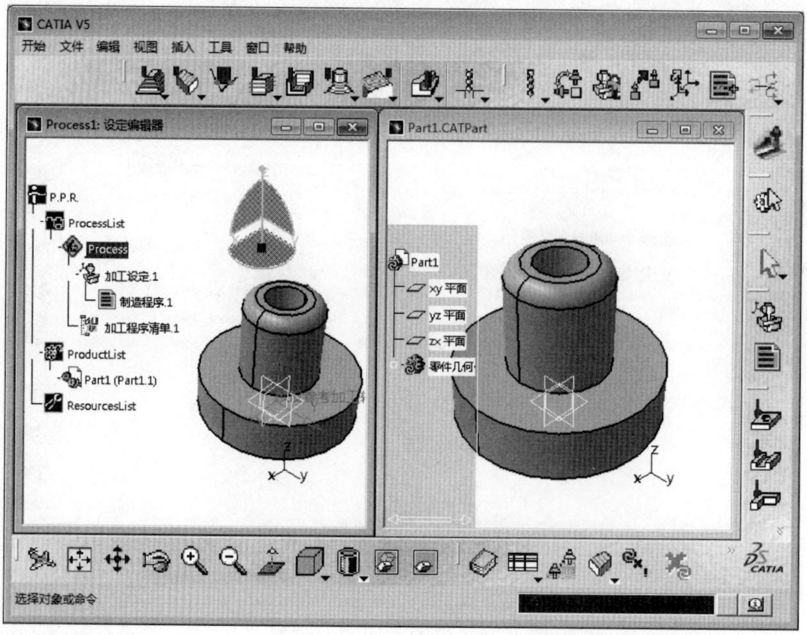

图 1-26　垂直窗口

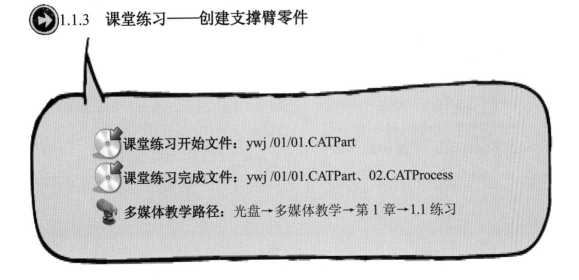

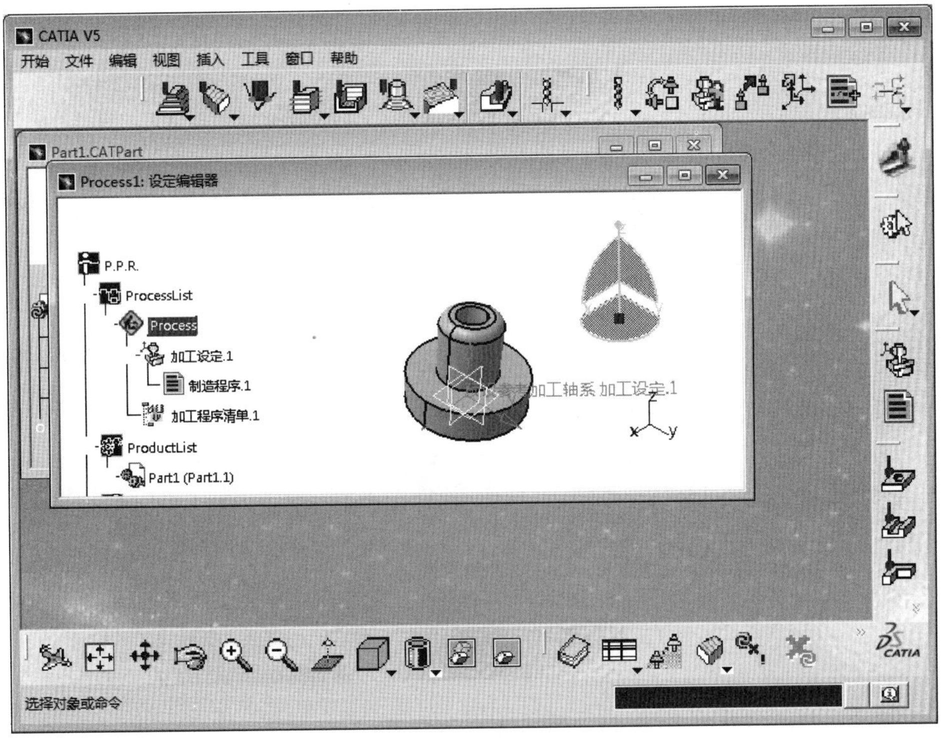

图 1-27　层叠窗口

1.1.3　课堂练习——创建支撑臂零件

课堂练习开始文件：ywj /01/01.CATPart

课堂练习完成文件：ywj /01/01.CATPart、02.CATProcess

多媒体教学路径：光盘→多媒体教学→第 1 章→1.1 练习

Step1 新建零件，如图 1-28 所示。

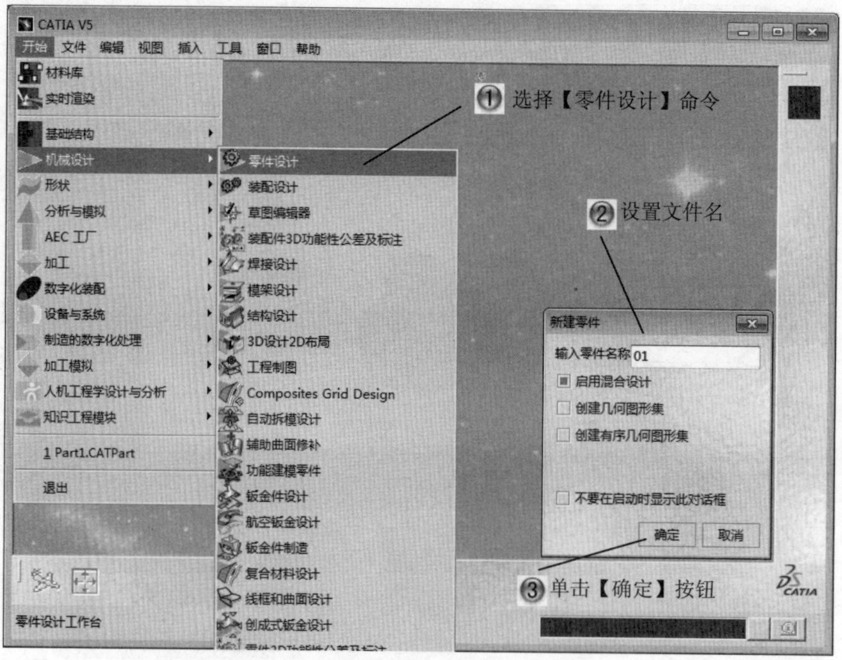

图 1-28　新建零件

Step2 选择草绘面，如图 1-29 所示。

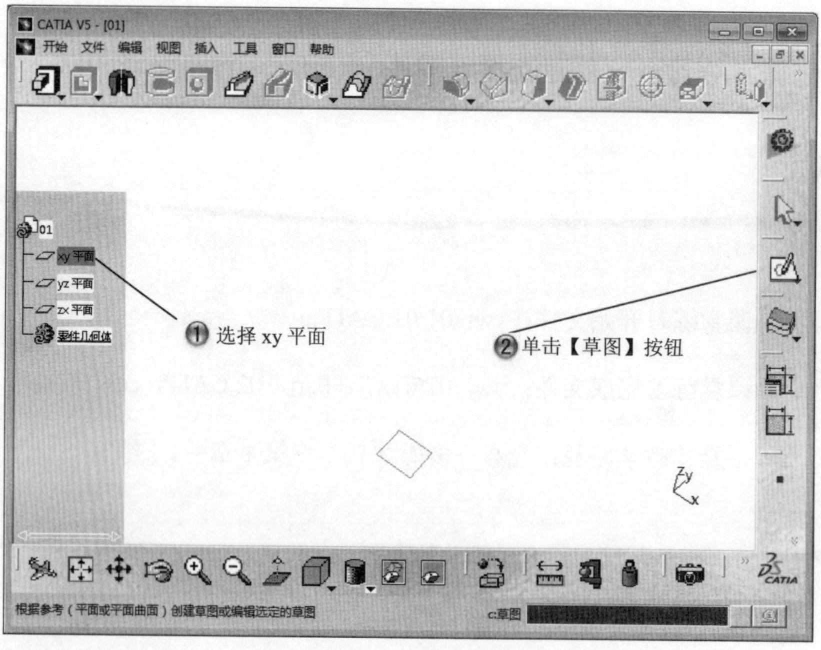

图 1-29　选择草绘面

Step3 绘制圆形，如图 1-30 所示。

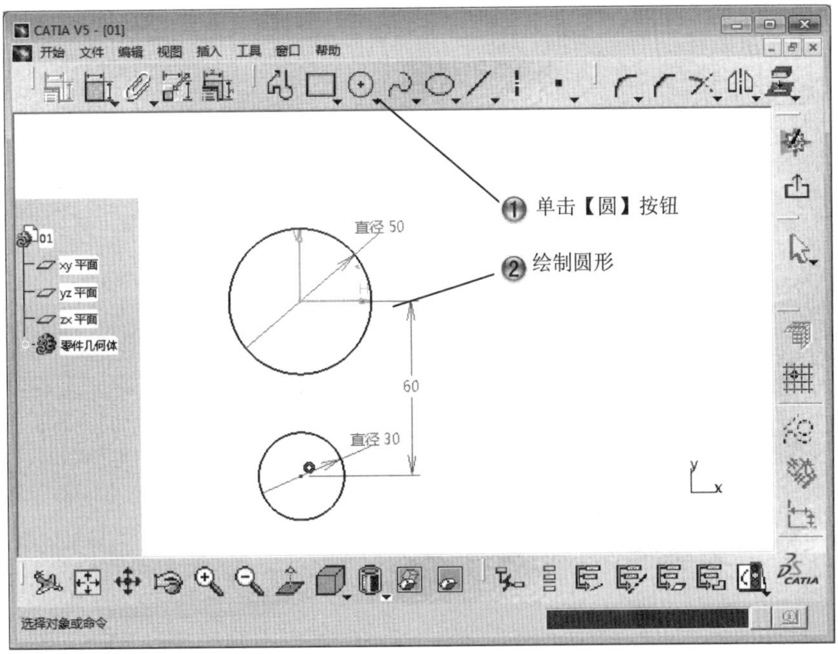

图 1-30　绘制圆形

Step4 绘制切线，如图 1-31 所示。

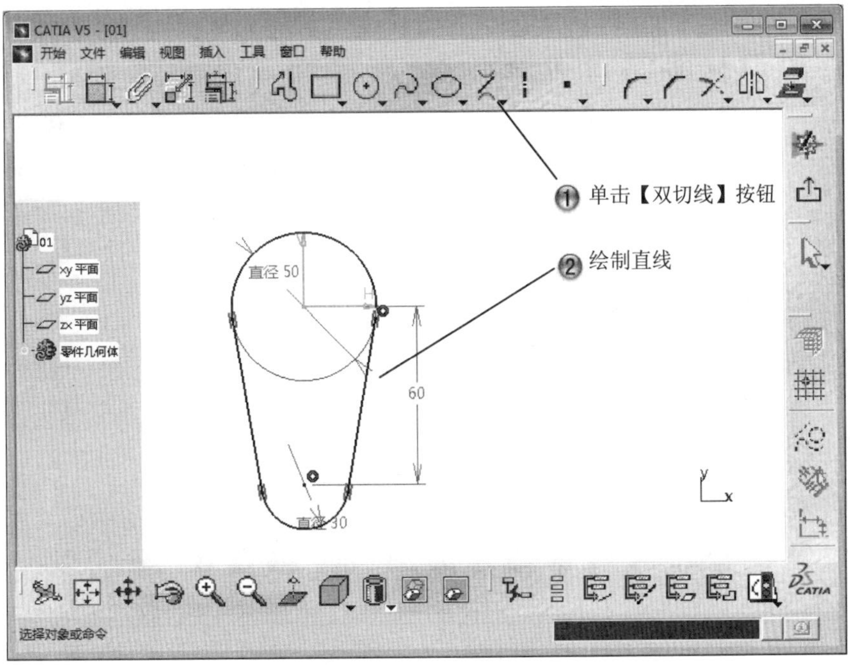

图 1-31　绘制切线

Step5 创建凸台，如图 1-32 所示。

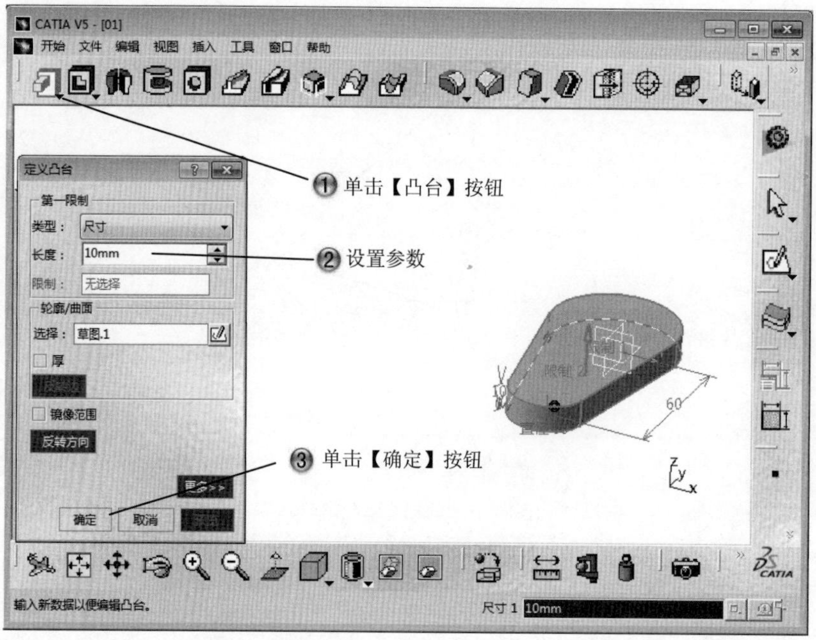

图 1-32 创建凸台

Step6 选择草绘面，如图 1-33 所示。

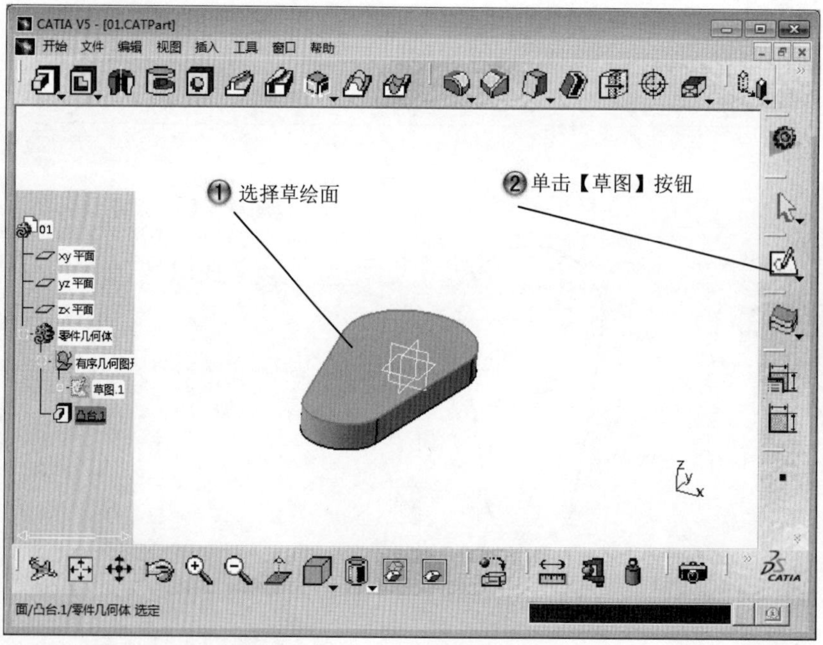

图 1-33 选择草绘面

Step7 绘制圆形，如图 1-34 所示。

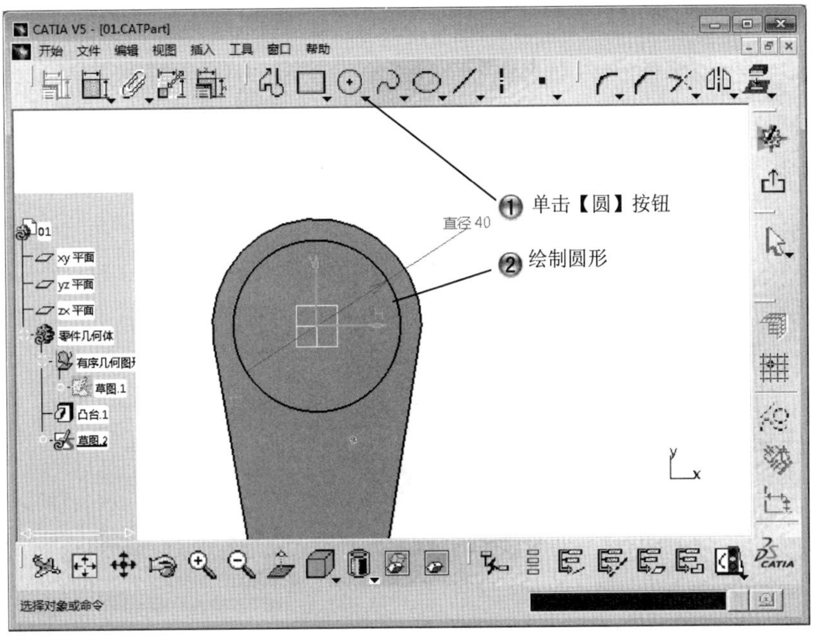

图 1-34　绘制圆形

Step8 创建凸台，如图 1-35 所示。

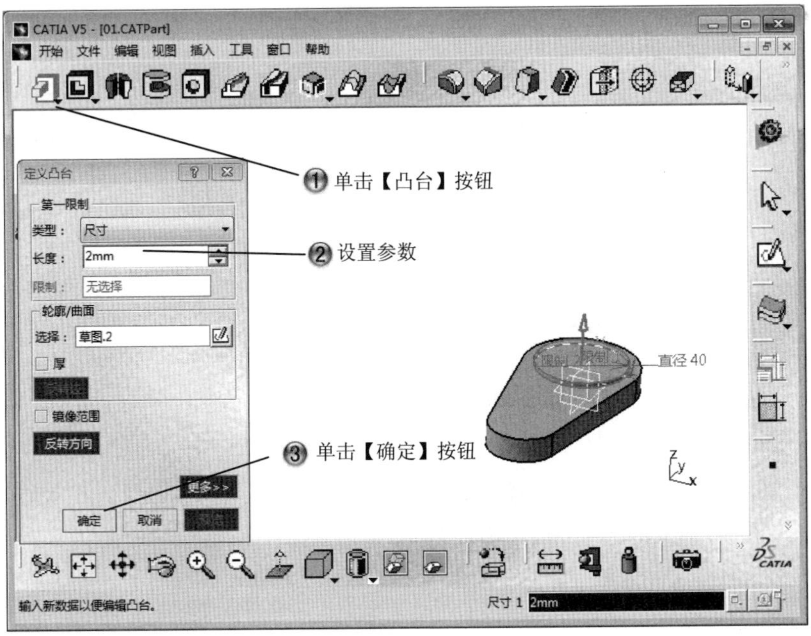

图 1-35　创建凸台

Step9 选择草绘面，如图 1-36 所示。

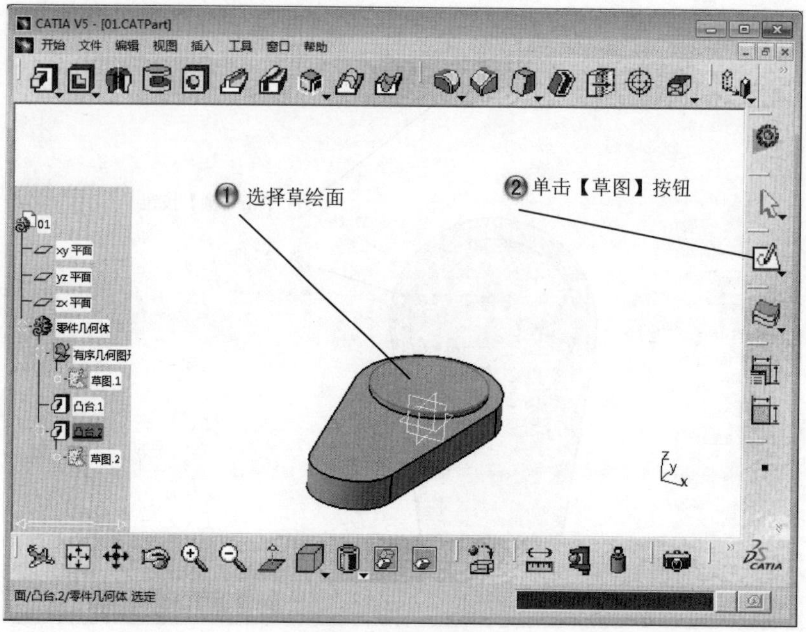

图 1-36　选择草绘面

Step10 绘制圆形，如图 1-37 所示。

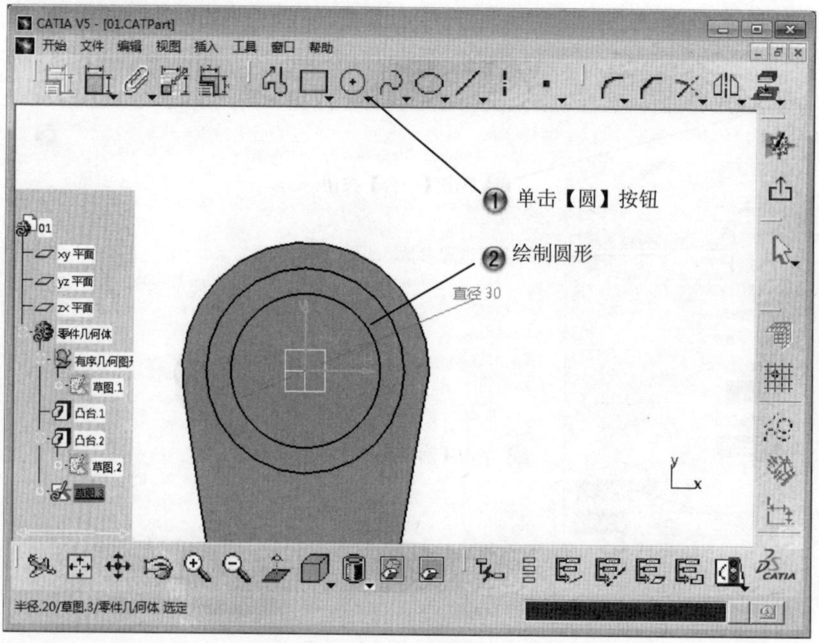

图 1-37　绘制圆形

Step11 创建凸台，如图 1-38 所示。

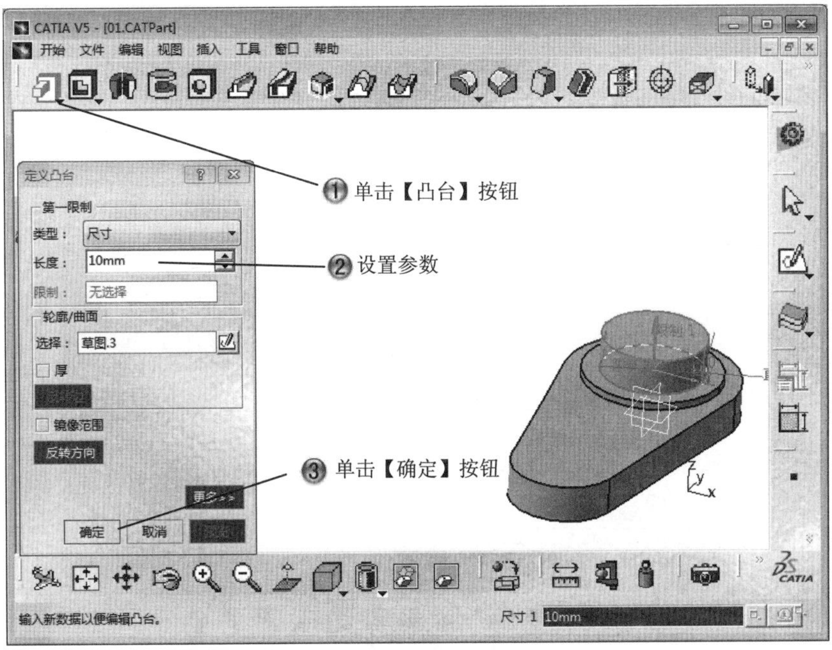

图 1-38　创建凸台

Step12 创建倒圆角，如图 1-39 所示。

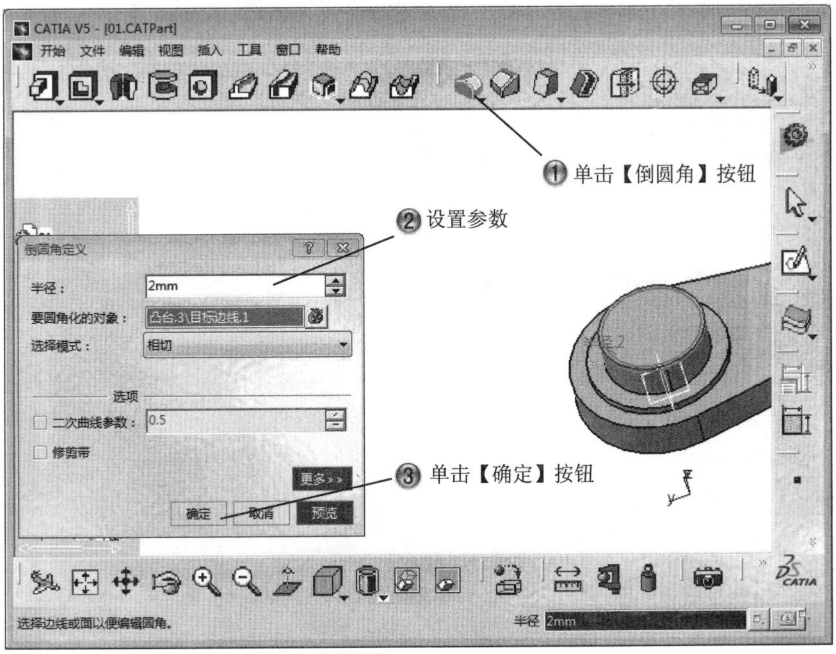

图 1-39　创建倒圆角

Step 13 创建孔，如图 1-40 所示。

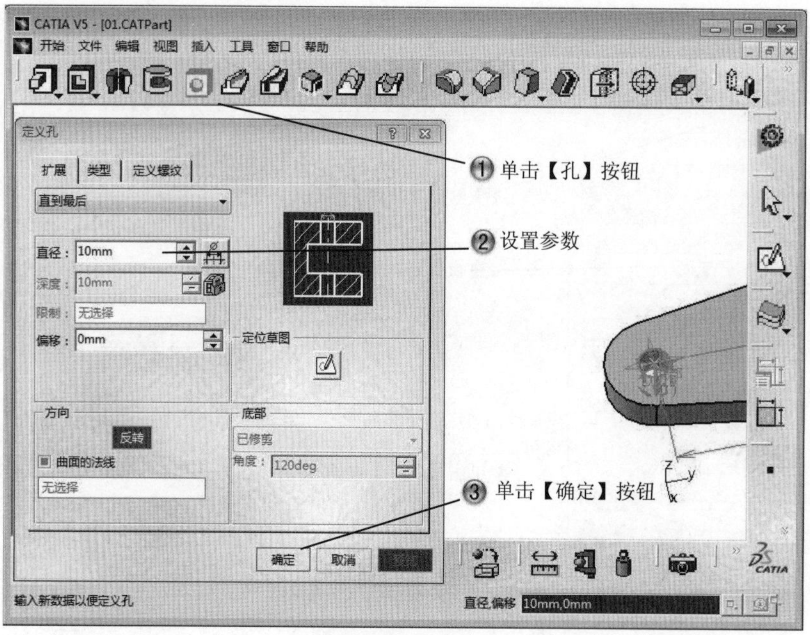

图 1-40　创建孔

Step 14 进入加工模块，如图 1-41 所示。

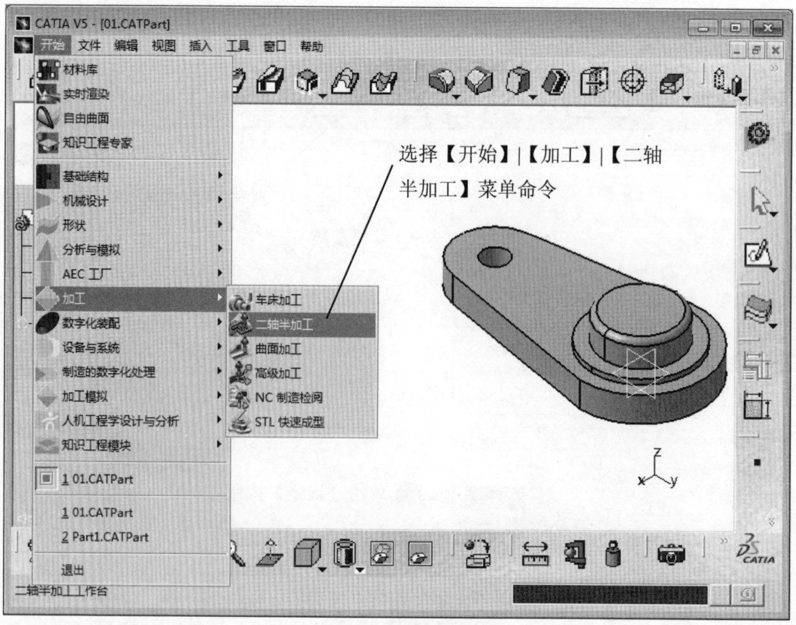

图 1-41　进入加工模块

Step15 完成的零件模型，如图 1-42 所示。

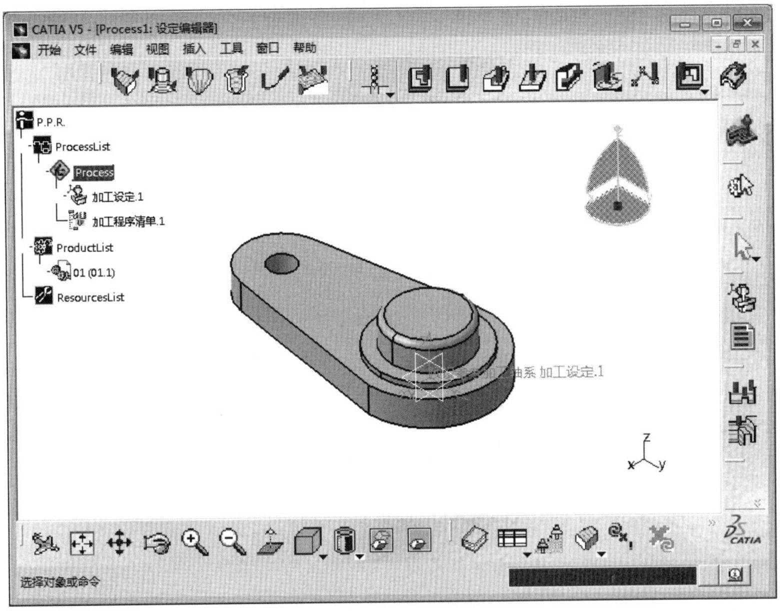

图 1-42　完成的零件模型

Step16 保存文件，如图 1-43 所示。

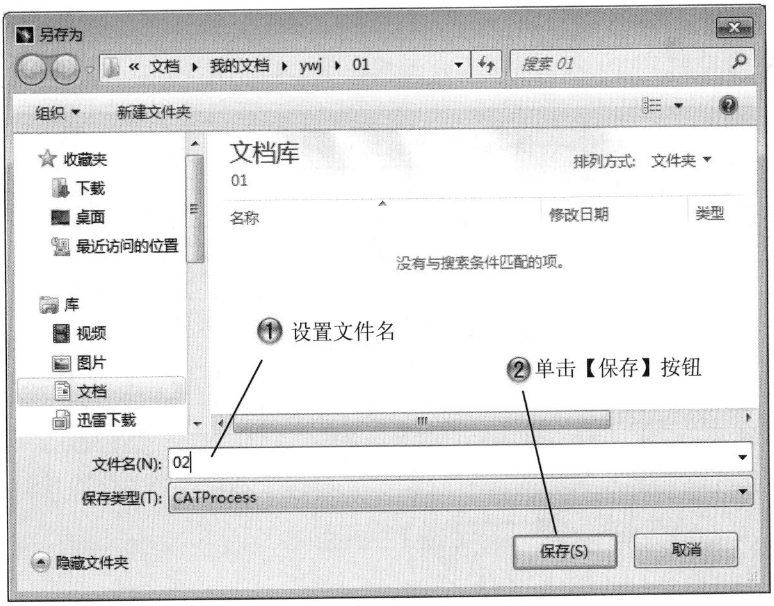

图 1-43　保存文件

1.2 加工基本流程

基本概念

CATIA V5-6R 2014 的加工模块为我们提供了非常方便、实用的数控加工功能。本节将通过零件的加工准备说明 CATIA V5-6R 2014 数控加工的一般过程。通过本节的学习，读者能够清楚地了解数控加工的一般流程及操作方法，并理解其中的原理。

课堂讲解课时：2 课时

1.2.1 设计理论

数控加工一般在数控机床上进行零件加工，数控机床加工与传统机床加工的工艺规程从总体上说是一致的，但也发生了明显的变化。它是用数字信息控制零件和刀具位移的机械加工方法。它是解决零件品种多变、批量小、形状复杂、精度高等问题和实现高效化和自动化加工的有效途径。

CATIA 中数控加工的一般内容如下，流程如图 1-44 所示。

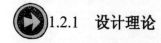

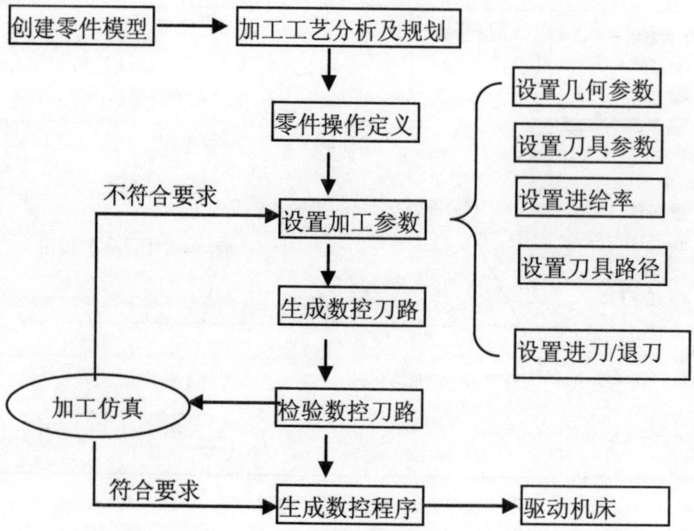

图 1-44 CATIA 数控加工流程图

（1）创建零件模型（包括目标加工零件以及毛坯零件）。

（2）加工工艺分析及规划。

（3）零件操作定义（包括选择加工机床、设置夹具、创建加工坐标系和定义零件等）。

（4）设置加工参数（包括几何参数、刀具参数、进给率以及刀具路径参数等）。

（5）生成数控刀路。

（6）检验数控刀路。

（7）利用后处理器生成数控程序。

1.2.2 课堂讲解

1. 建立毛坯零件

毛坯零件可以通过创建或者装配的方法来引入，下面介绍手动创建毛坯的一般操作步骤。在曲面加工模块【几何管理】工具栏中，单击【创建生料】按钮，系统弹出如图 1-45 所示的【生料】对话框。

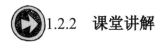

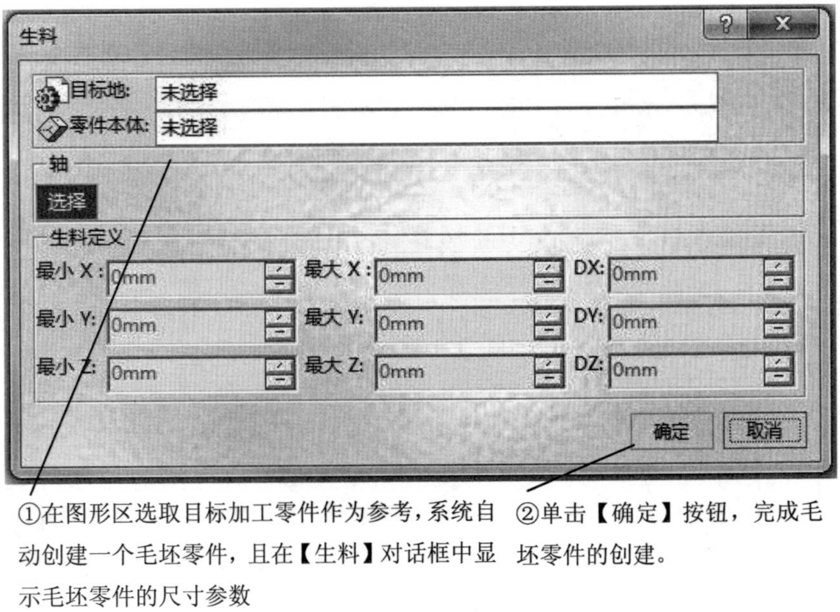

图 1-45 【生料】对话框

选取毛坯参考零件，如图 1-46 所示。

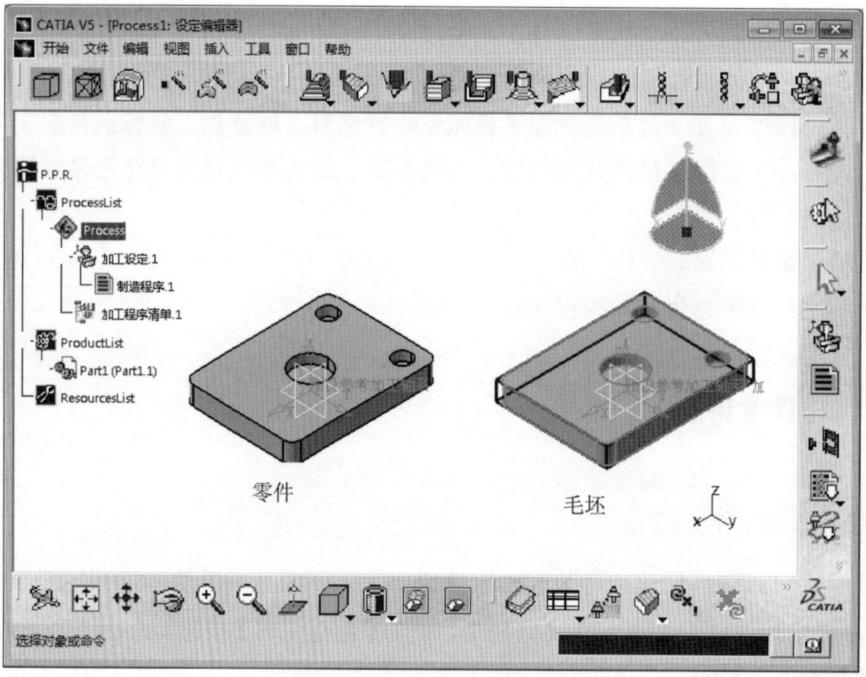

图 1-46　参考零件和毛坯

创建如图 1-47 所示的点，创建的点在定义加工坐标系时作为坐标系的原点。

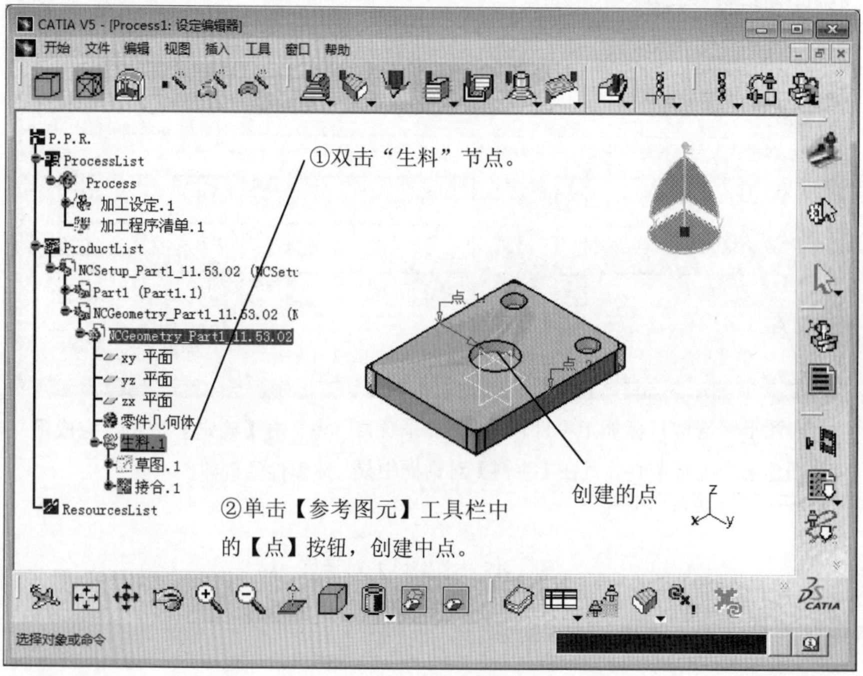

图 1-47　创建原点

在进行 CAITA 加工制造流程的各项规划之前，应该先建立一个毛坯零件。常规的制造模型由一个目标加工零件和一个装配在一起的毛坯零件组成。在加工过程结束时，毛坯零件的几何参数应与目标加工零件的几何参数一致。

名师点拨

2. 零件操作定义

零件操作定义主要包括选择加工的数控机床、创建加工坐标系、确定加工零件的毛坯及加工的目标零件和设定安全平面等内容。零件操作定义的一般操作步骤如下。

进入“2.5 轴铣削加工”工作台，如图 1-48 所示。

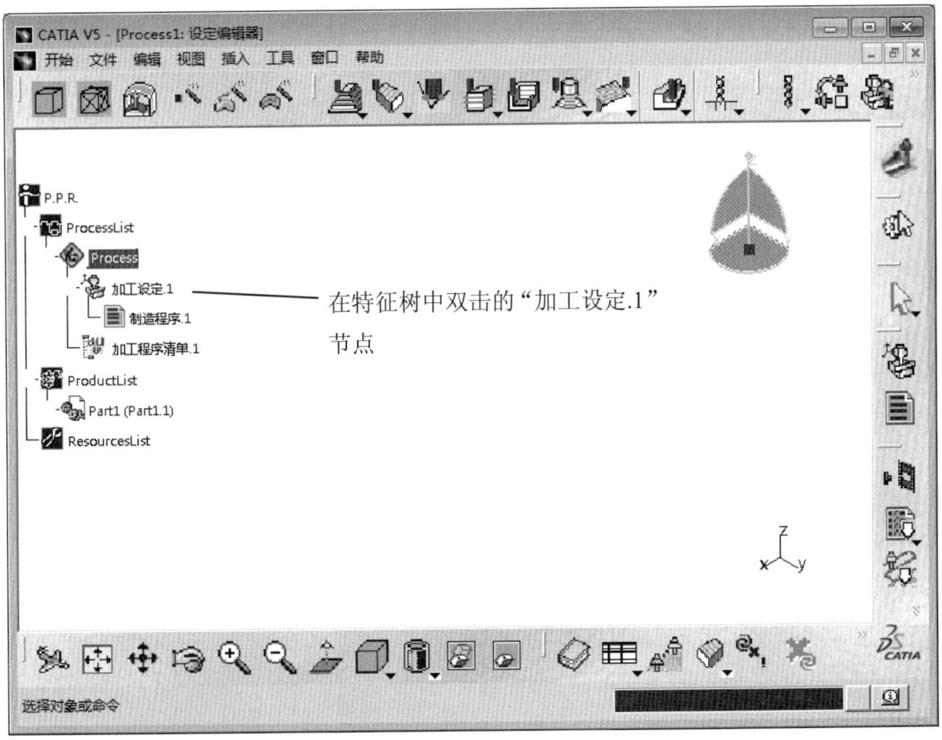

图 1-48 特征树

系统弹出的【零件加工动作】对话框，对话框中选项按钮说明如图 1-49 所示。

（1）机床设置。

单击【零件加工动作】对话框中的按钮，系统弹出图 1-50 所示的【加工编辑器】对话框，单击其中的【3 轴工具机】按钮，然后单击【确定】按钮，完成机床的选择。

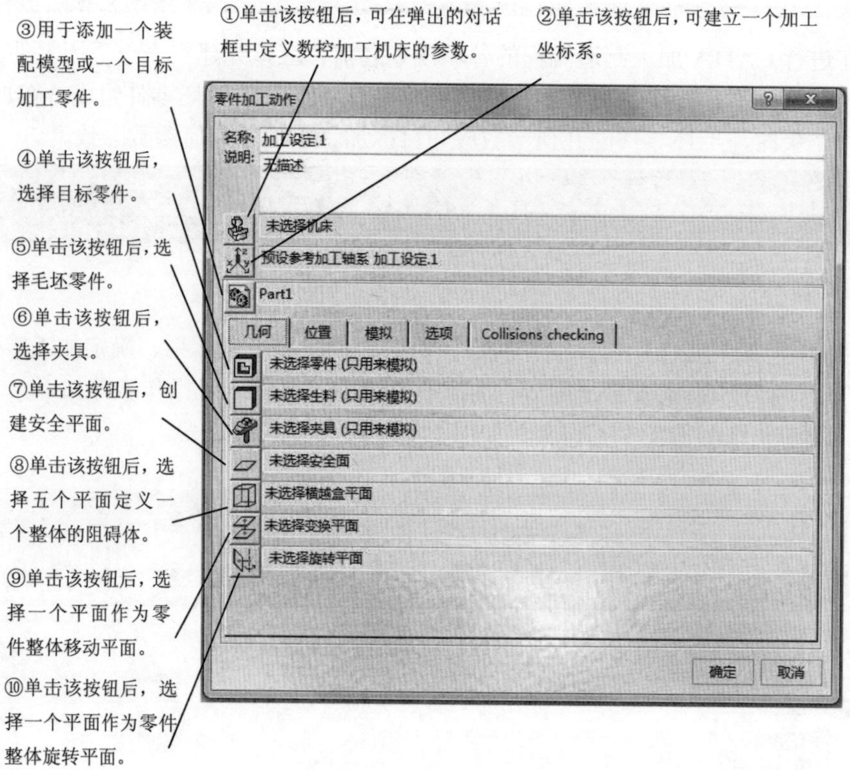

图 1-49 【零件加工动作】对话框

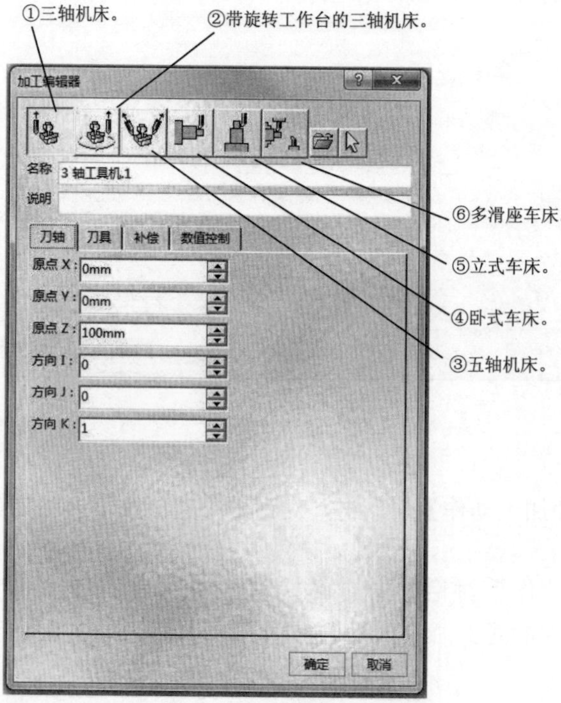

图 1-50 【加工编辑器】对话框

（2）加工坐标系设置。

单击【零件加工动作】对话框中的按钮，系统弹出图 1-51 所示的【预设参考加工轴系 加工设定.1】对话框。设置的点，如图 1-52 所示。

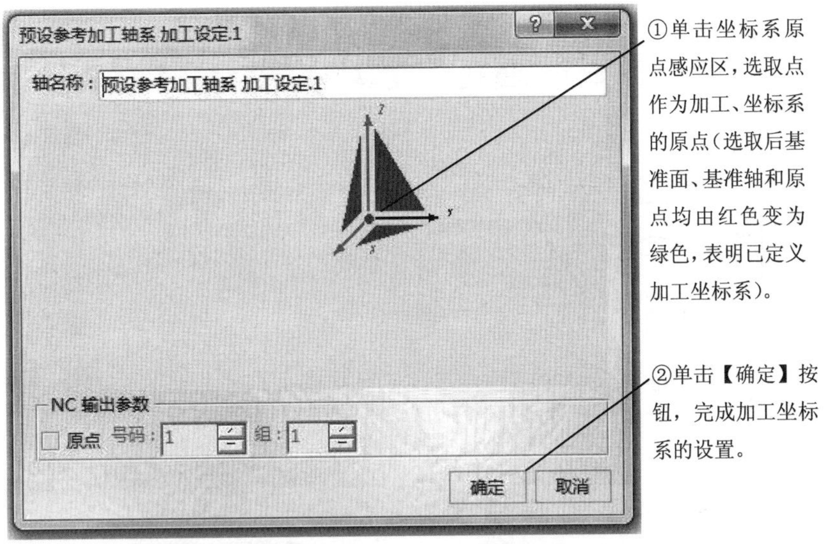

图 1-51　【预设参考加工轴系 加工设定.1】对话框

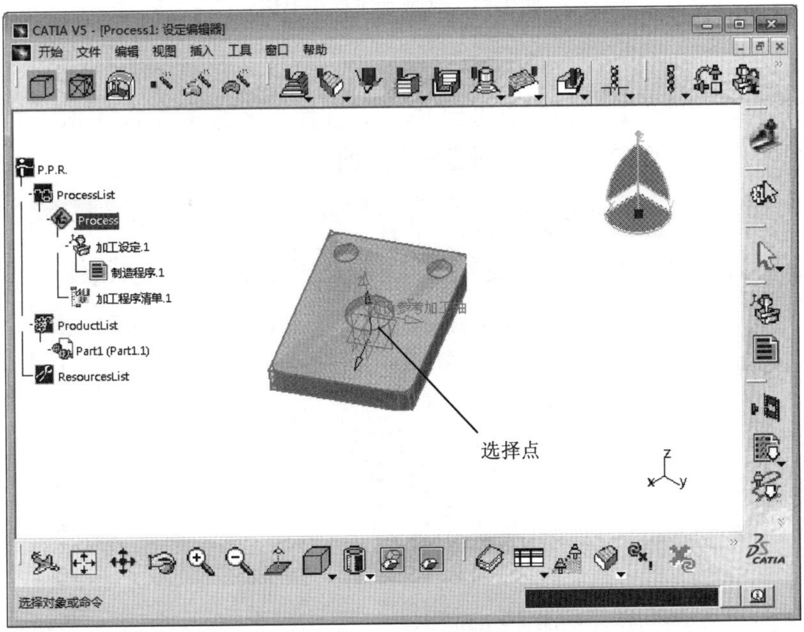

图 1-52　选择坐标原点

（3）选择目标加工零件。单击【零件加工动作】对话框中的按钮，在如图 1-53 所示的特征树中选取“零件几何体”作为目标加工零件（也可以在图形区中选取）。在图形区的空白位置双击鼠标左键，系统回到【零件加工动作】对话框。

（4）选择毛坯零件。单击【零件加工动作】对话框中的按钮，在图 1-53 所示的特征树中选取“生料.1”作为毛坯零件（也可以在图形区中选取）。在图形区的空白位置双击鼠标左键，系统回到【零件加工动作】对话框。

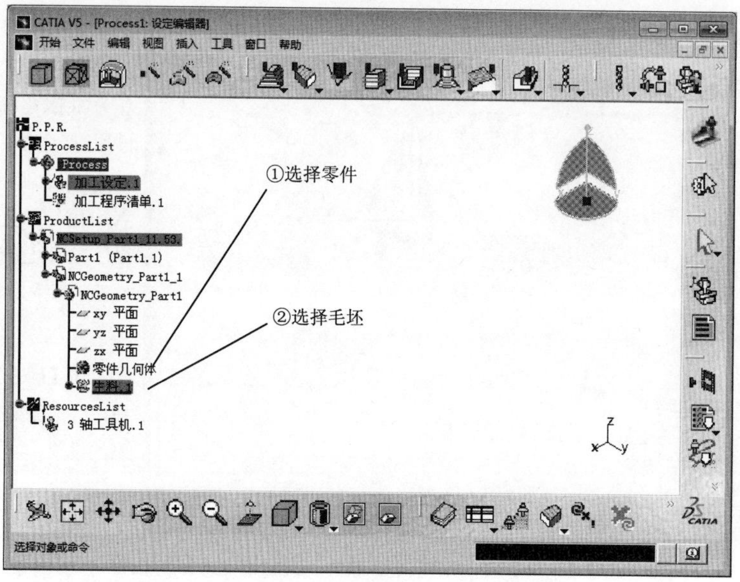

图 1-53　选取加工件和毛坯

（5）设置安全平面。

单击【零件加工动作】对话框中的按钮，在图形区选取图 1-54 所示的面（毛坯零件的上表面）为安全平面参考，系统创建安全平面。

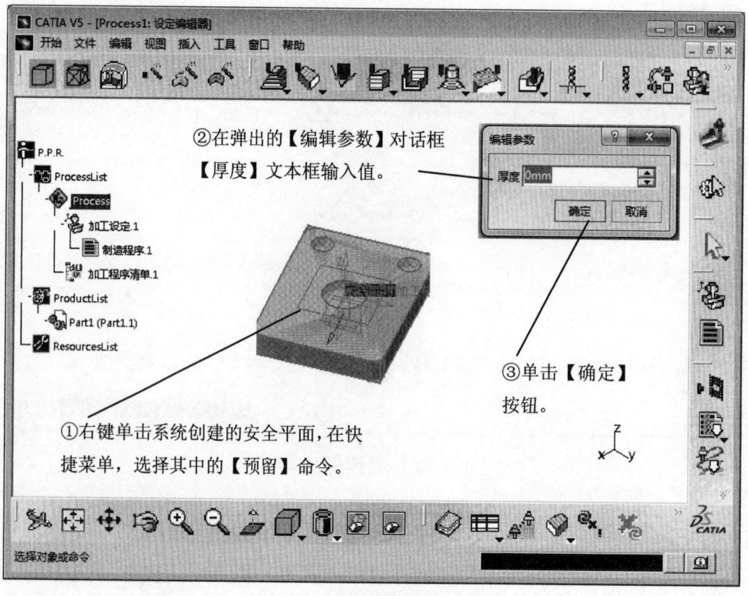

图 1-54　选择安全平面

（6）设置换刀点。

在【零件加工动作】对话框中打开【位置】选项卡，如图 1-55 所示。设置的换刀点如图 1-56 所示。

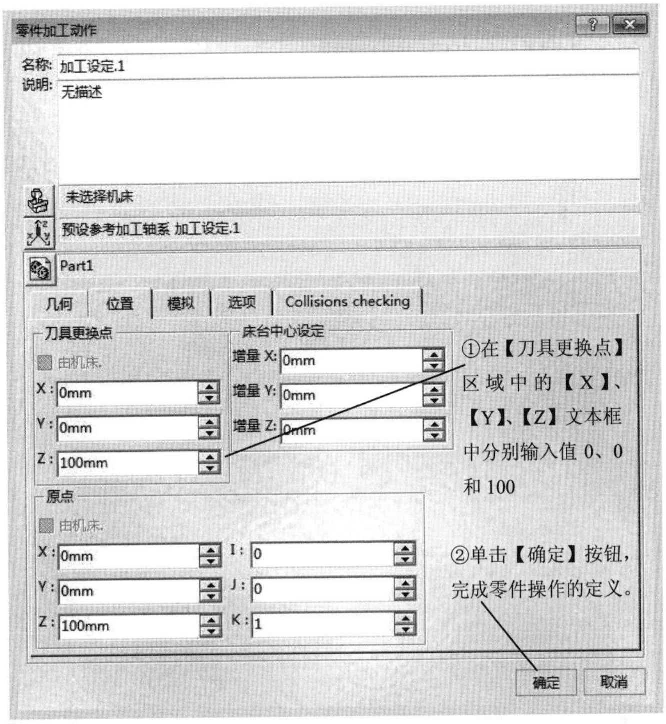

图 1-55　【位置】选项卡

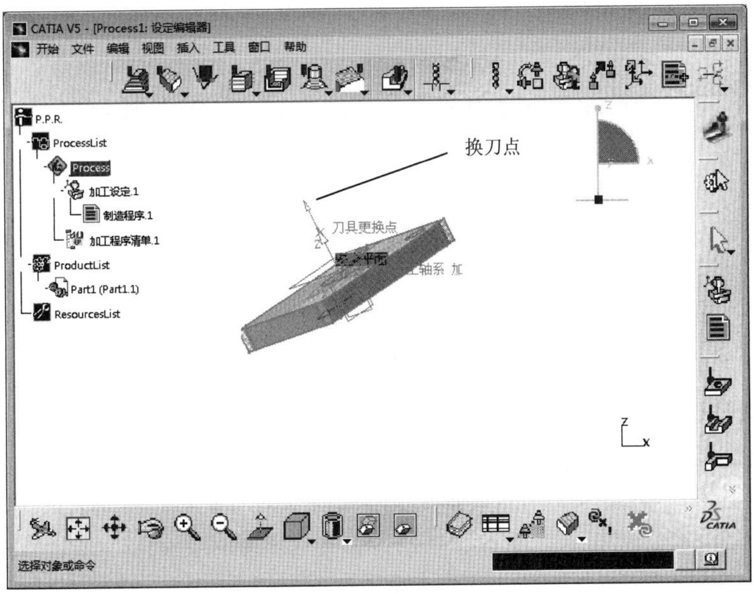

图 1-56　设置换刀点

3. 定义几何参数

定义几何参数是通过不同对话框中的“几何参数”选项卡，设置需要加工的区域及相关参数，设置几何参数的一般操作步骤如下。

在特征树中选中图 1-22 所示的“制造程序.1”节点，选择【插入】|【加工动作】|【减重槽】菜单命令，系统弹出图 1-57 所示的【槽铣.1】对话框。

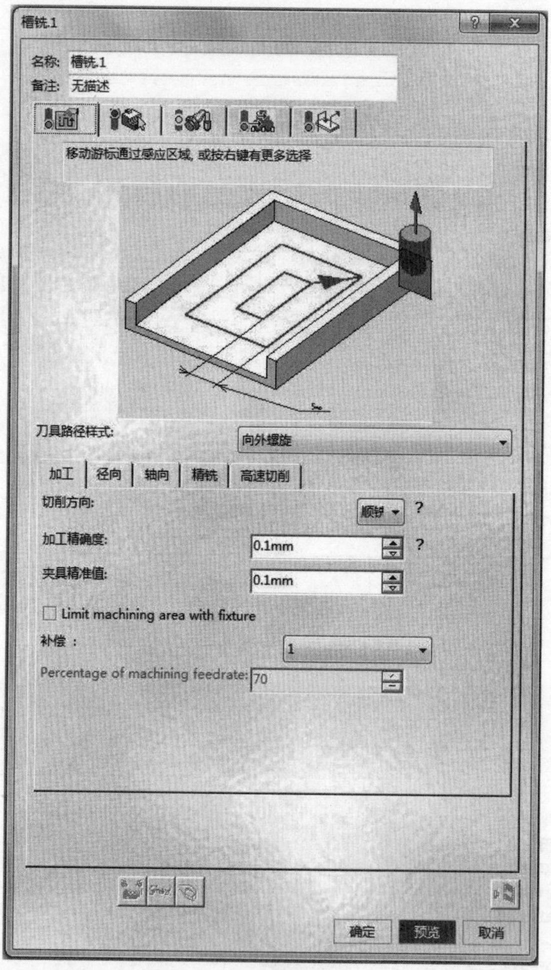

图 1-57 【槽铣.1】对话框

单击【槽铣.1】对话框中的  选项卡，然后单击【开放减重槽】字样，此时【槽铣.1】对话框的设置如图 1-58 所示。

（1）定义加工底面。

首先隐藏毛坯，如图 1-59 所示。移动光标到【槽铣.1】对话框中的底面感应区上，该区域的颜色发生变化，单击该区域对话框消失，系统要求用户选取一个平面作为型腔加工的区域。在图形区选取图 1-60 所示的零件底平面，系统返回到【槽铣.1】对话框。

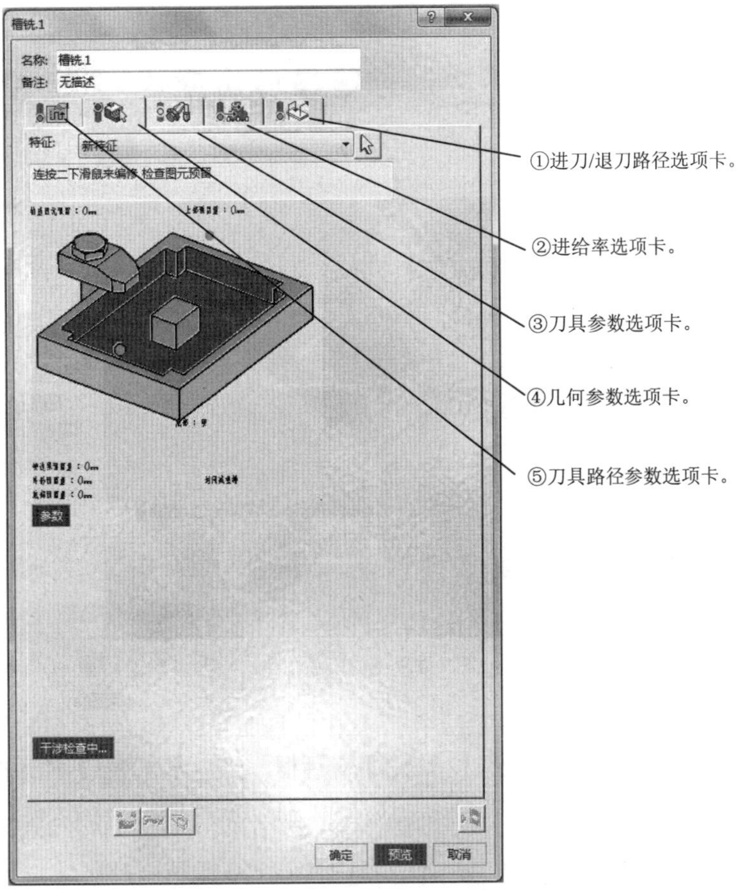

图 1-58 【槽铣.1】对话框

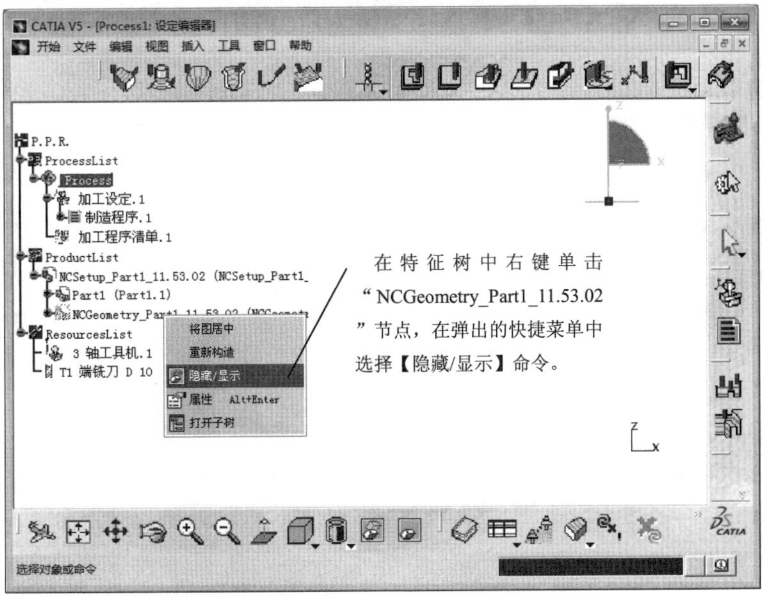

图 1-59 隐藏毛坯

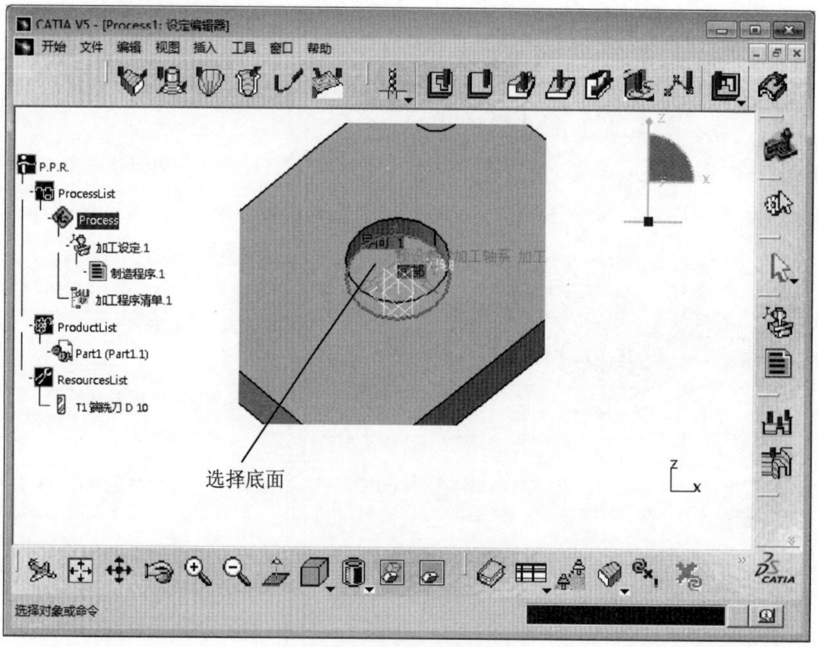

图 1-60　选择底面

（2）定义加工顶面。单击【槽铣.1】对话框中的顶面感应区，然后在图形区选取如图 1-61 所示的零件上表面，系统返回到【槽铣.1】对话框，此时【槽铣.1】对话框中顶面感应区的颜色改变为深绿色。

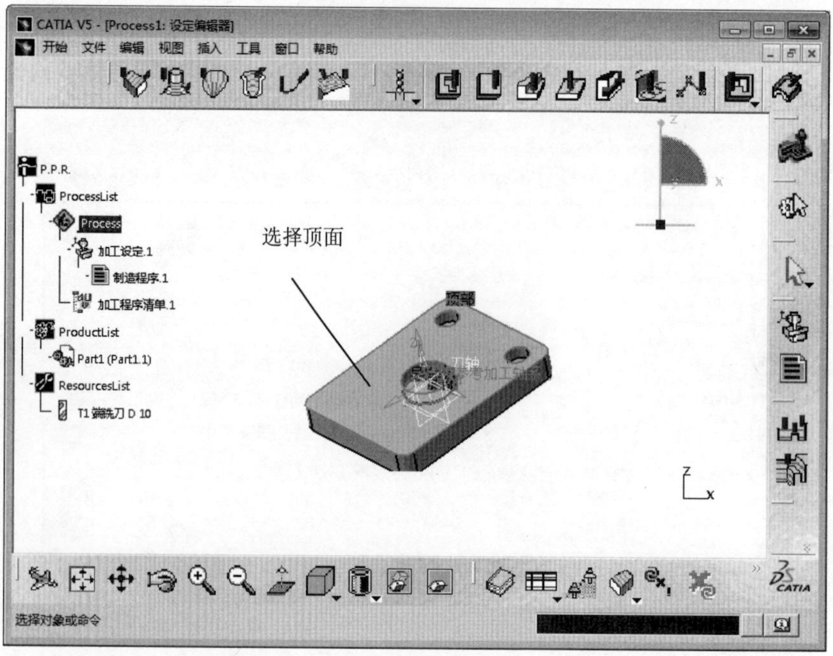

图 1-61　选择顶面

4. 定义刀具参数

定义刀具的参数在整个加工过程中起着非常重要的作用，需要根据加工方法及加工区域来确定刀具的参数。刀具参数的设置是通过【槽铣.1】对话框中的 选项卡来完成的，定义刀具参数的一般操作步骤如下。

在【槽铣.1】对话框中单击 选项卡，如图 1-62 所示。

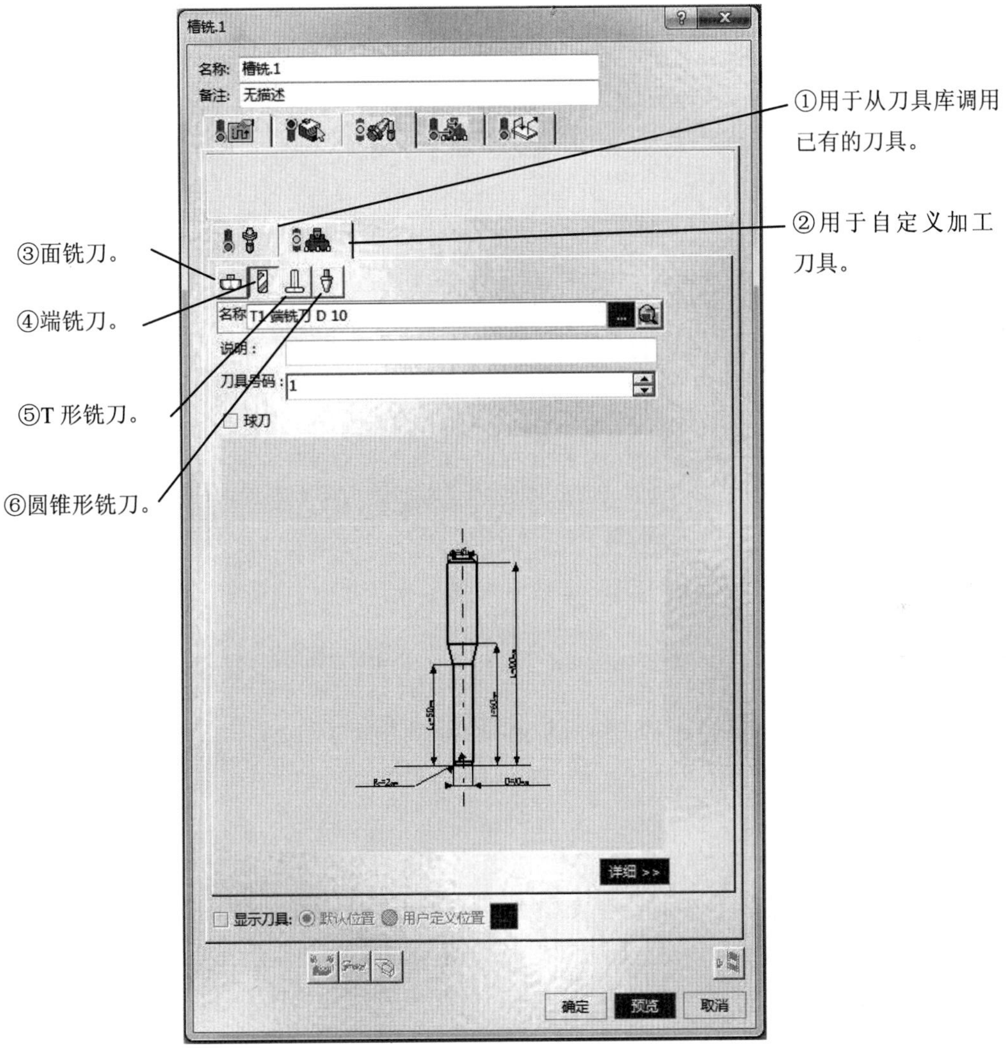

图 1-62 【槽铣.1】对话框

在【槽铣.1】对话框中设置刀具的【几何图元】参数，如图 1-63 所示。

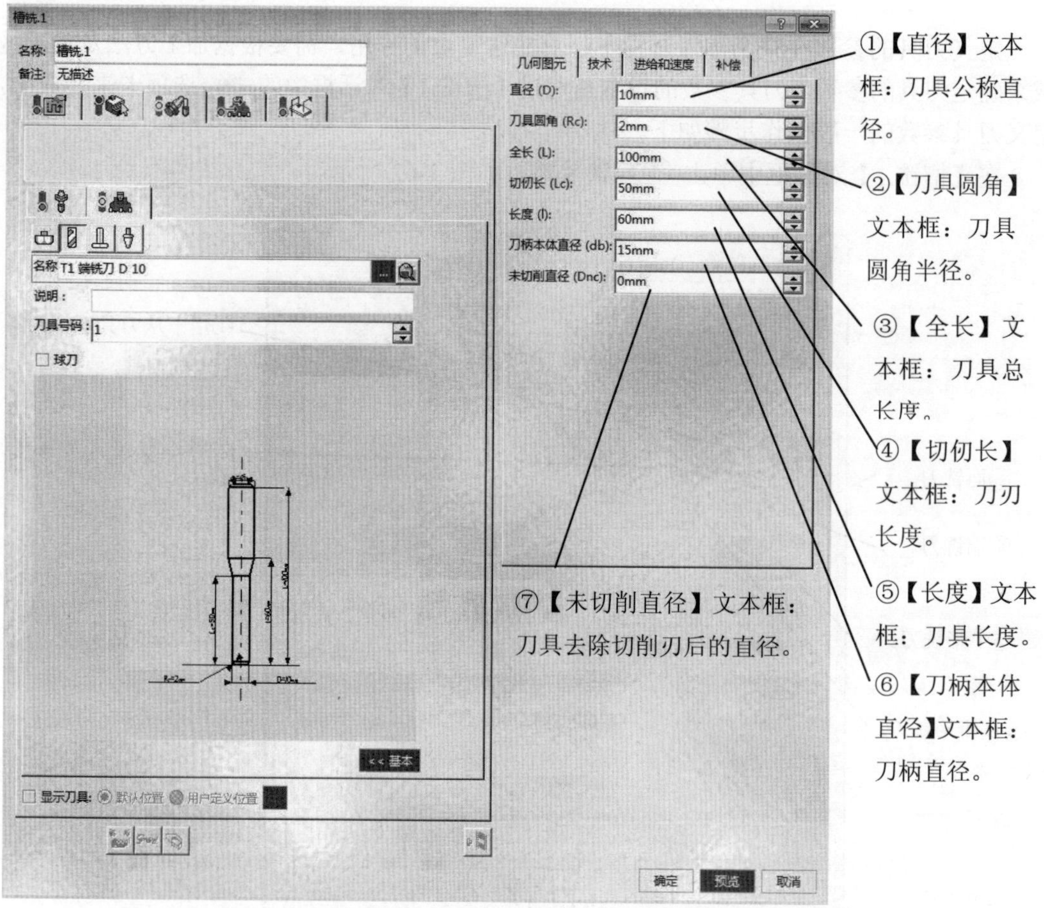
①【直径】文本框：刀具公称直径。
②【刀具圆角】文本框：刀具圆角半径。
③【全长】文本框：刀具总长度。
④【切削长】文本框：刀刃长度。
⑤【长度】文本框：刀具长度。
⑥【刀柄本体直径】文本框：刀柄直径。
⑦【未切削直径】文本框：刀具去除切削刃后的直径。

图 1-63 【几何图元】选项卡

5. *定义进给率*

进给率是在【槽铣.1】对话框的 选项卡中进行定义的，包括进给速度、切削速度、退刀速度和主轴转速等参数。在【槽铣.1】对话框中单击 选项卡，如图 1-64 所示。

6. *定义刀具路径参数*

刀具路径参数就是用来规定刀具在加工过程中所走的轨迹。选择不同的加工方法，刀具的路径参数也有所不同。在【槽铣.1】对话框中单击 选项卡，各项说明如图 1-65 所示。

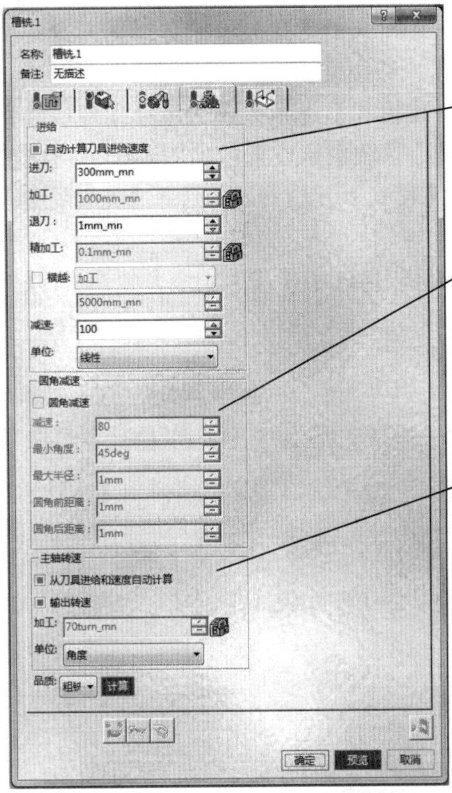

①可通过【进给】区域设置刀具进给率的一些参数。

②在【圆角减速】区域中可设置加工拐角时降低进给率的一些参数。

③在【主轴转速】区域中可设置主轴参数。

图 1-64　进给率设置选项卡

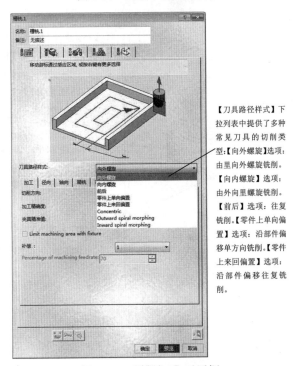

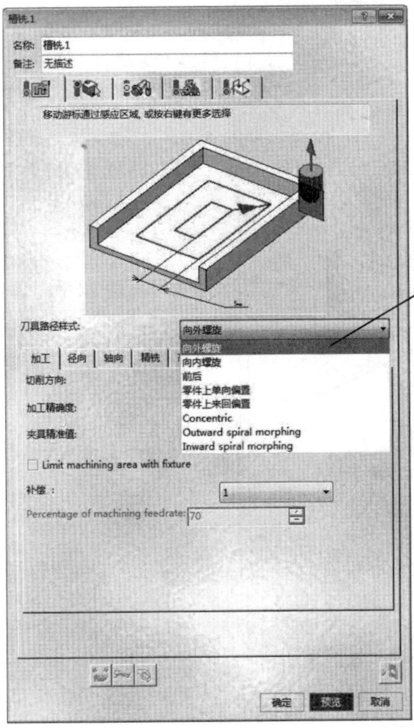

【刀具路径样式】下拉列表中提供了多种常见刀具的切削类型:【向外螺旋】选项：由里向外螺旋铣削。【向内螺旋】选项：由外向里螺旋铣削。【前后】选项：往复铣削。【零件上单向偏置】选项：沿部件偏移单方向铣削。【零件上来回偏置】选项：沿部件偏移往复铣削。

图 1-65　【槽铣.1】对话框

单击【径向】选项卡，然后在【模式】下拉列表中选择【刀径比例】选项，其他选项的设置，如图 1-66 所示。

单击【轴向】选项卡，然后在【模式】下拉列表中选择【切层数目】选项，在【切层数】文本框中输入值，其他选项采用系统默认设置，如图 1-67 所示。

单击【精铣】选项卡，然后在【模式】下拉列表中选择【无精铣路径】选项，如图 1-68 所示。

单击【高速切削】选项卡，然后取消选中【高速切削】复选框。【高速切削】选项卡各参数说明如图 1-69 所示。

7. 刀路仿真

刀路仿真可以让用户直观地观察刀具的运动过程，以检验各种参数定义的合理性。在【槽铣.1】对话框中单击【播放刀具路径】按钮，系统弹出【槽铣.1】对话框，且在图形区显示刀路轨迹，如图 1-70 所示。

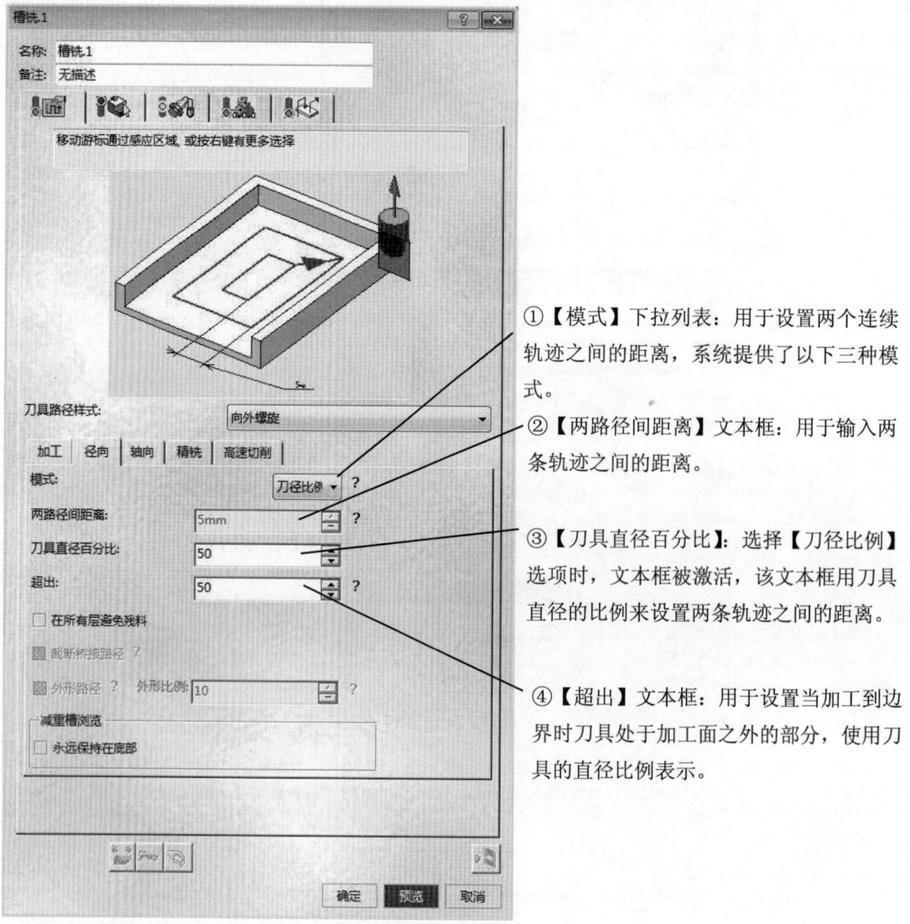
槽铣.1
名称: 槽铣.1
备注: 无描述
移动游标通过感应区域，或按右键有更多选择
刀具路径样式:
向外螺旋
加工
径向
轴向
精铣
高速切削
模式:
刀径比例
两路径间距离:
5mm
刀具直径百分比:
50
超出:
50
在所有层避免残料
截断桥接路径
外形路径
外形比例:
10
减重槽浏览
永远保持在底部
确定
预览
取消
①【模式】下拉列表：用于设置两个连续轨迹之间的距离，系统提供了以下三种模式。
②【两路径间距离】文本框：用于输入两条轨迹之间的距离。
③【刀具直径百分比】：选择【刀径比例】选项时，文本框被激活，该文本框用刀具直径的比例来设置两条轨迹之间的距离。
④【超出】文本框：用于设置当加工到边界时刀具处于加工面之外的部分，使用刀具的直径比例表示。

图 1-66　【径向】选项卡

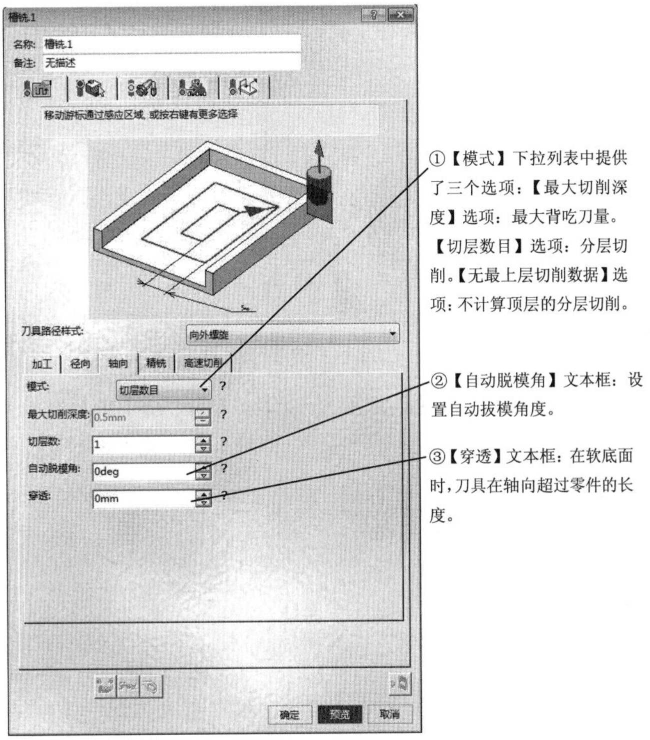
槽铣.1
名称: 槽铣.1
备注: 无描述
移动游标通过感应区域，或按右键有更多选择
刀具路径样式:
向外螺旋
加工
径向
轴向
精铣
高速切削
模式:
切层数目
最大切削深度:
0.5mm
切层数:
1
自动脱模角:
0deg
穿透:
0mm
确定
预览
取消
①【模式】下拉列表中提供了三个选项：【最大切削深度】选项：最大背吃刀量。【切层数目】选项：分层切削。【无最上层切削数据】选项：不计算顶层的分层切削。
②【自动脱模角】文本框：设置自动拔模角度。
③【穿透】文本框：在软底面时，刀具在轴向超过零件的长度。

图 1-67　【轴向】选项卡

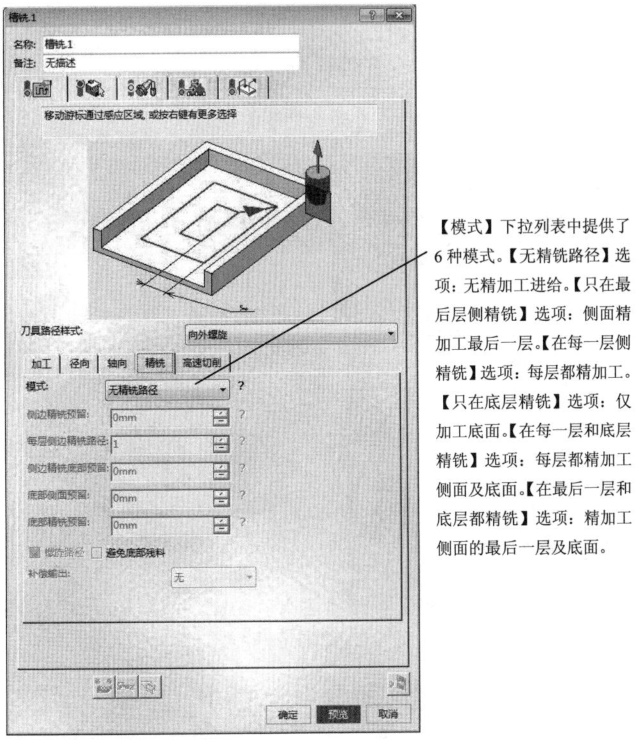
槽铣.1
名称: 槽铣.1
备注: 无描述
移动游标通过感应区域，或按右键有更多选择
刀具路径样式:
向外螺旋
加工
径向
轴向
精铣
高速切削
模式:
无精铣路径
0mm
1
0mm
0mm
0mm
避免底部残料
无
确定
预览
取消
【模式】下拉列表中提供了6种模式。【无精铣路径】选项：无精加工进给。【只在最后层侧精铣】选项：侧面精加工最后一层。【在每一层侧精铣】选项：每层都精加工。【只在底层精铣】选项：仅加工底面。【在每一层和底层精铣】选项：每层都精加工侧面及底面。【在最后一层和底层都精铣】选项：精加工侧面的最后一层及底面。

图 1-68　【精铣】选项卡

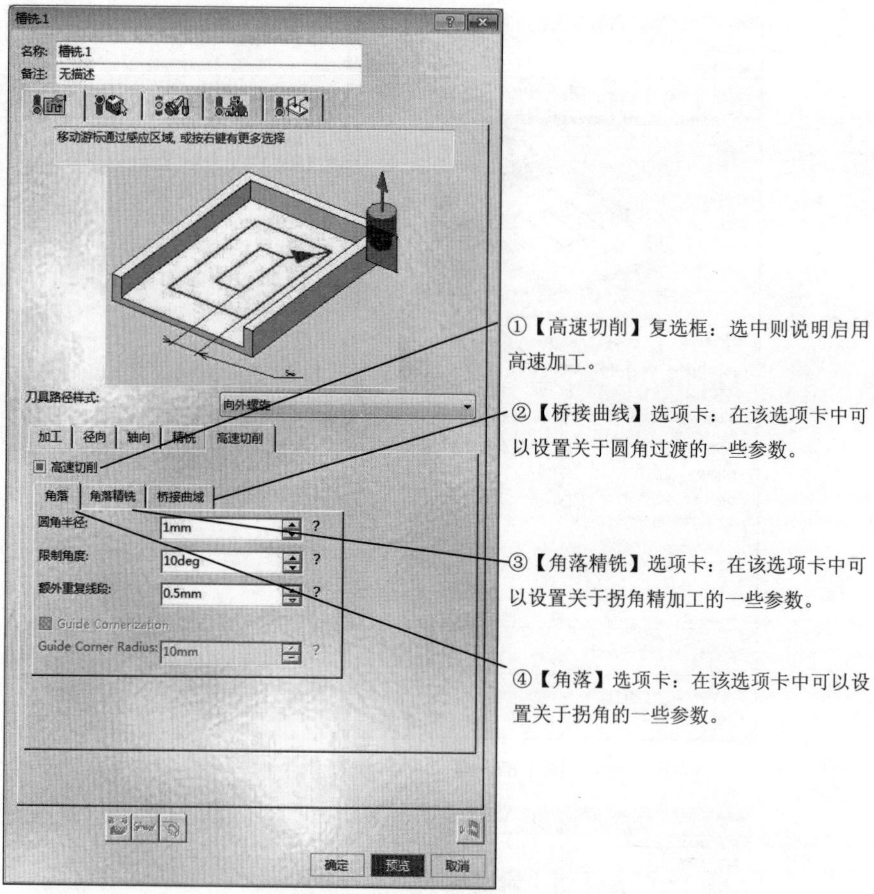
①【高速切削】复选框：选中则说明启用高速加工。
②【桥接曲线】选项卡：在该选项卡中可以设置关于圆角过渡的一些参数。
③【角落精铣】选项卡：在该选项卡中可以设置关于拐角精加工的一些参数。
④【角落】选项卡：在该选项卡中可以设置关于拐角的一些参数。

图 1-69 【高速切削】选项卡

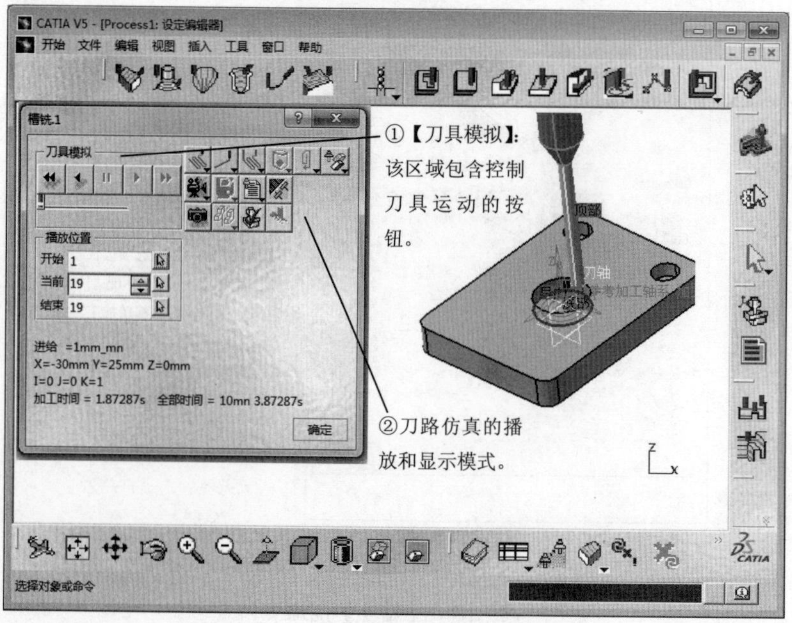
①【刀具模拟】：该区域包含控制刀具运动的按钮。
②刀路仿真的播放和显示模式。

图 1-70 【槽铣.1】对话框和刀路轨迹

8. 后处理

后处理是为了将加工操作中的加工刀路，转换为数控机床可以识别的数控程序（NC 代码），后处理的一般操作步骤如下。

选择【工具】|【选项】菜单命令，系统弹出的【选项】对话框，设置如图 1-71 所示。

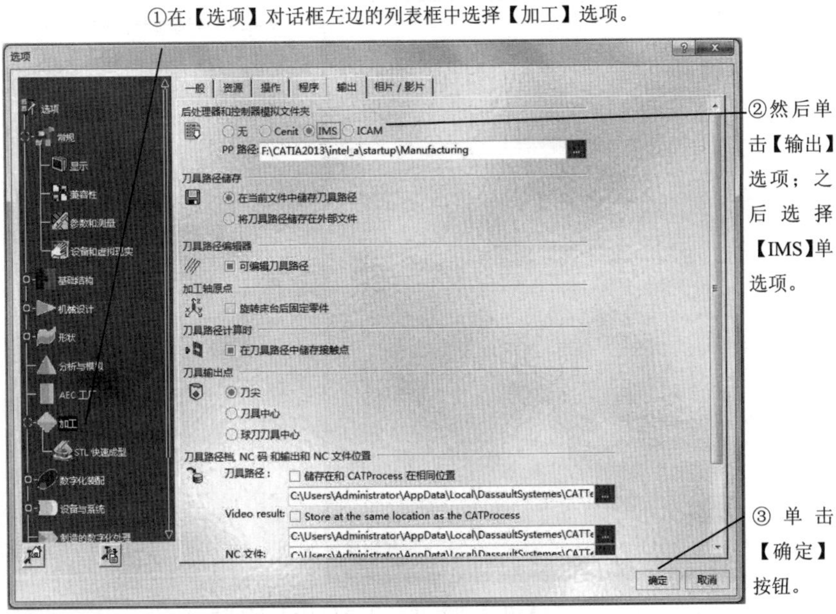
①在【选项】对话框左边的列表框中选择【加工】选项。
②然后单击【输出】选项；之后选择【IMS】单选项。
③单击【确定】按钮。

图 1-71 【选项】对话框

在图 1-72 所示的特征树中右键单击【制造程序.1】节点，在弹出的快捷菜单中选择【制造程序.1 对象】|【在交互式作业中产生 NC 码】命令，弹出图 1-73 所示的【以互动方式产生 NC 码】对话框。

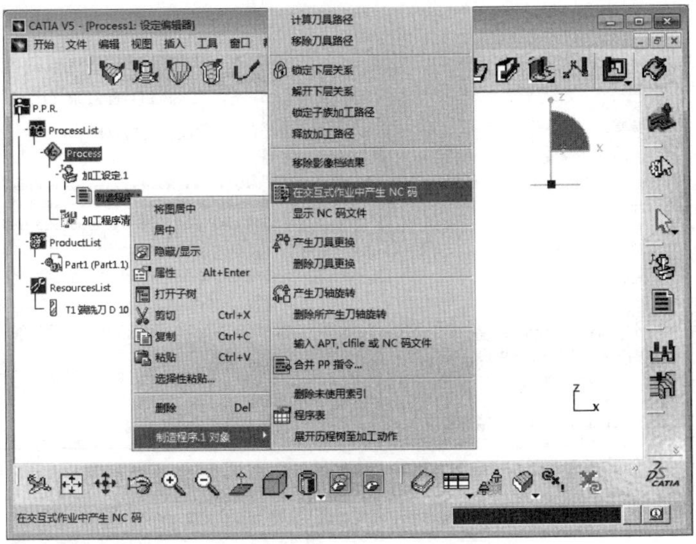

图 1-72 产生 NC 码命令

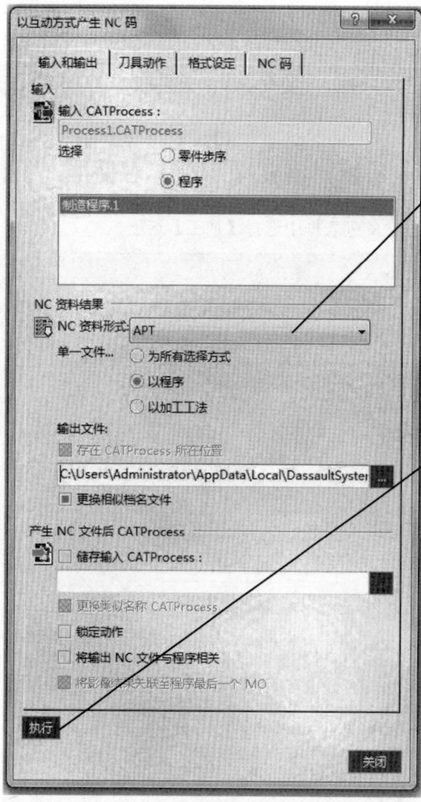
以互动方式产生 NC 码
输入和输出
刀具动作
格式设定
NC 码
输入
输入 CATProcess :
Process1.CATProcess
选择
零件步序
程序
制造程序.1
NC 资料结果
NC 资料形式:
APT
单一文件...
为所有选择方式
以程序
以加工工法
输出文件:
存在 CATProcess 所在位置
C:\Users\Administrator\AppData\Local\DassaultSyster
更换相似档名文件
产生 NC 文件后 CATProcess
储存输入 CATProcess :
更换类似名称 CATProcess
锁定动作
将输出 NC 文件与程序相关
将影像结果关联至程序最后一个 MO
执行
关闭

①在【以互动方式产生 NC 码】对话框的【输入和输出】选项卡【NC 资料形式】下拉列表中选择资料形式。

②单击【执行】按钮。

图 1-73 【以互动方式产生 NC 码】对话框

生成的数据文件，如图 1-74、图 1-75 所示。

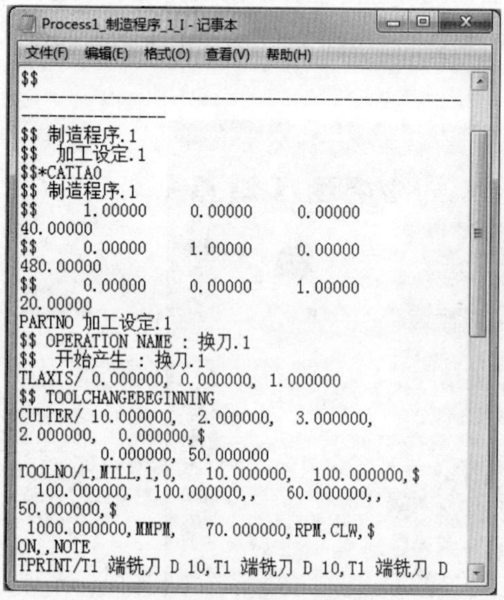
Process1_制造程序_1_I - 记事本
文件(F) 编辑(E) 格式(O) 查看(V) 帮助(H)
$$
$$ 制造程序.1
$$ 加工设定.1
$$*CATIA0
$$ 制造程序.1
$$ 1.00000 0.00000 0.00000
40.00000
$$ 0.00000 1.00000 0.00000
480.00000
$$ 0.00000 0.00000 1.00000
20.00000
PARTNO 加工设定.1
$$ OPERATION NAME : 换刀.1
$$ 开始产生 : 换刀.1
TLAXIS/ 0.000000, 0.000000, 1.000000
$$ TOOLCHANGEBEGINNING
CUTTER/ 10.000000, 2.000000, 3.000000,
2.000000, 0.000000,$
0.000000, 50.000000
TOOLNO/1,MILL,1,0, 10.000000, 100.000000,$
100.000000, 100.000000,, 60.000000,,
50.000000,$
1000.000000,MMPM, 70.000000,RPM,CLW,$
ON,,NOTE
TPRINT/T1 端铣刀 D 10,T1 端铣刀 D 10,T1 端铣刀 D

图 1-74 刀位文件

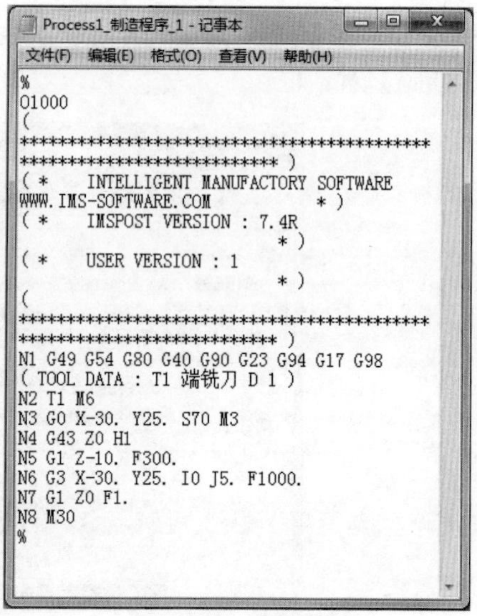
Process1_制造程序_1 - 记事本
文件(F) 编辑(E) 格式(O) 查看(V) 帮助(H)
%
O1000
(
**)
(* INTELLIGENT MANUFACTORY SOFTWARE
WWW.IMS-SOFTWARE.COM *)
(* IMSPOST VERSION : 7.4R
*)
(* USER VERSION : 1
*)
(
**)
N1 G49 G54 G80 G40 G90 G23 G94 G17 G98
(TOOL DATA : T1 端铣刀 D 1)
N2 T1 M6
N3 G0 X-30. Y25. S70 M3
N4 G43 Z0 H1
N5 G1 Z-10. F300.
N6 G3 X-30. Y25. I0 J5. F1000.
N7 G1 Z0 F1.
N8 M30
%

图 1-75 NC 代码

1.2.3 课堂练习——创建面铣加工程序

课堂练习开始文件：ywj /01/02.CATProcess

课堂练习完成文件：ywj /01/03.CATProcess

多媒体教学路径：光盘→多媒体教学→第 1 章→1.2 练习

Step 1 双击加工设定，如图 1-76 所示。

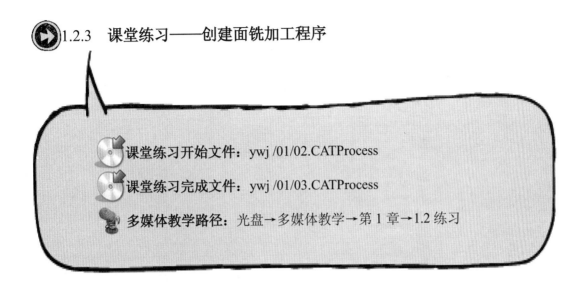

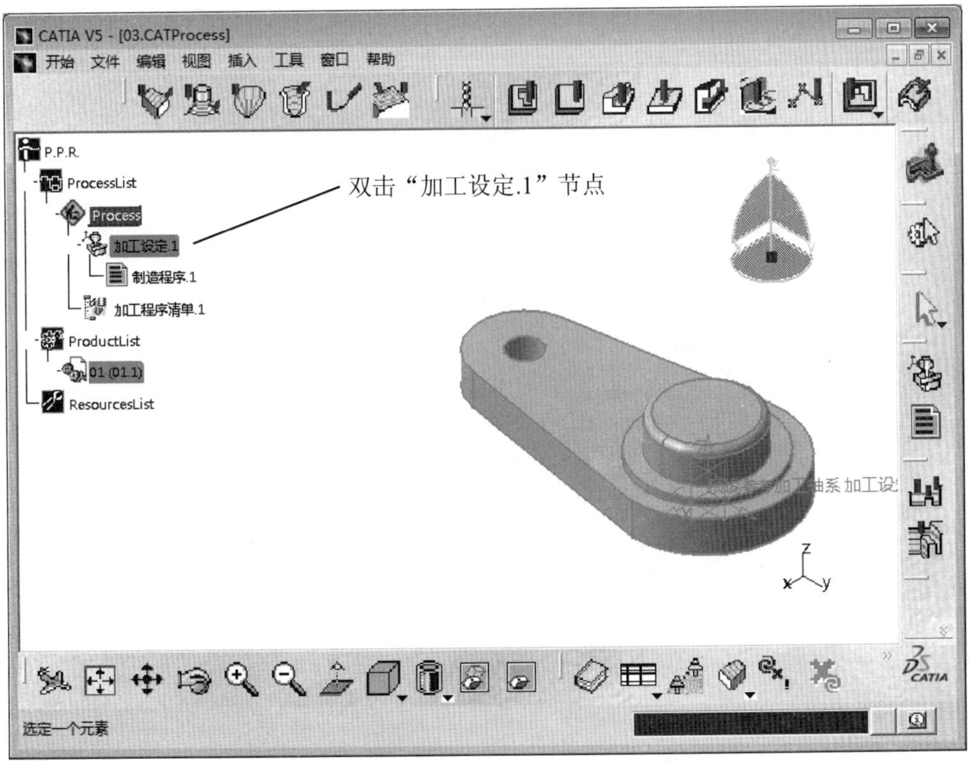

图 1-76 双击加工设定

Step2 选择机床命令，如图 1-77 所示。

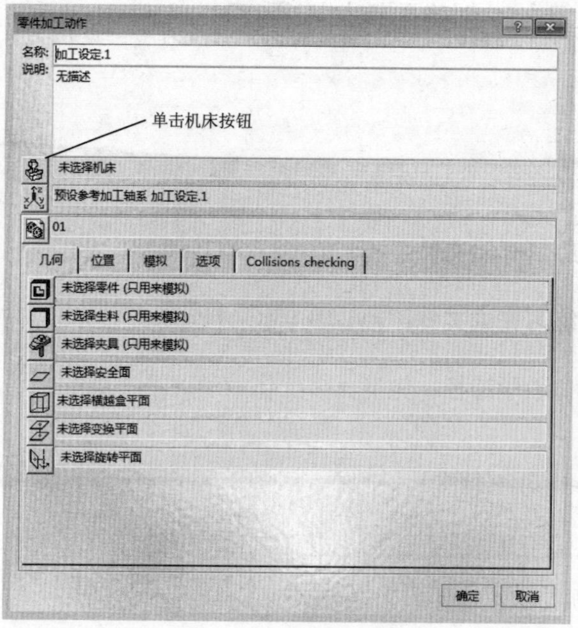

图 1-77 选择机床命令

Step3 设置机床，如图 1-78 所示。

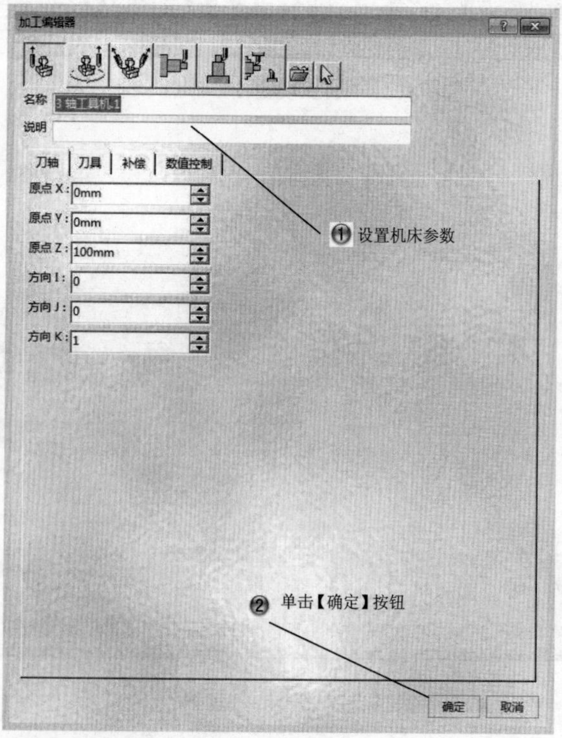

图 1-78 设置机床

Step4 选择坐标系命令，如图 1-79 所示。

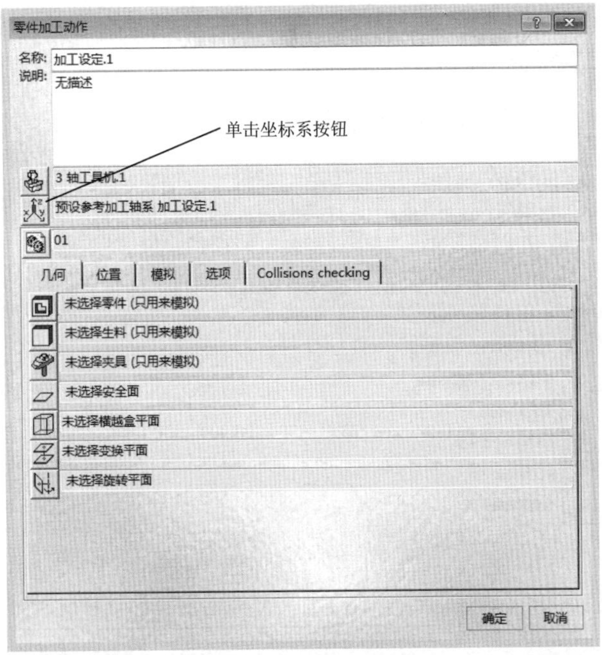

图 1-79　选择坐标系命令

Step5 设置坐标系，如图 1-80 所示。

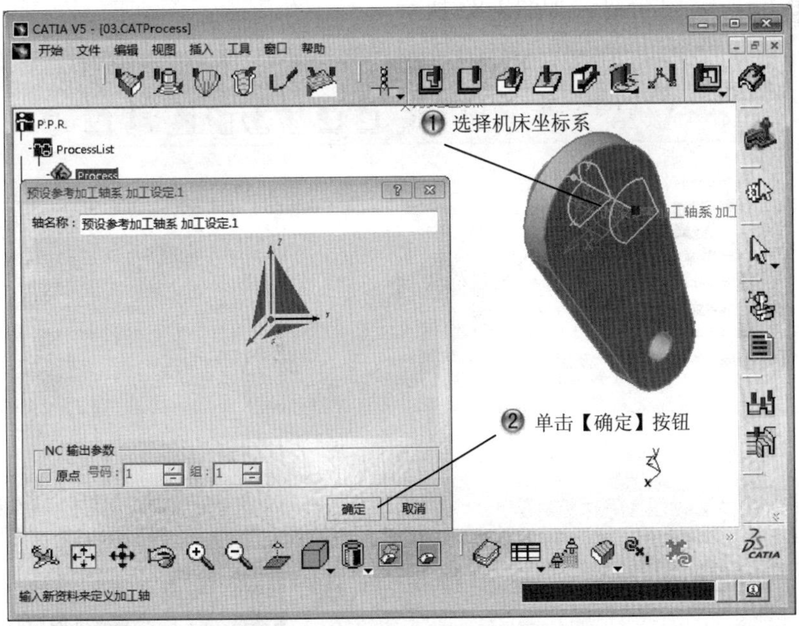

图 1-80　设置坐标系

Step6 选择零件命令，如图 1-81 所示。

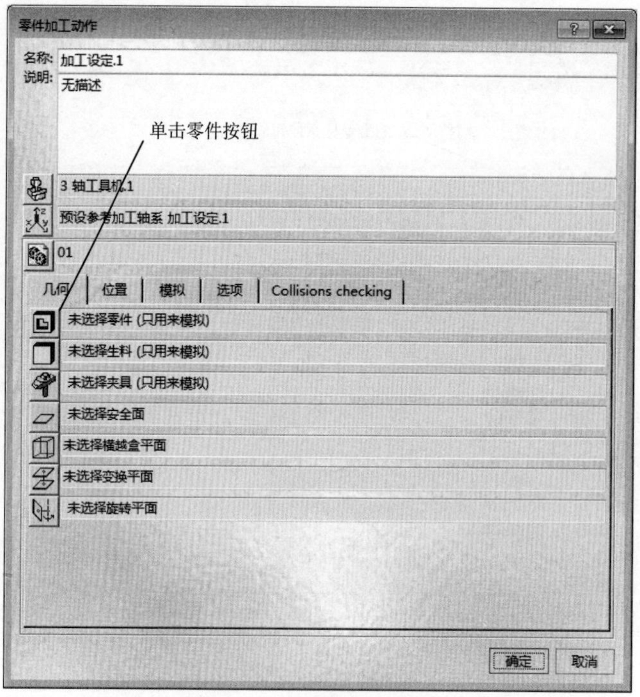

图 1-81　选择零件命令

Step7 选择加工零件，如图 1-82 所示。

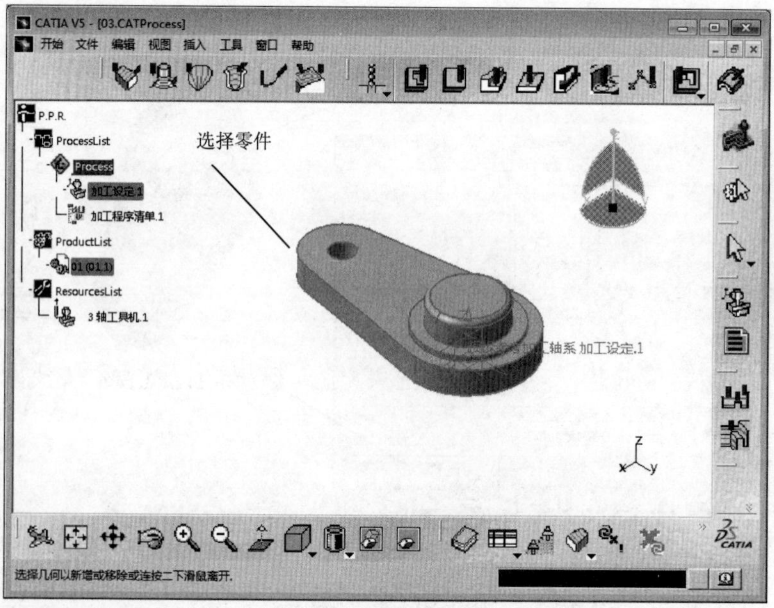

图 1-82　选择加工零件

Step8 选择安全面命令，如图 1-83 所示。

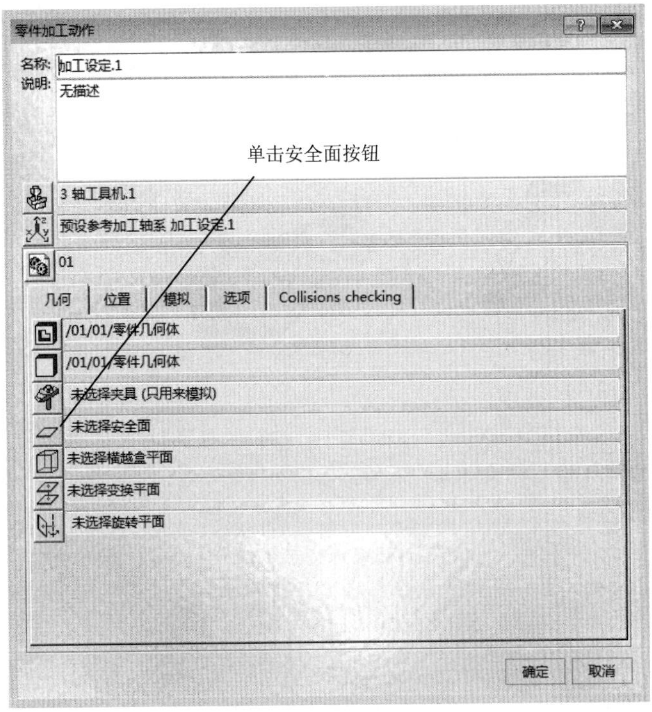

图 1-83　选择安全面命令

Step9 选择安全面，如图 1-84 所示。

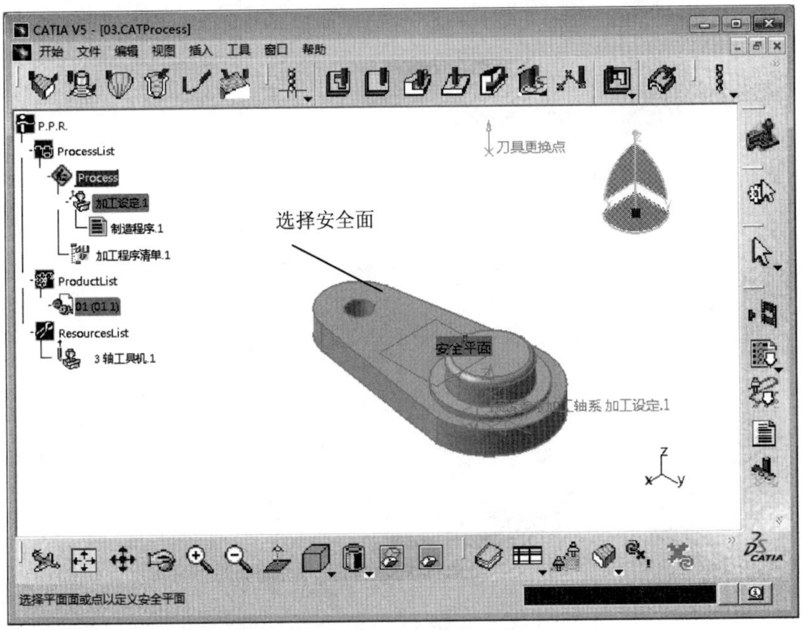

图 1-84　选择安全面

Step10 选择加工命令，如图 1-85 所示。

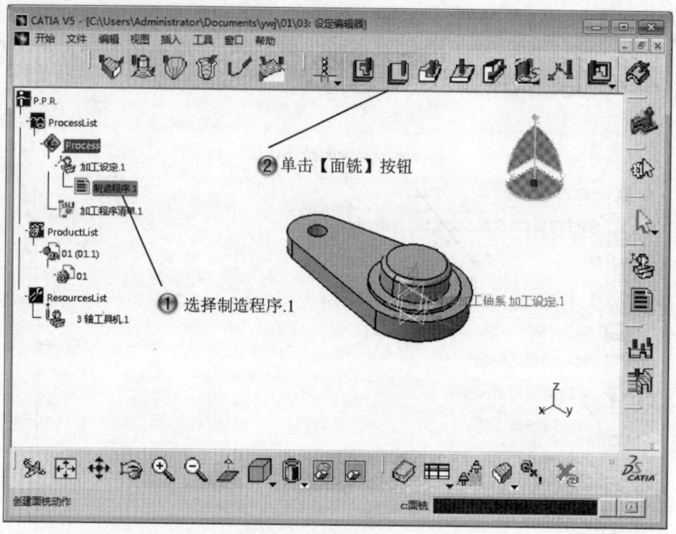

图 1-85 选择加工命令

Step11 单击加工区域，如图 1-86 所示。

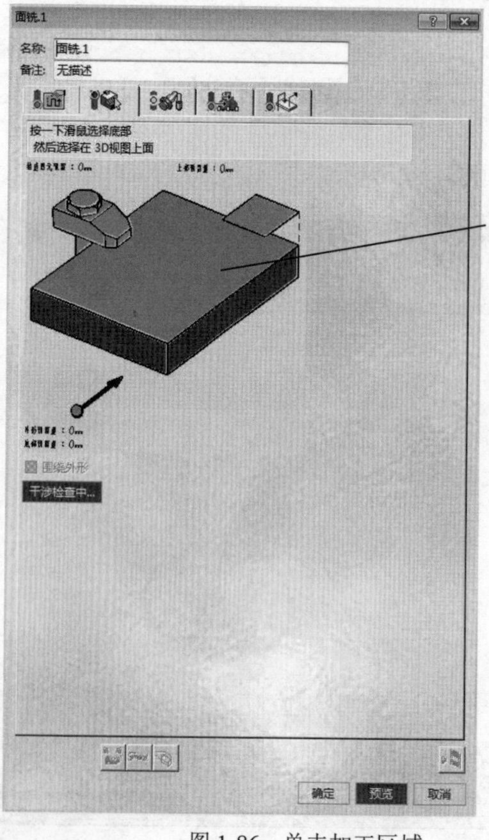

图 1-86 单击加工区域

Step12 选择加工面，如图 1-87 所示。

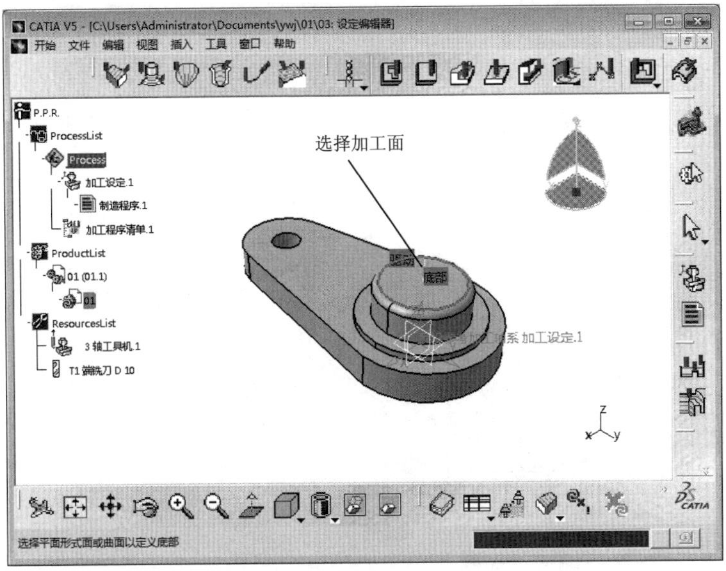

图 1-87　选择加工面

Step13 设置刀路样式，如图 1-88 所示。

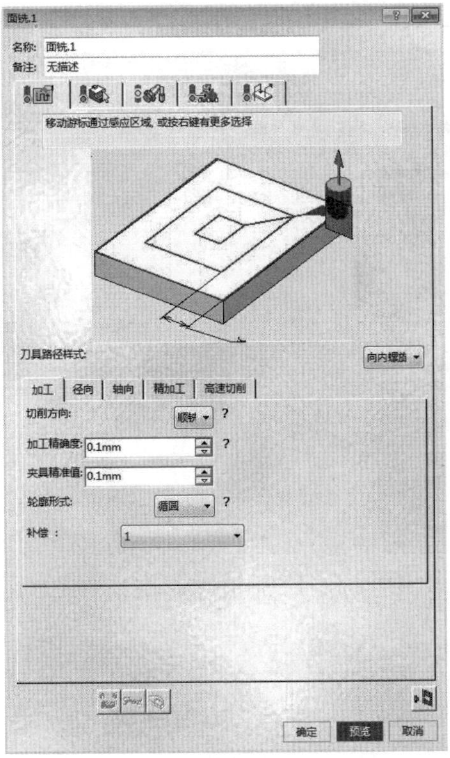

图 1-88　设置刀路样式

Step14 设置刀具参数，如图 1-89 所示。

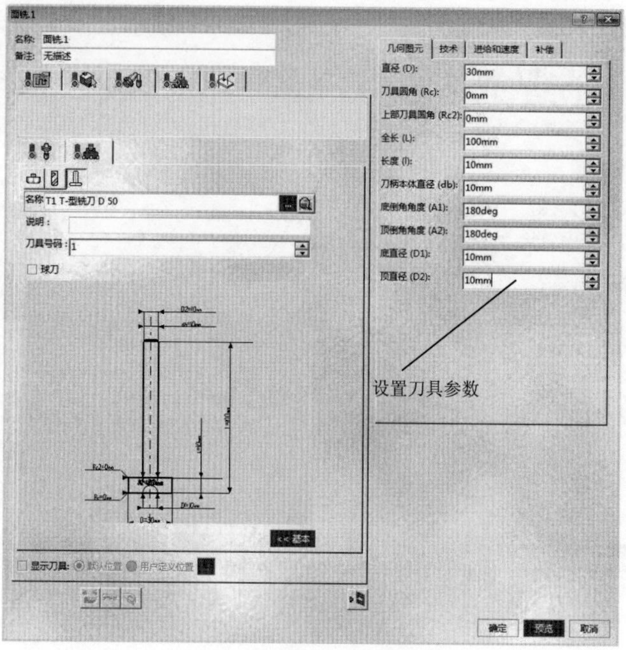

图 1-89　设置刀具参数

Step15 设置进给参数，如图 1-90 所示。

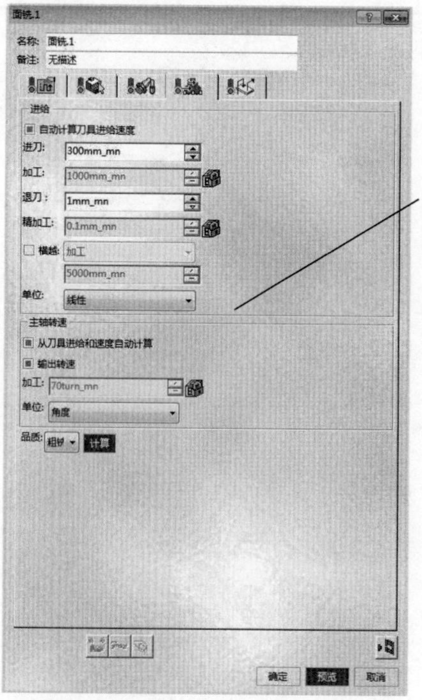

图 1-90　设置进给参数

Step16 设置进刀参数，如图 1-91 所示。

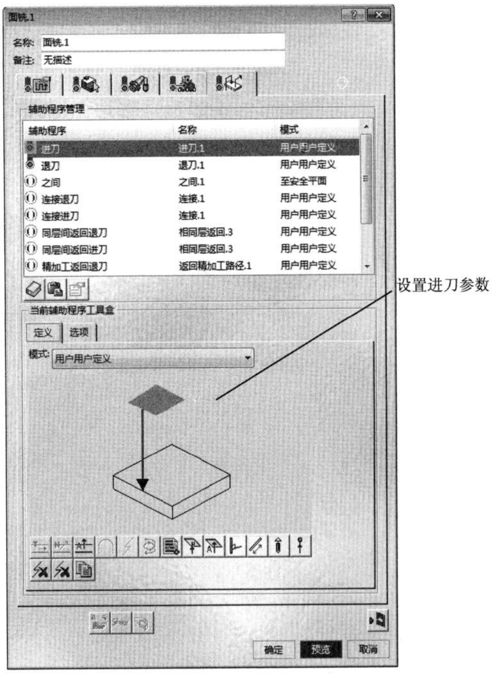
设置进刀参数

图 1-91　设置进刀参数

Step17 设置退刀参数，如图 1-92 所示。

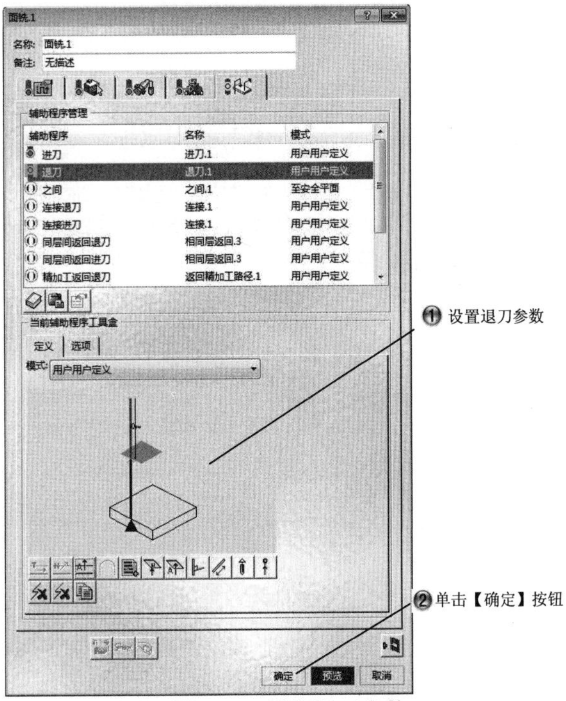
① 设置退刀参数
② 单击【确定】按钮

图 1-92　设置退刀参数

Step18 刀具模拟，如图 1-93 所示。

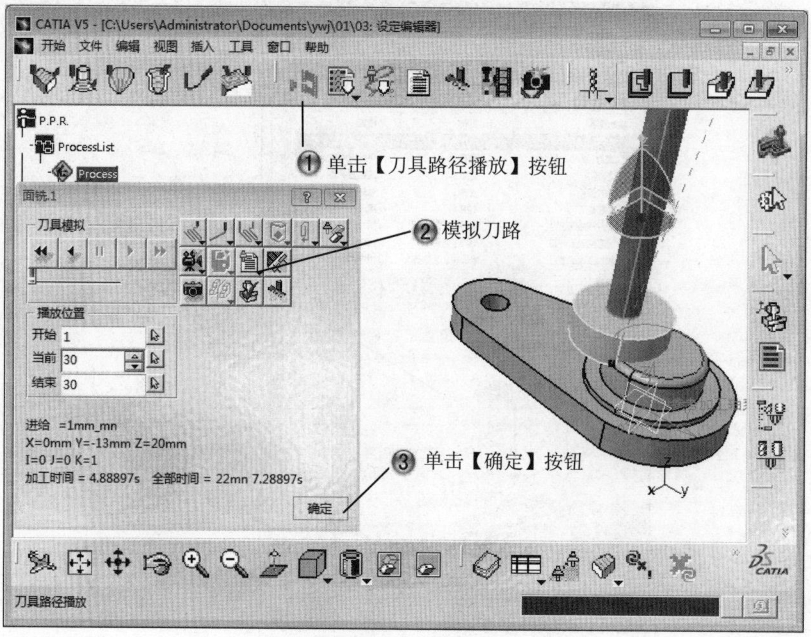

图 1-93　刀具模拟

1.3　专家总结

本章主要介绍了 CATIA V5-6R 2014 软件的数控加工界面和基本流程，在熟练地使用程序进行数控加工编程之前需要熟悉数控机床、加工编程原理、加工刀具以及加工本身程序的命令。数控加工一般在数控机床上进行零件加工，数控机床加工与传统机床加工的工艺规程从总体上说是一致的，但也发生了明显的变化。它是用数字信息控制零件和刀具位移的机械加工方法。它是解决零件品种多变、批量小、形状复杂、精度高等问题和实现高效化和自动化加工的有效途径。

1.4　课后习题

1.4.1　填空题

（1）CATIA 的界面由________、________、________、________组成。

（2）CATIA 文件操作的基本操作有________、________、________、________。

1.4.2 问答题

（1）CATIA 加工程序的基本流程是什么？
（2）创建加工程序的前提是什么？

1.4.3 上机操作题

使用本章学过的知识来熟悉软件的零件加工程序操作。
练习步骤和方法：
（1）熟悉软件加工模块界面。
（2）学习文件操作。
（3）尝试创建加工程序。

第2章　2.5轴铣削加工基础

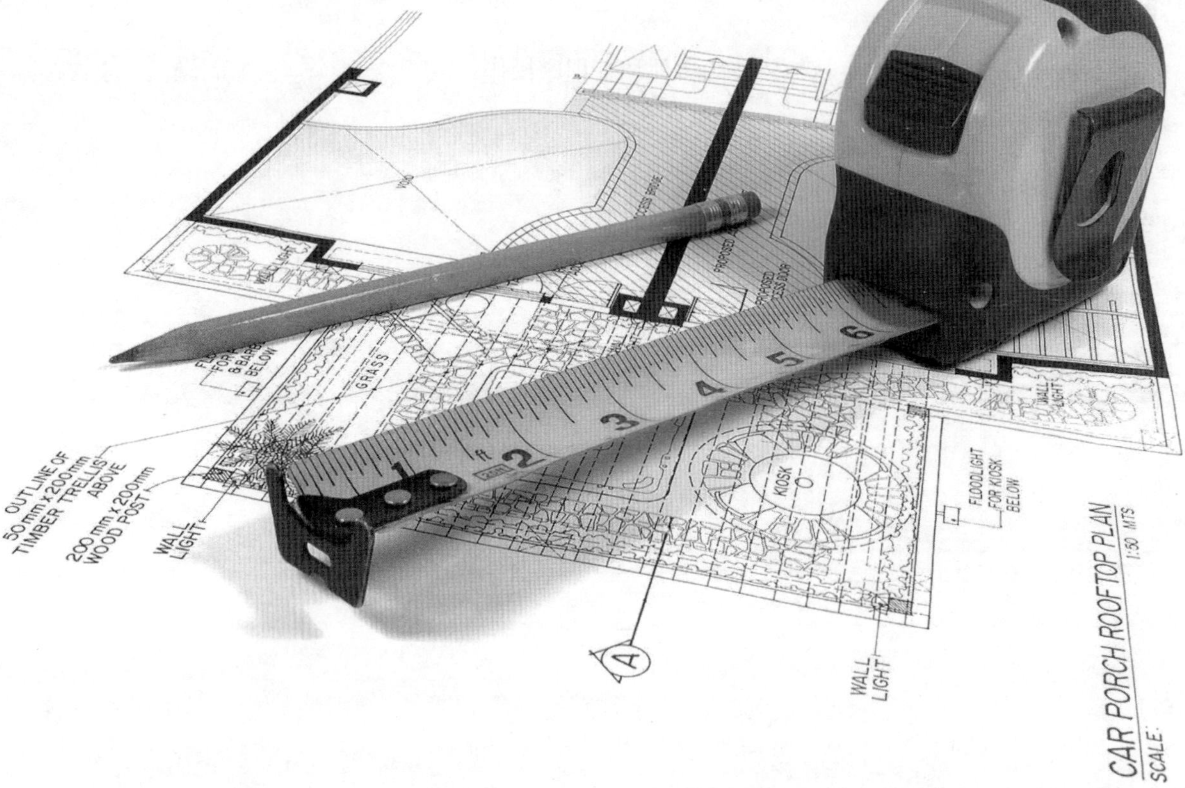

课训目标	内　容	掌握程度	课　时
	平面铣削	熟练运用	2
	粗加工	熟练运用	2
	多型腔铣削	熟练运用	2
	轮廓铣削	熟练运用	2

课程学习建议

CATIA 2.5 轴铣削加工工作台包含平面铣削、型腔铣削、轮廓铣削、曲线铣削以及孔加工等功能。本章将通过对平面铣削、多型腔铣削、粗加工和轮廓铣削的实际操作，来介绍 2.5 轴铣削加工的各种加工类型，主要学习加工操作的建立以及一些参数的设置。

本课程主要基于软件的二轴半数控加工模块来讲解，其培训课程表如下。

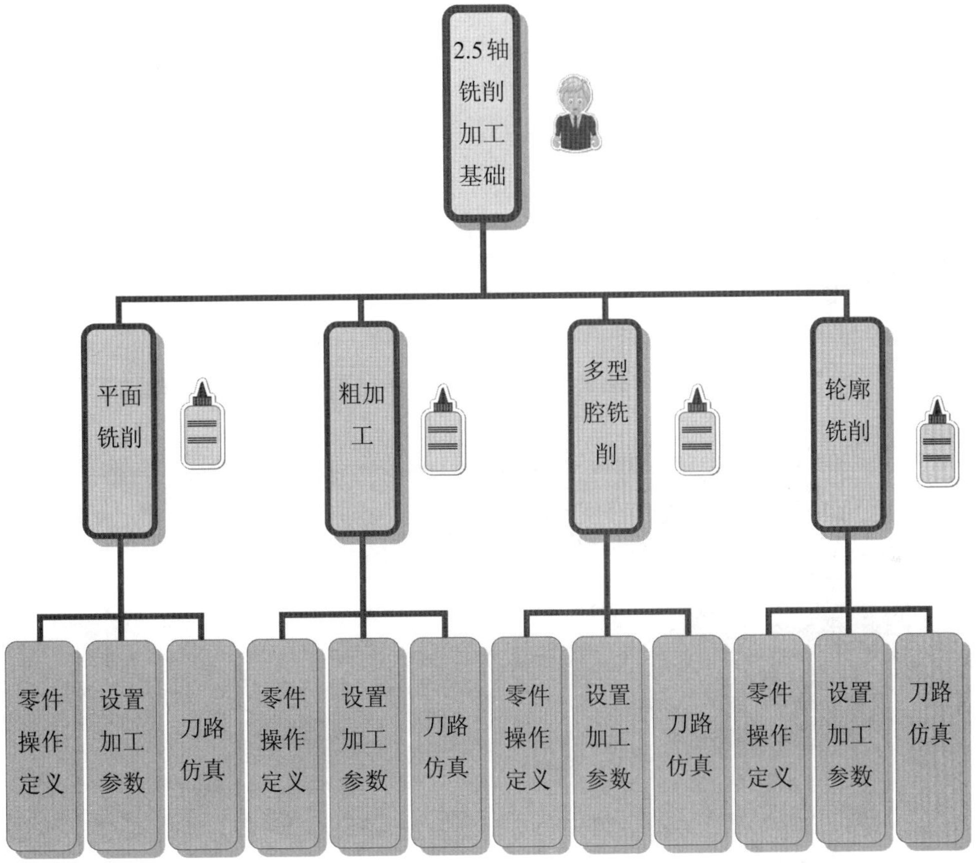

2.1 平面铣削

基本概念

平面铣削就是对大面积的没有任何曲面或凸台的零件表面进行加工，一般选用平底立铣刀或面铣刀。

课堂讲解课时：2 课时

2.1.1 设计理论

进入 2.5 轴加工工作台后，会出现 2.5 轴铣削加工时所需要的各种工具栏按钮及相应的下拉菜单。使用平面铣削加工方法，既可以进行粗加工又可进行精加工。对于加工余量大又不均匀的表面，采用粗加工，其铣刀直径应较小以减少切削力矩；对于精加工，其铣刀直径应较大，最好能包容整个待加工面。

2.1.2 课堂讲解

1. 平面铣削零件操作定义

（1）进入数控加工模块

选择【开始】|【加工】|【二轴半加工】菜单命令，系统进入 2.5 轴铣削工作台，如图 2-1 所示。

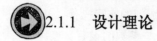

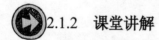

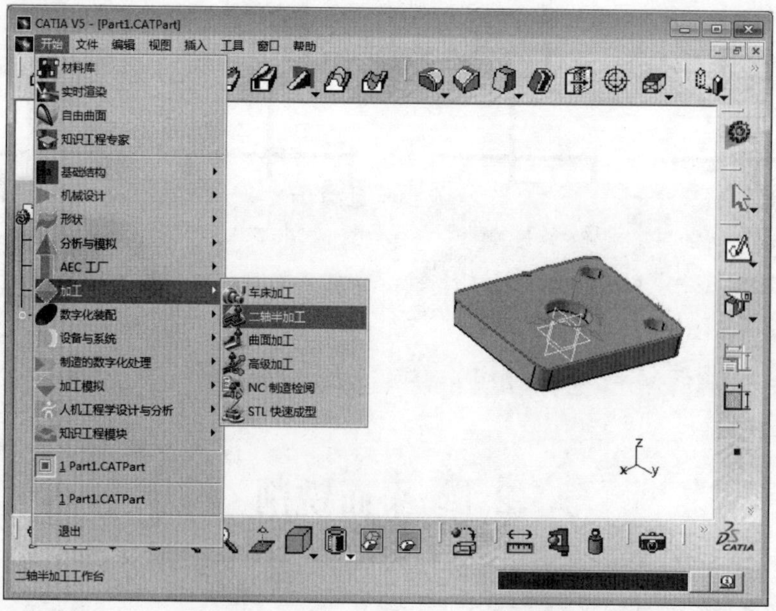

图 2-1 选择【二轴半加工】命令

（2）引入加工零件

在 P.P.R.特征树中，双击【Process】节点中的【加工设定.1】节点，系统弹出【零件加工动作】对话框，如图 2-2 所示。

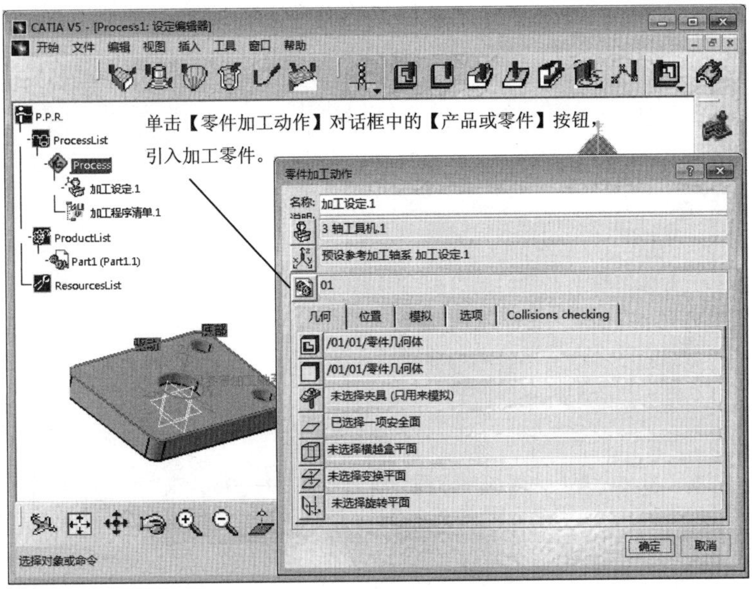

图 2-2　从特征树引入零件

（3）零件操作定义

单击【零件加工动作】对话框中的【机床】按钮，系统弹出【加工编辑器】对话框，设置机床，如图 2-3 所示。

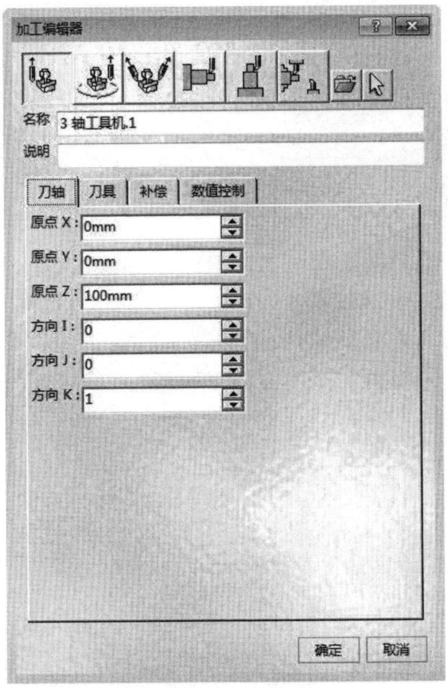

图 2-3　设置机床

单击【零件加工动作】对话框中的【参考加工轴系】按钮，系统弹出【预设参考加工轴系 加工设定.1】对话框。在图形区选取点作为加工坐标系的原点，完成加工坐标系的定义，如图 2-4 所示。

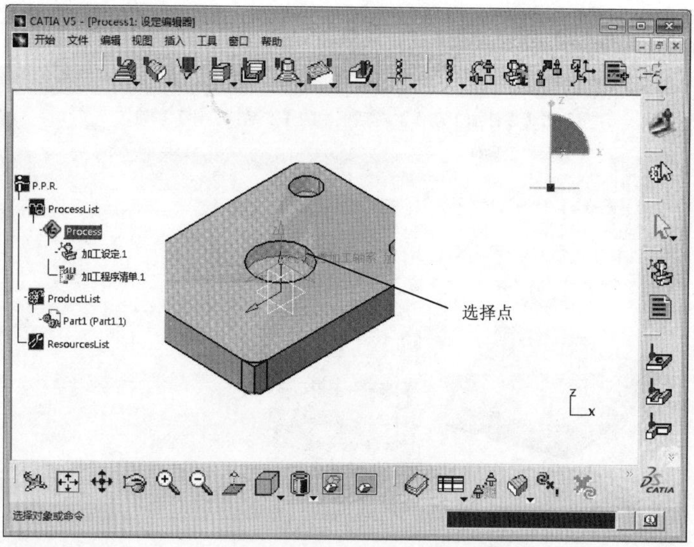

图 2-4 定义坐标系

模拟零件和毛坯设置，如图 2-5 所示。

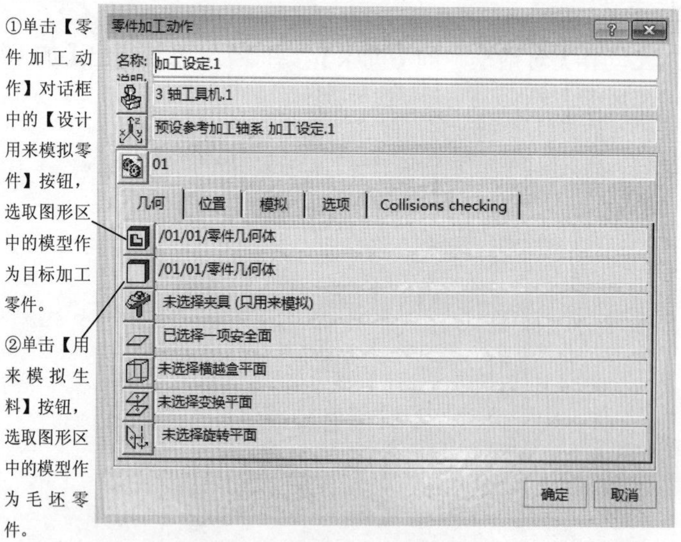

图 2-5 模拟零件和毛坯设置

单击【零件加工动作】对话框中的【安全面】按钮，选择参考面，如图 2-6 所示，单击【确定】按钮，完成零件定义操作。

2. 平面铣削设置加工参数

（1）定义几何参数

在特征树中选中【制造程序.1】节点，然后选择【插入】|【加工动作】|【面铣】菜单命令，插入一个平面铣削操作，系统弹出如图 2-7 所示的【面铣.1】对话框。选择加工面，如图 2-8 所示。

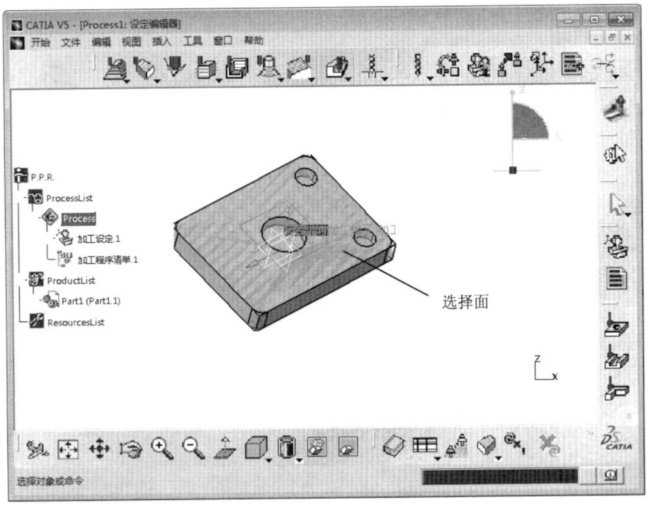

图 2-6　定义安全面

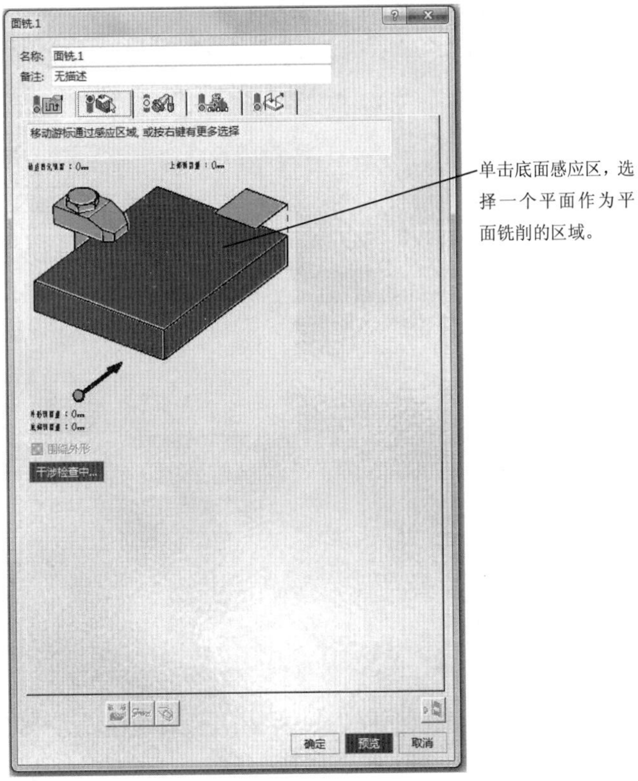

图 2-7　【面铣.1】对话框

（2）定义刀具参数

在【面铣.1】对话框中单击“刀具参数”选项卡，进入刀具参数选项卡，设置如图 2-9 所示。

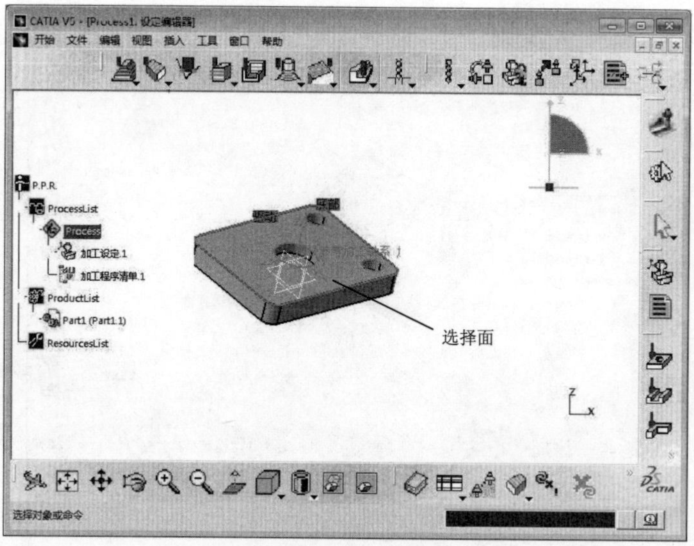

图 2-8　选择加工面

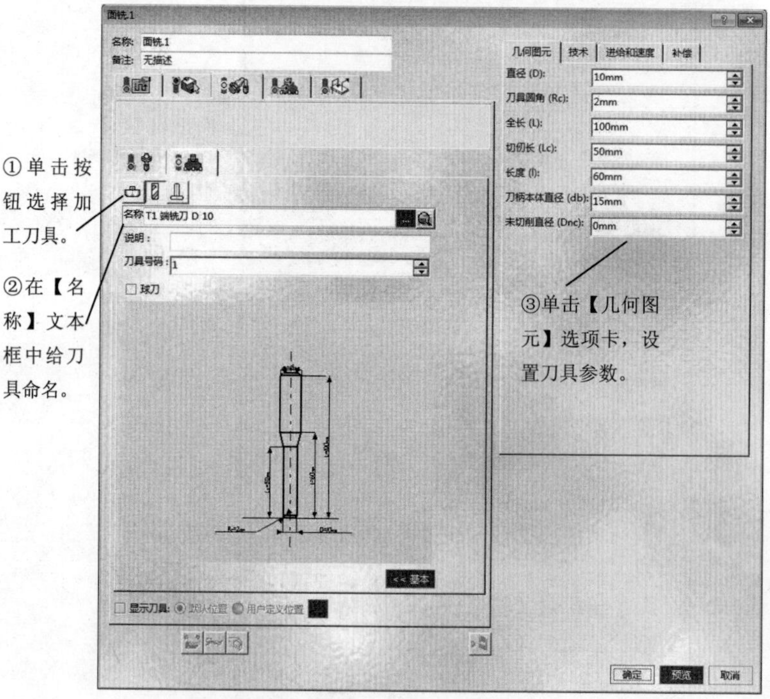

图 2-9　设置刀具参数

单击【技术】选项卡，然后设置技术参数，其他选项卡中的参数一般采用默认的设置，如图 2-10 所示。

（3）定义进给率

在【面铣.1】对话框中单击“进给率”选项卡 设置进给率，设置如图 2-11 所示的参数。

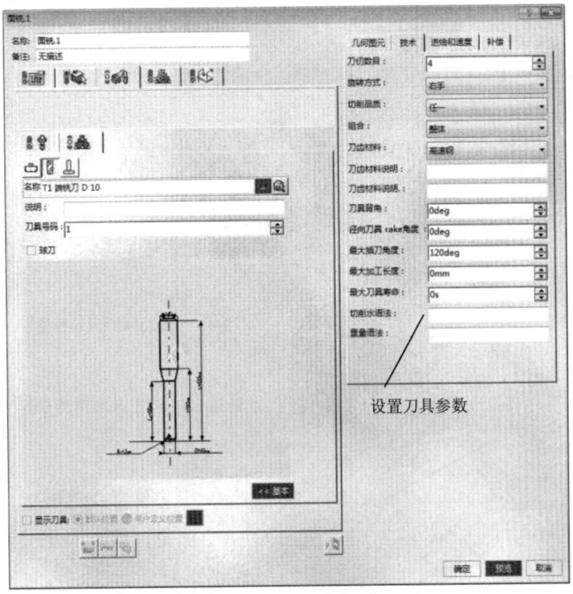

图 2-10　刀具技术参数设置

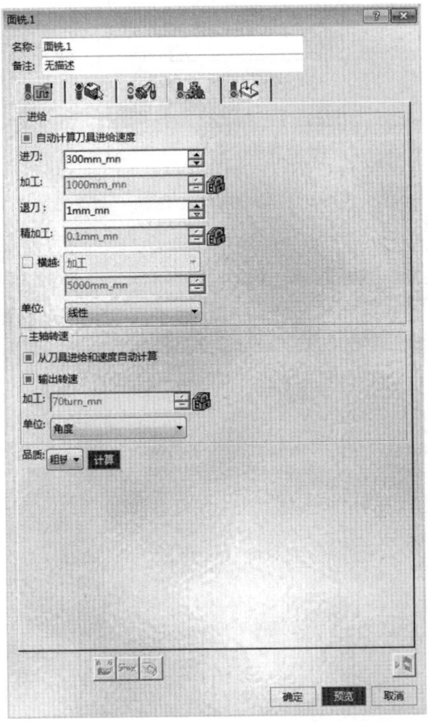

图 2-11　设置进给率

（4）定义刀具路径参数

在【面铣.1】对话框中单击“刀具路径参数”选项卡，设置参数，如图 2-12 所示。

（5）定义进刀/退刀路径

在【面铣.1】对话框中单击“进刀/退刀路径”选项卡，设置进刀退刀参数，如

图 2-13 所示。

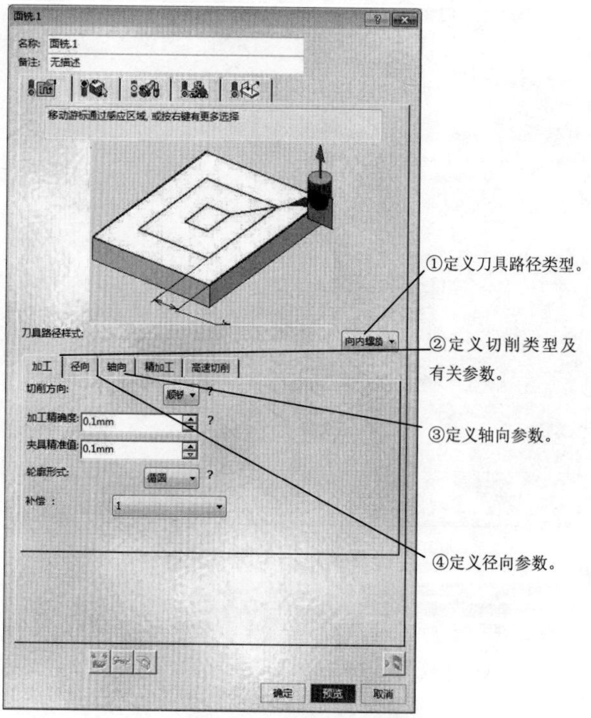
①定义刀具路径类型。
②定义切削类型及有关参数。
③定义轴向参数。
④定义径向参数。

图 2-12　定义刀具路径

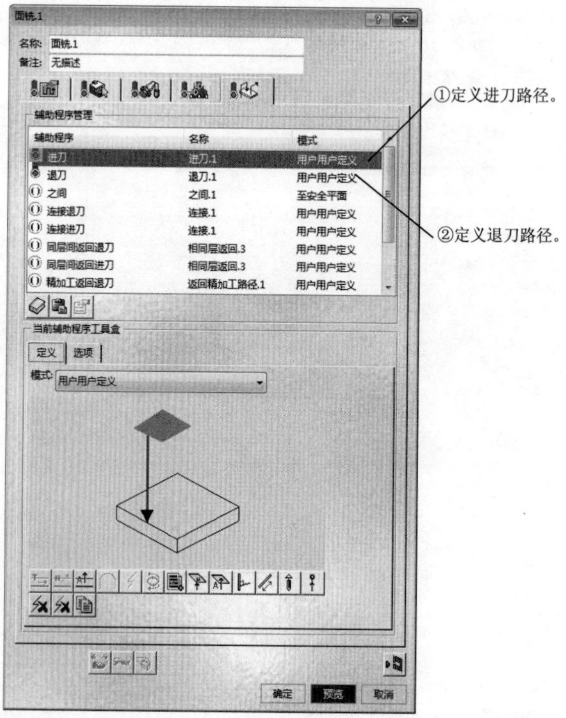
①定义进刀路径。
②定义退刀路径。

图 2-13　设置进刀退刀参数

3. 平面铣削刀路仿真

在【面铣.1】对话框中单击【播放刀具路径】按钮，系统在图形区显示刀路轨迹，如图 2-14 所示。

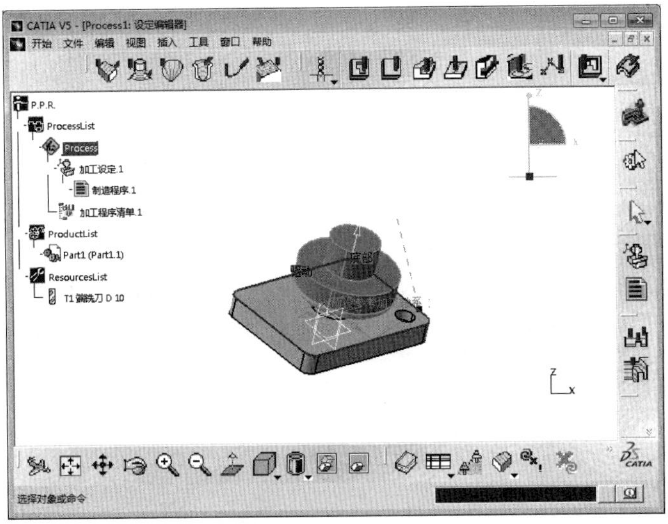

图 2-14　刀路模拟

在【面铣.1】对话框中单击【分析】按钮，系统弹出【分析（Analysis）】对话框，如图 2-15 所示。

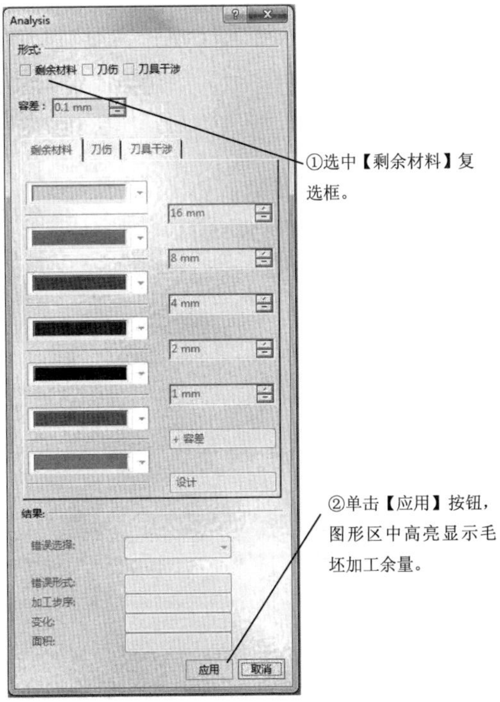

图 2-15　【分析】对话框

在【分析】对话框中取消选中的【剩余材料】复选框，单击【应用】按钮，图形区中高亮显示毛坯加工过切情况，如图 2-16 所示。

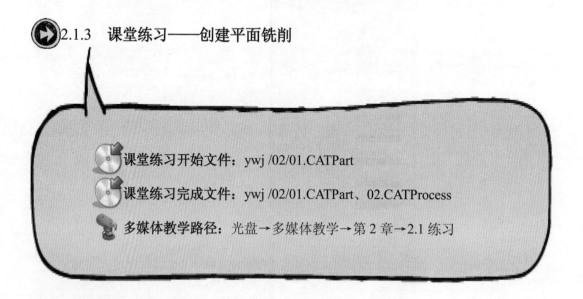

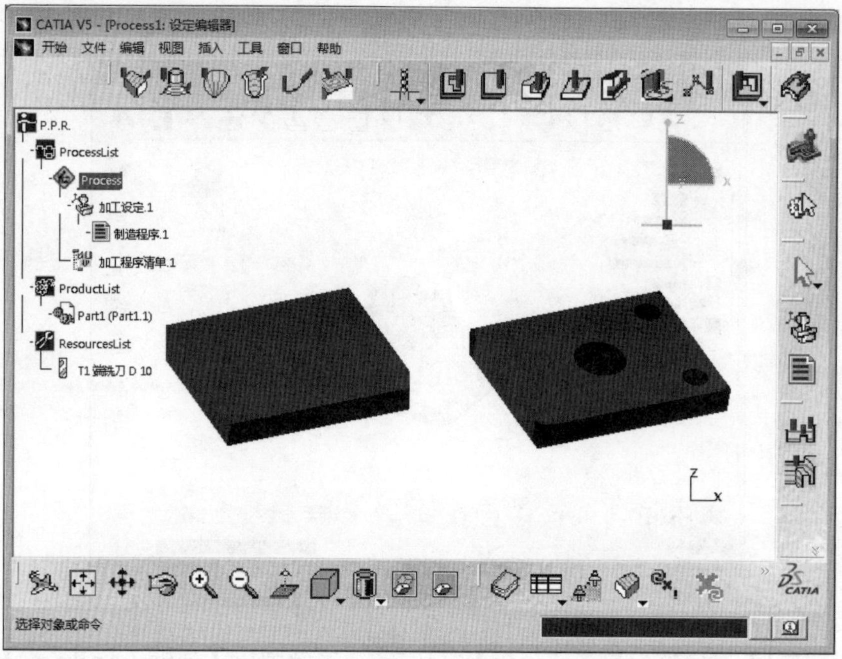

图 2-16　过切检测和毛坯剩余材料检测

2.1.3　课堂练习——创建平面铣削

课堂练习开始文件：ywj /02/01.CATPart

课堂练习完成文件：ywj /02/01.CATPart、02.CATProcess

多媒体教学路径：光盘→多媒体教学→第 2 章→2.1 练习

Step1 选择草绘面，如图 2-17 所示。

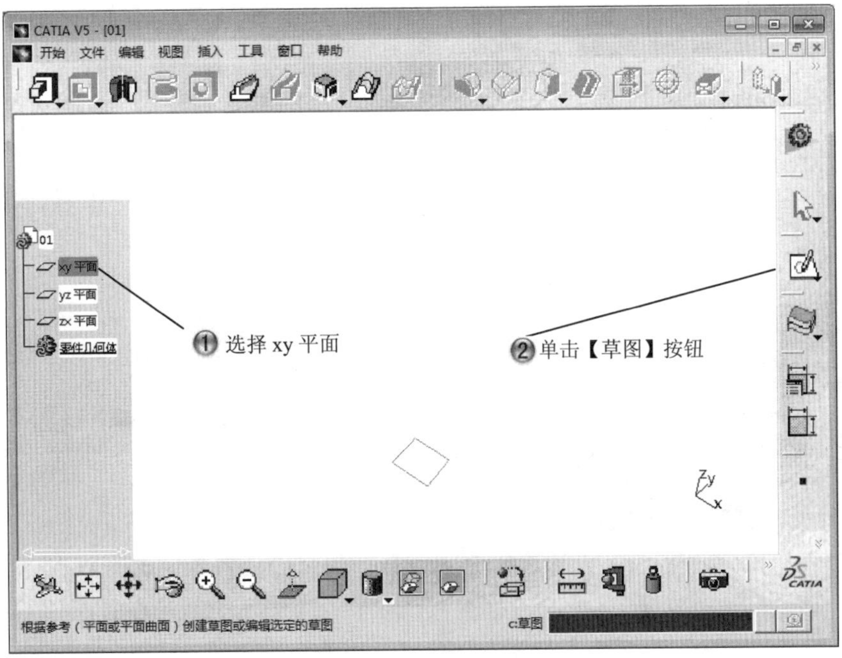

图 2-17 选择草绘面

Step2 绘制矩形，如图 2-18 所示。

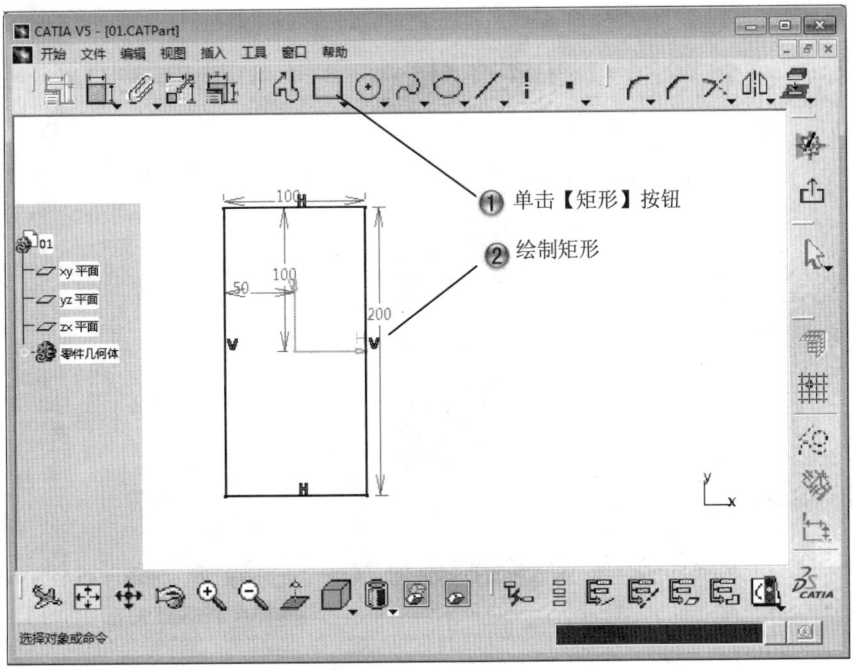

图 2-18 绘制矩形

Step3 创建凸台，如图 2-19 所示。

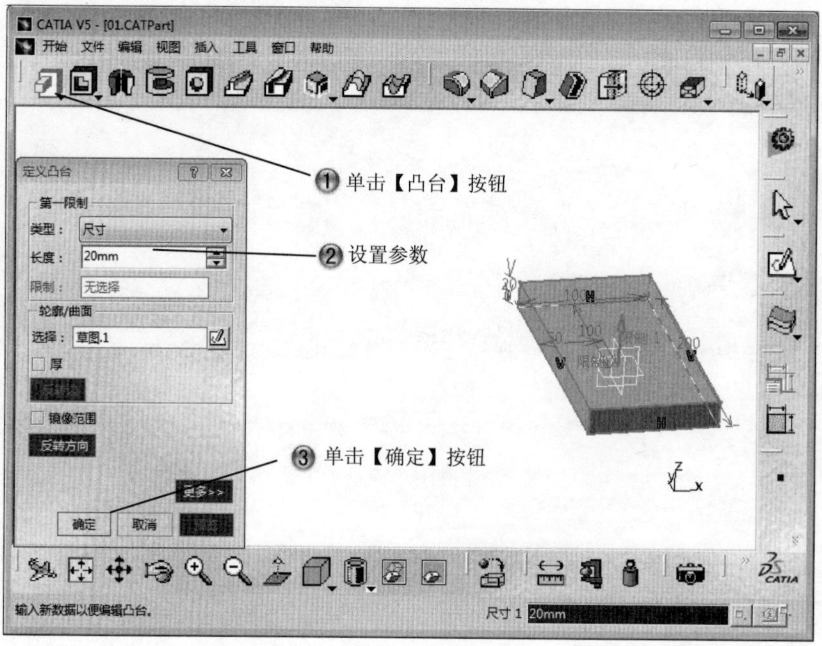

图 2-19 创建凸台

Step4 选择草绘面，如图 2-20 所示。

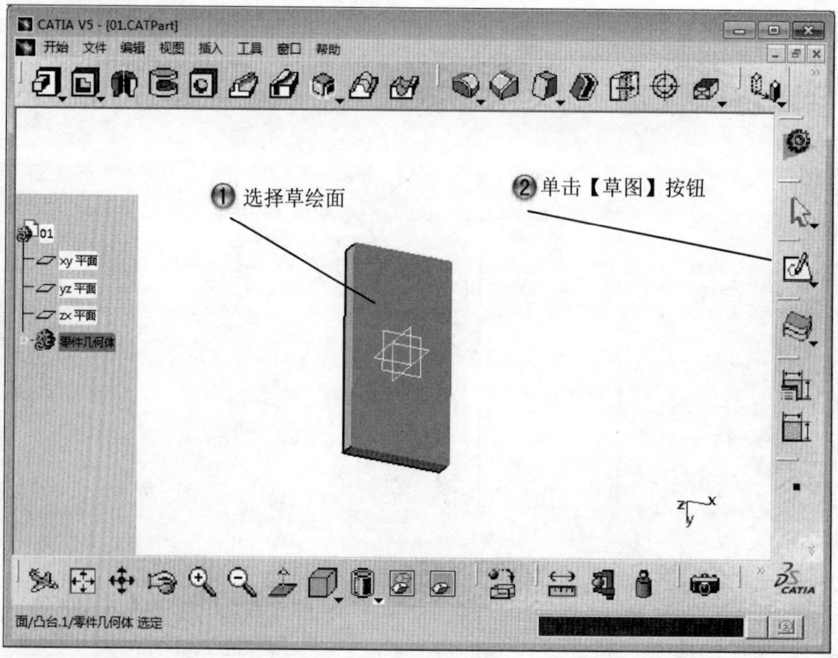

图 2-20 选择草绘面

Step5 绘制圆形，如图 2-21 所示。

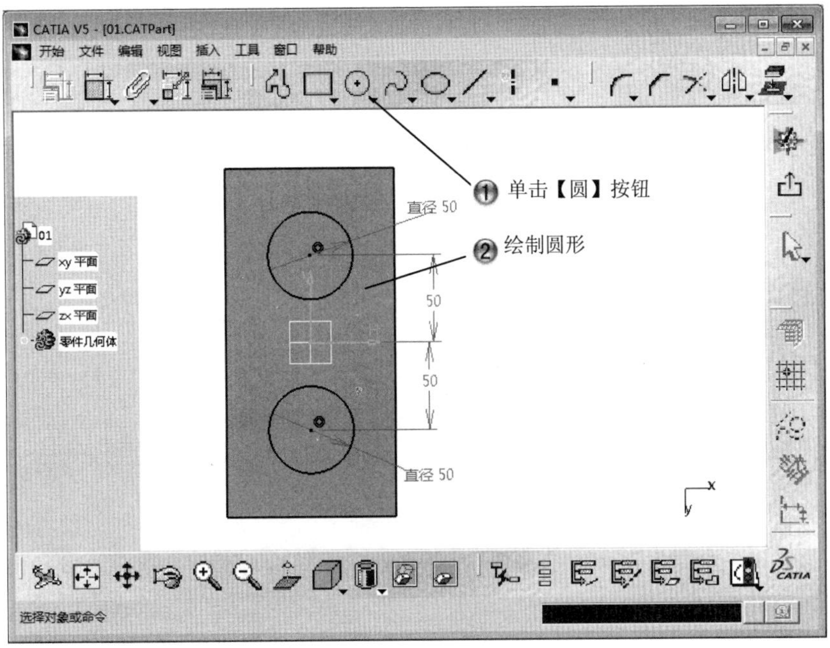

图 2-21　绘制圆形

Step6 创建凸台，如图 2-22 所示。

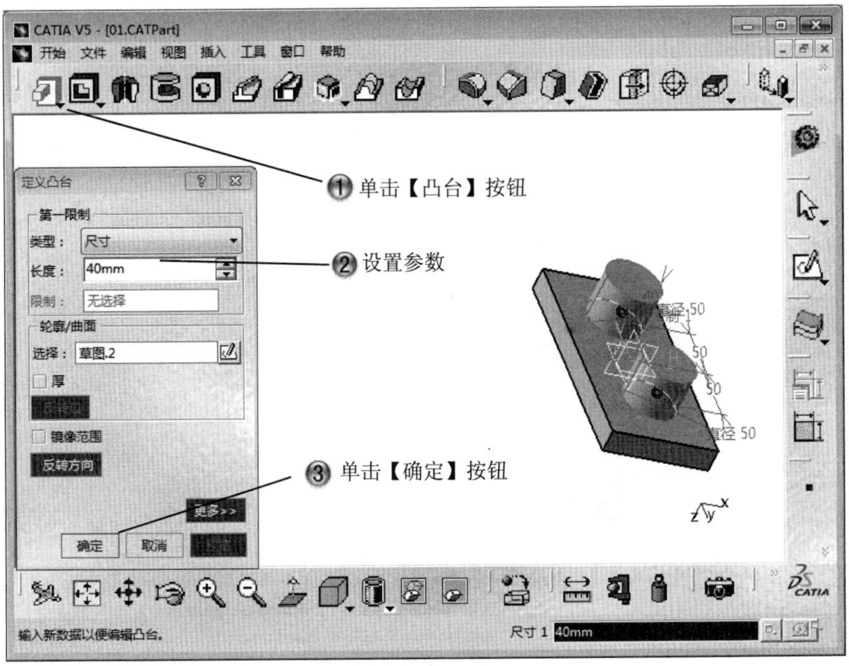

图 2-22　创建凸台

Step7 选择草绘面，如图 2-23 所示。

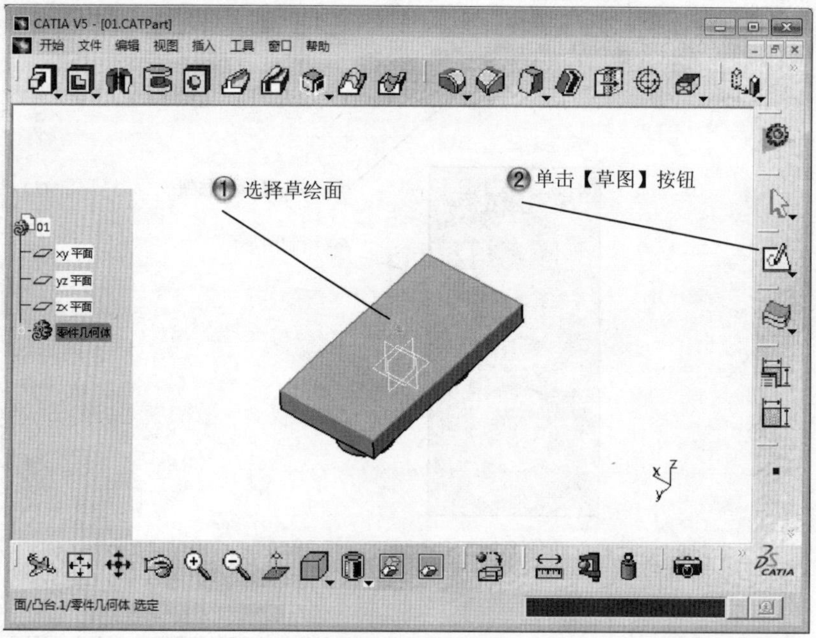

图 2-23 选择草绘面

Step8 绘制延长孔，如图 2-24 所示。

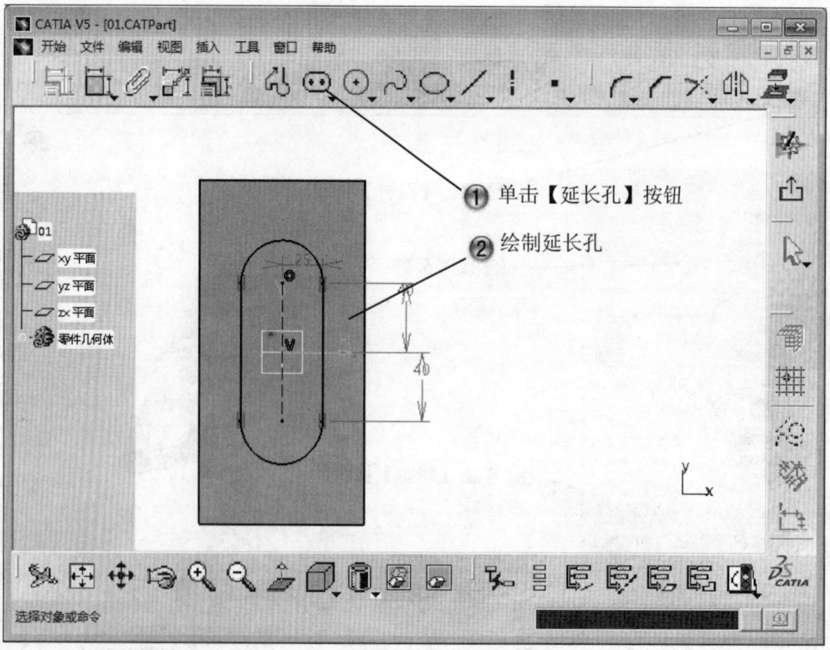

图 2-24 绘制延长孔

Step9 创建凹槽，如图 2-25 所示。

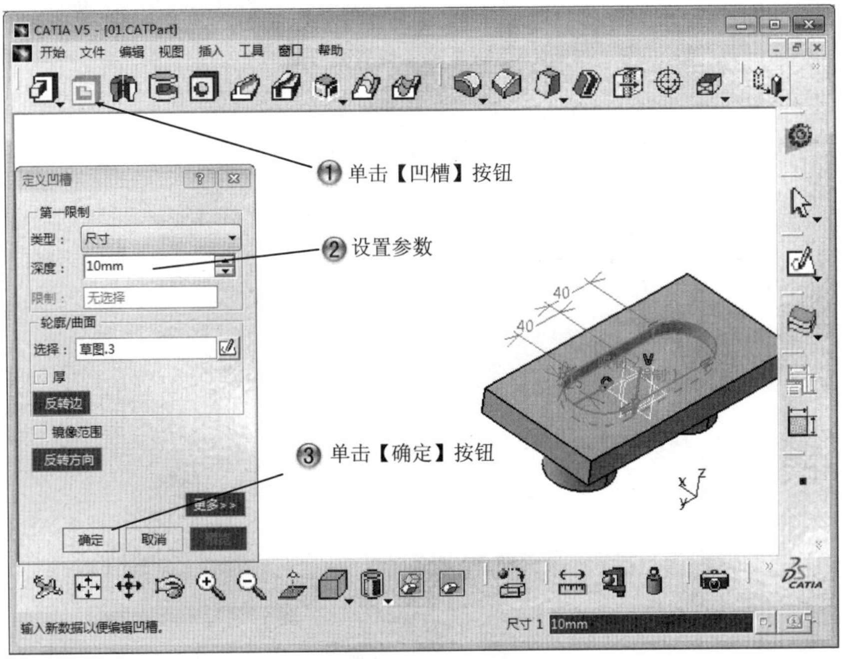

图 2-25　创建凹槽

Step10 选择草绘面，如图 2-26 所示。

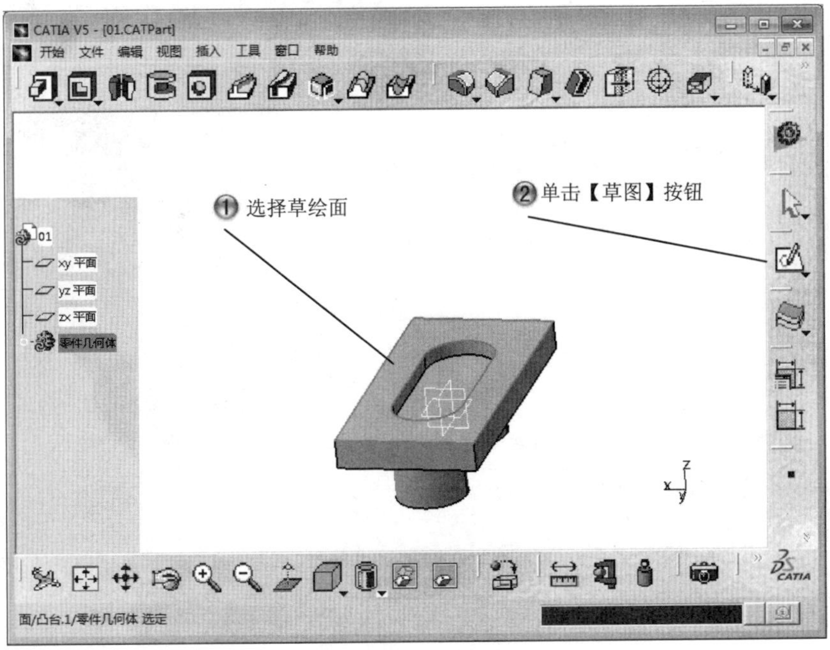

图 2-26　选择草绘面

Step11 绘制圆形，如图 2-27 所示。

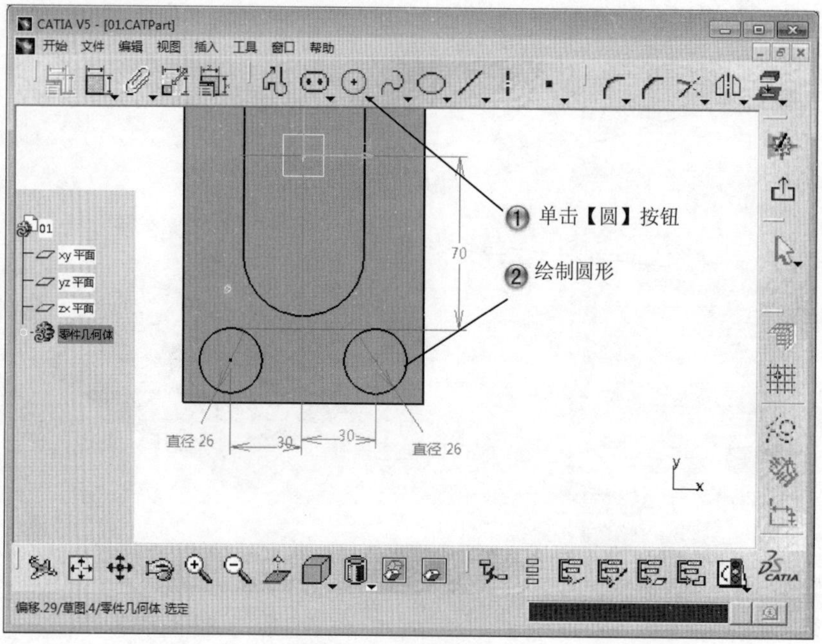

图 2-27　绘制圆形

Step12 创建凹槽，如图 2-28 所示。

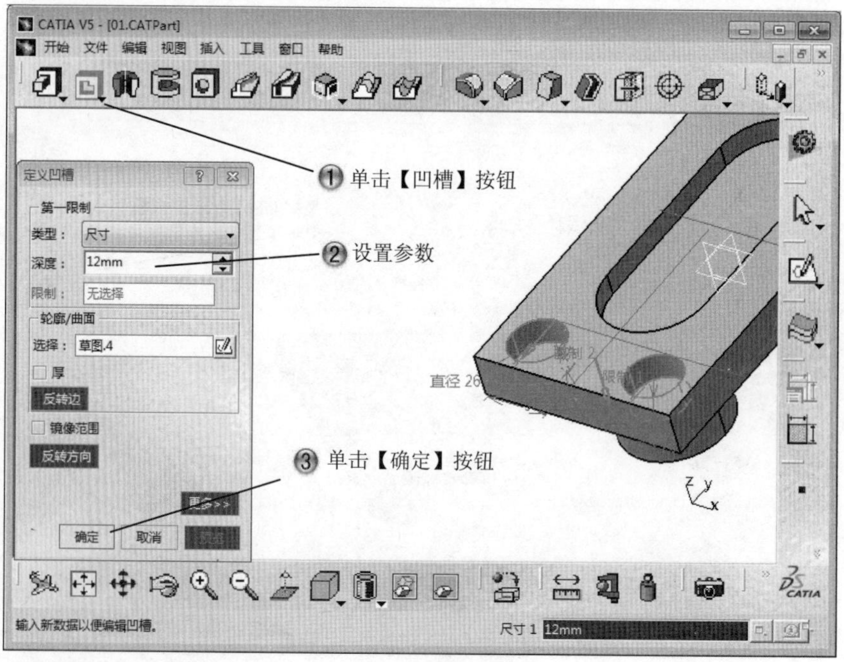

图 2-28　创建凹槽

Step13 创建倒圆角，如图 2-29 所示。

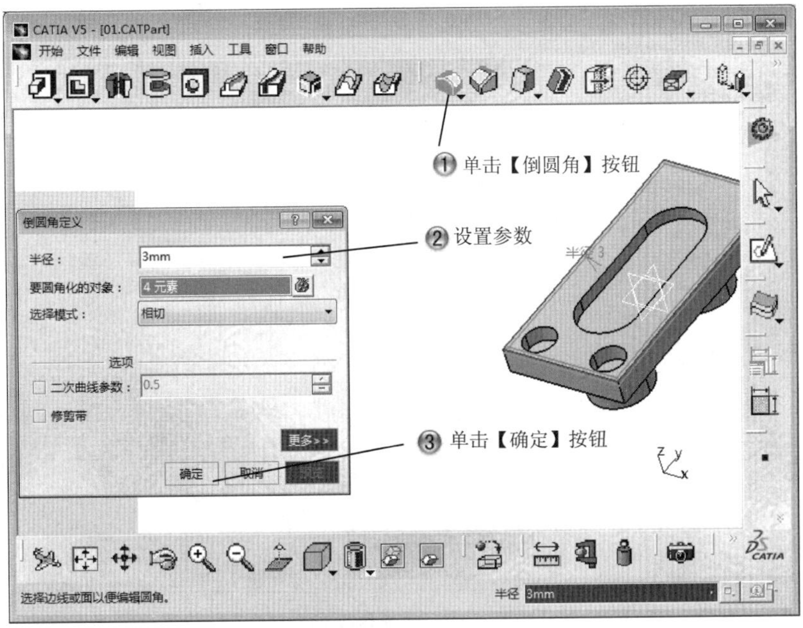

图 2-29　创建倒圆角

Step14 进入加工模块，如图 2-30 所示。

图 2-30　进入加工模块

Step 15 选择机床命令，如图 2-31 所示。

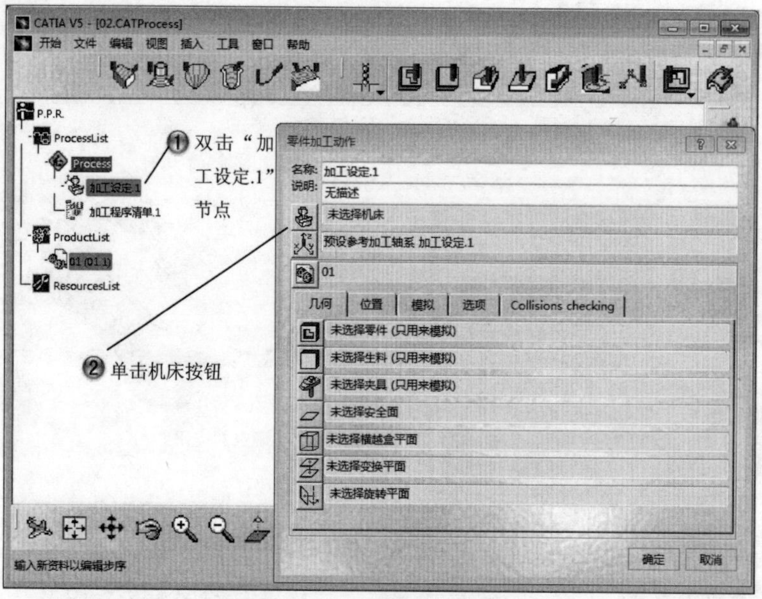

图 2-31　选择机床命令

Step 16 设置机床参数，如图 2-32 所示。

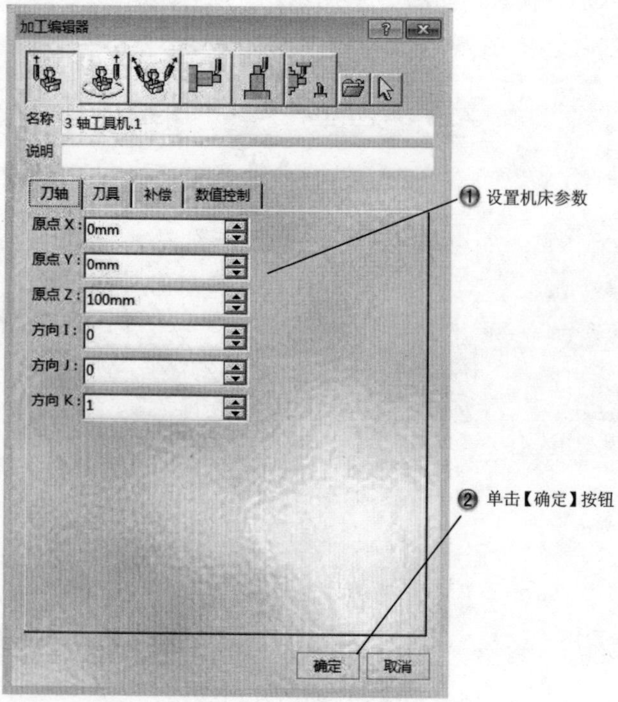

图 2-32　设置机床参数

Step17 选择坐标系命令，如图 2-33 所示。

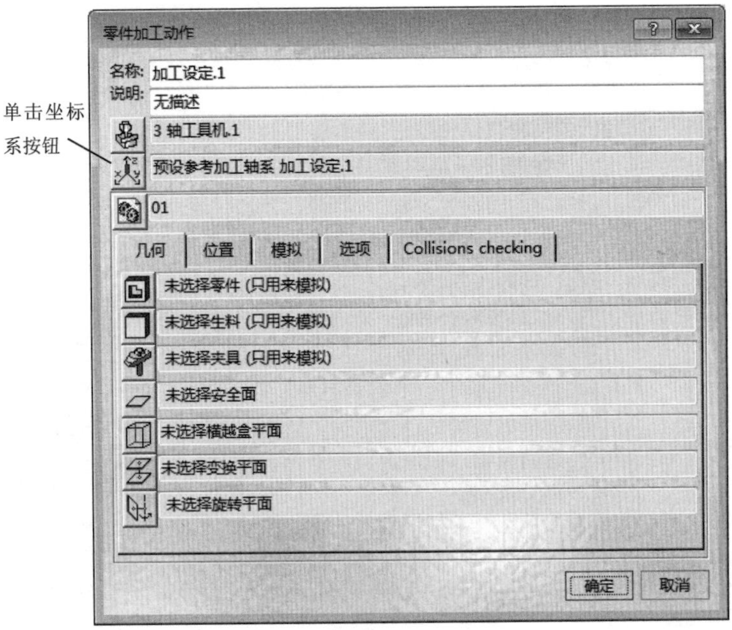

图 2-33　选择坐标系命令

Step18 选择坐标系，如图 2-34 所示。

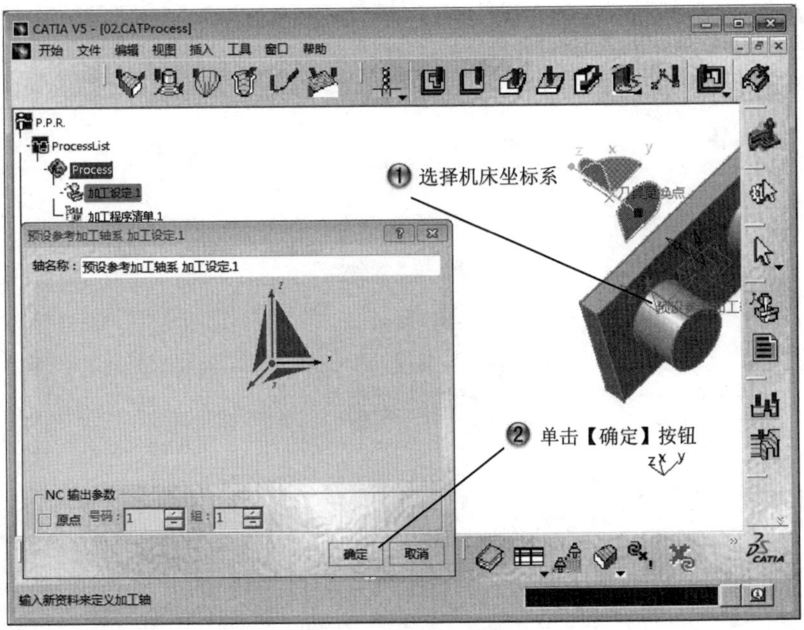

图 2-34　选择坐标系

Step19 选择零件命令，如图 2-35 所示。

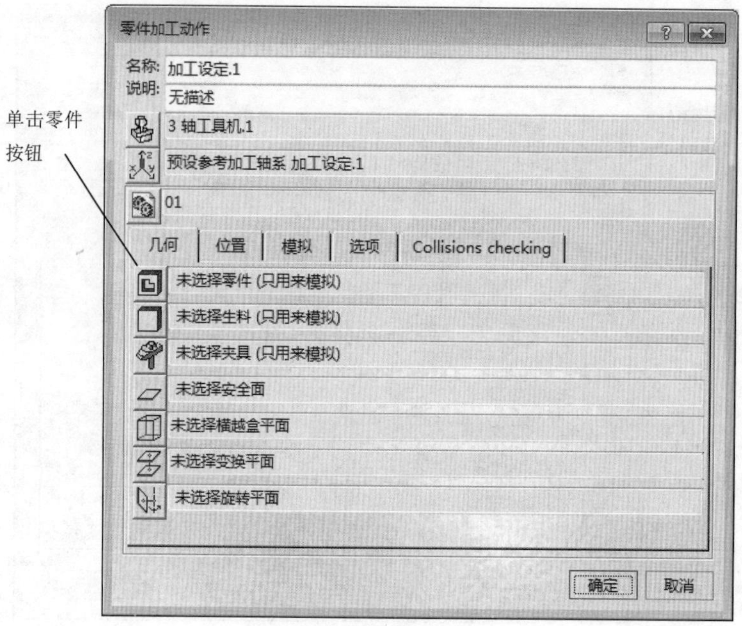

图 2-35　选择零件命令

Step20 选择加工零件，如图 2-36 所示。

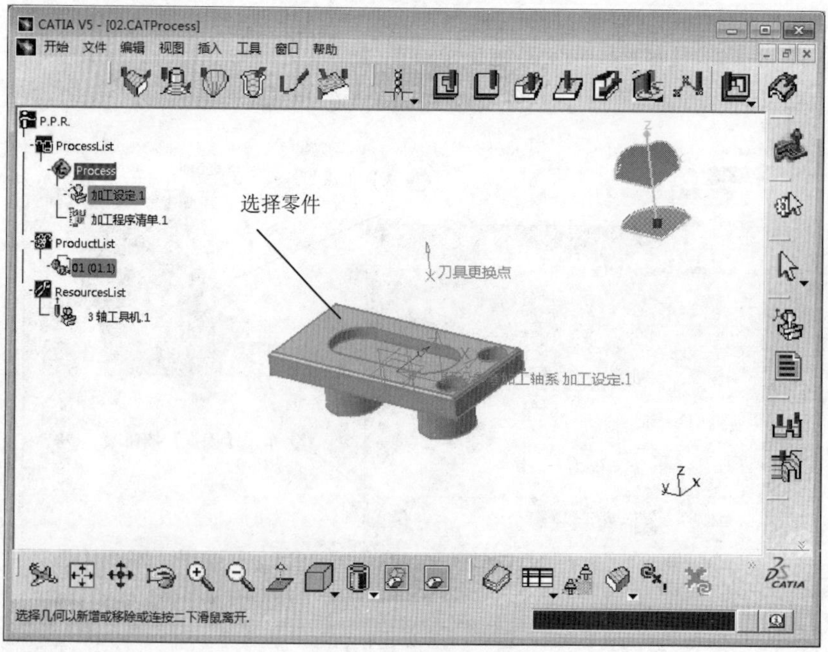

图 2-36　选择加工零件

Step21 选择安全面命令，如图 2-37 所示。

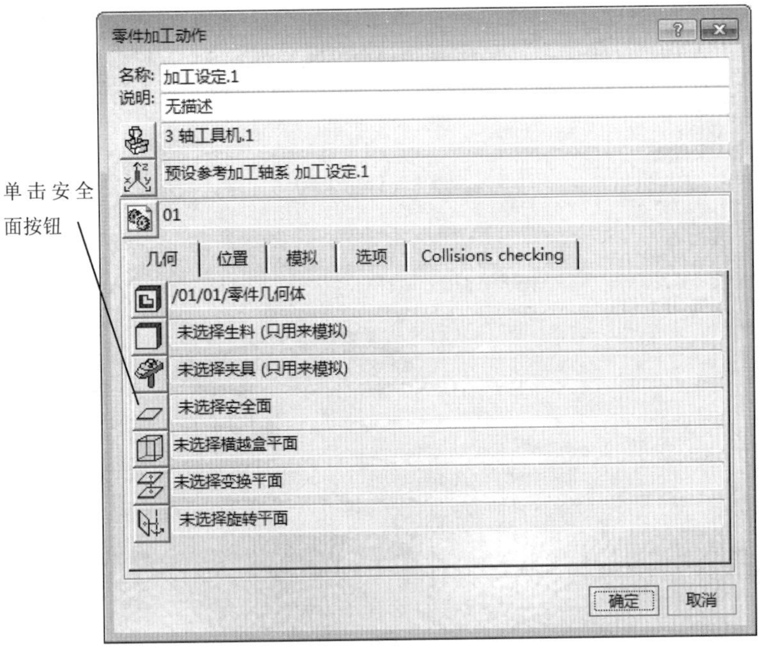

图 2-37　选择安全面命令

Step22 选择安全面，如图 2-38 所示。

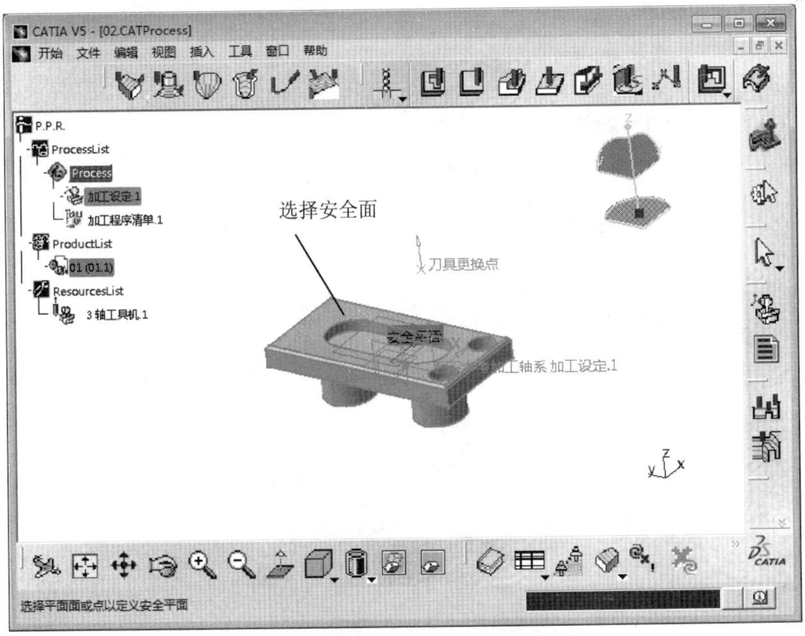

图 2-38　选择安全面

Step23 选择加工命令，如图 2-39 所示。

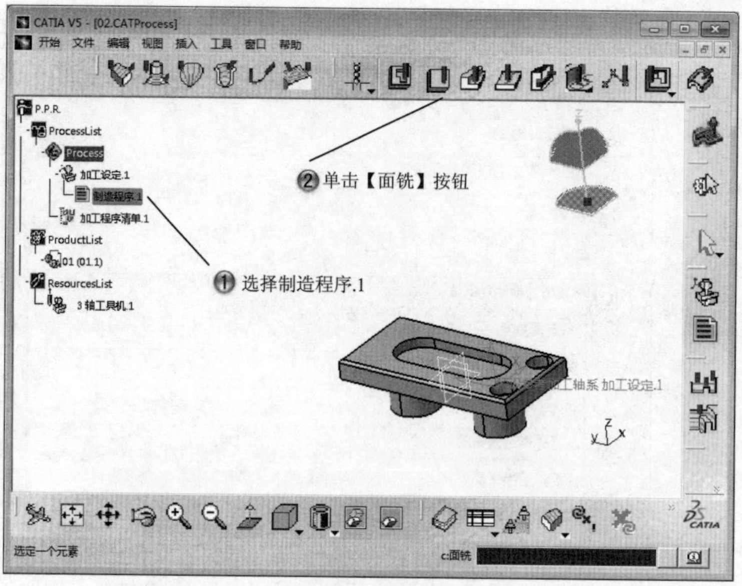

图 2-39　选择加工命令

Step24 单击加工区域，如图 2-40 所示。

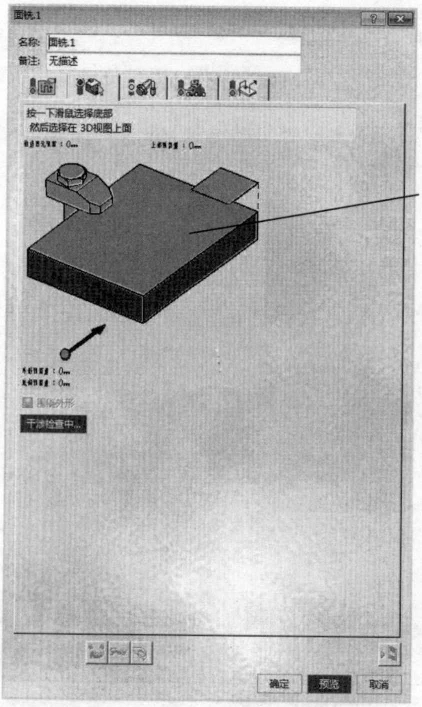

图 2-40　单击加工区域

Step25 选择加工面，如图 2-41 所示。

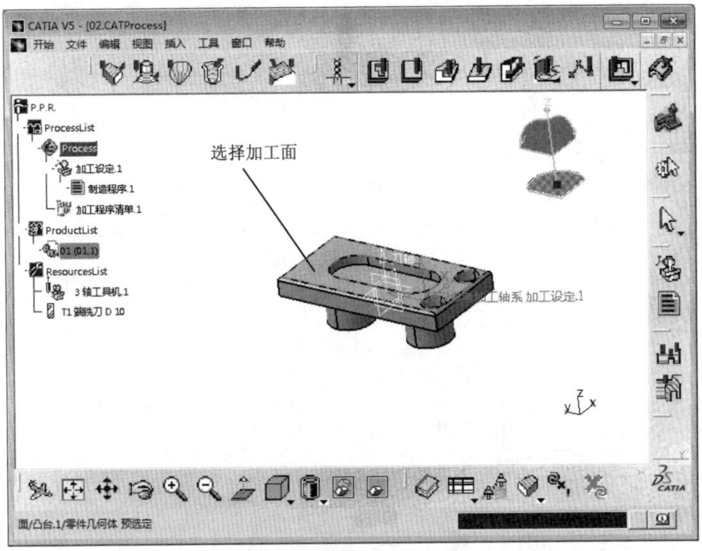

图 2-41　选择加工面

Step26 设置刀路样式，如图 2-42 所示。

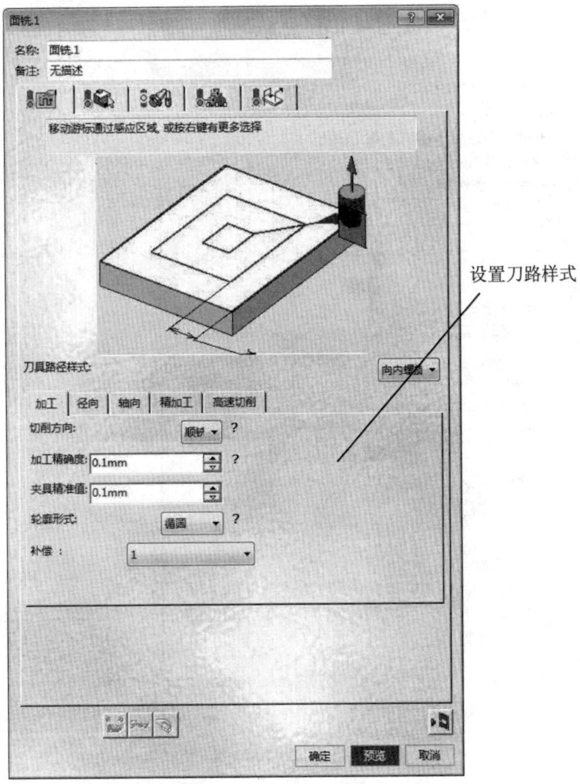

图 2-42　设置刀路样式

Step27 设置刀具参数，如图 2-43 所示。

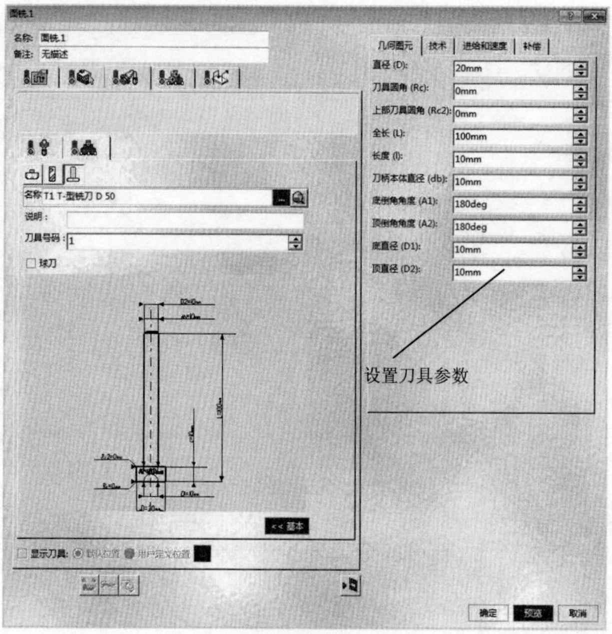

图 2-43 设置刀具参数

Step28 设置进给参数，如图 2-44 所示。

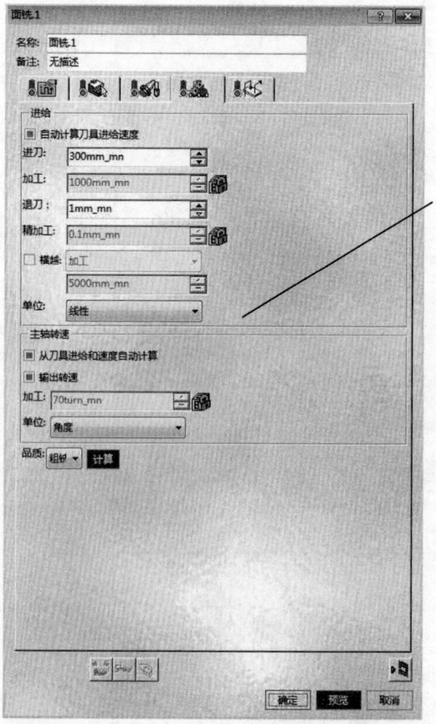

图 2-44 设置进给参数

Step29 设置进退刀参数，如图 2-45 所示。

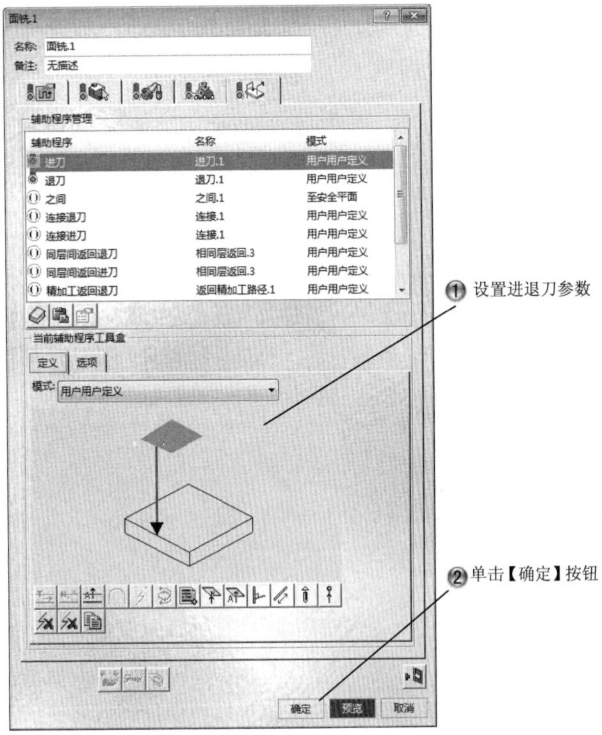
① 设置进退刀参数
② 单击【确定】按钮

图 2-45　设置进退刀参数

Step30 刀具模拟，如图 2-46 所示。

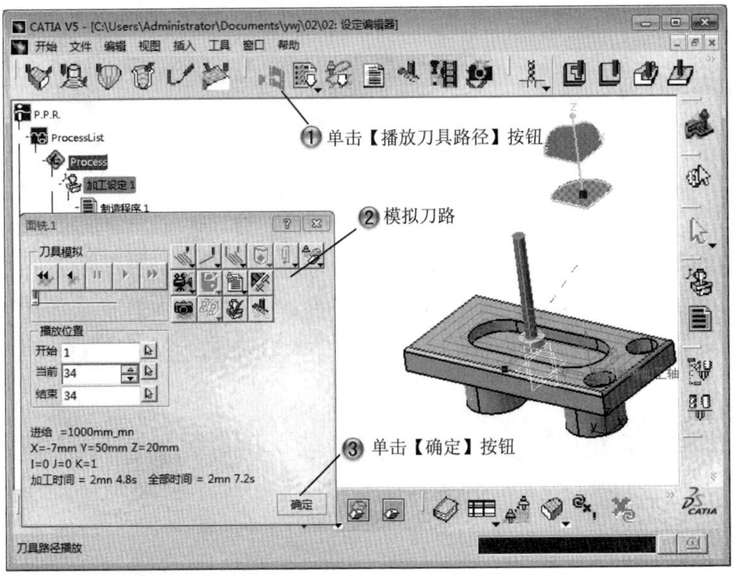
① 单击【播放刀具路径】按钮
② 模拟刀路
③ 单击【确定】按钮

图 2-46　刀具模拟

2.2 粗加工

基本概念

粗加工可以在一个加工操作中使用同一把刀具将毛坯的大部分材料切除，这种加工方法主要用于去除大量的工件材料，留少量余量以备进行精加工，可以提高加工效率，减少加工时间，降低成本并提高经济效益。

课堂讲解课时：2 课时

2.2.1 设计理论

粗加工在【两轴半粗铣.1】对话框中进行参数设置，需要定义顶面、底面和限制曲线。

2.2.2 课堂讲解

1. 粗加工设置加工参数

（1）定义几何参数

在特征树中选中【制造程序.1】节点，然后选择【插入】|【加工动作】|【粗加工】|【两轴半粗铣】菜单命令，插入一个平面铣削操作，系统弹出如图 2-47 所示的【两轴半粗铣.1】对话框。

在零件上选择顶面和底面，如图 2-48 所示。也可以选择限制边界，如图 2-49 所示。

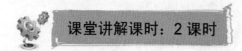

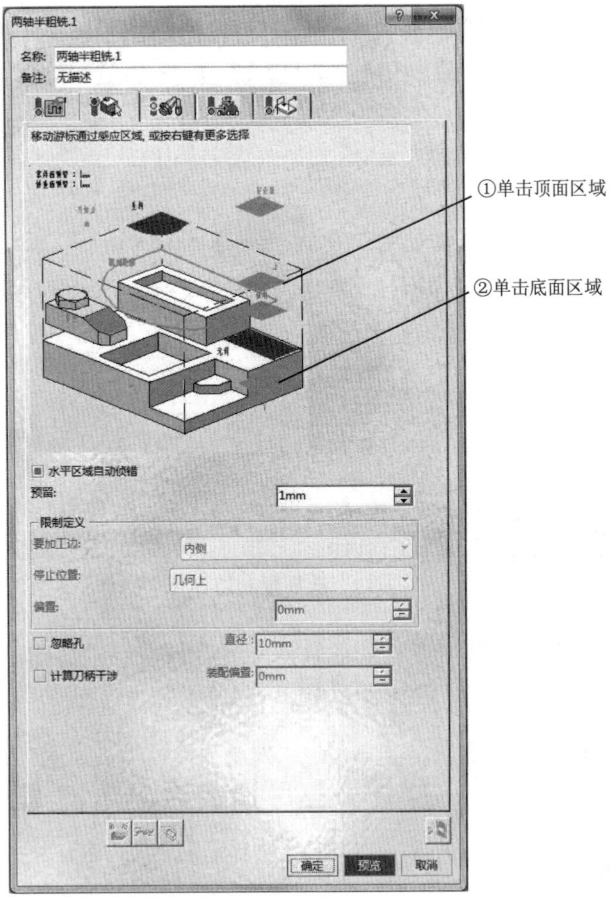

图 2-47 【两轴半粗铣.1】对话框

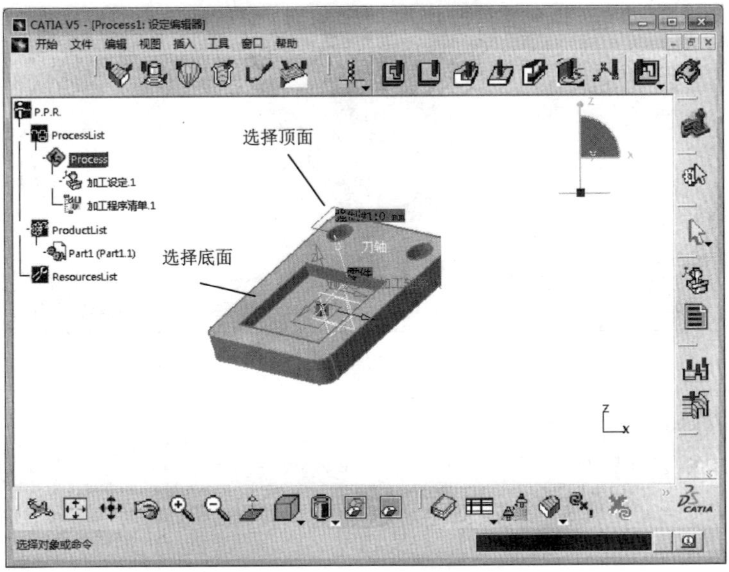

图 2-48 选择顶面和底面

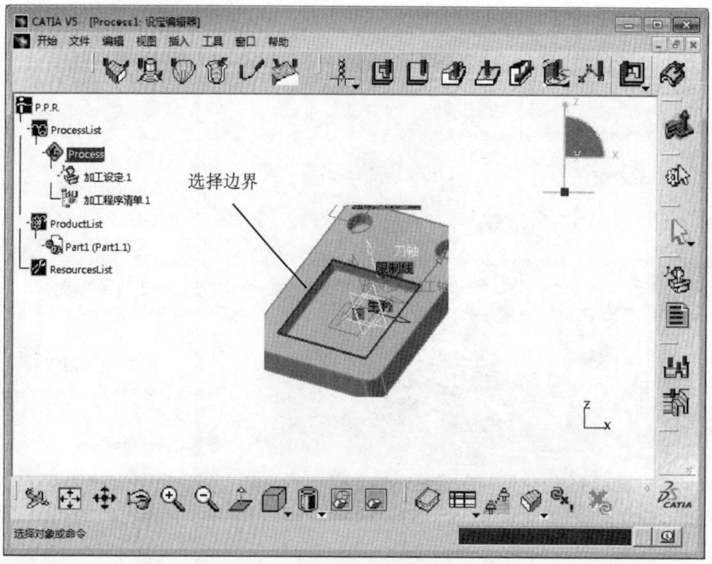

图 2-49　选择限制边界

在【两轴半粗铣.1】对话框中的目标零件和毛坯零件感应区上单击，在图形区选取目标零件和毛坯，系统自动计算加工区域，如图 2-50 所示。

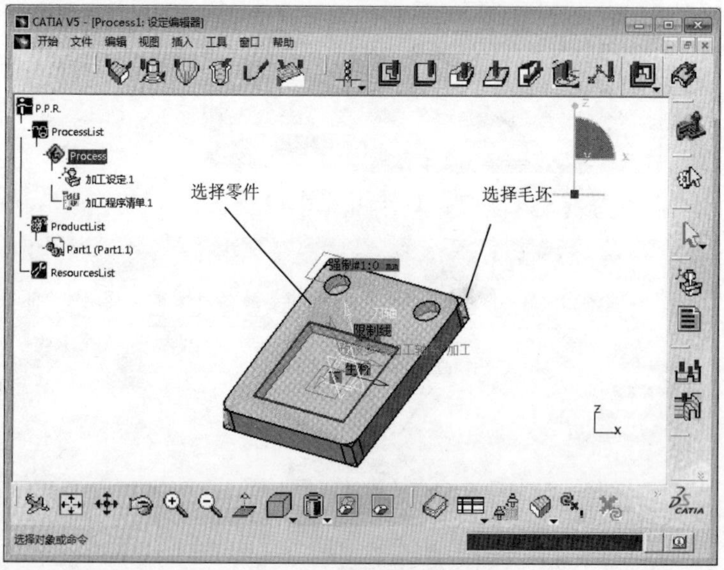

图 2-50　选择加工零件和毛坯

（2）定义刀具参数

在【两轴半粗铣.1】对话框中单击“刀具参数”选项卡，设置刀具参数，如图 2-51 所示。

（3）定义进给率

在【两轴半粗铣.1】对话框中单击“进给率”选项卡，在【两轴半粗铣.1】对话框的选项卡中设置参数，如图 2-52 所示。

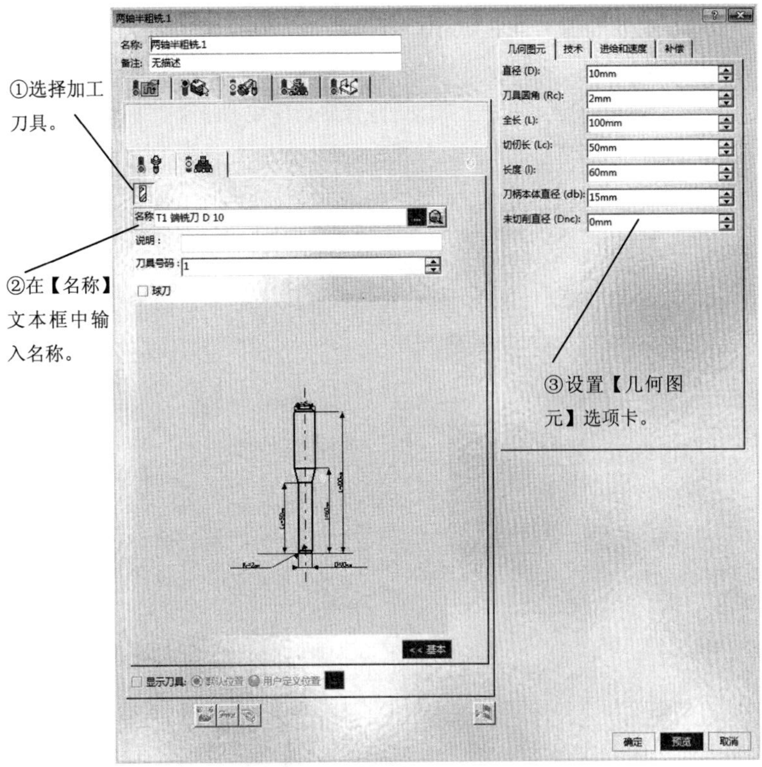

图 2-51 【几何图元】选项卡

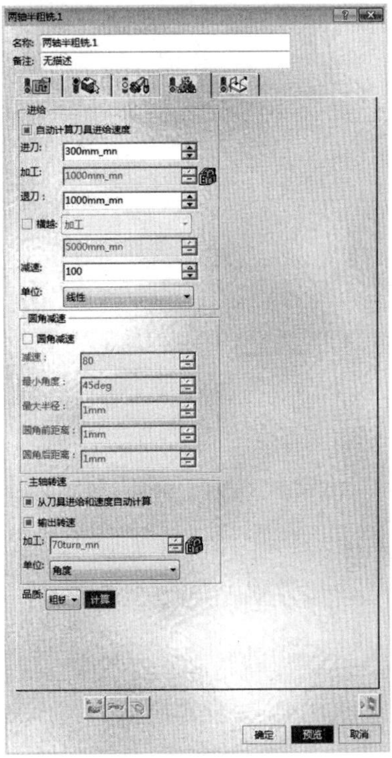

图 2-52 设置进给率

（4）定义刀具路径参数

在【两轴半粗铣.1】对话框中单击“刀具路径参数”选项卡，设置参数，如图2-53所示。

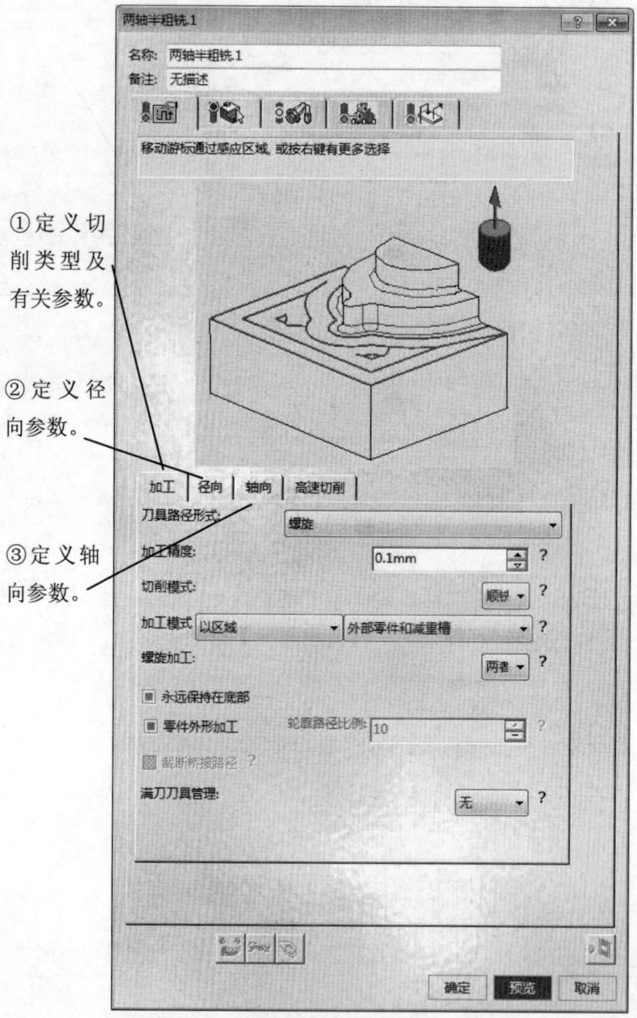

图2-53 “刀具路径参数”选项卡

（5）定义进刀/退刀路径

在【两轴半粗铣.1】对话框中单击“进刀/退刀路径”选项卡，设置参数，如图2-54所示。

2. *粗加工刀路仿真*

在【两轴半粗铣.1】对话框中单击【播放刀具路径】按钮，系统弹出【两轴半粗铣.1】对话框，且在图形区显示刀路轨迹，如图2-55所示。

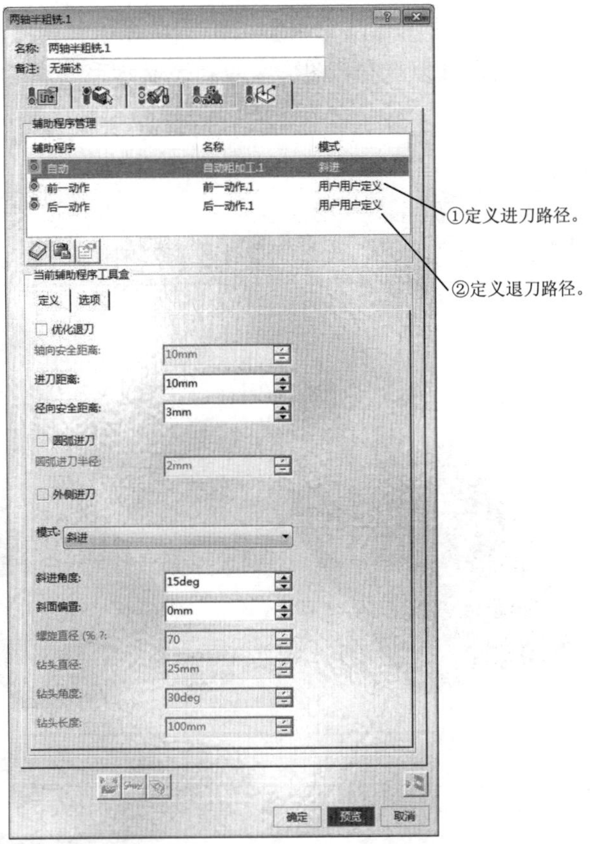

图 2-54 “进刀/退刀路径”选项卡

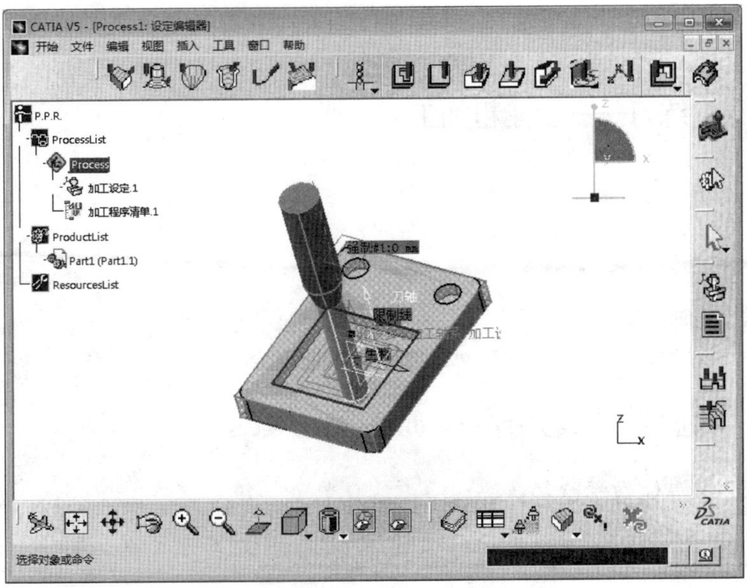

图 2-55 刀路仿真

在【两轴半粗铣.1】对话框中单击【分析】按钮，系统弹出【分析】对话框，进行毛坯加工余量检测；选中【过切】复选框，图形区中高亮显示毛坯加工过切情况，如图 2-56 所示。

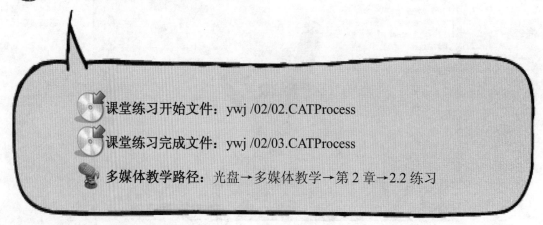

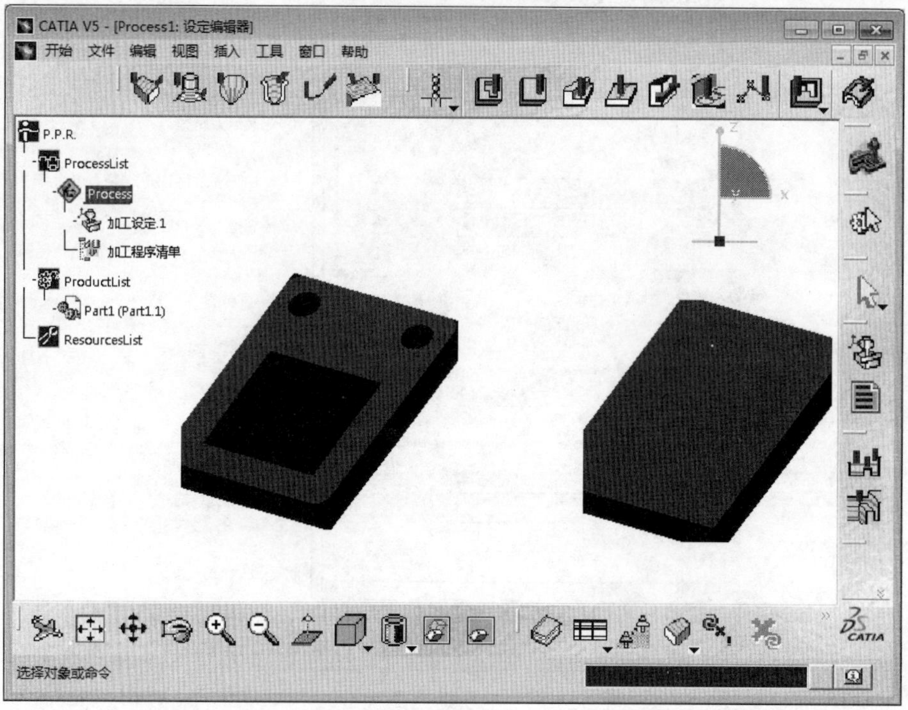

图 2-56　余量检测和过切检测

2.2.3　课堂练习——创建粗加工

课堂练习开始文件：ywj /02/02.CATProcess

课堂练习完成文件：ywj /02/03.CATProcess

多媒体教学路径：光盘→多媒体教学→第 2 章→2.2 练习

Step1 进入曲面加工模块，如图 2-57 所示。

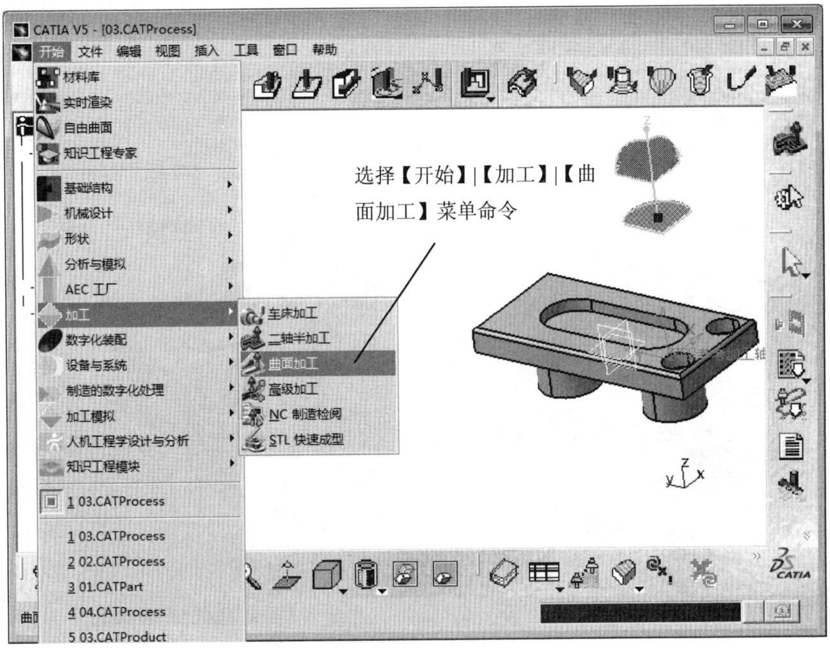

图 2-57　进入曲面加工模块

Step2 创建生料，如图 2-58 所示。

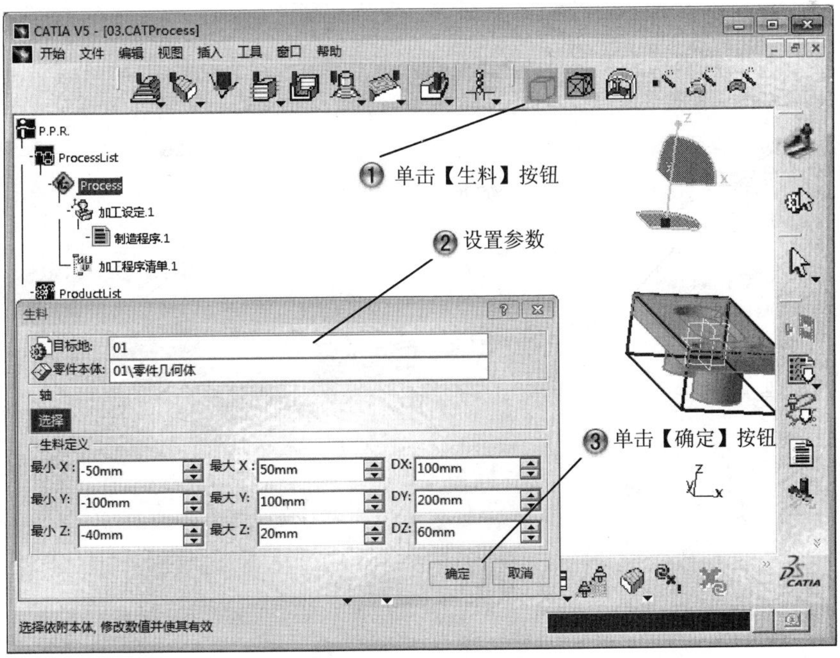

图 2-58　创建生料

Step3 进入二轴半加工模块，如图 2-59 所示。

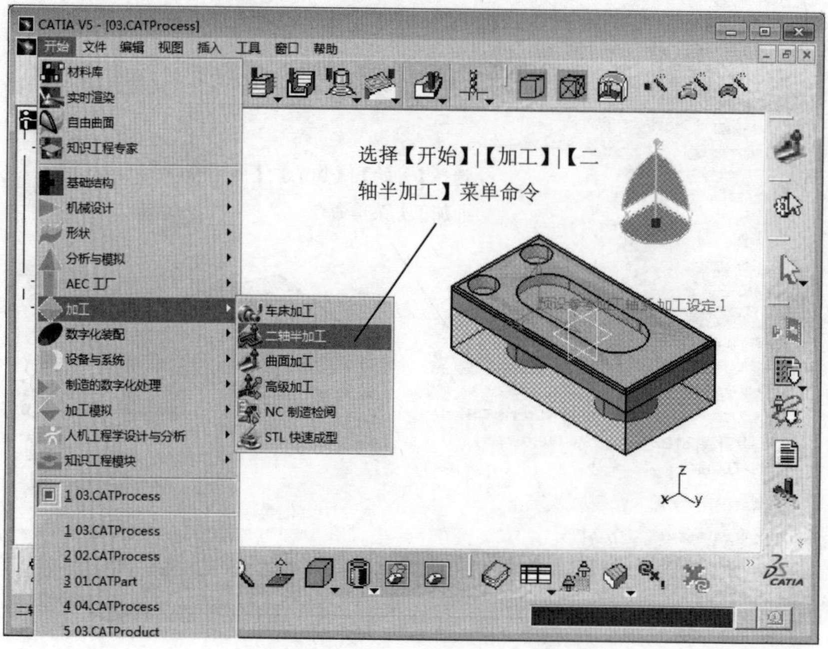

图 2-59　进入二轴半加工模块

Step4 选择加工命令，如图 2-60 所示。

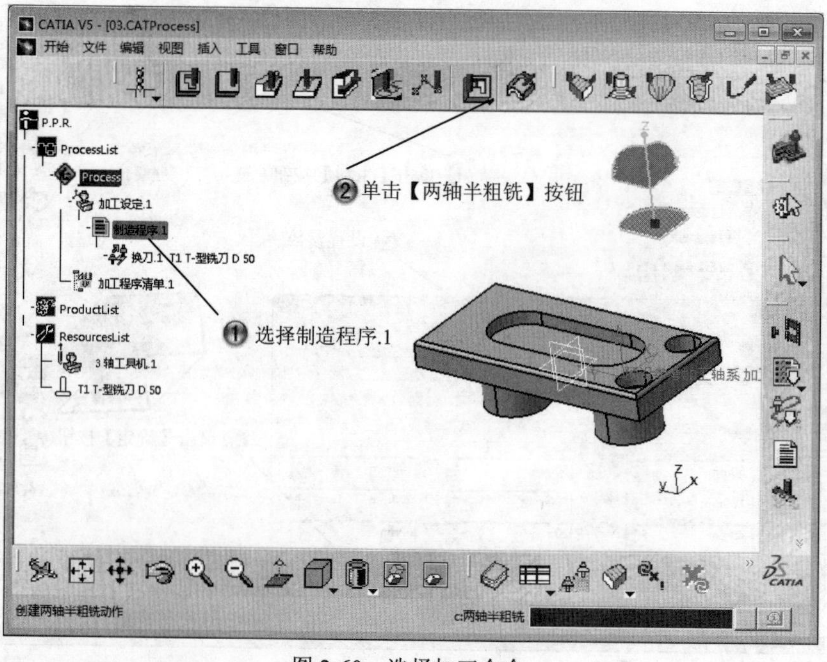

图 2-60　选择加工命令

Step5 单击元件区域，如图 2-61 所示。

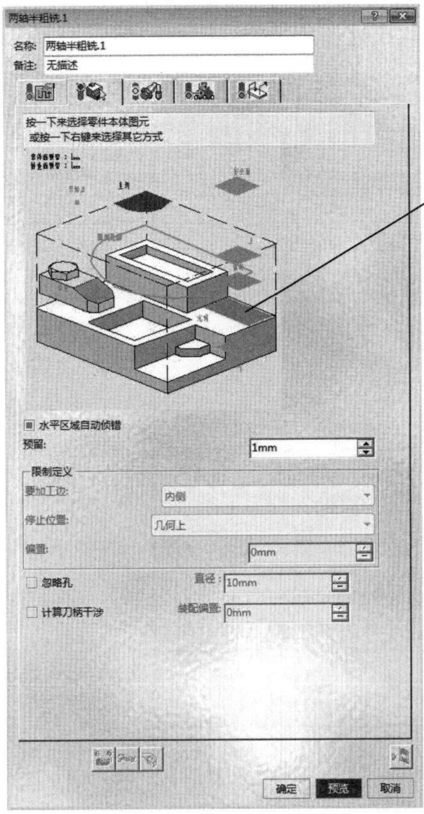

图 2-61　单击元件区域

Step6 选择加工零件，如图 2-62 所示。

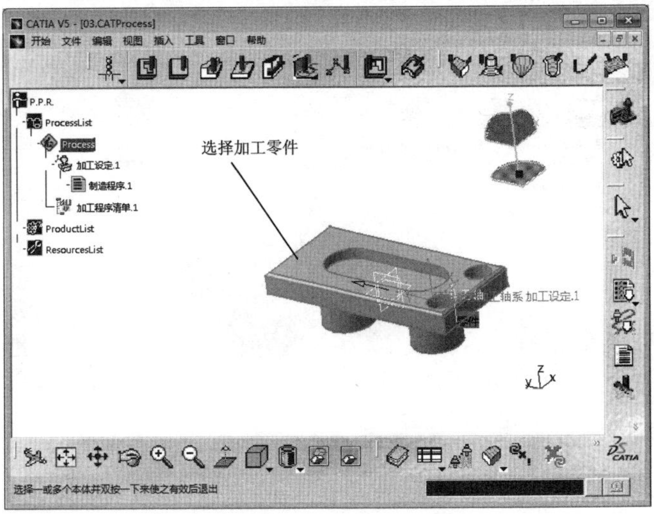

图 2-62　选择加工零件

Step7 单击限制曲线，如图 2-63 所示。

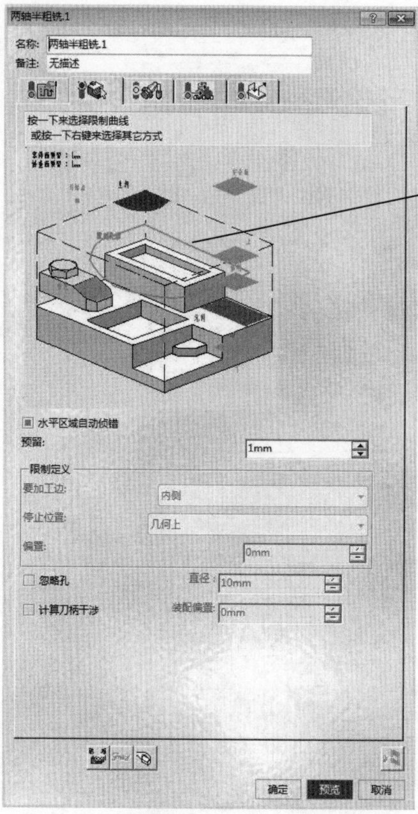

图 2-63　单击限制曲线

Step8 选择限制曲线，如图 2-64 所示。

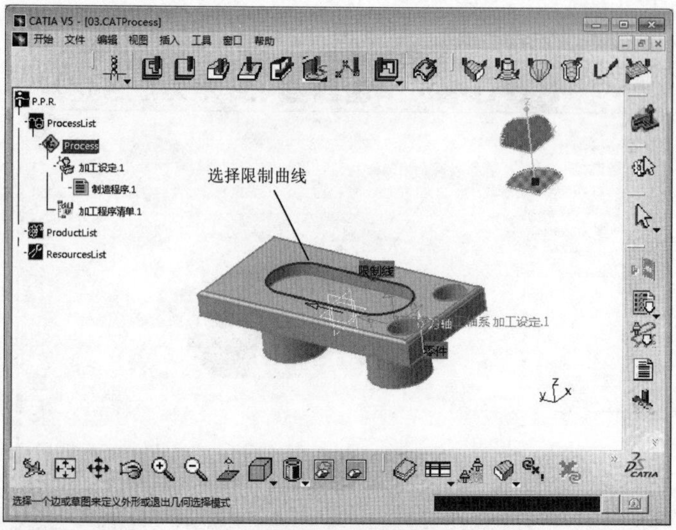

图 2-64　选择限制曲线

Step9 单击生料区域，如图 2-65 所示。

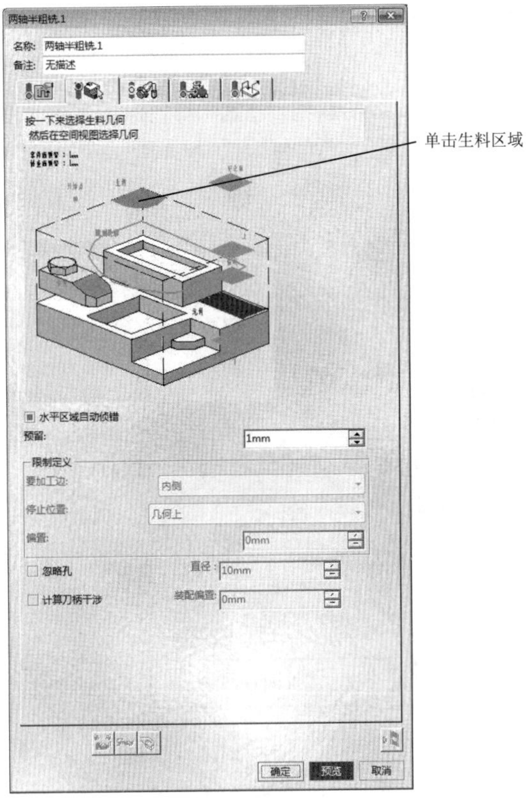

图 2-65　单击生料区域

Step10 选择生料，如图 2-66 所示。

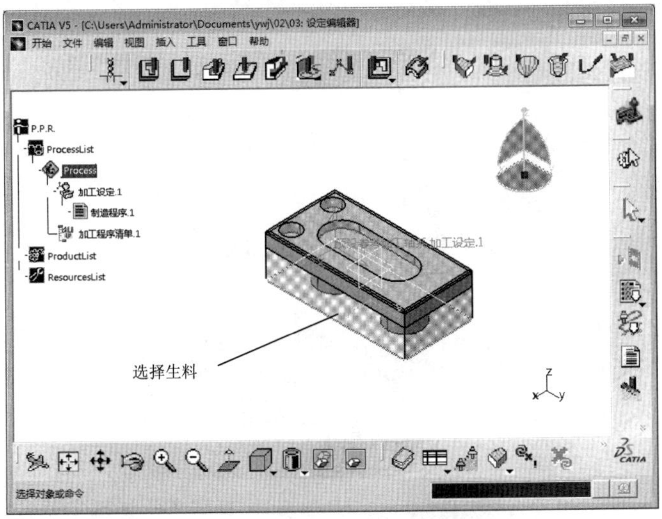

图 2-66　选择生料

Step 11 设置刀路样式，如图 2-67 所示。

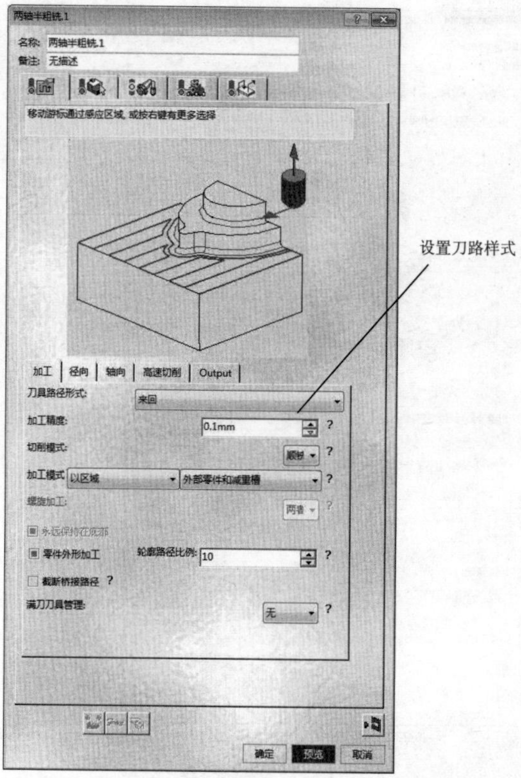

图 2-67　设置刀路样式

Step 12 设置刀具参数，如图 2-68 所示。

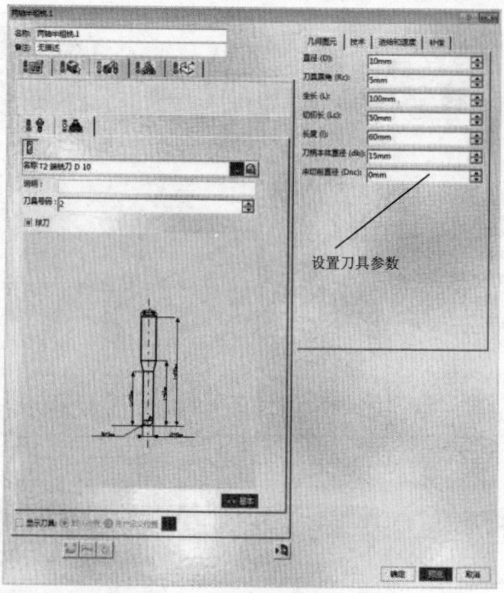

图 2-68　设置刀具参数

Step13 设置进退刀参数，如图 2-69 所示。

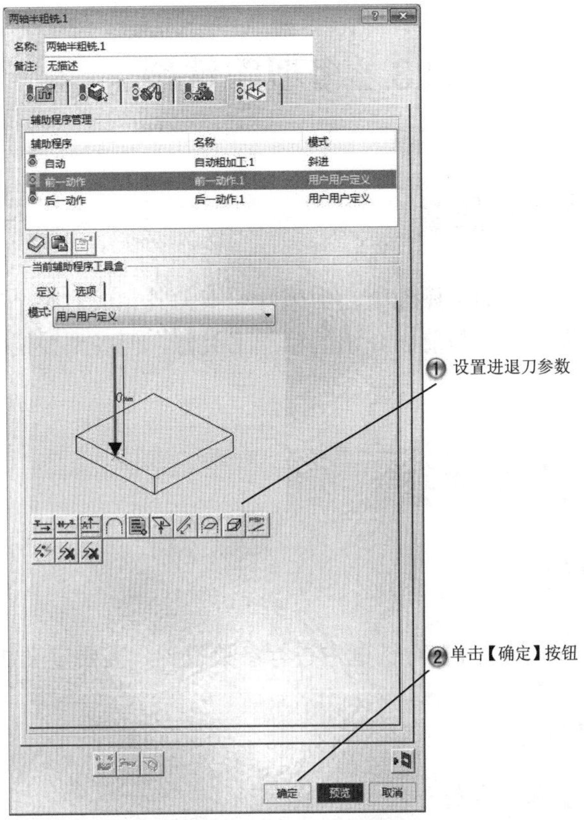
① 设置进退刀参数
② 单击【确定】按钮

图 2-69　设置进退刀参数

Step14 刀具模拟，如图 2-70 所示。

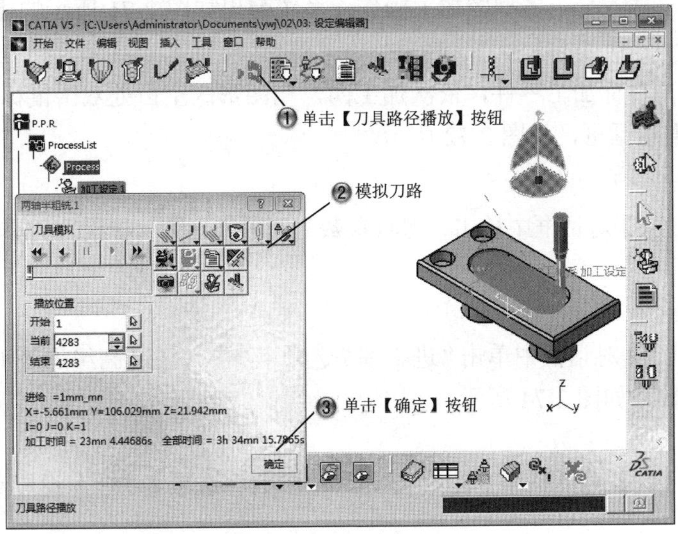
① 单击【刀具路径播放】按钮
② 模拟刀路
③ 单击【确定】按钮

图 2-70　刀具模拟

2.3 多型腔铣削

基本概念

多型腔铣削就是在一个加工操作中，使用同一把刀具完成对整个零件型腔以及侧壁的粗加工及精加工。多型腔铣削与前面介绍的粗加工类似，但多型腔铣削加工可以进一步进行精加工。

课堂讲解课时：2 课时

2.3.1 设计理论

多型腔铣削在【高级加工.1】对话框中进行参数设置，需要定义加工区域。

2.3.2 课堂讲解

1. 多型腔铣削设置加工参数

（1）定义几何参数

在特征树中选中【制造程序.1】节点，然后选择【插入】|【多重减重槽步序】|【高级加工】菜单命令，插入一个多型腔加工操作，系统弹出如图 2-71 所示的【高级加工.1】对话框。

在图形区单击目标加工零件，依次加工面，在图形区空白处双击鼠标左键，系统返回到【高级加工.1】对话框，如图 2-72 所示。

（2）定义刀具参数

在【高级加工.1】对话框中单击“刀具参数”选项卡，设置刀具参数，如图 2-73 所示。

（3）定义进给率

在【高级加工.1】对话框中单击“进给率”选项卡，在【高级加工.1】对话框的选项卡中设置参数，如图 2-74 所示。

（4）定义刀具路径参数

在【高级加工.1】对话框中单击“刀具路径参数”选项卡，设置参数，如图 2-75 所示。

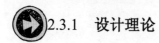

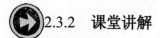

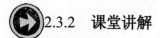

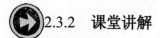

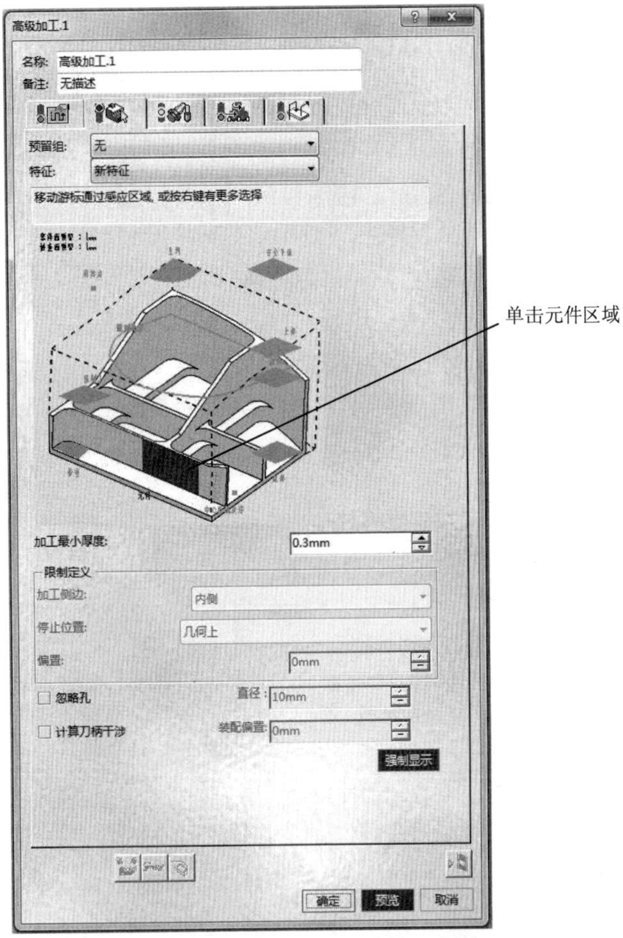

图 2-71 【高级加工.1】对话框

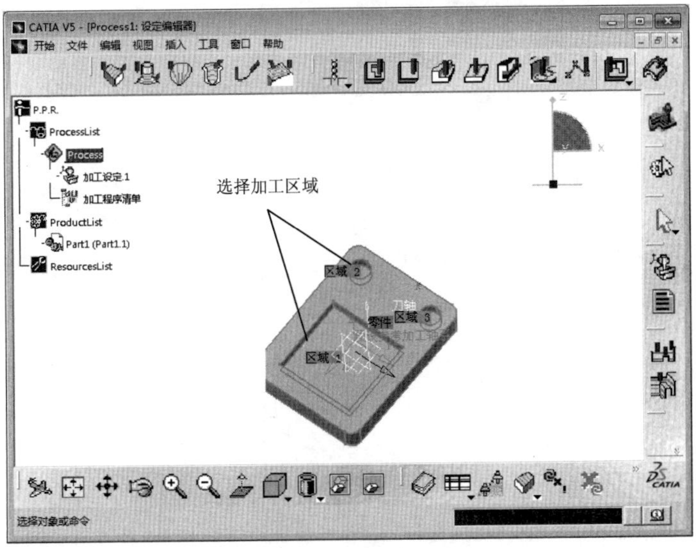

图 2-72 选择加工区域

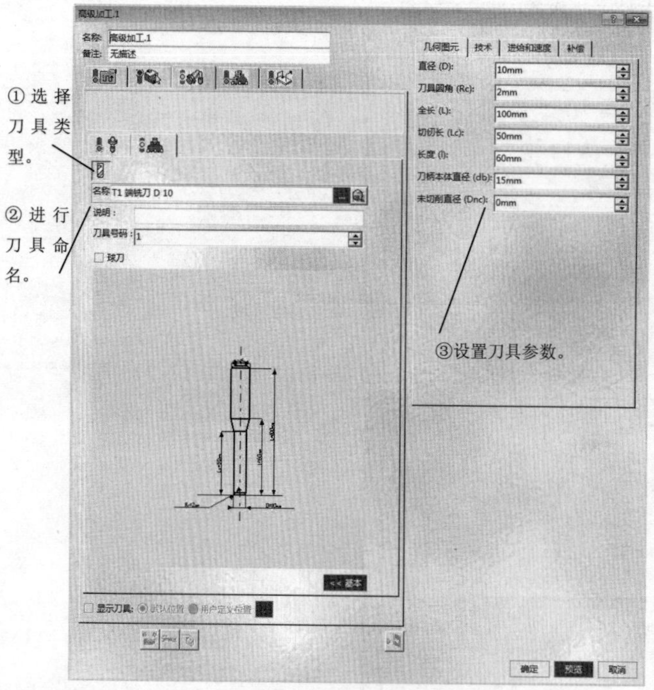
①选择刀具类型。
②进行刀具命名。
③设置刀具参数。

图 2-73 设置刀具参数

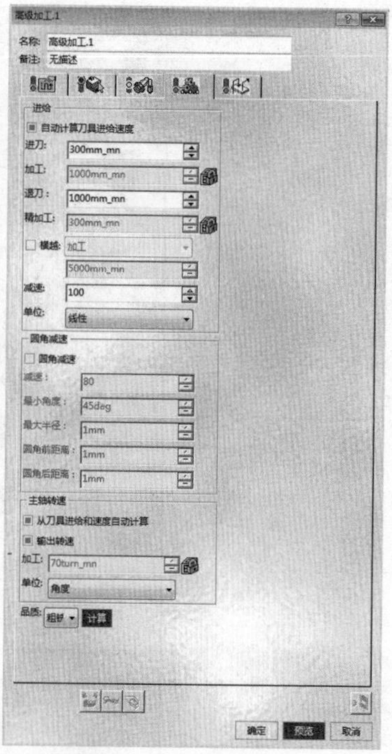

图 2-74 设置进给率

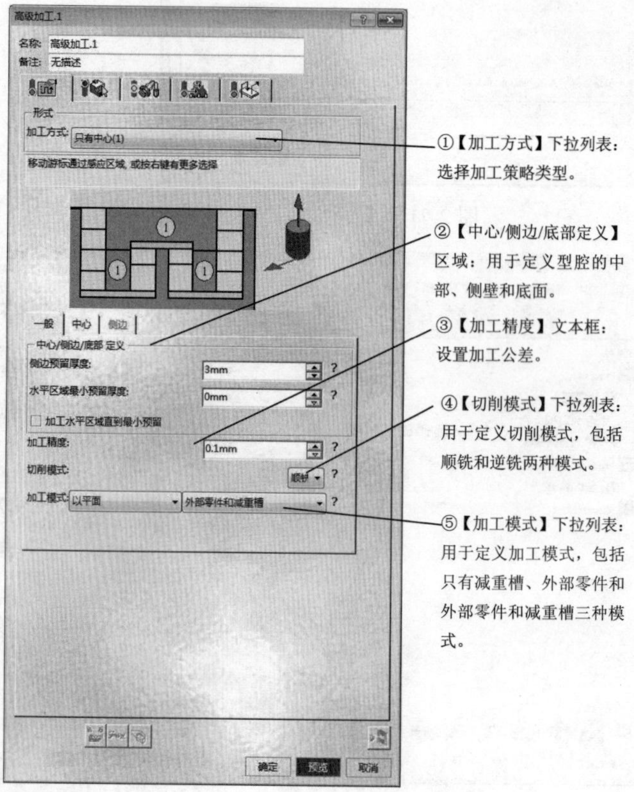
①【加工方式】下拉列表：选择加工策略类型。
②【中心/侧边/底部定义】区域：用于定义型腔的中部、侧壁和底面。
③【加工精度】文本框：设置加工公差。
④【切削模式】下拉列表：用于定义切削模式，包括顺铣和逆铣两种模式。
⑤【加工模式】下拉列表：用于定义加工模式，包括只有减重槽、外部零件和外部零件和减重槽三种模式。

图 2-75 “刀具路径参数”选项卡

单击【高级加工.1】对话框中【中心】选项卡，然后在【刀具路径形式】下拉列表中选择【螺纹】选项，其余采用系统默认设置，如图 2-76 所示。

（5）定义进刀/退刀路径

在【高级加工.1】对话框中单击“进刀/退刀路径”选项卡，设置参数，如图 2-77 所示。

在【辅助程序管理】区域的列表框中选择【前一动作】选项，然后在【模式】下拉列表中选择【用户定义】选项，单击【新增垂直平面动作】按钮，如图 2-78 所示。

2. 多型腔铣削刀路仿真

在【高级加工.1】对话框中单击【播放刀具路径】按钮，系统弹出【高级加工.1】对话框，且在图形区显示刀路轨迹，如图 2-79 所示。

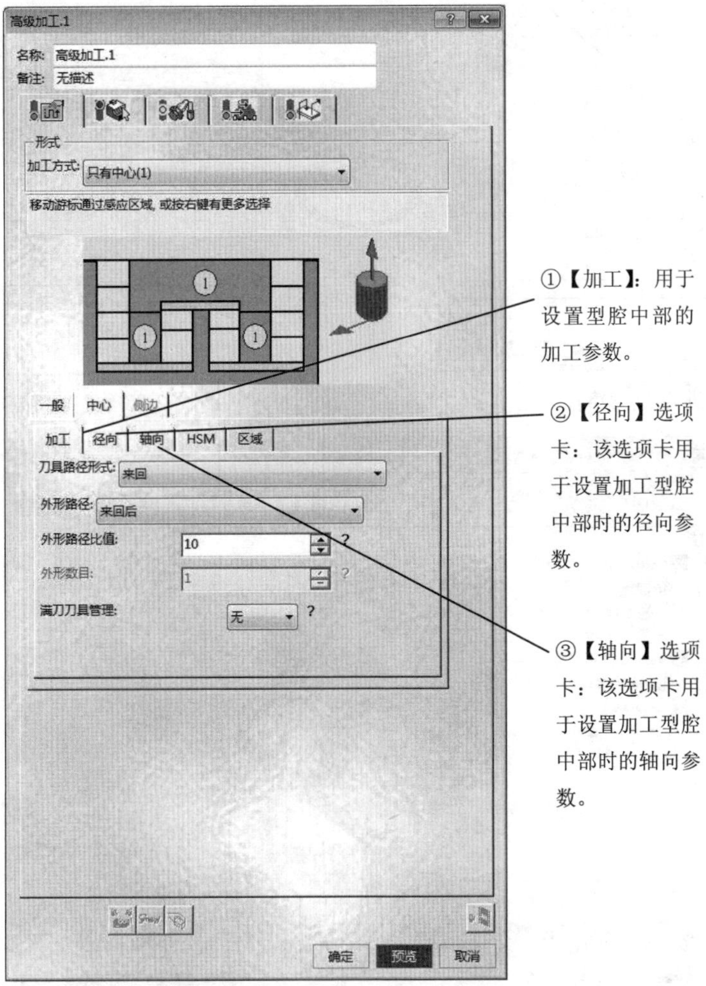

图 2-76 【中心】选项卡

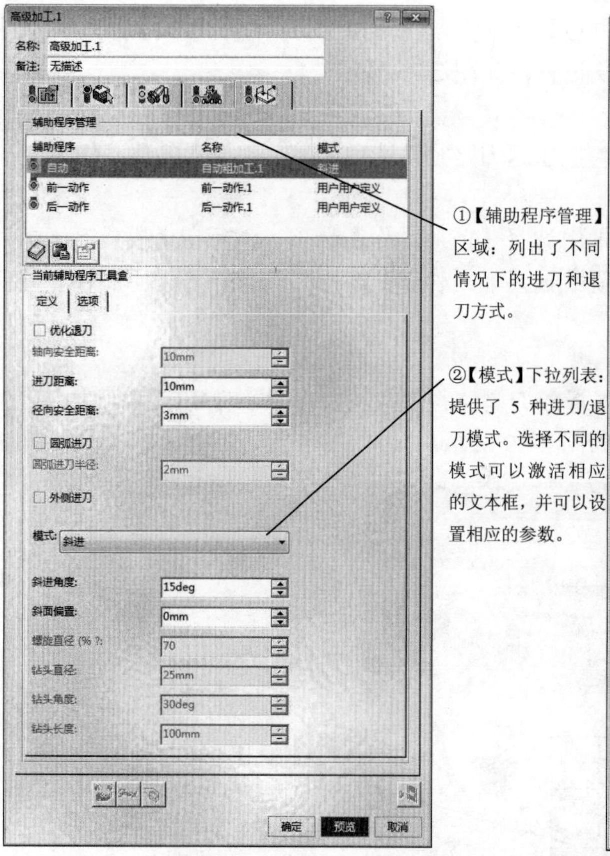

①【辅助程序管理】区域：列出了不同情况下的进刀和退刀方式。

②【模式】下拉列表：提供了 5 种进刀/退刀模式。选择不同的模式可以激活相应的文本框，并可以设置相应的参数。

图 2-77 “进刀/退刀路径”选项卡

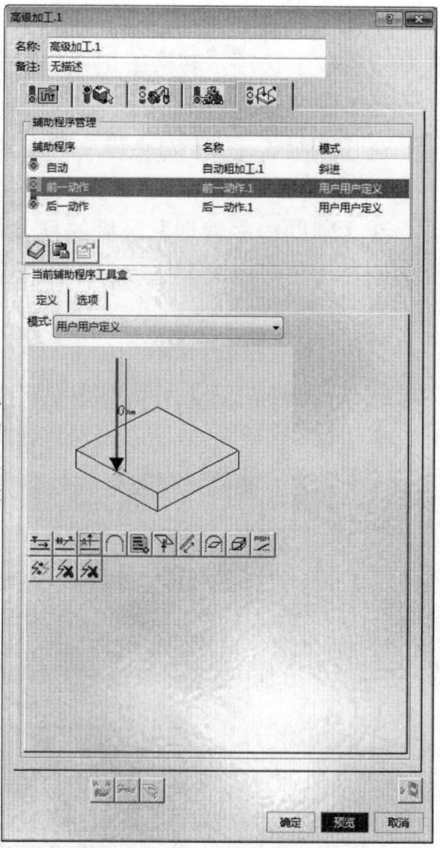

图 2-78 定义切削前后的动作

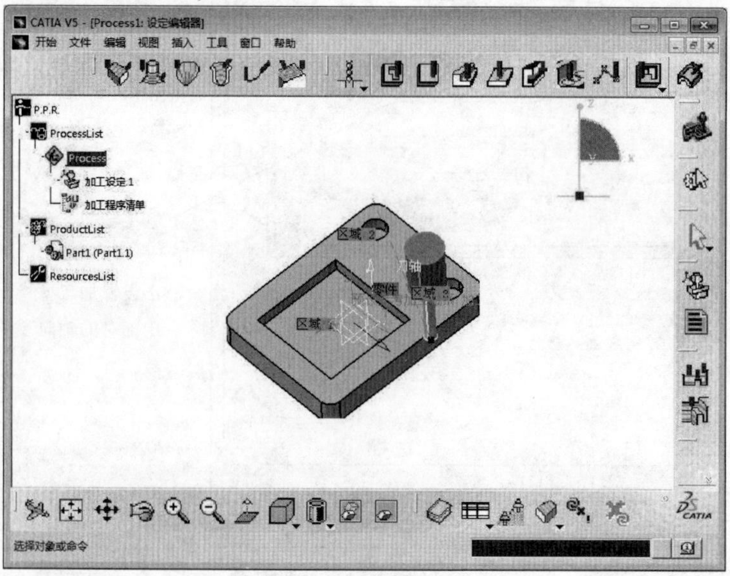

图 2-79 刀路仿真

在【高级加工.1】对话框中单击【分析】按钮，选中【剩余材料】复选框，图形区中高亮显示毛坯加工余量；选中【过切】复选框，图形区中高亮显示毛坯加工过切情况，如图 2-80 所示。

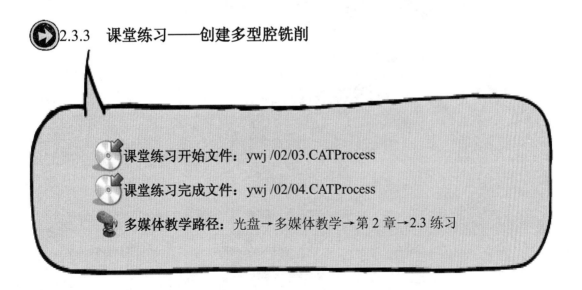

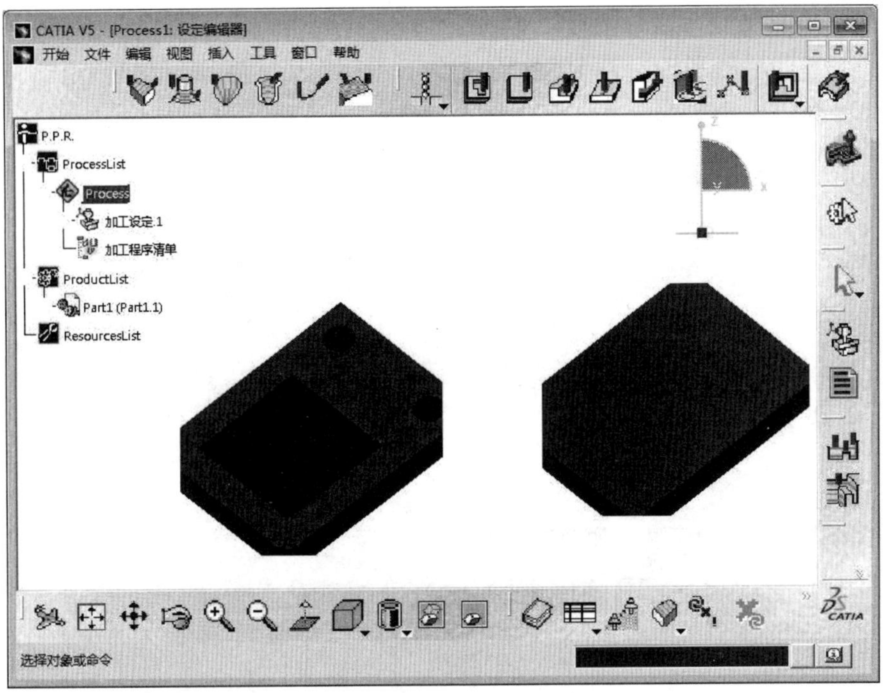

图 2-80　余量和过切检测

2.3.3　课堂练习——创建多型腔铣削

课堂练习开始文件： ywj /02/03.CATProcess

课堂练习完成文件： ywj /02/04.CATProcess

多媒体教学路径： 光盘→多媒体教学→第 2 章→2.3 练习

Step1 选择加工命令，如图 2-81 所示。

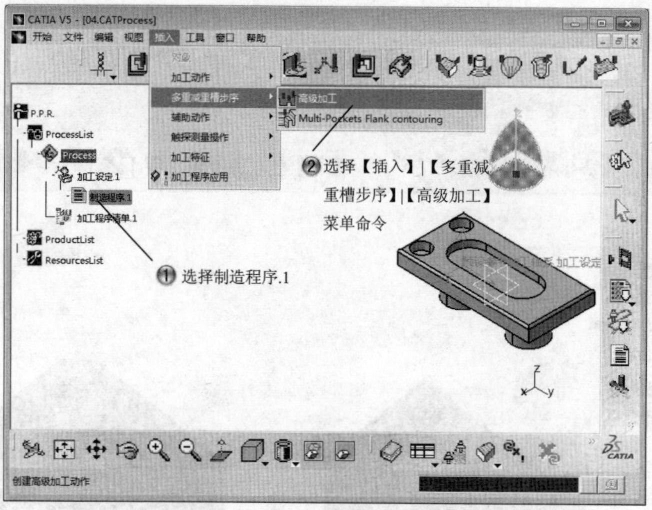

图 2-81 选择加工命令

Step2 单击生料区域，如图 2-82 所示。

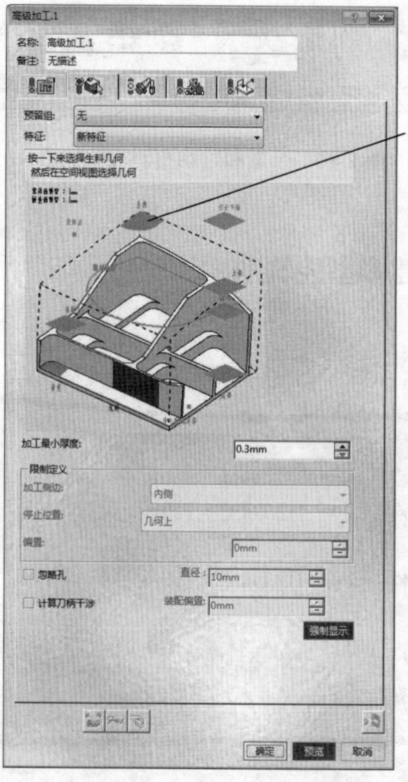

图 2-82 单击生料区域

Step3 选择生料，如图 2-83 所示。

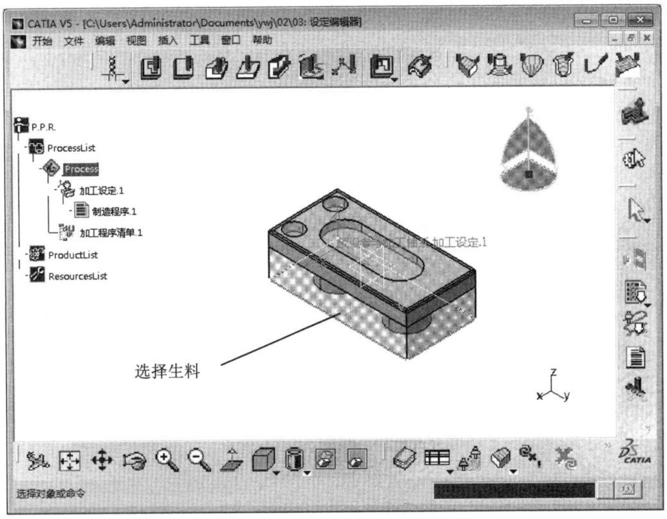

图 2-83　选择生料

Step4 单击元件区域，如图 2-84 所示。

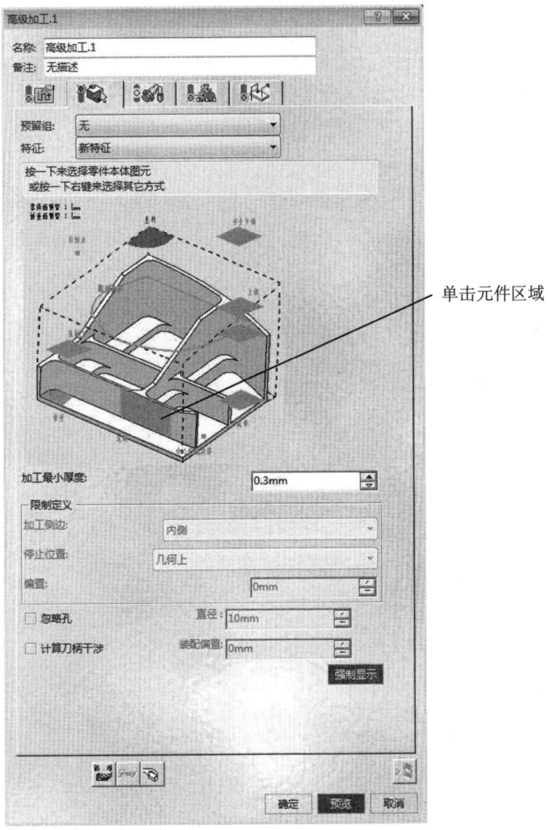

图 2-84　单击元件区域

Step5 选择加工零件，如图 2-85 所示。

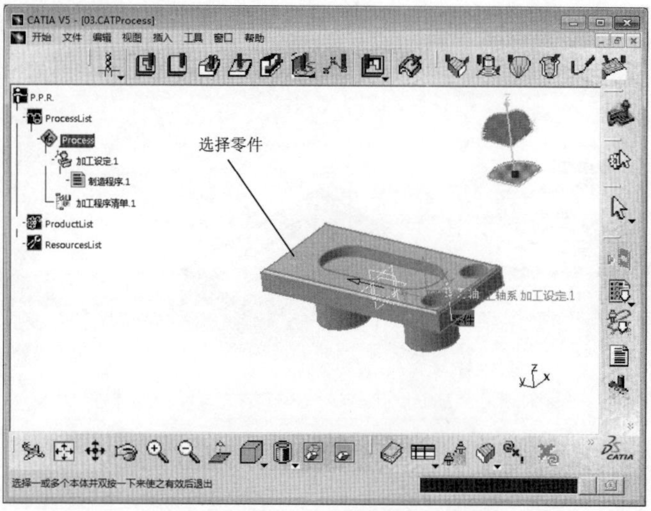

图 2-85　选择加工零件

Step6 单击限制曲线，如图 2-86 所示。

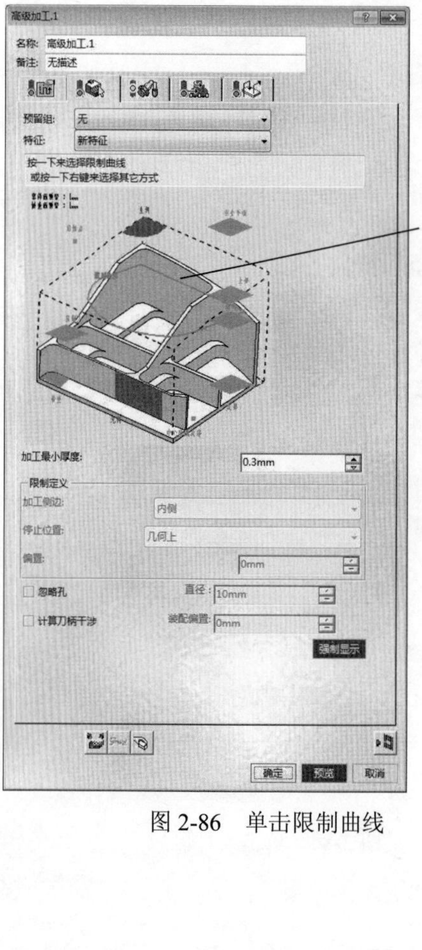

图 2-86　单击限制曲线

Step7 选择限制曲线，如图 2-87 所示。

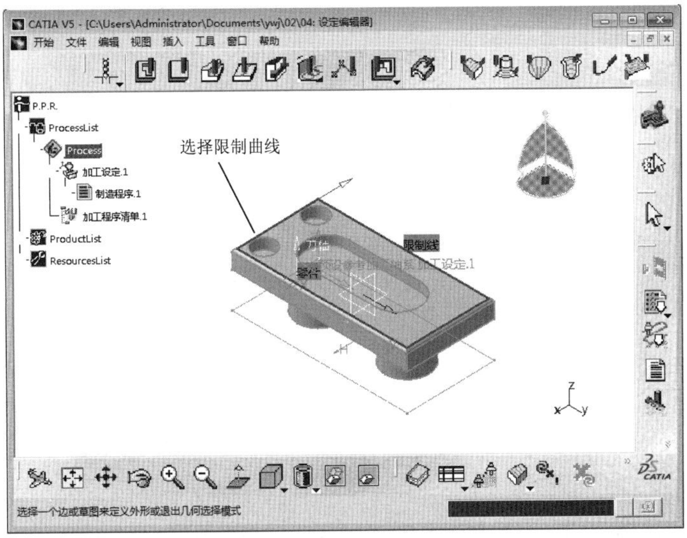
选择限制曲线
选择一个边或草图来定义外形或退出几何选择模式

图 2-87　选择限制曲线

Step8 设置刀路样式，如图 2-88 所示。

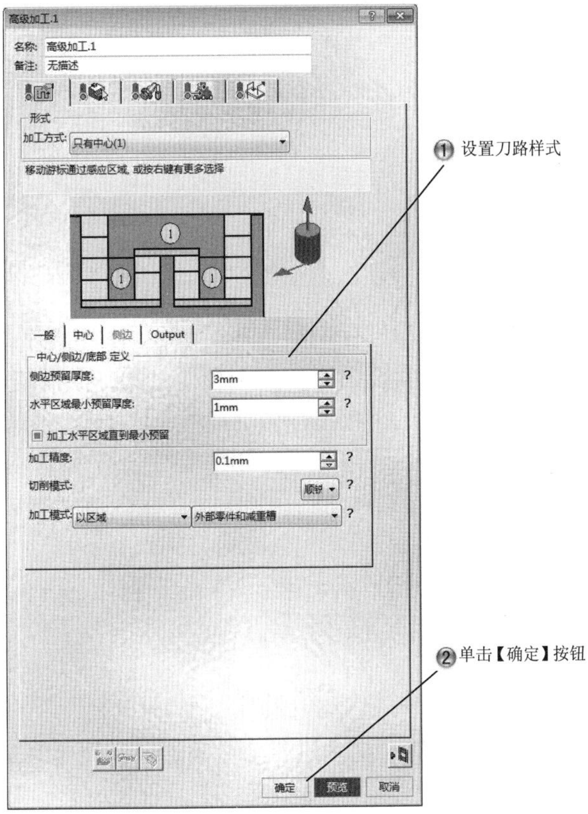
① 设置刀路样式
② 单击【确定】按钮

图 2-88　设置刀路样式

Step9 刀具模拟，如图 2-89 所示。

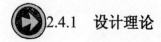

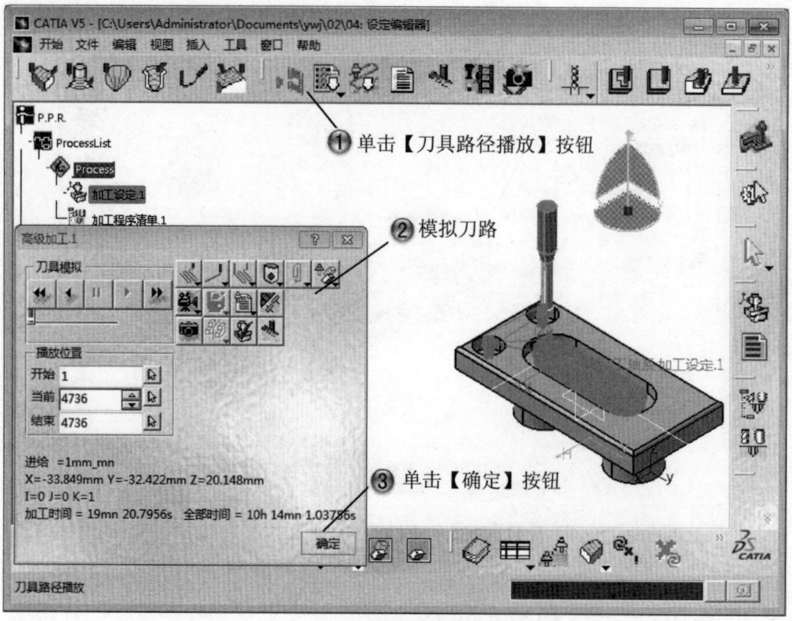

图 2-89 刀具模拟

2.4 轮廓铣削

基本概念

轮廓铣削就是对零件的外形轮廓进行切削，包括两平面间轮廓铣削、两曲线间轮廓铣削、曲线与曲面间轮廓铣削和端平面铣削四种加工类型。两平面间轮廓铣削就是沿着零件的轮廓线，对两边界平面之间的加工区域进行切削。

课堂讲解课时：2 课时

2.4.1 设计理论

多型腔铣削在【外形铣削.1】对话框中进行参数设置，需要定义加工区域。

2.4.2 课堂讲解

1. 轮廓铣削设置加工参数

（1）定义几何参数

在特征树中选中【制造程序.1】节点，然后选择【插入】|【加工动作】|【外形切削】菜单命令，插入一个轮廓加工操作，系统弹出如图 2-90 所示的【外形铣削.1】对话框。

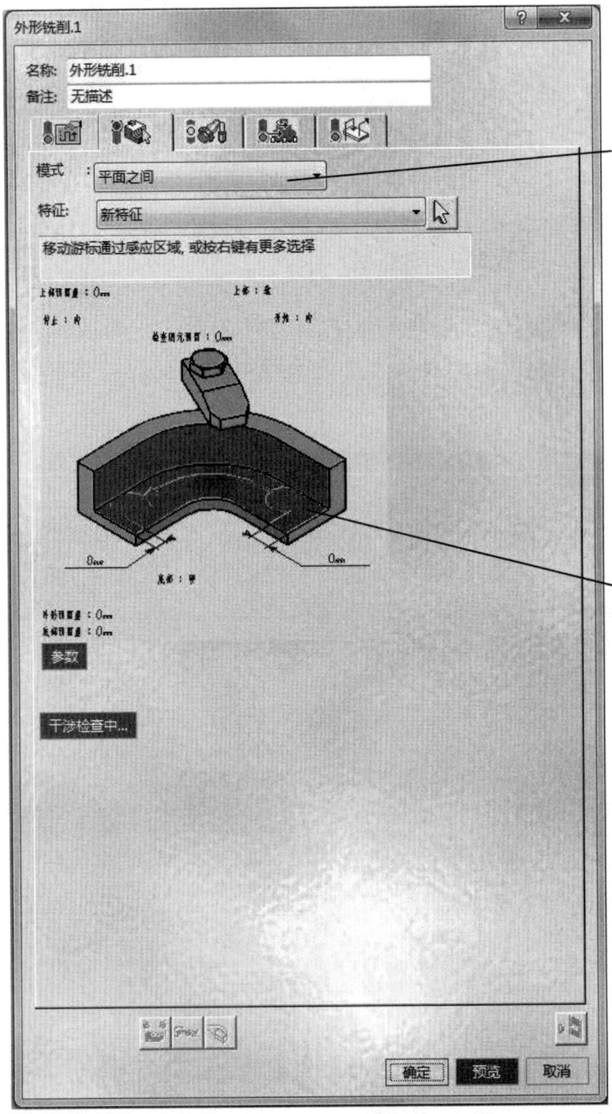
外形铣削.1
名称: 外形铣削.1
备注: 无描述
模式 : 平面之间
特征: 新特征
移动游标通过感应区域, 或按右键有更多选择
参数
干涉检查中...
确定
预览
取消
①【模式】：用于选择轮廓铣削的类型：包括【平面之间】：两平面间轮廓铣削；【曲线之间】：两曲线间轮廓铣削；【曲线和曲面之间】：曲线和曲面间轮廓铣削；【以刀侧仞外形】：端平面轮廓铣削。
②定义加工区域。

图 2-90 【外形铣削.1】对话框

单击【外形铣削.1】对话框中的顶面感应区，在图形区中选择顶面和底面，如图 2-91 所示。

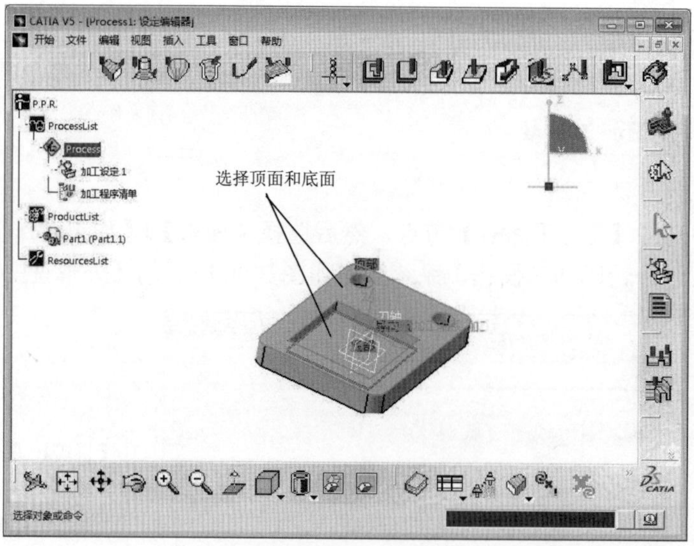

图 2-91　选择加工面

（2）定义刀具参数

在【外形铣削.1】对话框中单击“刀具参数”选项卡，设置刀具参数，如图 2-92 所示。

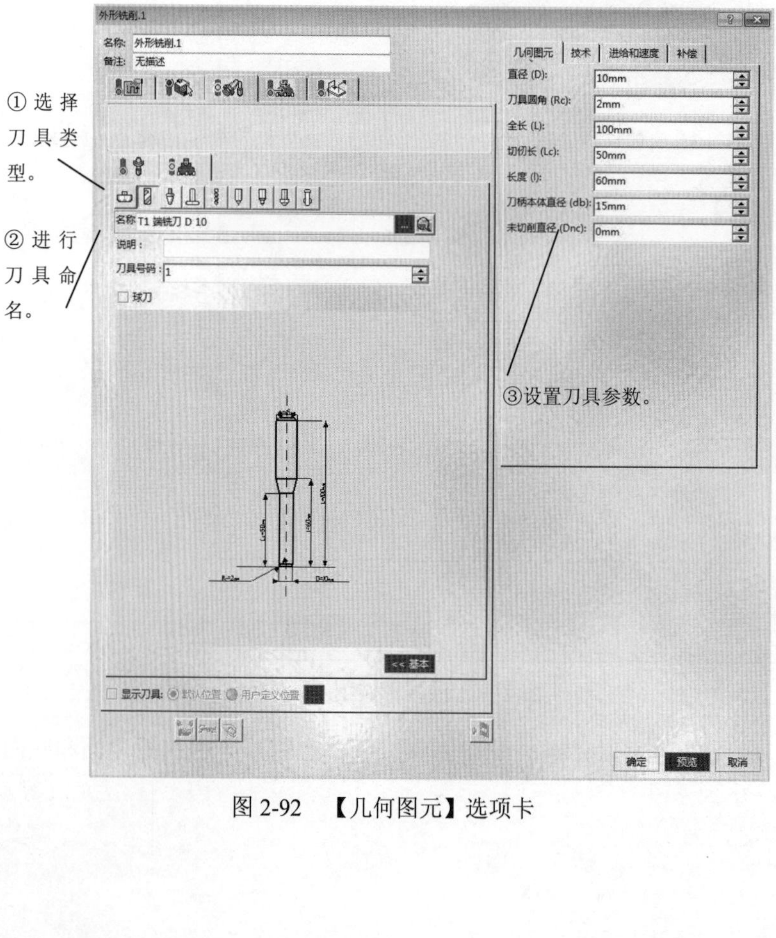

图 2-92　【几何图元】选项卡

（3）定义进给率

在【外形铣削.1】对话框中单击“进给率”选项卡，在【外形铣削.1】对话框的选项卡中设置参数，如图 2-93 所示。

（4）定义刀具路径参数

在【外形铣削.1】对话框中单击“刀具路径参数”选项卡，进行参数设置，如图 2-94 所示。

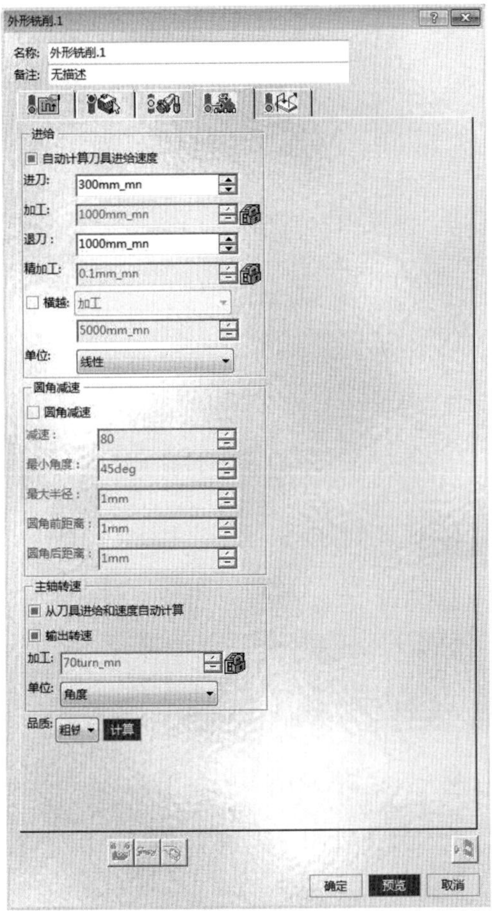

图 2-93　设置进给率

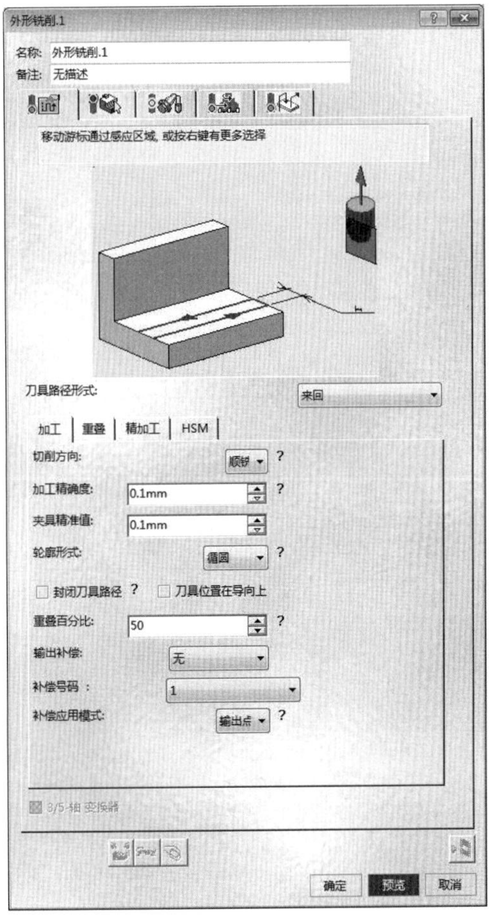

图 2-94　“刀具路径参数”选项卡

（5）定义进刀/退刀类型。

单击“进刀/退刀路径”选项卡，设置参数，如图 2-95 所示。

2. 轮廓铣削刀路仿真

在【外形铣削.1】对话框中单击【播放刀具路径】按钮，系统弹出【外形铣削.1】对话框，且在图形区显示刀路轨迹，如图 2-96 所示。

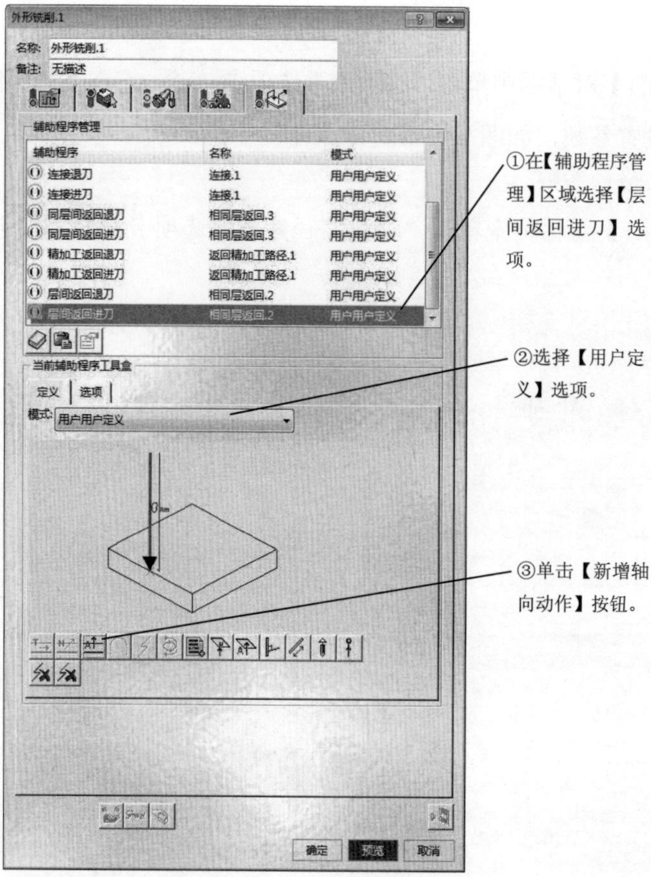

图 2-95　定义层间返回进刀

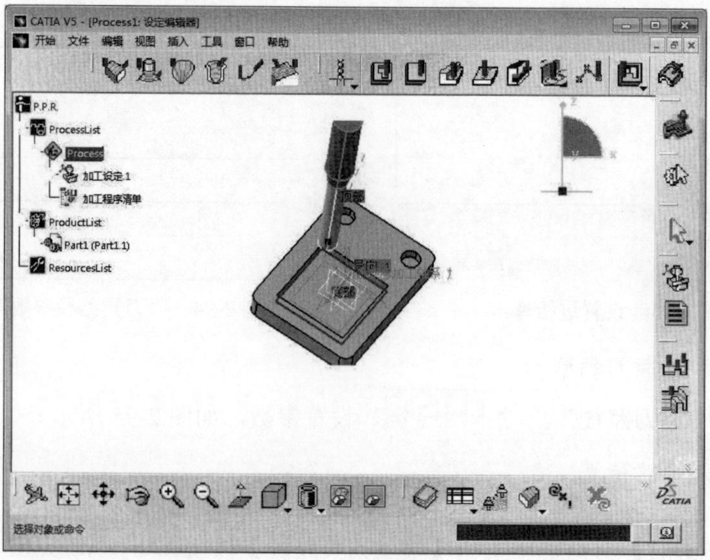

图 2-96　刀路仿真

在【外形铣削.1】对话框中单击【分析】按钮，选中【剩余材料】复选框，图形区中高亮显示毛坯加工余量；选中【过切】复选框，图形区中高亮显示毛坯加工过切情况，如图 2-97 所示。

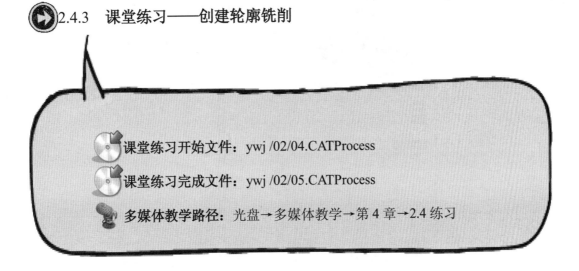

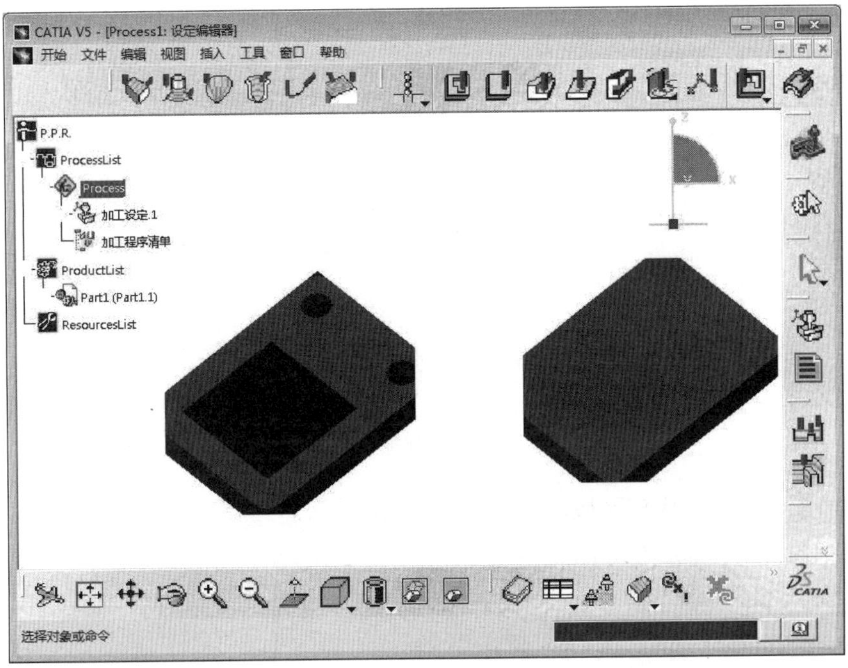

图 2-97　余量检测和过切检测

2.4.3　课堂练习——创建轮廓铣削

课堂练习开始文件： ywj /02/04.CATProcess

课堂练习完成文件： ywj /02/05.CATProcess

多媒体教学路径： 光盘→多媒体教学→第 4 章→2.4 练习

Step1 选择加工命令，如图 2-98 所示。

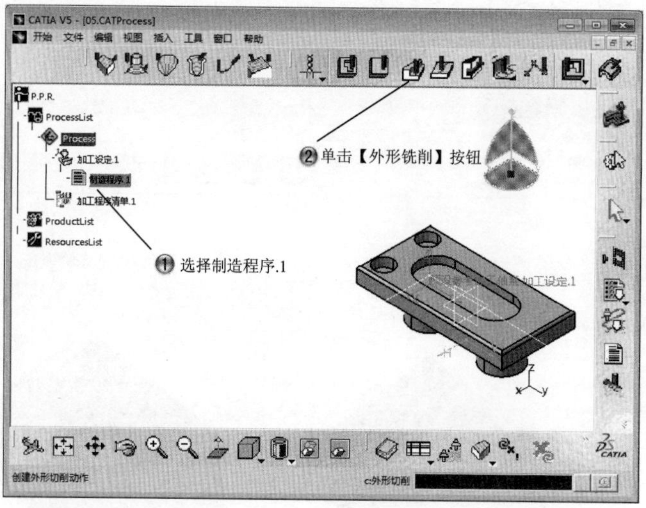

图 2-98　选择加工命令

Step2 单击加工底部区域，如图 2-99 所示。

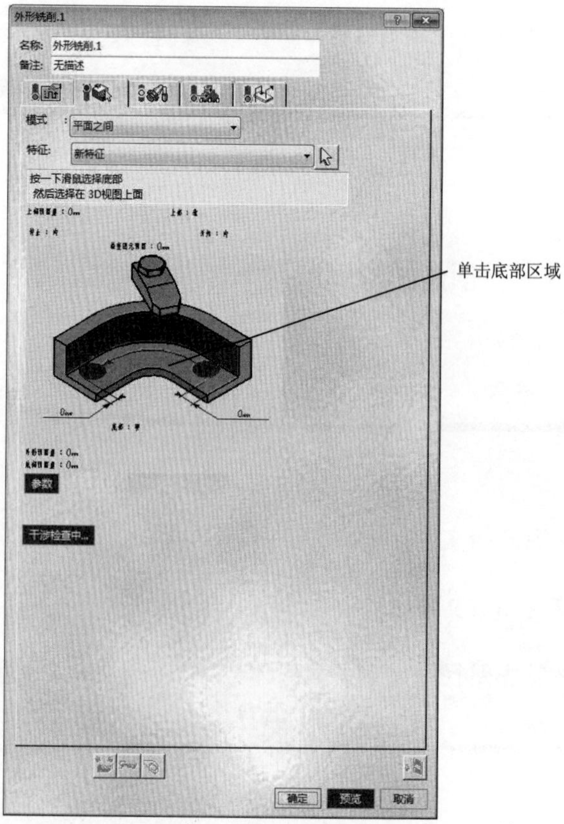

图 2-99　单击加工底部区域

Step3 选择底部加工区域，如图 2-100 所示。

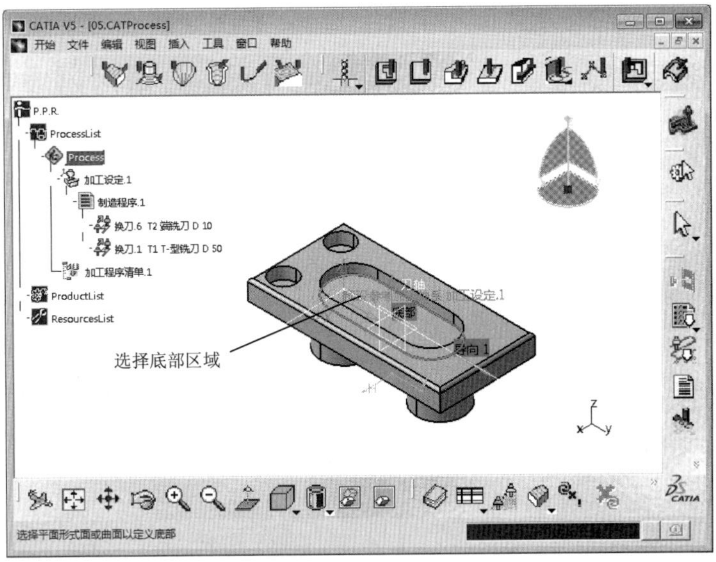

图 2-100 选择底部加工区域

Step4 设置刀路样式，如图 2-101 所示。

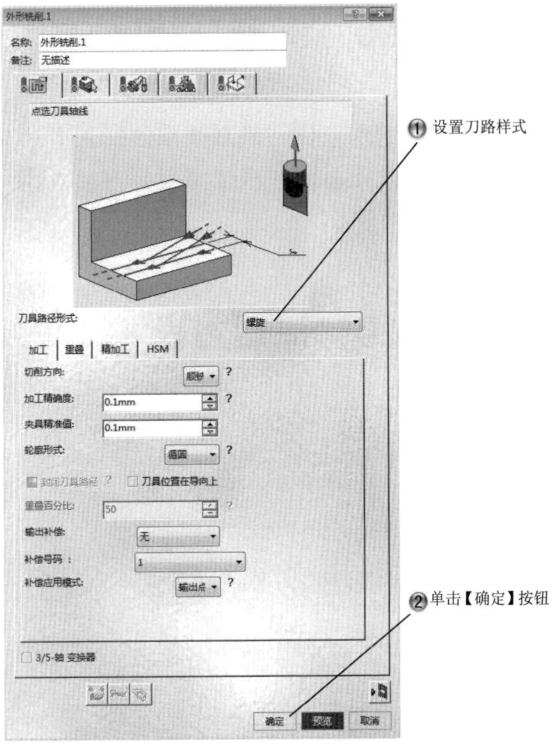

图 2-101 设置刀路样式

Step5 刀具模拟，如图 2-102 所示。

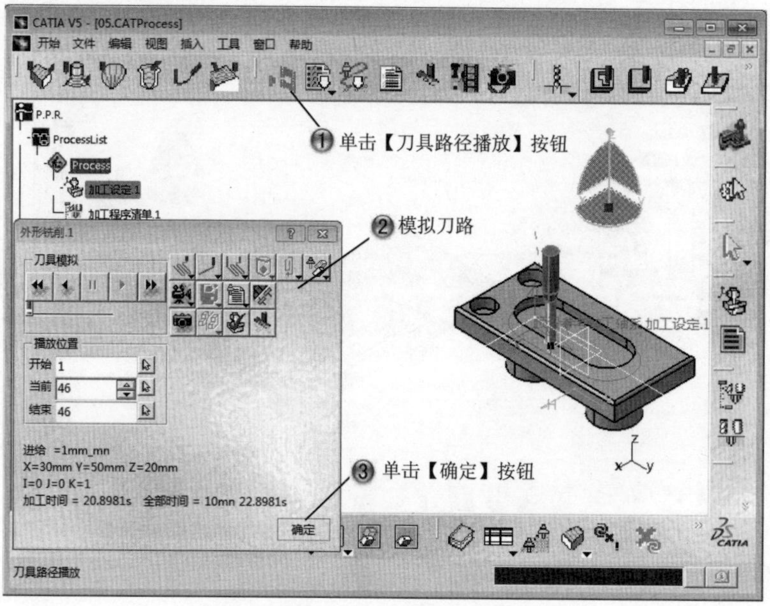
① 单击【刀具路径播放】按钮
② 模拟刀路
③ 单击【确定】按钮

图 2-102　刀具模拟

2.5　专家总结

铣削是指使用旋转的多刃刀具切削工件，是高效率的加工方法。铣削用的机床有卧式铣床或立式铣床，也有大型的龙门铣床。这些机床可以是普通机床，也可以是数控机床。本章主要介绍了 2.5 轴铣削的各种加工方法。

2.6　课后习题

2.6.1　填空题

（1）粗加工的作用是________。

（2）二轴半铣削加工的定义是________。

（3）面铣削的种类有________、________、________、________。

2.6.2 问答题

（1）多型腔铣削和轮廓铣削的区别是什么？

（2）粗加工加工程序的重要设置是什么？

2.6.3 上机操作题

如图 2-103 所示，使用本章学过的知识来创建管件的加工程序。

练习步骤和方法：

（1）创建管件。

（2）创建粗加工程序。

（3）创建轮廓铣削程序。

图 2-103 管件

第 3 章　2.5 轴铣削加工进阶

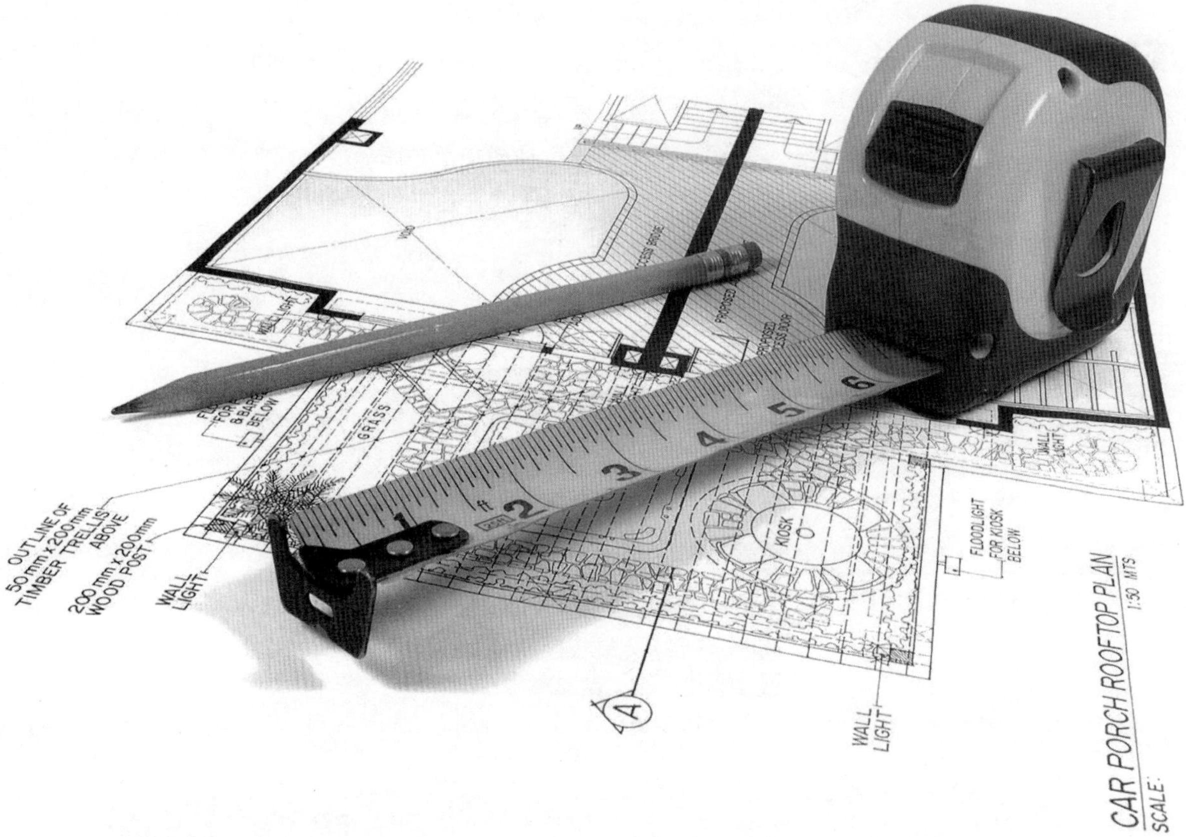

课训目标	内　容	掌握程度	课　时
	曲线铣削	熟练运用	2
	凹槽铣削	熟练运用	2
	点到点铣削	熟练运用	2

课程学习建议

CATIA 2.5 轴铣削加工工作台包含平面铣削、粗加工、型腔铣削和轮廓铣削，这些内容上一章介绍过，此外还包括曲线铣削、凹槽铣削以及点到点铣削加工等。本章将通过实际操作来介绍 2.5 轴铣削加工的这些加工类型，学习加工操作的建立以及相关参数的设置。

本课程主要基于软件的二轴半数控加工模块来讲解，其培训课程表如下。

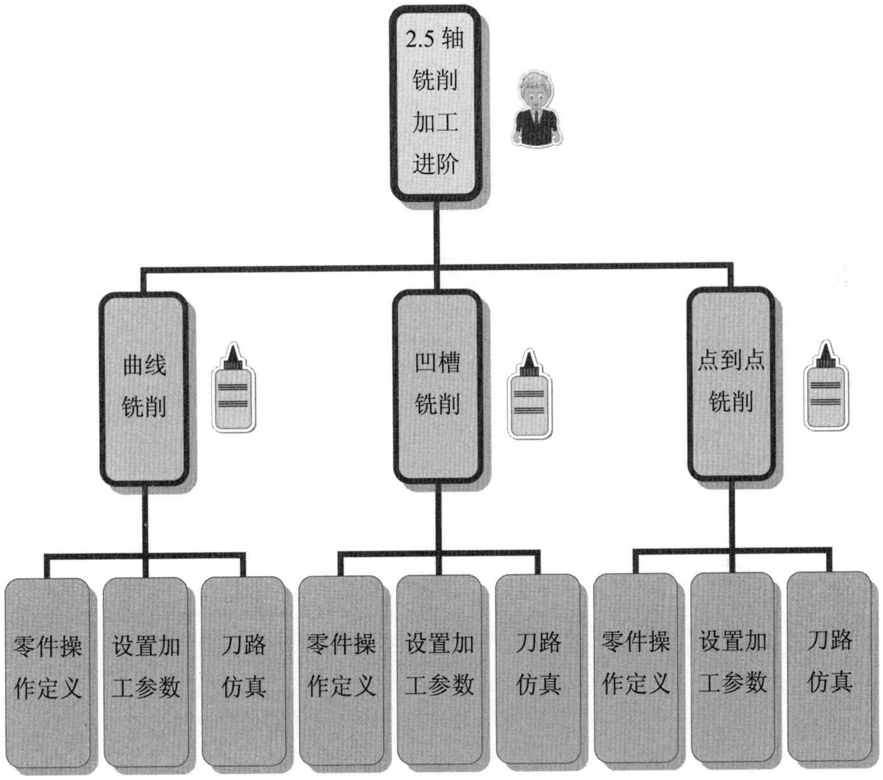

3.1 曲线铣削

基本概念

曲线铣削就是选取一系列曲线来驱动刀具的运动，以铣削出所需要的外形，所选的曲线可以是连续的，也可以是不连续的。

课堂讲解课时：2 课时

3.1.1 设计理论

曲线铣削加工是在【沿曲线.1】对话框中设置的，必须定义引导曲线这个必要的参数。

3.1.2 课堂讲解

1. 曲线铣削设置加工参数

（1）定义几何参数

在特征树中选中【制造程序.1】节点，然后选择【插入】|【加工动作】|【沿着曲线】菜单命令，插入一个曲线加工操作，系统弹出如图 3-1 所示的【沿曲线.1】对话框。

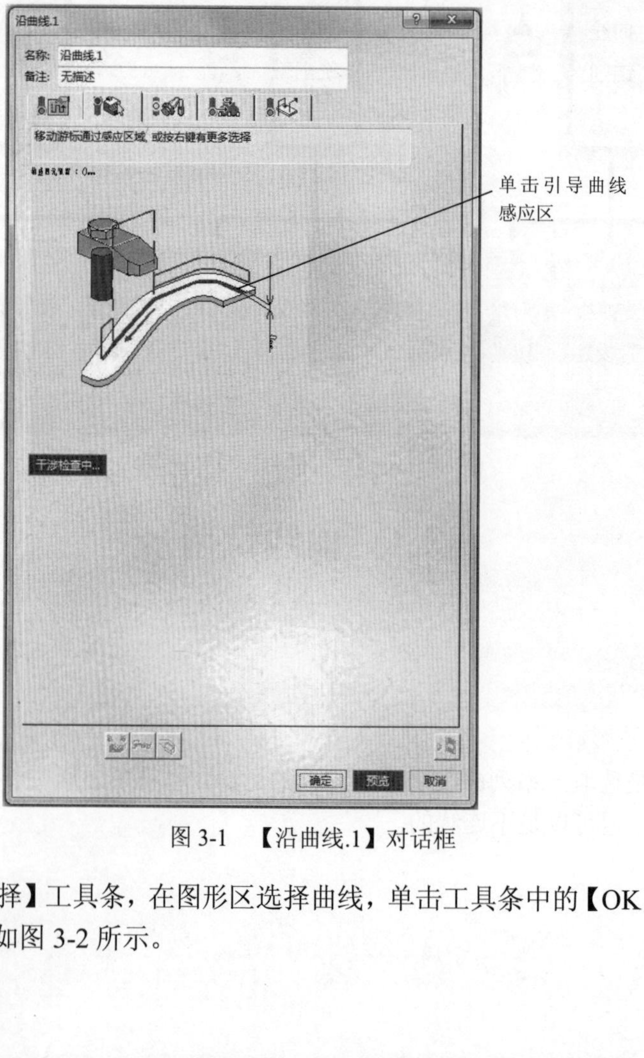

图 3-1 【沿曲线.1】对话框

弹出【边界选择】工具条，在图形区选择曲线，单击工具条中的【OK】按钮，返回【沿曲线.1】对话框，如图 3-2 所示。

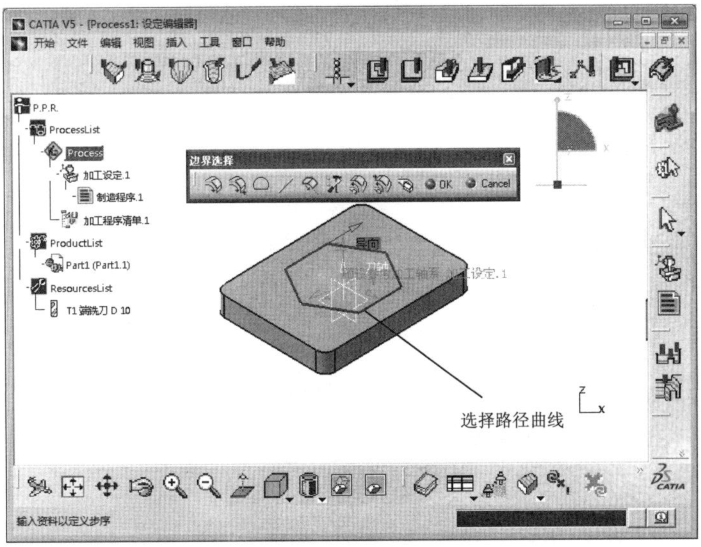
边界选择
OK
Cancel
选择路径曲线

图 3-2　选择路径曲线

（2）定义刀具参数

在【沿曲线.1】对话框中单击“刀具参数”选项卡，设置刀具参数，如图 3-3 所示。

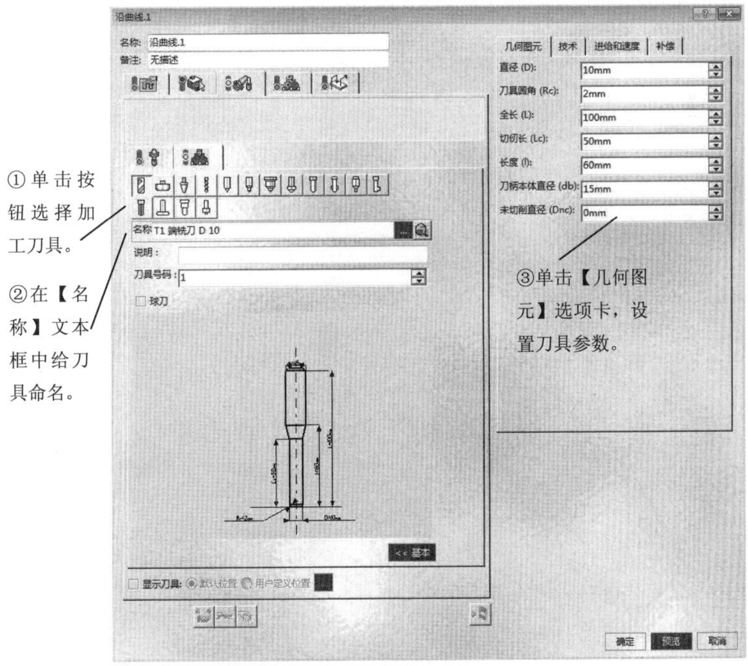
①单击按钮选择加工刀具。
②在【名称】文本框中给刀具命名。
③单击【几何图元】选项卡，设置刀具参数。

图 3-3　设置刀具参数

（3）定义进给率

在【沿曲线.1】对话框中单击“进给率”选项卡，在【沿曲线.1】对话框的选项卡中设置参数，如图 3-4 所示。

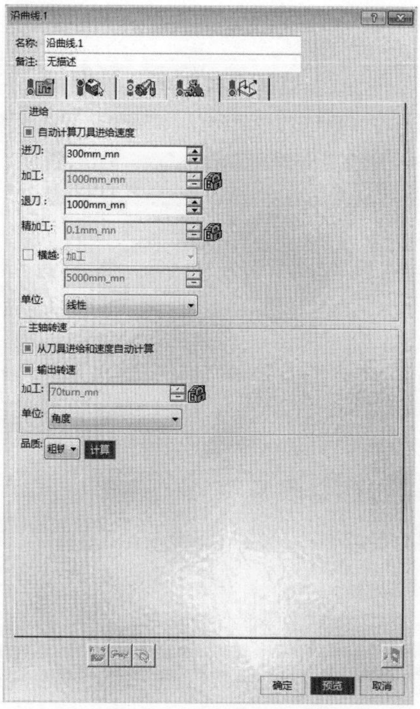

图 3-4　设置进给率

（4）定义刀具路径参数

在【沿曲线.1】对话框中单击“刀具路径参数”选项卡，进行刀具路径设置，如图 3-5 所示。

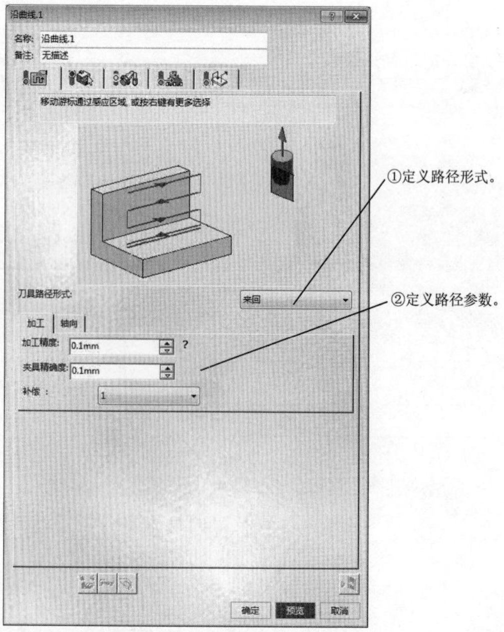

图 3-5　“刀具路径参数”选项卡

（5）定义进刀/退刀类型。

单击“进刀/退刀路径”选项卡，设置参数，如图 3-6 所示。

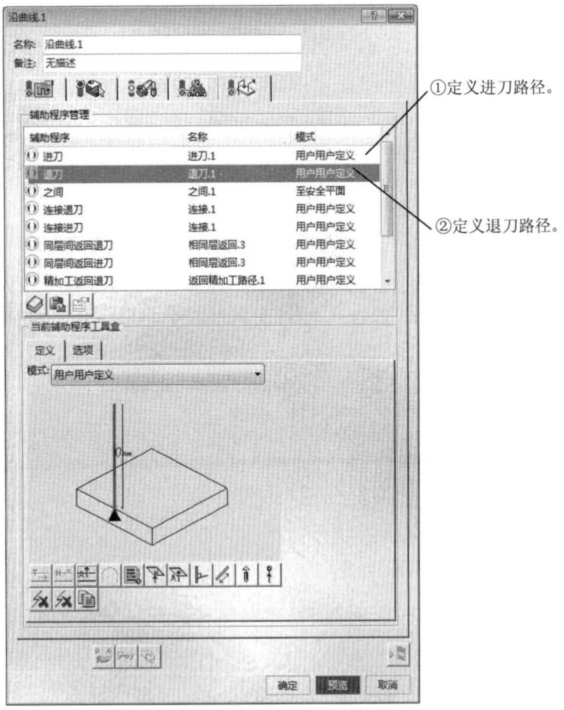

图 3-6　定义进刀/退刀参数

2. 曲线铣削刀路仿真

在【沿曲线.1】对话框中单击【播放刀具路径】按钮，系统弹出【沿曲线.1】对话框，且在图形区显示刀路轨迹，如图 3-7 所示。

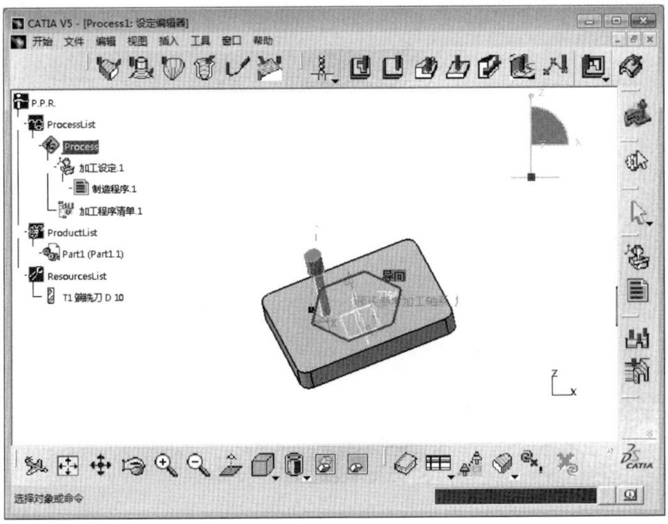

图 3-7　刀路仿真

3.1.3 课堂练习——创建曲线铣削

课堂练习开始文件：ywj /03/01.CATPart

课堂练习完成文件：ywj /03/01.CATPart、02.CATProcess

多媒体教学路径：光盘→多媒体教学→第 3 章→3.1 练习

Step1 选择草绘面，如图 3-8 所示。

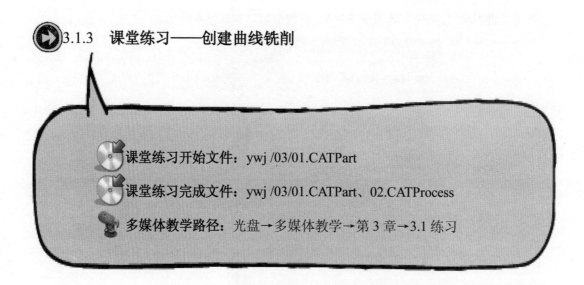

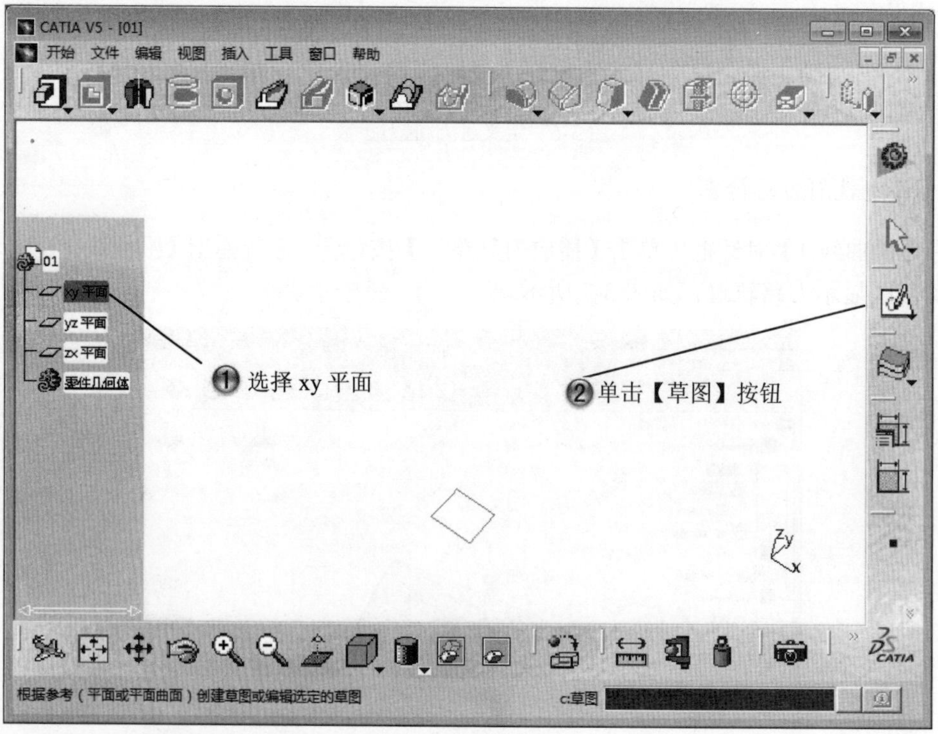

图 3-8 选择草绘面

Step2 绘制矩形，如图 3-9 所示。

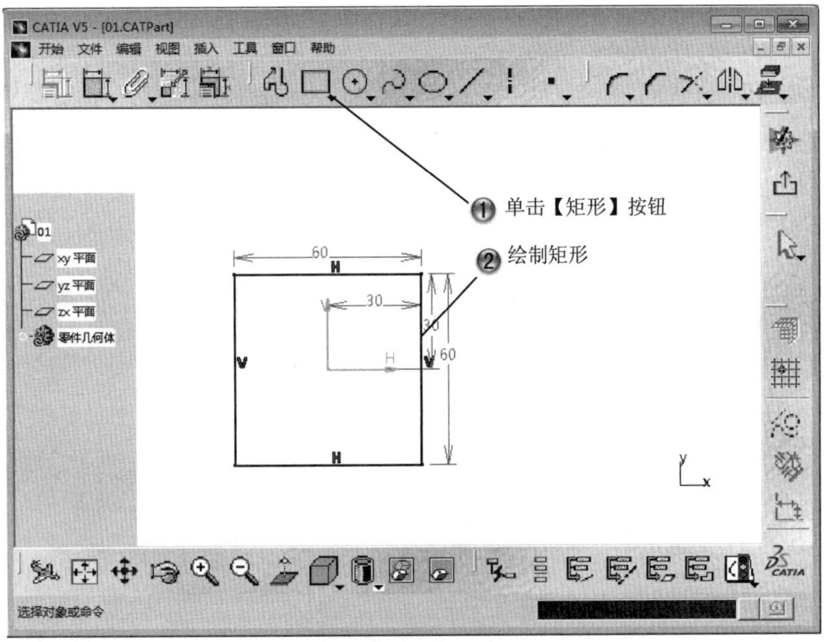

图 3-9　绘制矩形

Step3 绘制梯形，如图 3-10 所示。

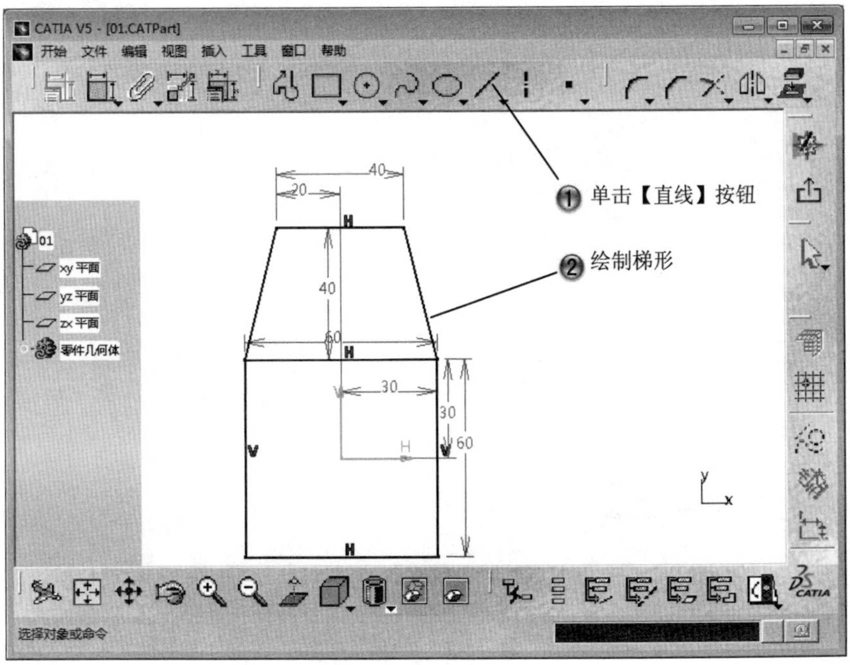

图 3-10　绘制梯形

Step4 创建圆角，如图 3-11 所示。

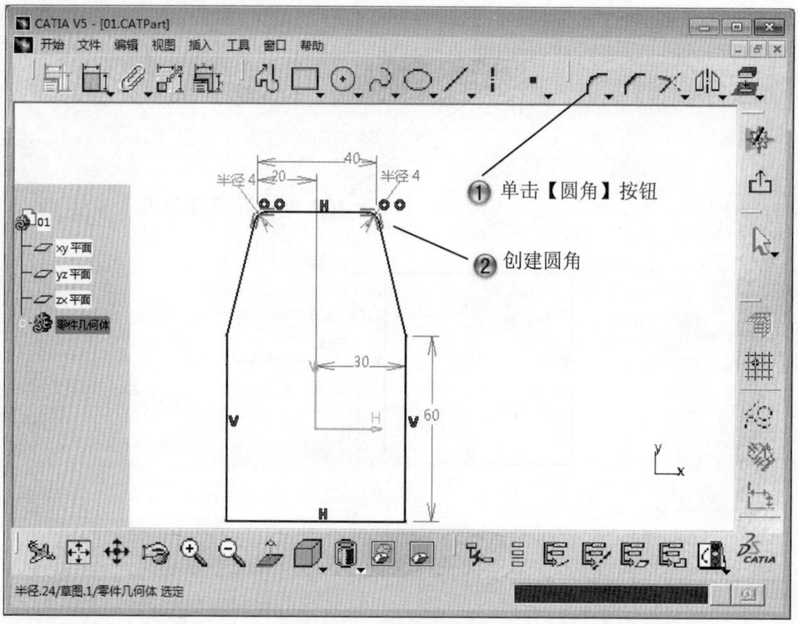

图 3-11 创建圆角

Step5 创建凸台，如图 3-12 所示。

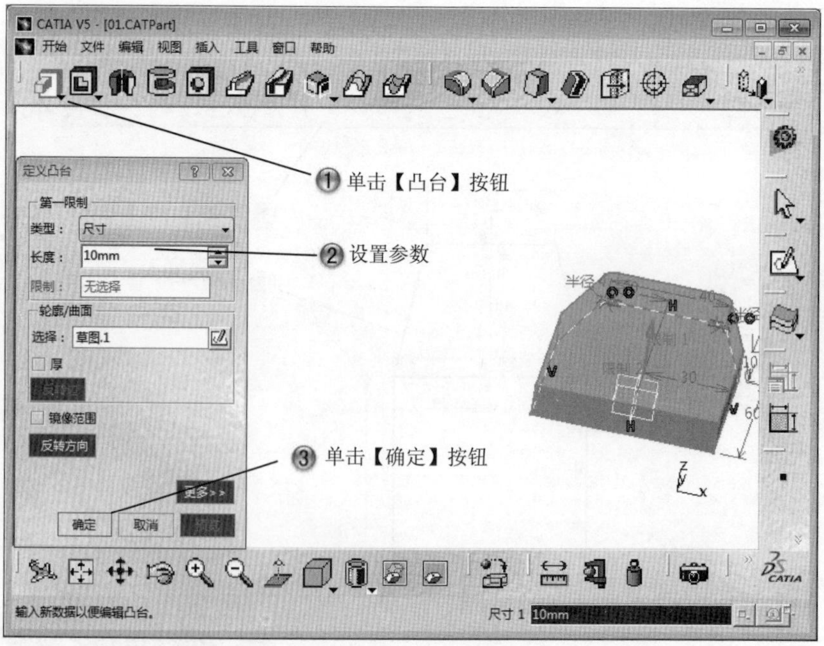

图 3-12 创建凸台

Step6 选择草绘面，如图 3-13 所示。

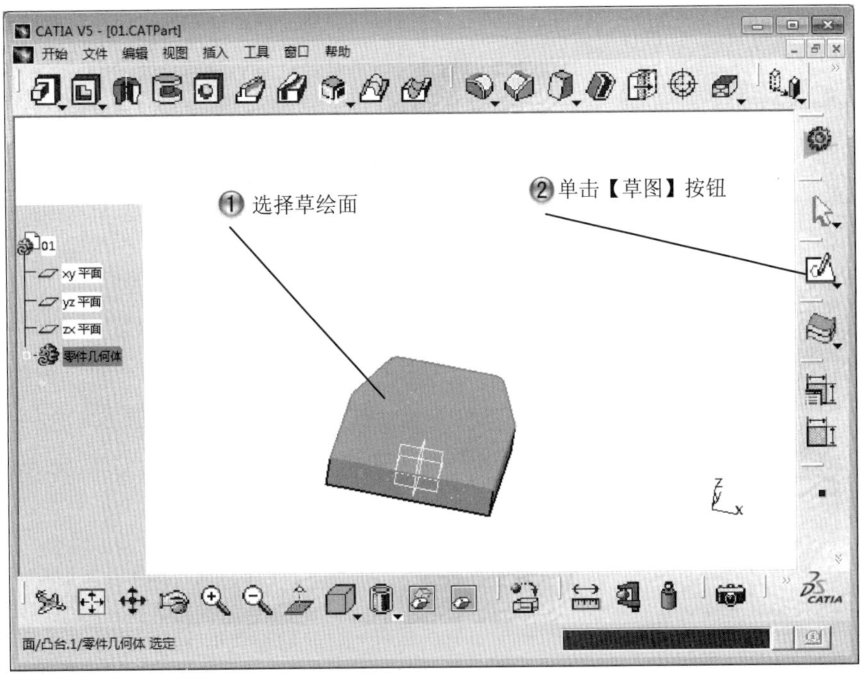

图 3-13 选择草绘面

Step7 绘制矩形，如图 3-14 所示。

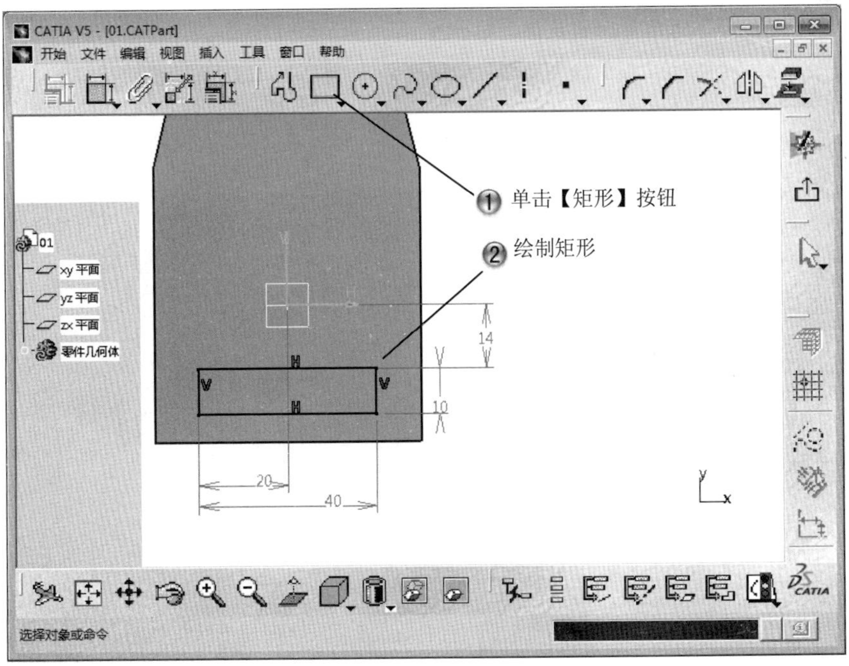

图 3-14 绘制矩形

Step8 创建凸台，如图 3-15 所示。

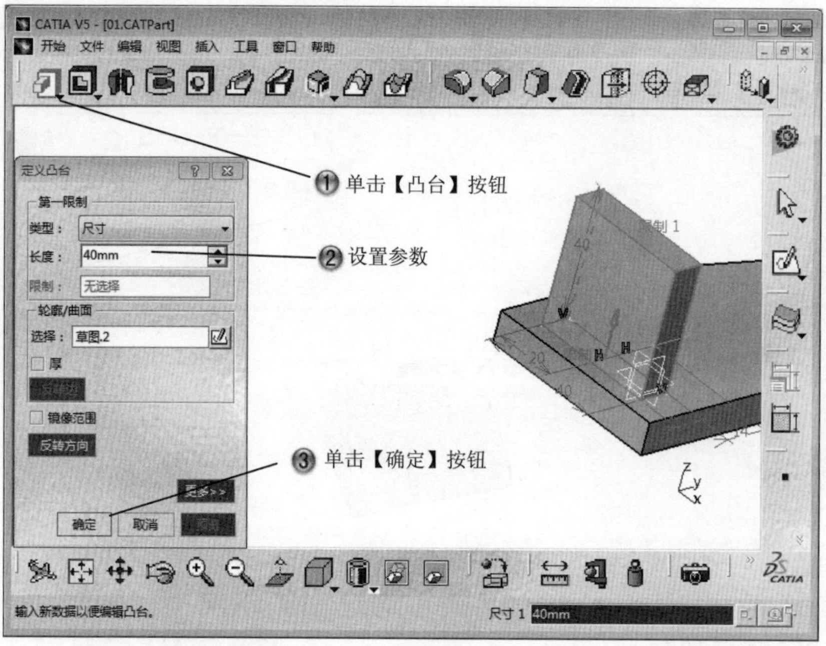

图 3-15　创建凸台

Step9 创建倒角，如图 3-16 所示。

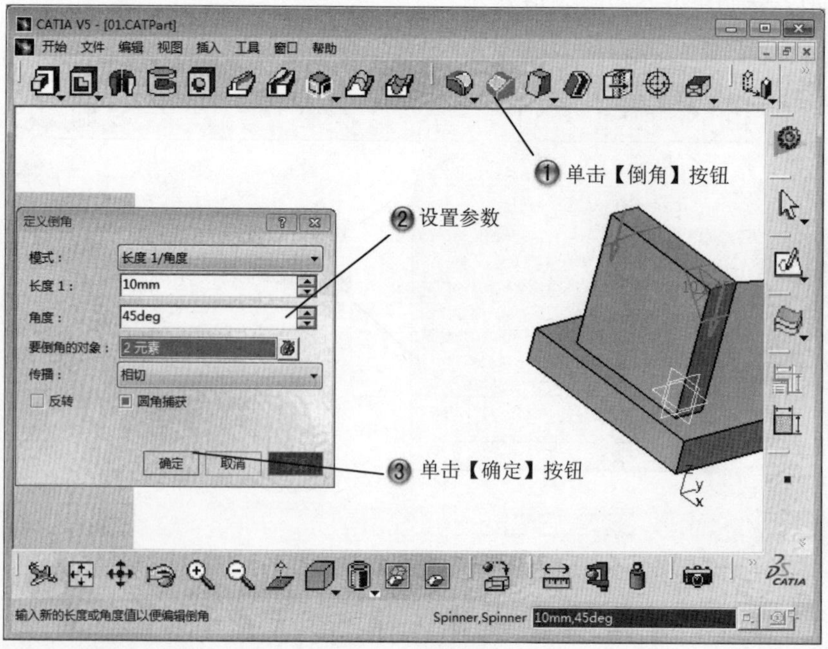

图 3-16　创建倒角

Step10 选择草绘面，如图 3-17 所示。

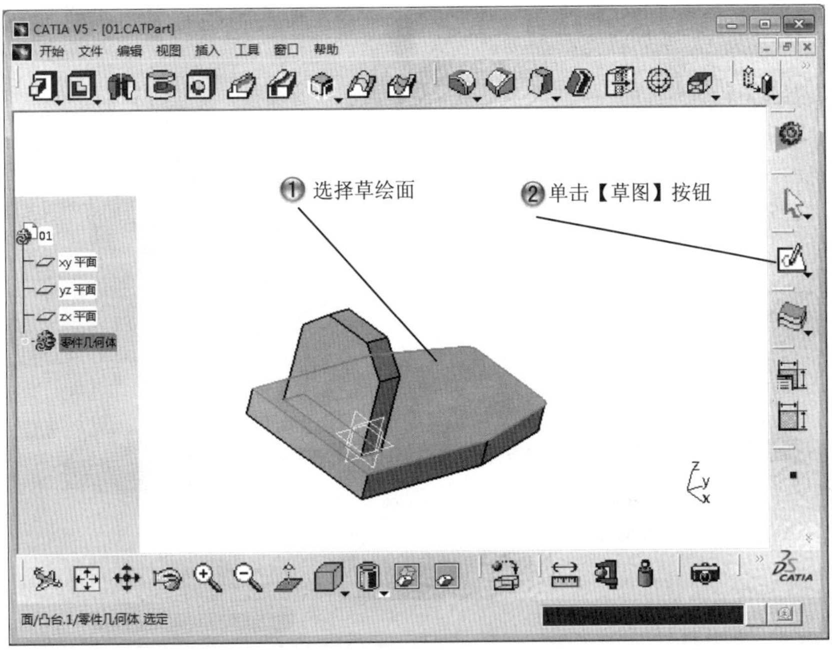

图 3-17　选择草绘面

Step11 绘制延长孔，如图 3-18 所示。

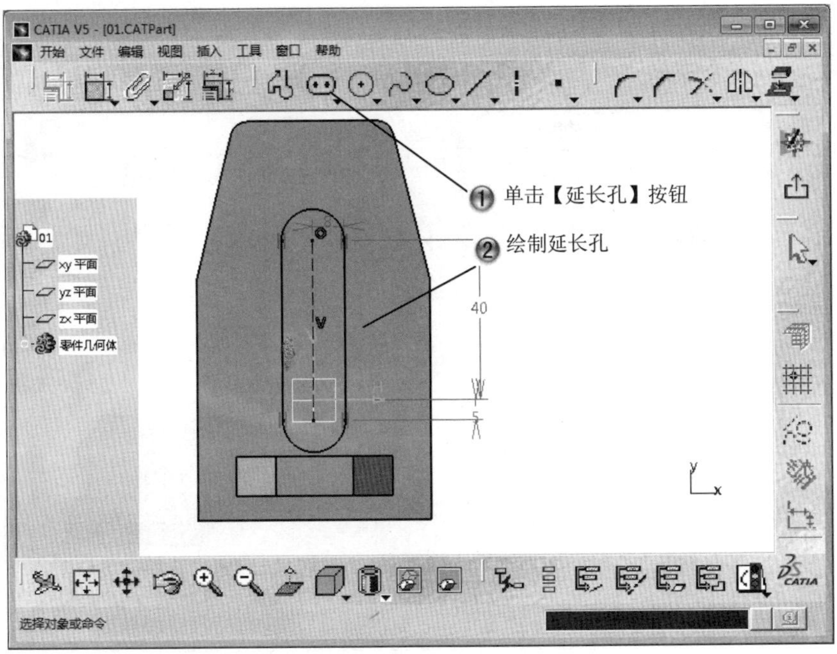

图 3-18　绘制延长孔

Step 12 创建凹槽，如图 3-19 所示。

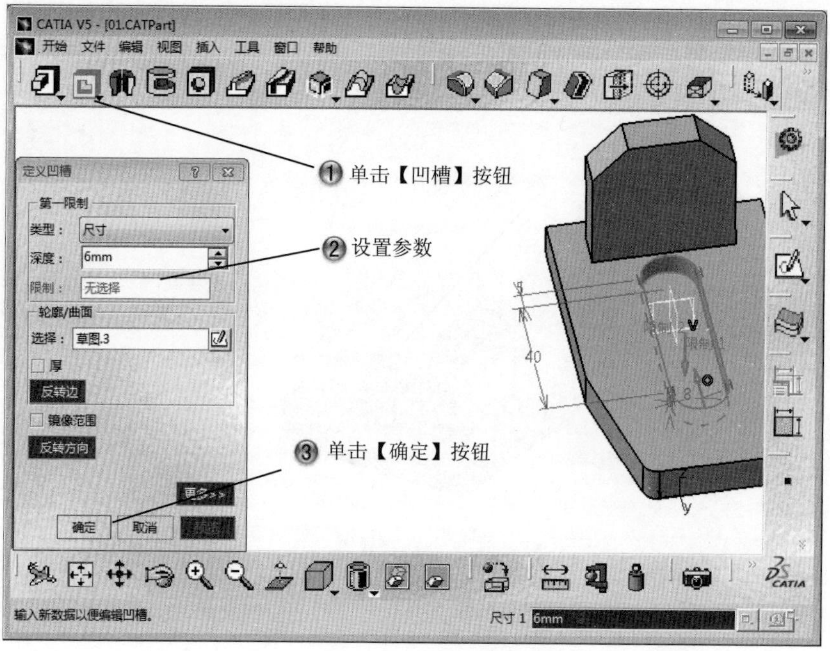

图 3-19　创建凹槽

Step 13 选择加工命令，如图 3-20 所示。

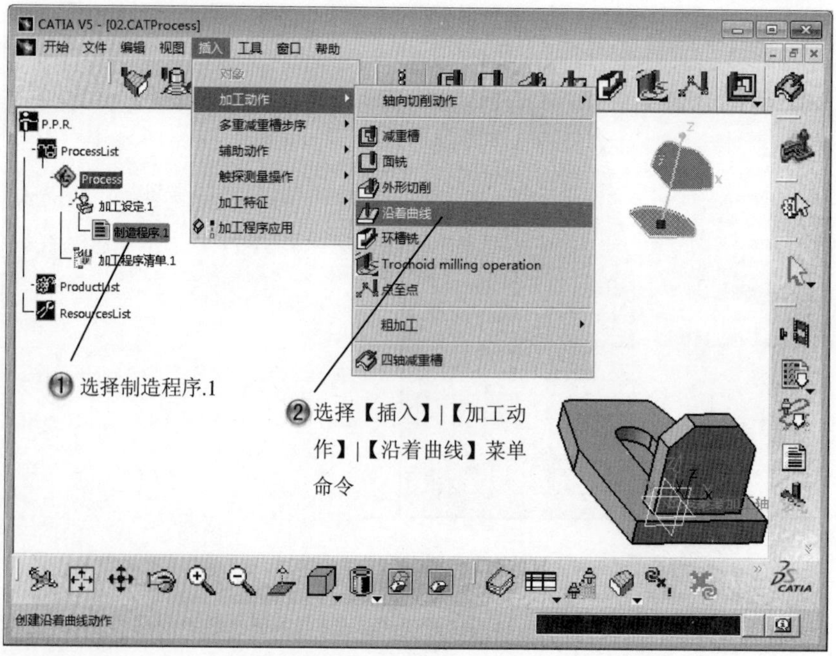

图 3-20　选择加工命令

Step14 单击导向图元，如图 3-21 所示。

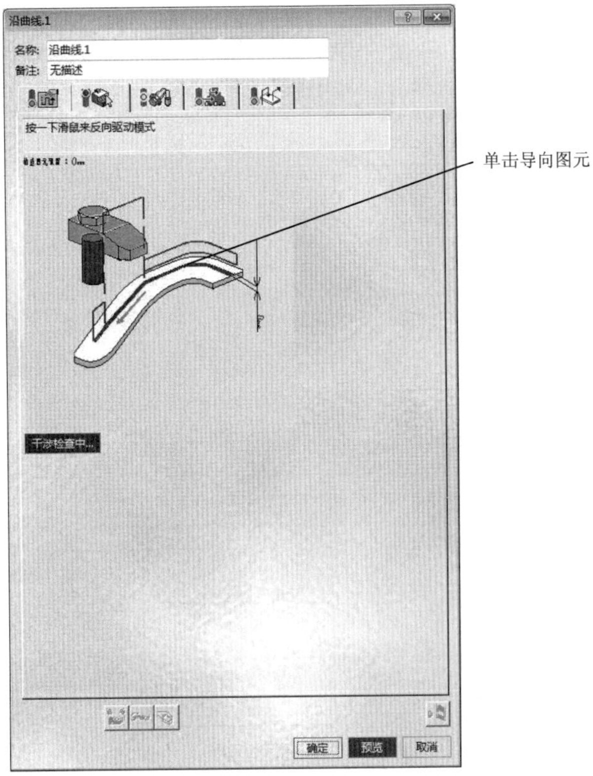

图 3-21　单击导向图元

Step15 选择边线，如图 3-22 所示。

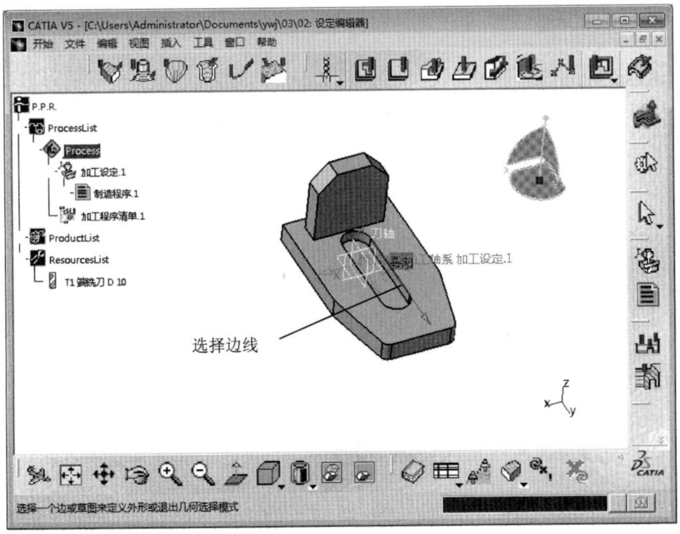

图 3-22　选择边线

Step16 设置刀路样式，如图 3-23 所示。

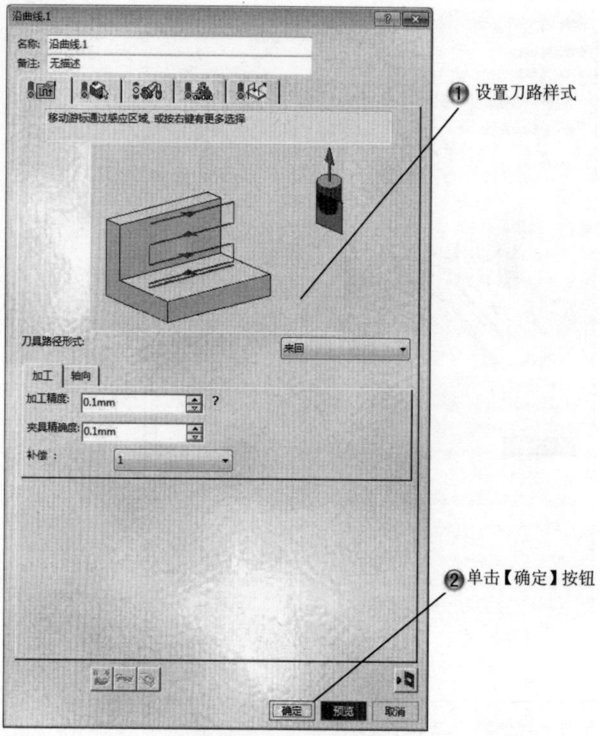

图 3-23　设置刀路样式

Step17 设置刀具参数，如图 3-24 所示。

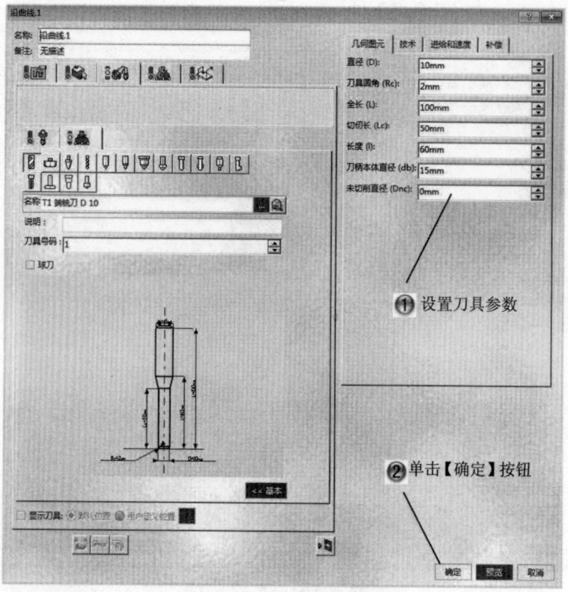

图 3-24　设置刀具参数

Step18 刀具模拟，如图 3-25 所示。

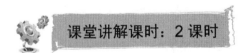

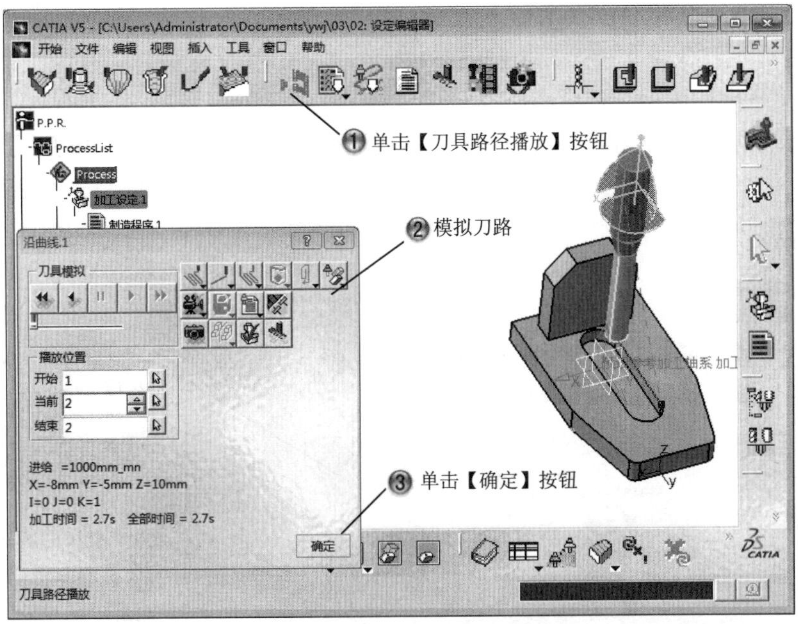

图 3-25 刀具模拟

3.2 凹槽铣削

基本概念

凹槽铣削可以对各种不同形状的凹槽类特征进行加工，该铣削方法与轮廓铣削中的两平面间轮廓铣削加工类型类似。

课堂讲解课时：2 课时

3.2.1 设计理论

凹槽铣削加工是在【槽加工.1】对话框中设置的，必须定义加工顶面和底面。

3.2.2 课堂讲解

1. 凹槽铣削设置加工参数

（1）定义几何参数

在特征树中选中【制造程序.1】节点，然后选择【插入】|【加工动作】|【环槽铣】菜单命令，插入一个槽铣加工操作，系统弹出如图 3-26 所示的【槽加工.1】对话框。

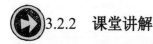

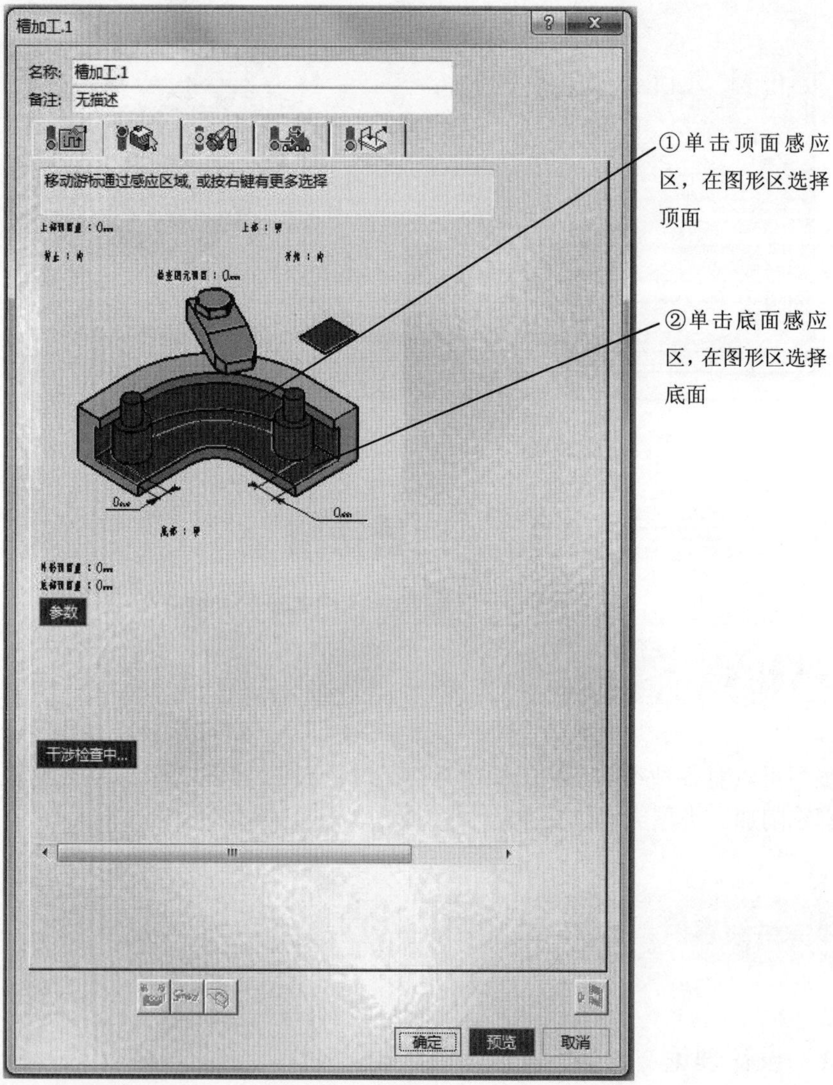

图 3-26 【槽加工.1】对话框

在图形区选择的顶面和底面，如图 3-27 所示。

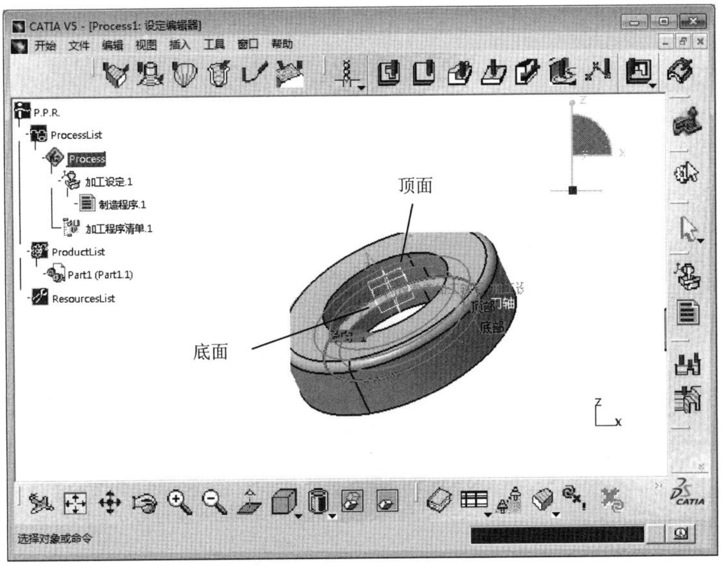

图 3-27 选择顶面和底面

（2）定义刀具参数

在【槽加工.1】对话框中单击“刀具参数”选项卡，设置刀具参数，如图 3-28 所示。

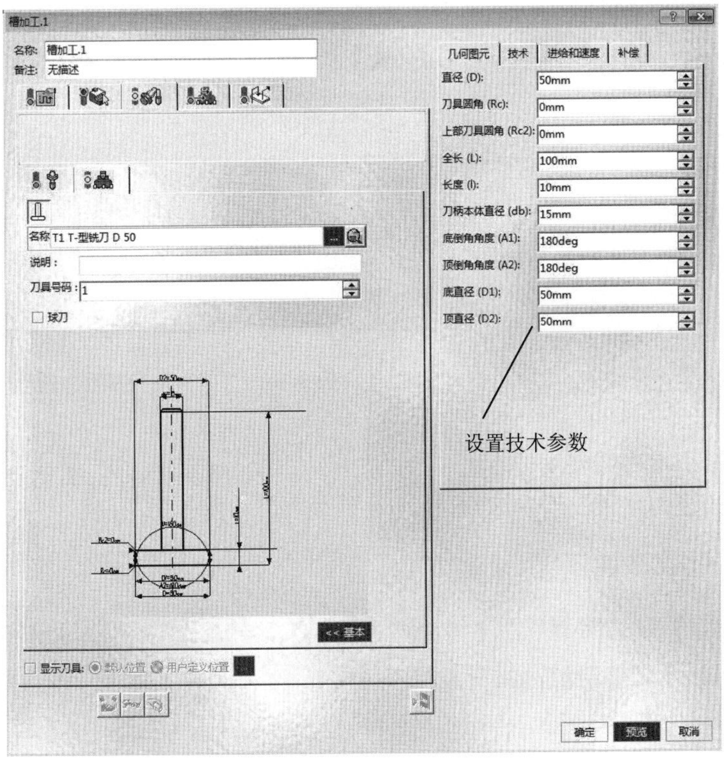

图 3-28 设置刀具参数

（3）定义进给率

在【槽加工.1】对话框中单击“进给率”选项卡，在【槽加工.1】对话框的选项卡中设置参数，如图 3-29 所示。

（4）定义刀具路径参数

在【槽加工.1】对话框中单击“刀具路径参数”选项卡，进行参数设置，如图 3-30 所示。

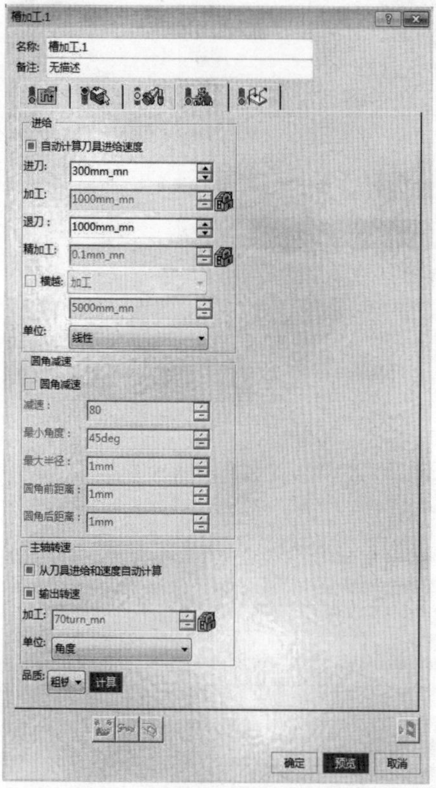

图 3-29　设置进给率

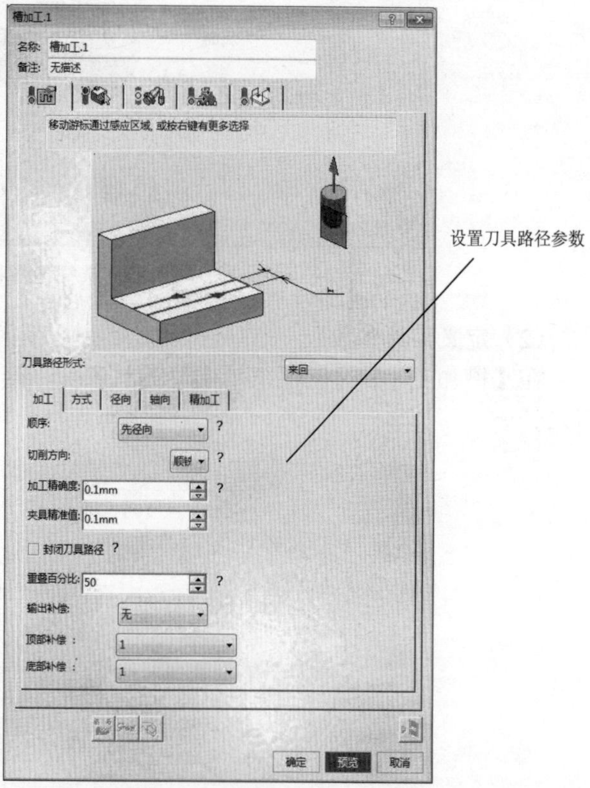

图 3-30　“刀具路径参数”选项卡

（5）定义进刀/退刀类型。

单击“进刀/退刀路径”选项卡，设置参数，如图 3-31 所示。

2. 凹槽铣削刀路仿真

在【槽加工.1】对话框中单击【播放刀具路径】按钮，系统弹出【槽加工.1】对话框，且在图形区显示刀路轨迹，如图 3-32 所示。

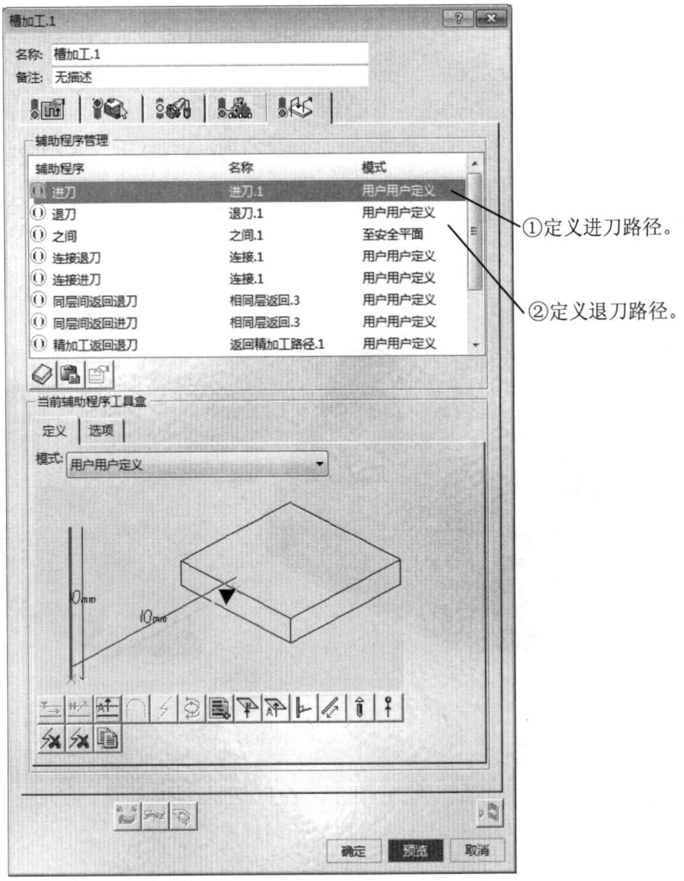

图 3-31　定义进刀参数

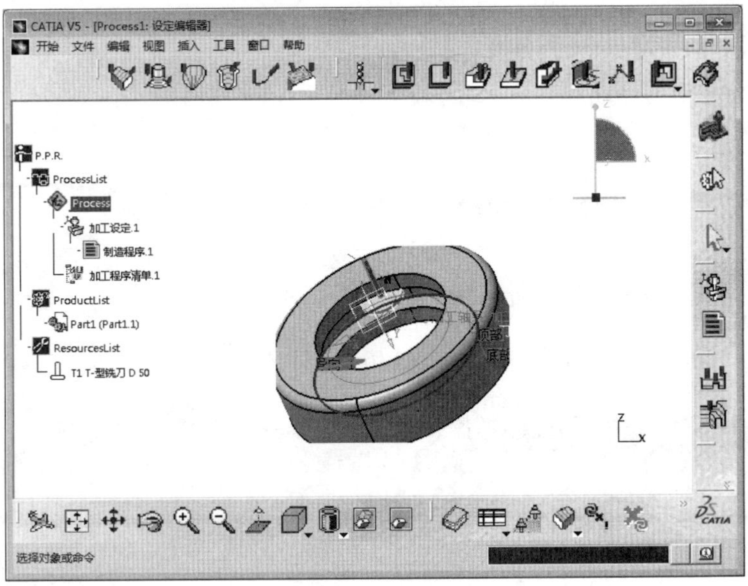

图 3-32　刀路仿真

在【槽加工.1】对话框中单击【分析】按钮，选中【剩余材料】复选框，高亮显示毛坯加工余量；选中【过切】复选框，高亮显示毛坯加工过切情况，如图 3-33 所示。

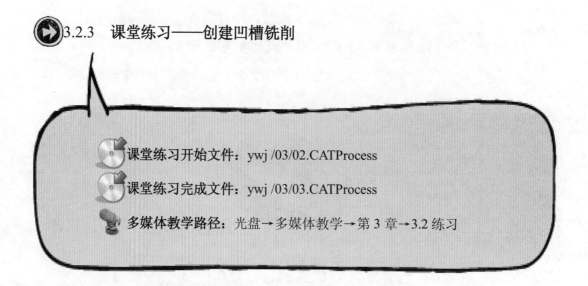

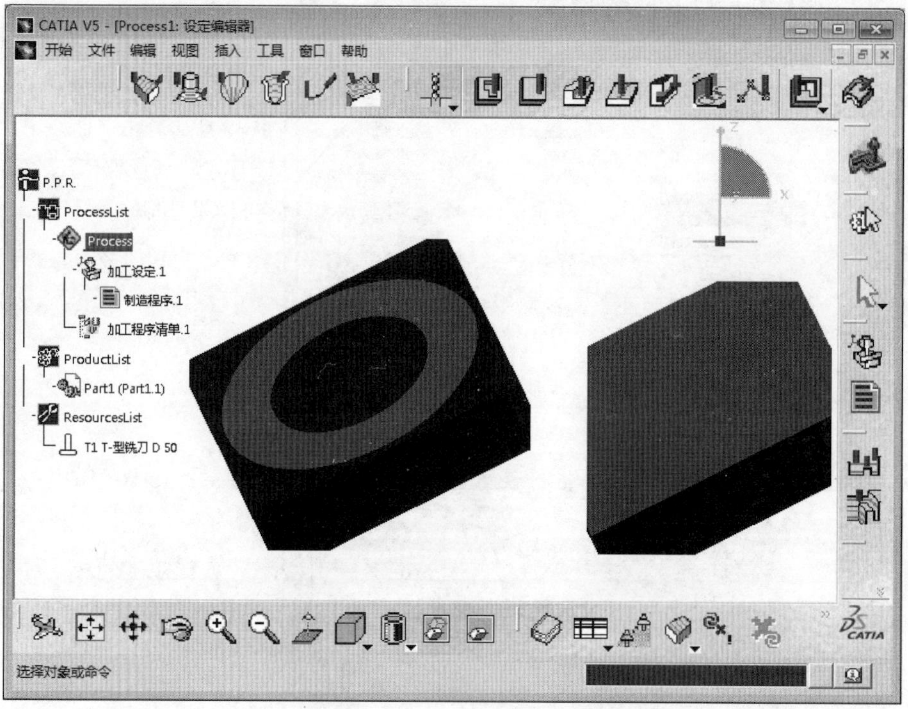

图 3-33 余量检测和过切检测

3.2.3 课堂练习——创建凹槽铣削

课堂练习开始文件：ywj /03/02.CATProcess

课堂练习完成文件：ywj /03/03.CATProcess

多媒体教学路径：光盘→多媒体教学→第 3 章→3.2 练习

Step1 选择加工命令，如图 3-34 所示。

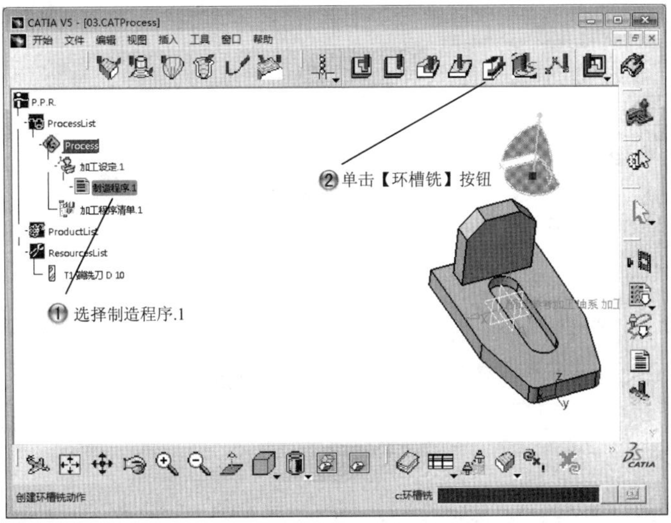

图 3-34　选择加工命令

Step2 单击底部区域，如图 3-35 所示。

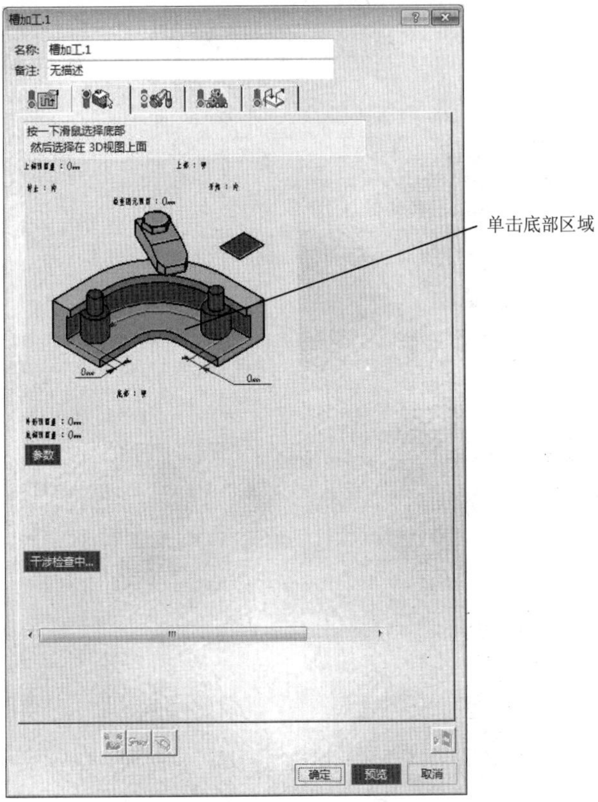

图 3-35　单击底部区域

Step3 选择加工区域，如图 3-36 所示。

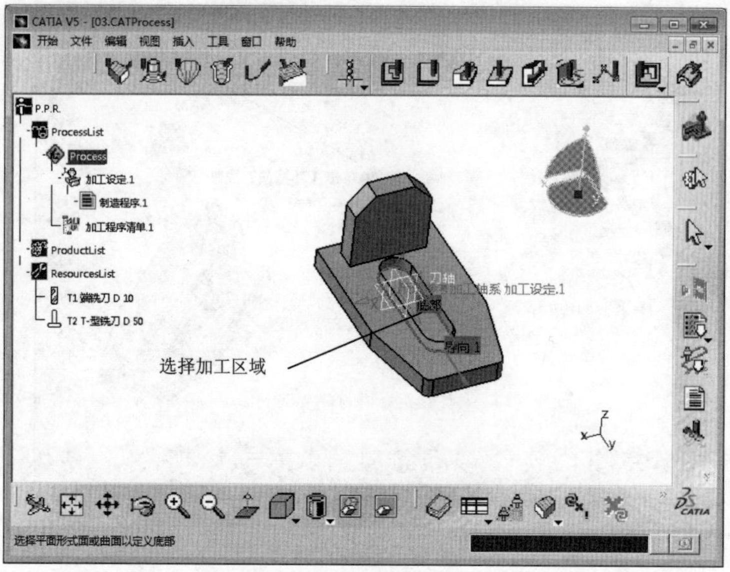

图 3-36　选择加工区域

Step4 单击顶面区域，如图 3-37 所示。

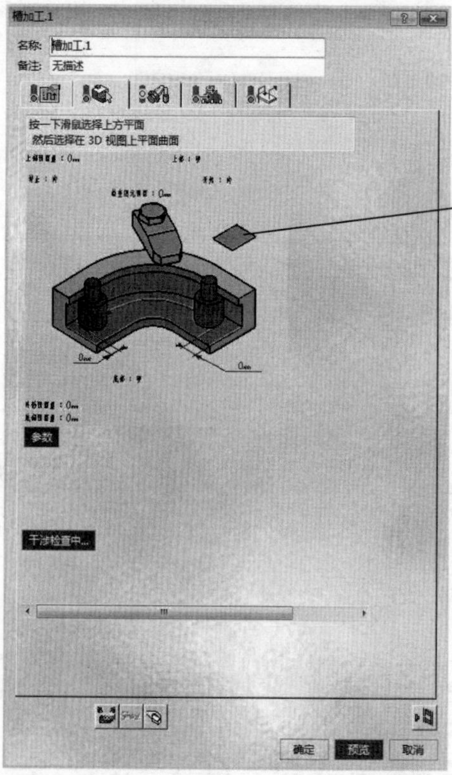

图 3-37　单击顶面区域

Step5 选择顶面，如图 3-38 所示。

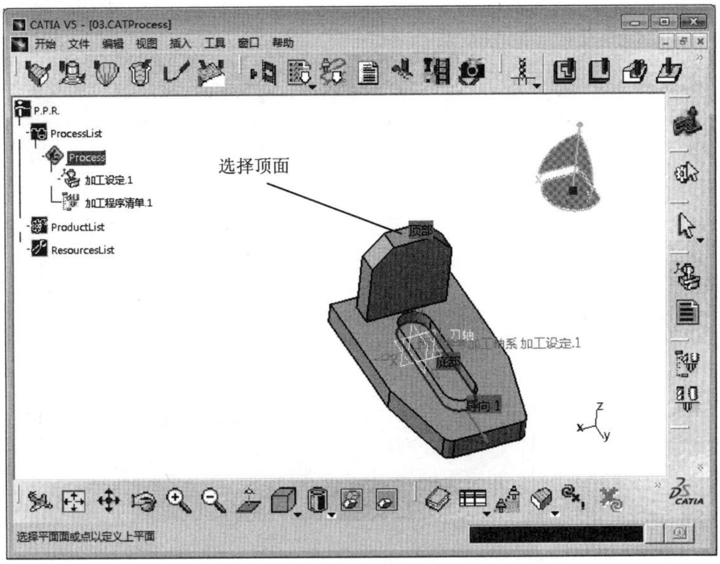

图 3-38 选择顶面

Step6 设置刀路样式，如图 3-39 所示。

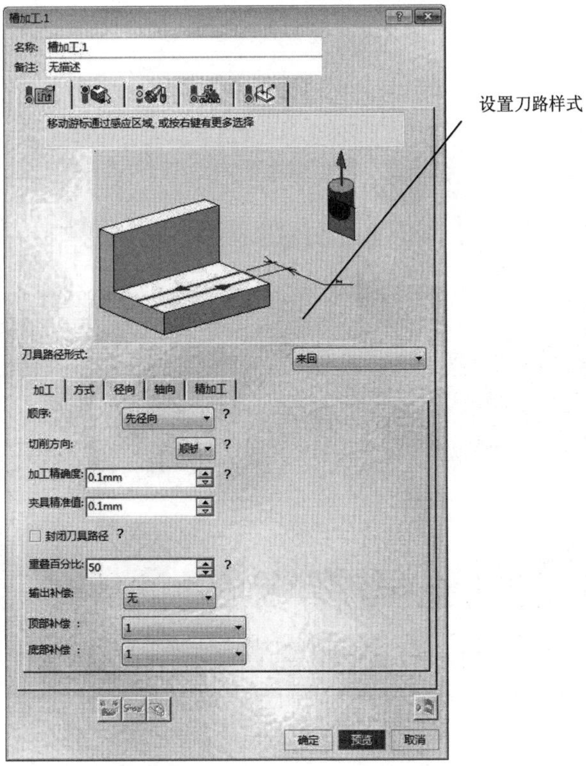

图 3-39 设置刀路样式

Step7 设置刀具参数，如图 3-40 所示。

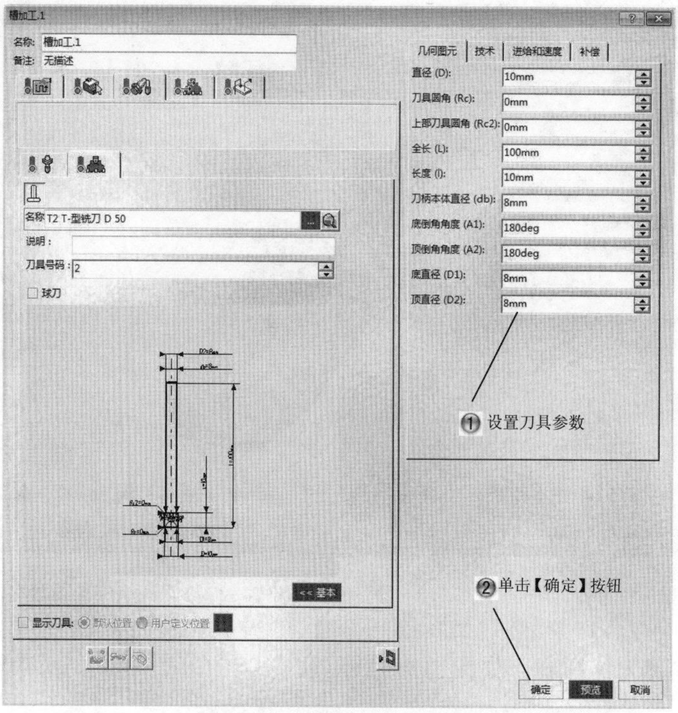
① 设置刀具参数
② 单击【确定】按钮

图 3-40　设置刀具参数

Step8 刀具模拟，如图 3-41 所示。

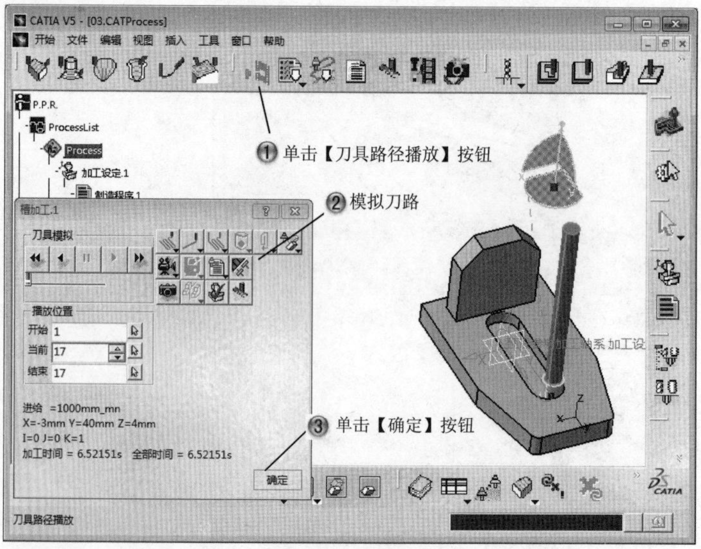
① 单击【刀具路径播放】按钮
② 模拟刀路
③ 单击【确定】按钮

图 3-41　刀具模拟

3.3 点到点铣削

基本概念

点到点铣削指的是在零件上指定两点，刀具在两点间移动形成加工刀路的铣削方法。

课堂讲解课时：2 课时

3.3.1 设计理论

点到点铣削加工是在【点到点.1】对话框中设置的，必须定义加工点。

3.3.2 课堂讲解

1. 点到点铣削设置加工参数

（1）定义几何参数

在特征树中选中【制造程序.1】节点，然后选择【插入】|【加工动作】|【点至点】菜单命令，插入点到点铣削加工操作，系统弹出【点到点.1】对话框，如图 3-42 所示。

在【点到点.1】对话框中，单击【至点】按钮，在图形区依次选取点 1 和点 2，在绘图区空白处双击鼠标左键，系统返回到【点到点.1】对话框，图 3-43 所示。

在【点到点.1】对话框“刀具路径参数”选项卡单击【方式】选项卡，设置刀具路径参数，如图 3-44 所示。

（2）定义刀具参数

在【点到点.1】对话框中单击“刀具参数”选项卡，设置刀具参数，如图 3-45 所示。

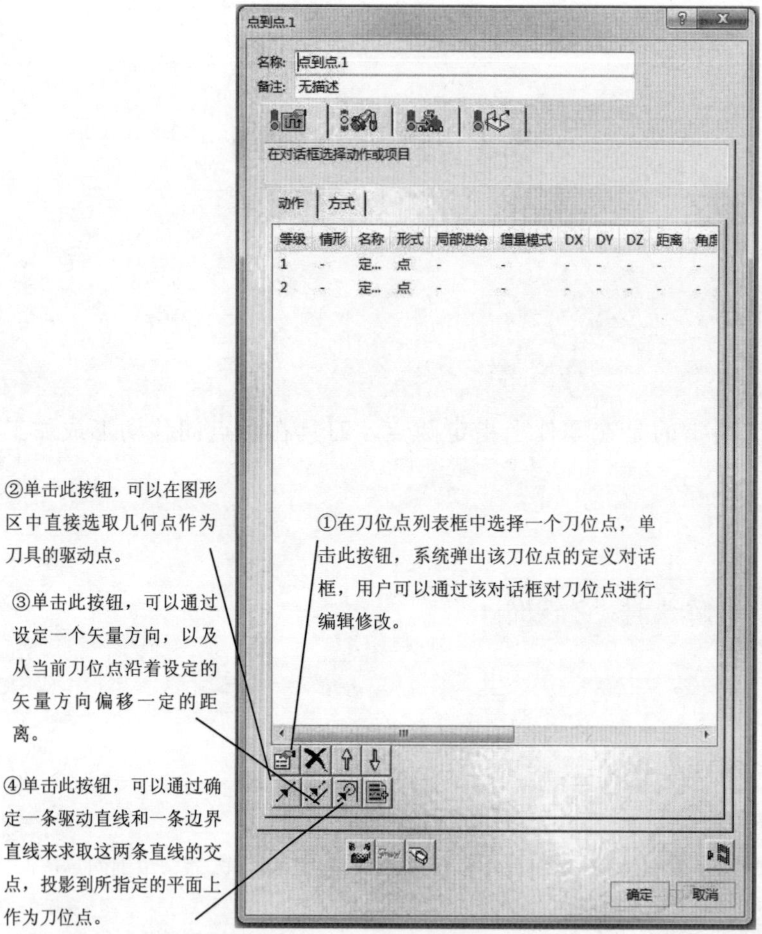

图 3-42 【点到点.1】对话框

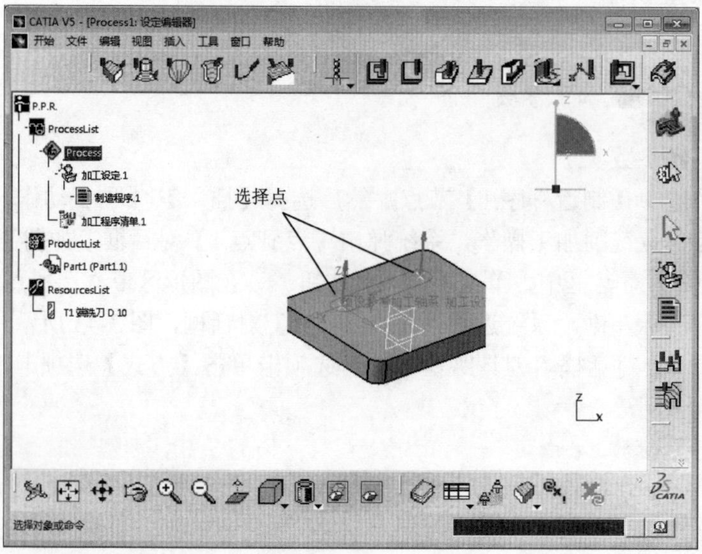

图 3-43 选择加工路径上的点

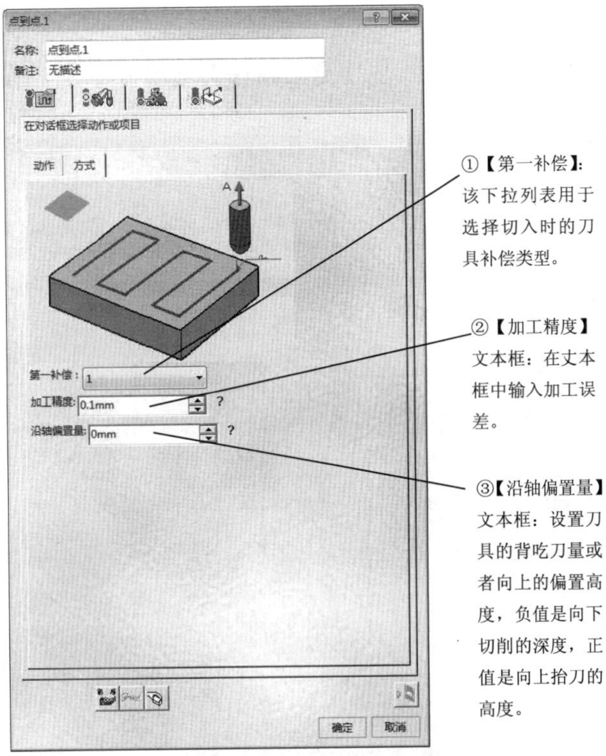

图 3-44　【方式】选项卡

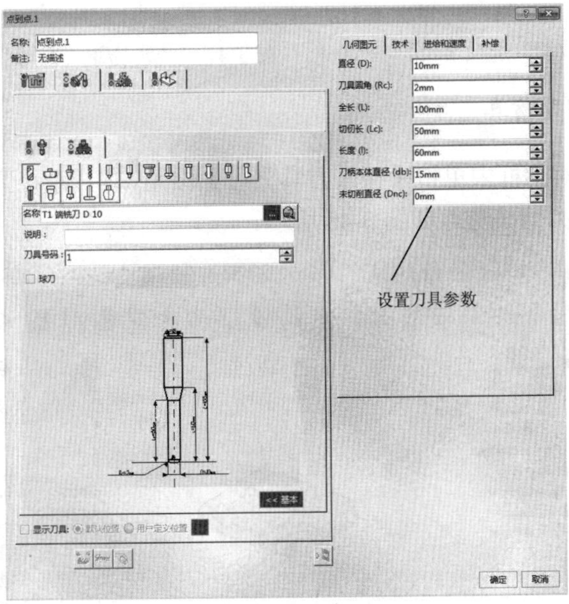

图 3-45　【几何图元】选项卡

（3）定义进给率

在【点到点.1】对话框中单击“进给率设置”选项卡，设置进给率参数，如图 3-46 所示。

（4）定义进刀/退刀路径

在【点到点.1】对话框中单击“进刀/退刀路径”选项卡，设置参数，如图 3-47 所示。

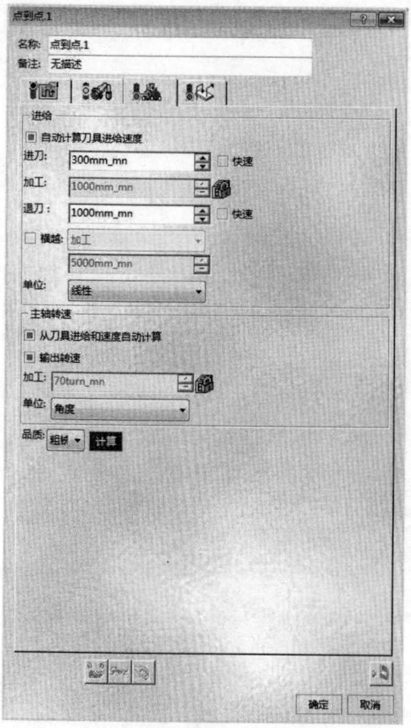

图 3-46　“进给率设置”选项卡

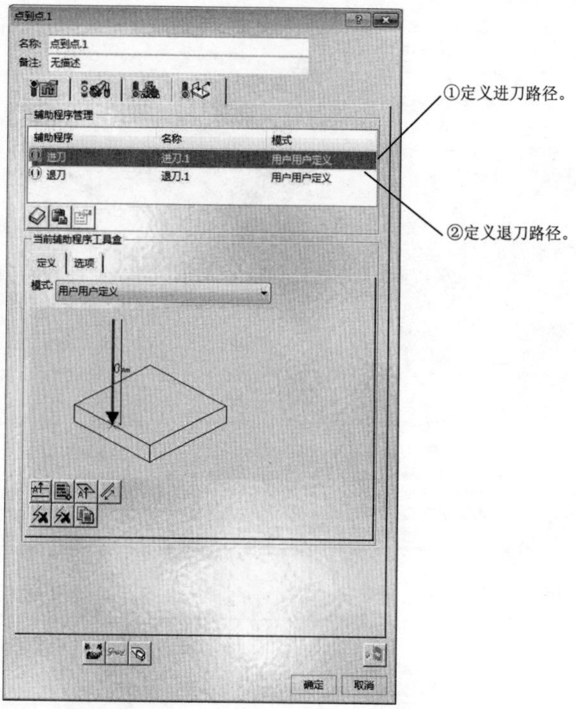

图 3-47　“进刀/退刀路径”选项卡

2. 点到点铣削刀路仿真

在【点到点.1】对话框中单击【播放刀具路径】按钮，系统弹出【点到点.1】对话框，且在图形区显示刀路轨迹，如图 3-48 所示。

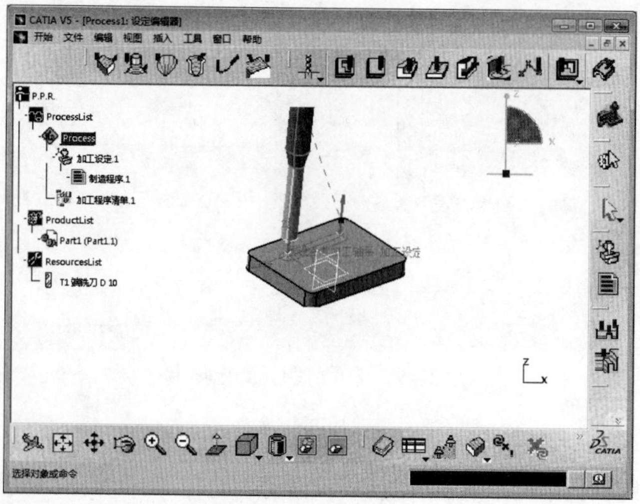

图 3-48　刀路仿真

3.3.3 课堂练习——创建点到点铣削

课堂练习开始文件： ywj /03/03.CATProcess

课堂练习完成文件： ywj /03/04.CATProcess

多媒体教学路径： 光盘→多媒体教学→第 3 章→3.3 练习

Step 1 选择加工命令，如图 3-49 所示。

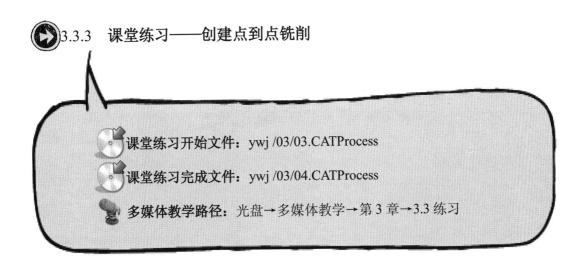

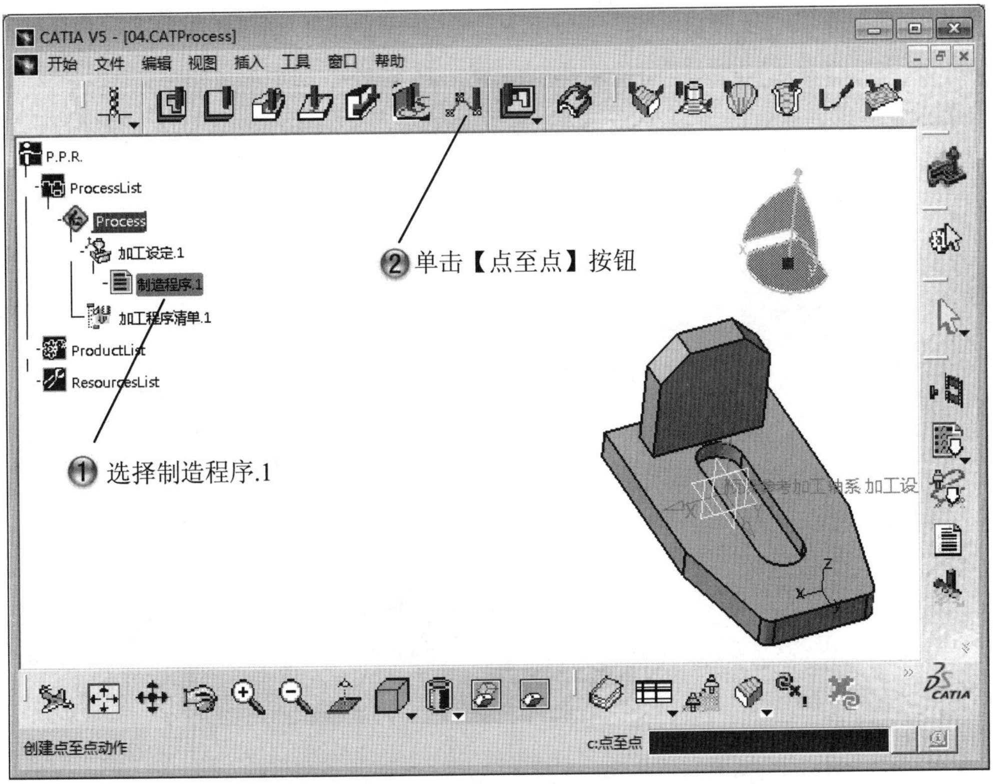

图 3-49　选择加工命令

Step2 单击至点按钮，如图 3-50 所示。

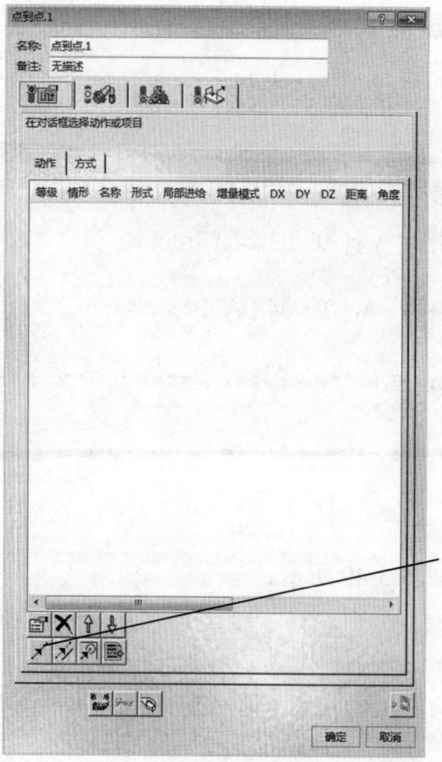

图 3-50 单击至点按钮

Step3 选择两点，如图 3-51 所示。

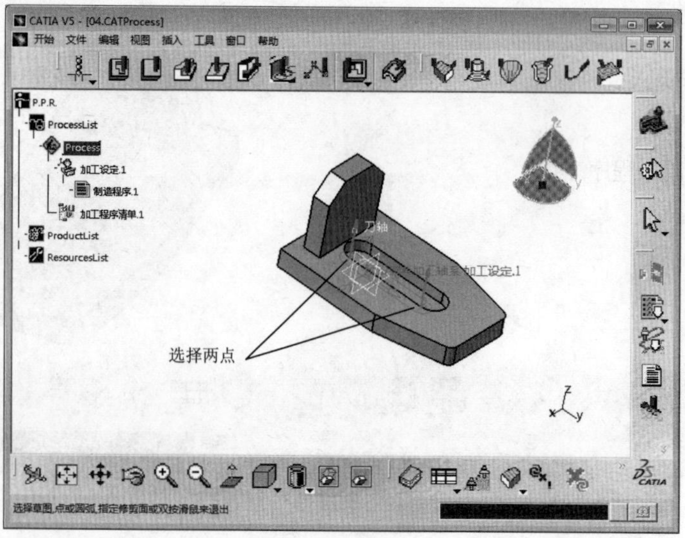

图 3-51 选择两点

Step4 设置进退刀程序，如图 3-52 所示。

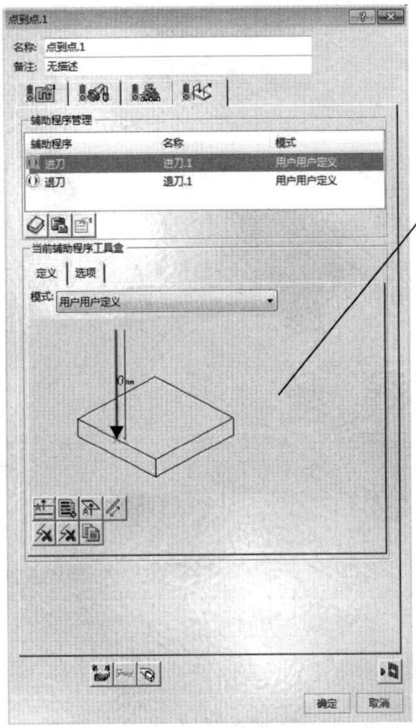

图 3-52　设置进退刀程序

Step5 设置刀具参数，如图 3-53 所示。

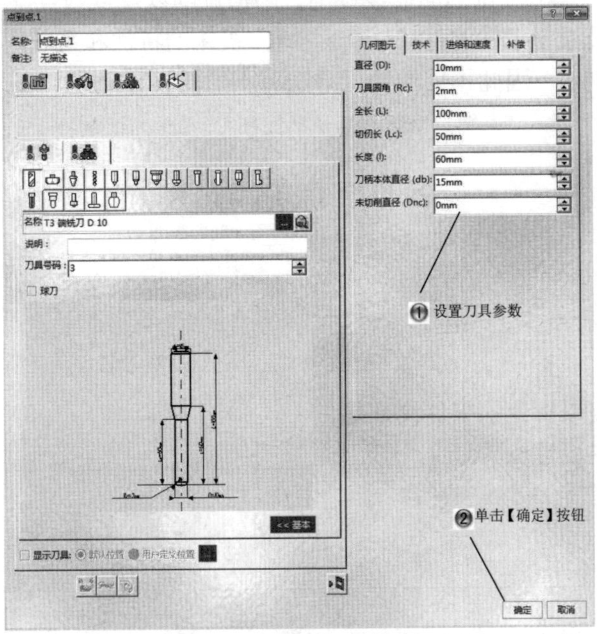

图 3-53　设置刀具参数

Step6 刀具模拟，如图 3-54 所示。

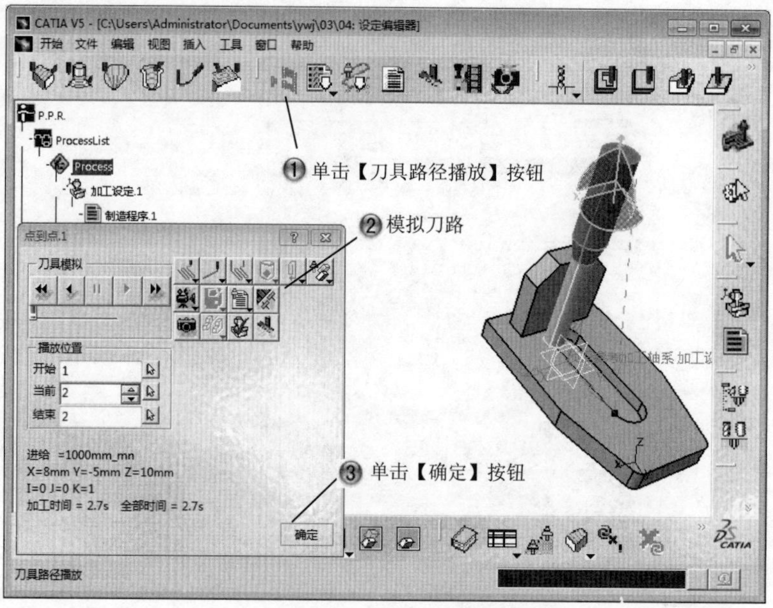

图 3-54 刀具模拟

3.4 专家总结

本章主要介绍了 2.5 轴铣削的曲线铣削、凹槽铣削以及点到点铣削加工方法。数控系统的指令是由程序员根据工件的材质、加工要求、机床的特性和系统所规定的指令格式（数控语言或符号）编制的，因此不同的加工方法有不同的设置形式。

3.5 课后习题

3.5.1 填空题

（1）曲线铣削可以加工的零件特征是________。

（2）凹槽铣削的创建步骤是________、________、________、________。

3.5.2 问答题

（1）凹槽铣削和型腔铣削的区别是什么？

（2）点到点铣削的最重要的条件是什么？

3.5.3 上机操作题

如图 3-55 所示，使用本章学过的知识来创建固定件的加工程序。

练习步骤和方法：

（1）创建固定件零件。

（2）创建槽的曲线铣削。

（3）创建型腔铣削。

图 3-55 固定件

第 4 章　曲面铣削加工基础

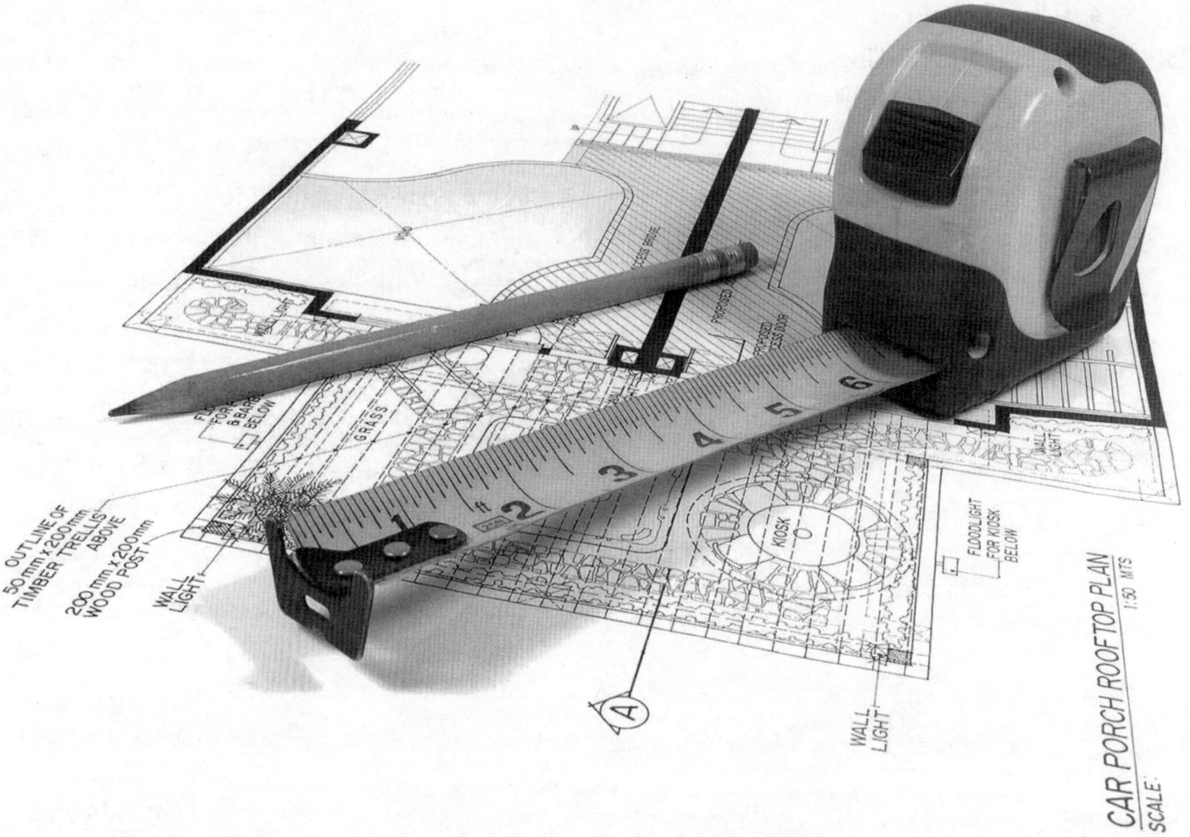

课训目标	内　容	掌握程度	课　时
	等高线粗加工	熟练运用	2
	投影加工	熟练运用	2
	基准特征	熟练运用	2
	等高线加工	熟练运用	2

课程学习建议

CATIA 的曲面铣削加工应用广泛，可以满足各种加工方法的需要。在曲面加工工作台中，可以先在零件上定义加工区域，然后对这些加工区域指定加工操作，即面向加工区域；也可以将加工操作定义为，每个操作都具有一定的加工面积的一系列加工操作，即面向加工操作。本章将详细介绍等高线粗加工、投影粗加工、投影加工和等高线加工方式。

本课程主要基于软件的曲面数控加工模块来讲解，其培训课程表如下。

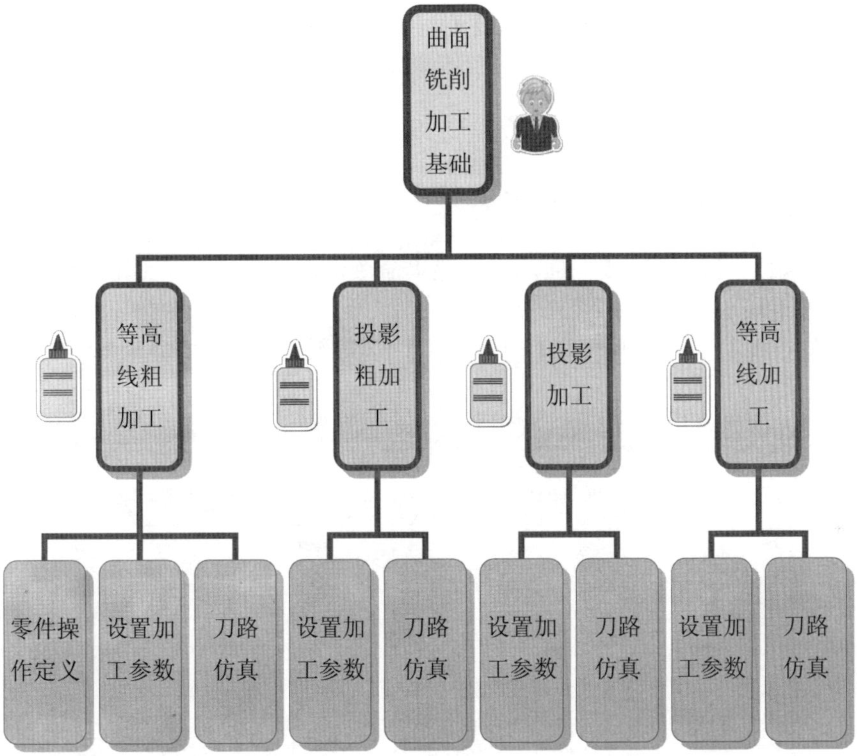

4.1 等高线粗加工

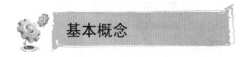

基本概念

曲面铣削是一种刀具沿曲面外形运动的加工类型。加工时机床的 X 轴、Y 轴和 Z 轴联动。等高线粗加工就是以垂直于刀具轴线 Z 轴的刀路，逐层切除毛坯零件中的材料。

课堂讲解课时：2 课时

4.1.1 设计理论

曲面加工主要针对于型腔面、特殊模型、复杂零件的半精加工和精加工。曲面铣削的刀具在加工当中，下插和上升也要进行切削，因此曲面铣削刀具主要是球刀。

等高线粗加工是在【等高降层粗铣.1】对话框中设置的，必须定义加工零件和限制曲线。

4.1.2 课堂讲解

1. 等高线粗加工零件操作定义

选择【开始】|【加工】|【曲面加工】菜单命令，切换到曲面加工工作台。

（1）创建毛坯零件

在【几何管理】工具栏中单击【创建生料】按钮，系统弹出如图 4-1 所示的【生料】对话框。

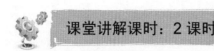

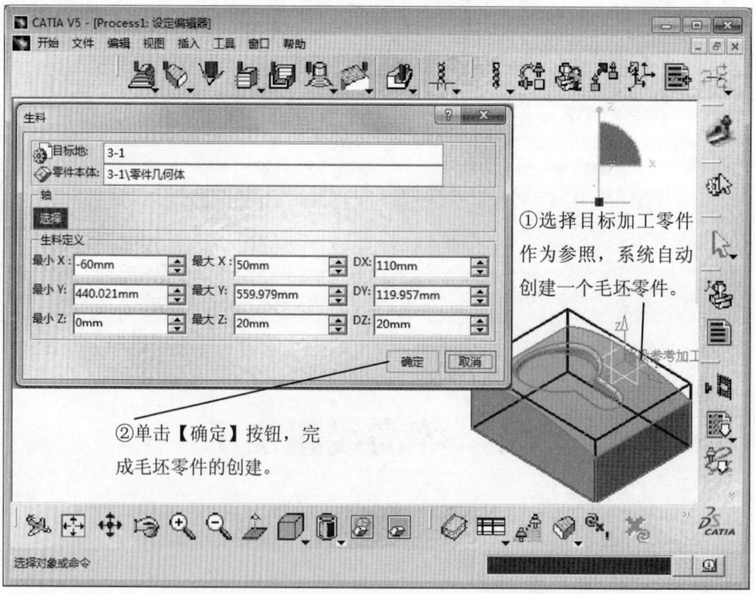

图 4-1 【生料】对话框和毛坯零件

创建的点在定义加工坐标系时作为坐标系的原点。

双击刚创建的生料，系统进入“创成式外形设计”工作台，单击【参考图元】工具栏中的【点】按钮，创建的坐标系点，如图 4-2 所示。

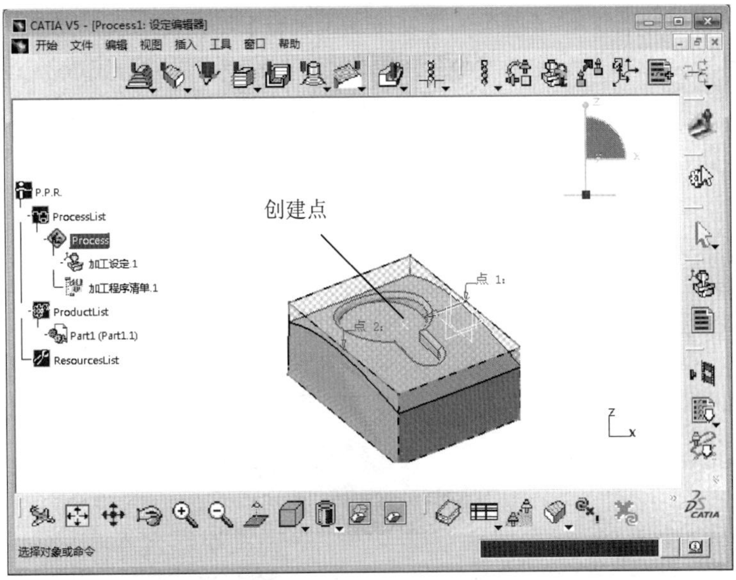

图 4-2　创建坐标系点

（2）零件操作定义

在 P.P.R.特征树中，双击【Process】节点中的【加工设定.1】节点，系统弹出【零件加工动作】对话框，设置机床，如图 4-3 所示。

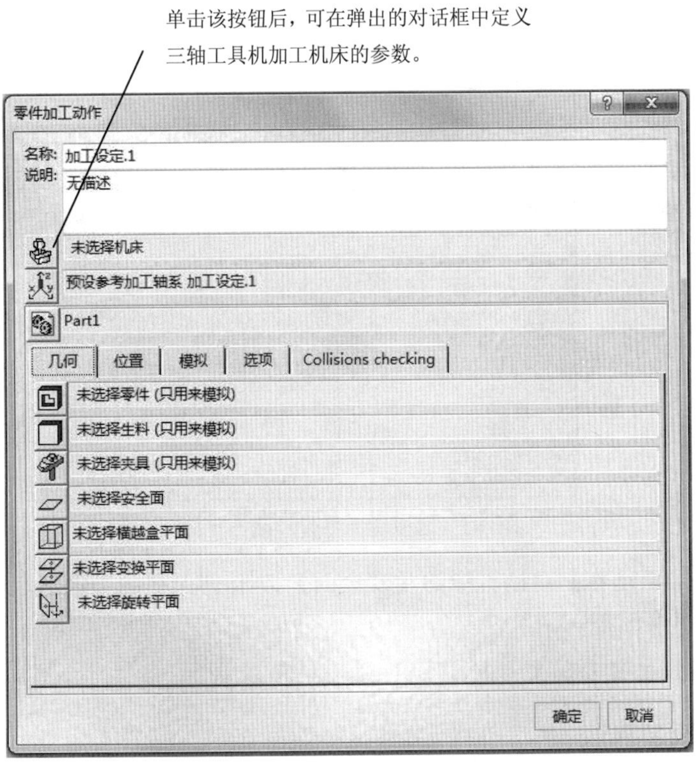

图 4-3　【零件加工动作】对话框

单击【零件加工动作】对话框中的【参考加工轴系】按钮，系统弹出【预设参考加工轴系 加工设定.1】对话框，设置加工坐标系的原点，如图 4-4 所示，完成加工坐标系的定义。

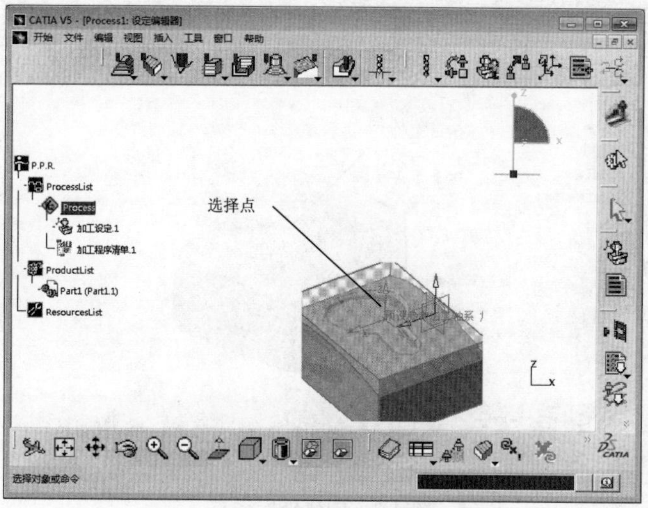

图 4-4　选择坐标系点

单击【零件加工动作】对话框中的【设计用来模拟零件】按钮和【用来模拟生料】按钮，选取加工零件和毛坯零件，如图 4-5 所示。

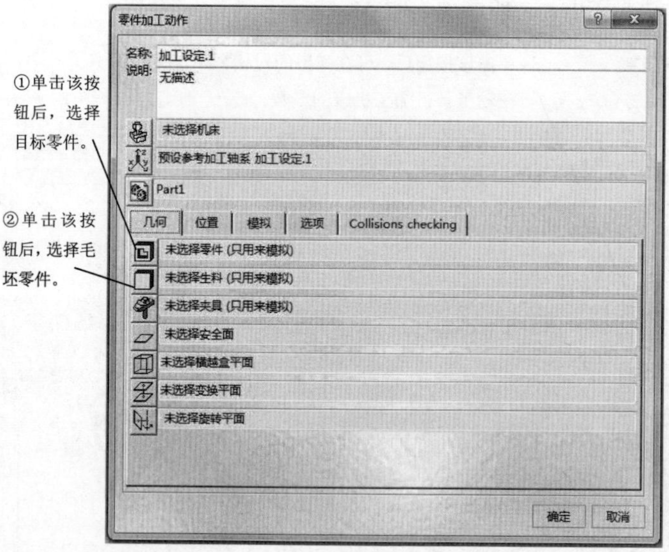

图 4-5　选取加工零件和毛坯零件

单击【零件加工动作】对话框中的【安全面】按钮，在图形区选取毛坯表面为安全平面参照，如图 4-6 所示。

2. 等高线粗加工设置加工参数

（1）定义几何参数

在特征树中选中【制造程序.1】节点，然后选择【插入】|【加工程序】|【粗加工步序】|

【等高降层粗铣】菜单命令，插入一个等高线粗加工操作，系统弹出如图 4-7 所示的【等高降层粗铣.1】对话框。

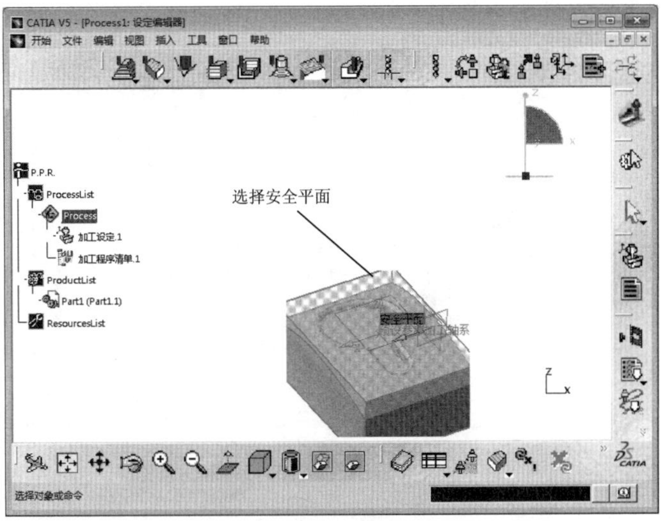
选择安全平面

图 4-6　定义安全平面

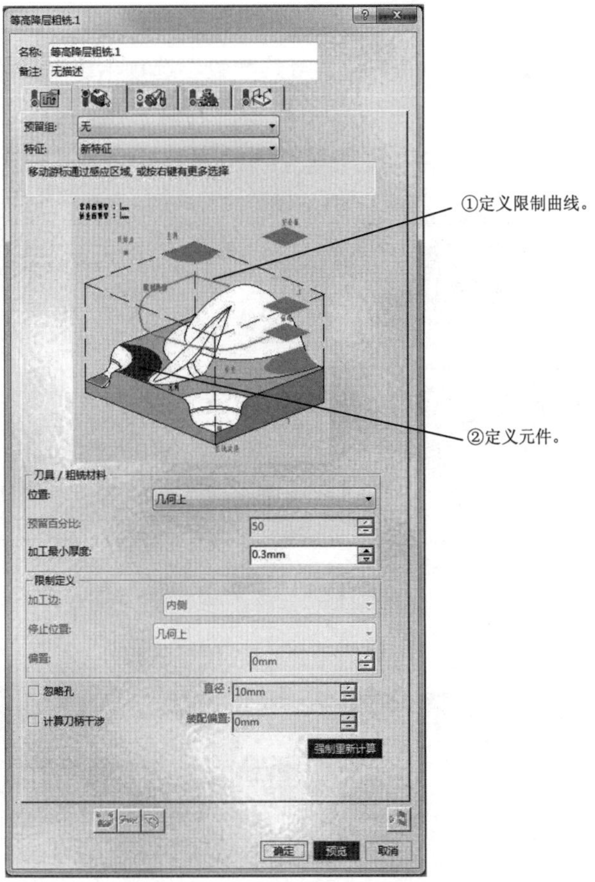
①定义限制曲线。
②定义元件。

图 4-7　【等高降层粗铣.1】对话框

单击 选项卡，然后单击【等高降层粗铣.1】对话框中的零件本体图元感应区，在图形区选取限制曲线，即加工边界。选择加工边界时，有两种情况，一种是选取加工边界内侧，另一种是加工边界外侧，如图 4-8 所示。

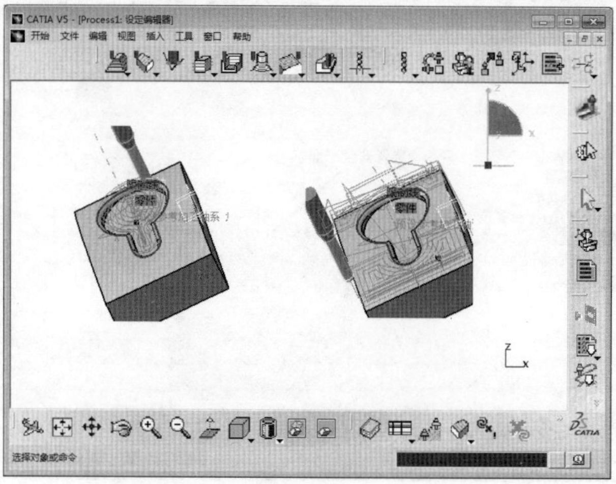

图 4-8　选取加工边界的加工轨迹（内侧和外侧）

（2）定义刀具参数

在【等高降层粗铣.1】对话框中单击“刀具参数”选项卡 ，设置刀具参数，如图 4-9 所示。

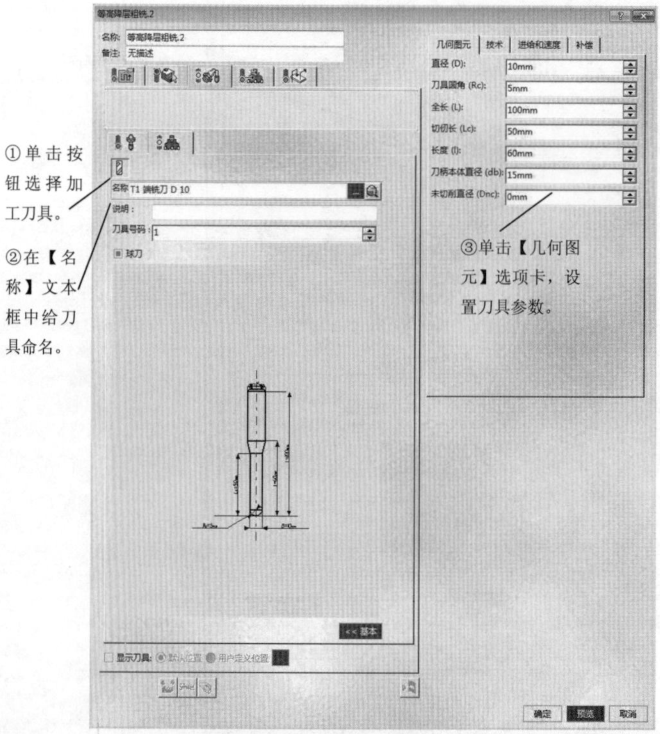

图 4-9　设置刀具参数

（3）定义进给率

在【等高降层粗铣.1】对话框中单击“进给率”选项卡，选项卡中设置参数，如图4-10 所示。

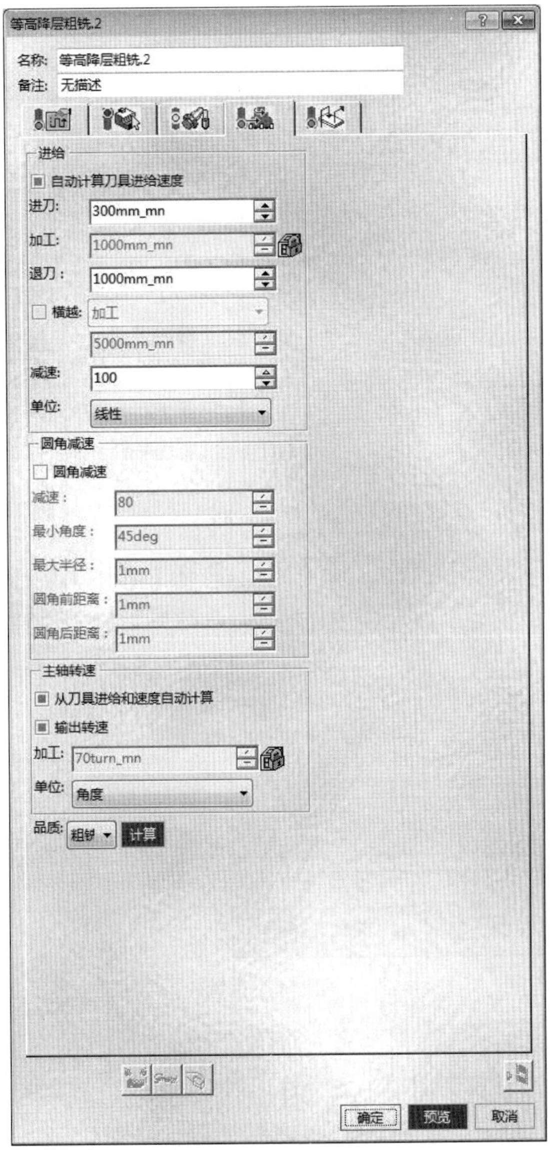

图 4-10　设置进给率

（4）定义刀具路径参数

在【等高降层粗铣.1】对话框中单击选项卡，设置参数，如图 4-11 所示。

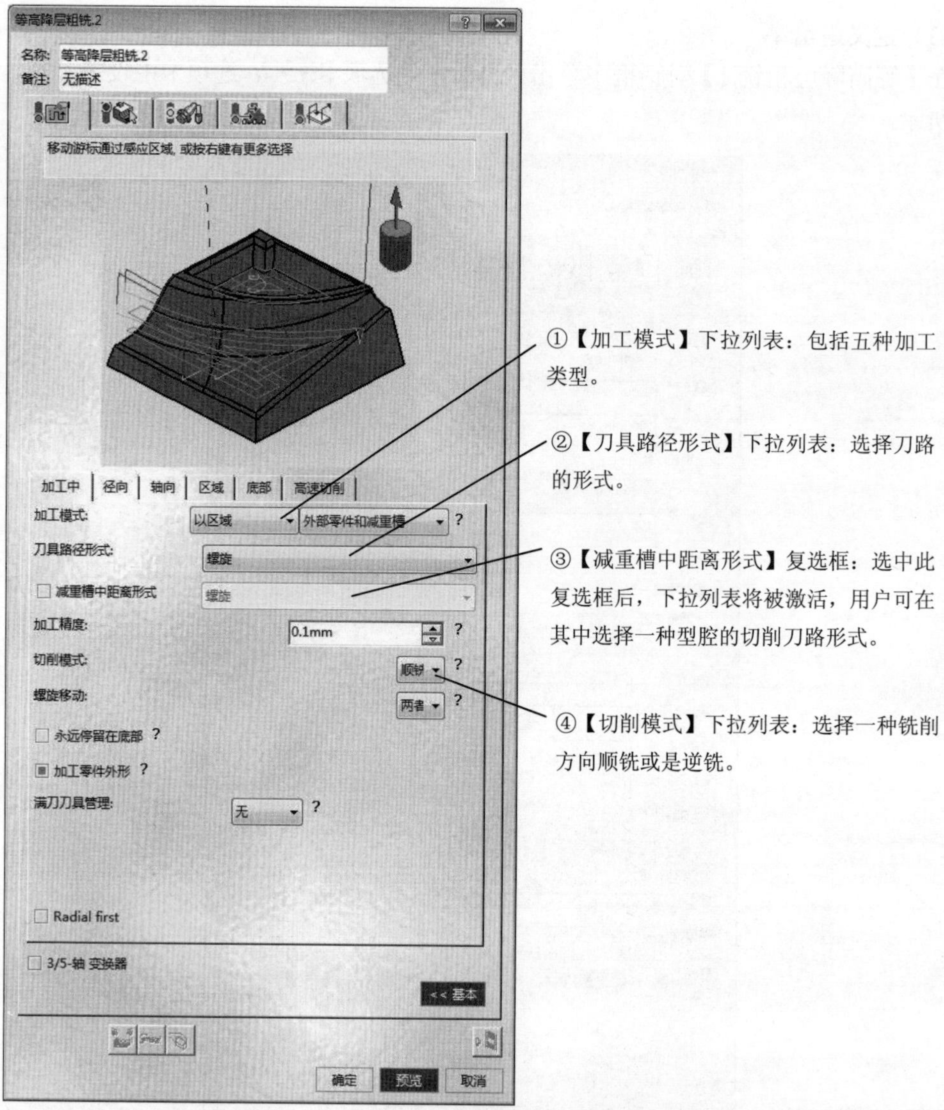

图 4-11　【等高降层粗铣.1】对话框

（5）定义进刀/退刀路径

在【等高降层粗铣.1】对话框中单击“进刀/退刀路径”选项卡，设置参数，如图 4-12 所示。

3. 等高线粗加工刀路仿真

在【等高降层粗铣.1】对话框中单击【播放刀具路径】按钮，系统弹出【等高降层粗铣.1】对话框，且在图形区显示刀路轨迹，如图 4-13 所示。

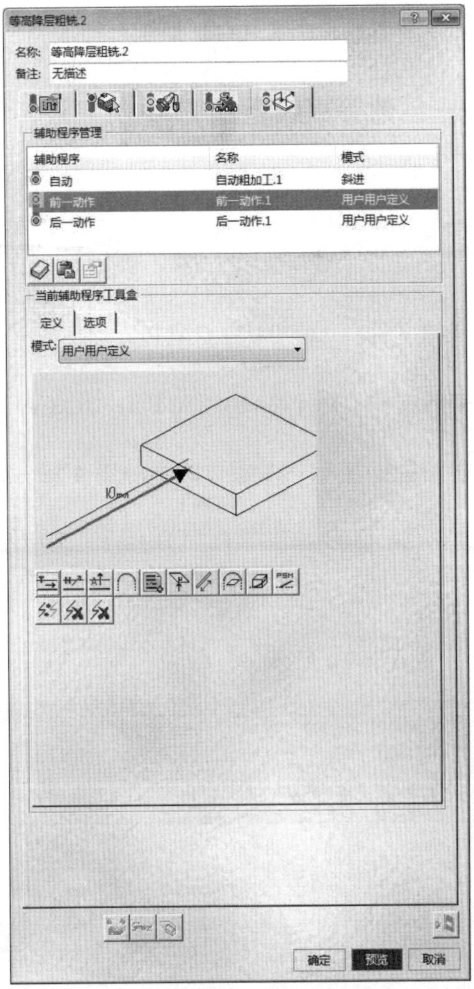

图 4-12 “进刀/退刀路径”选项卡

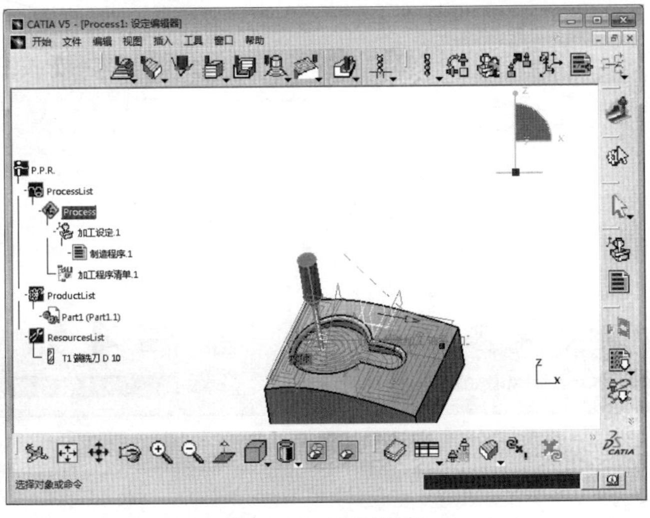

图 4-13 刀路仿真

4.1.3 课堂练习——创建等高线粗加工

课堂练习开始文件：ywj /04/01.CATPart

课堂练习完成文件：ywj /04/01.CATPart、02.CATProcess

多媒体教学路径：光盘→多媒体教学→第 4 章→4.1 练习

Step1 选择草绘面，如图 4-14 所示。

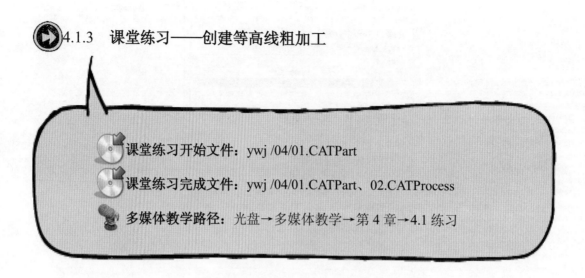

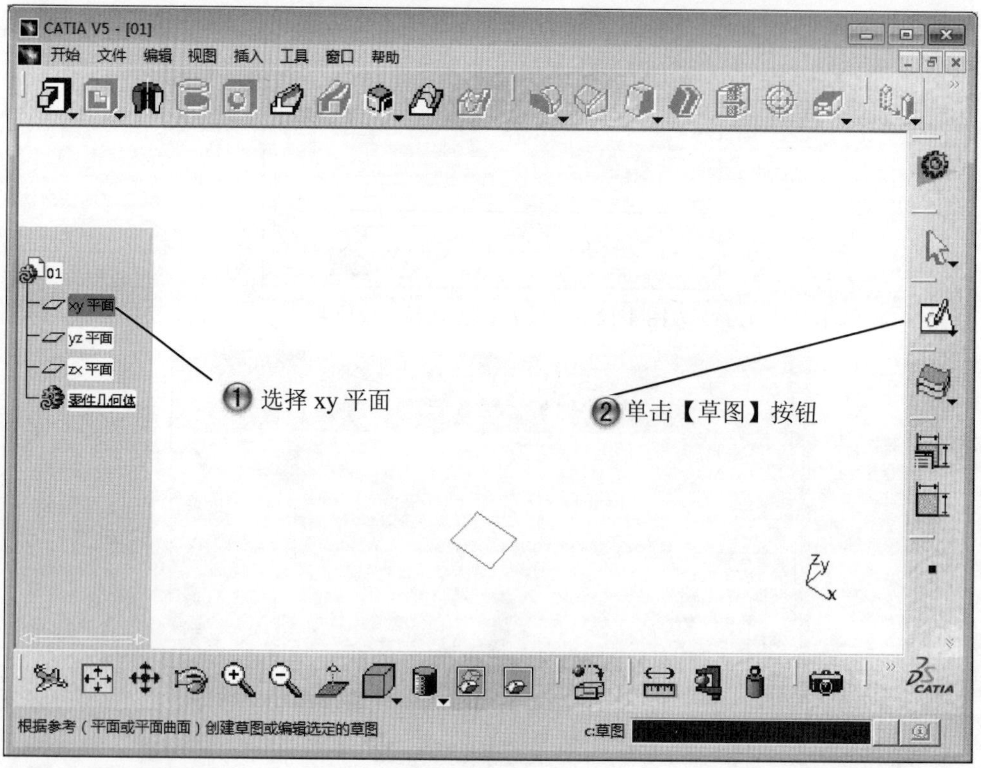

图 4-14　选择草绘面

Step2 绘制圆形，如图 4-15 所示。

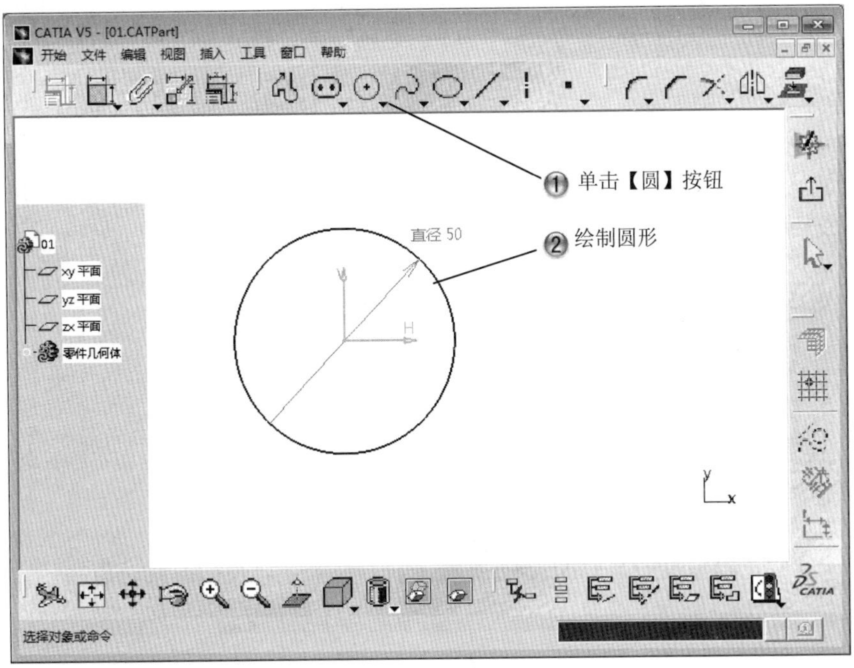

图 4-15 绘制圆形

Step3 绘制直线图形，如图 4-16 所示。

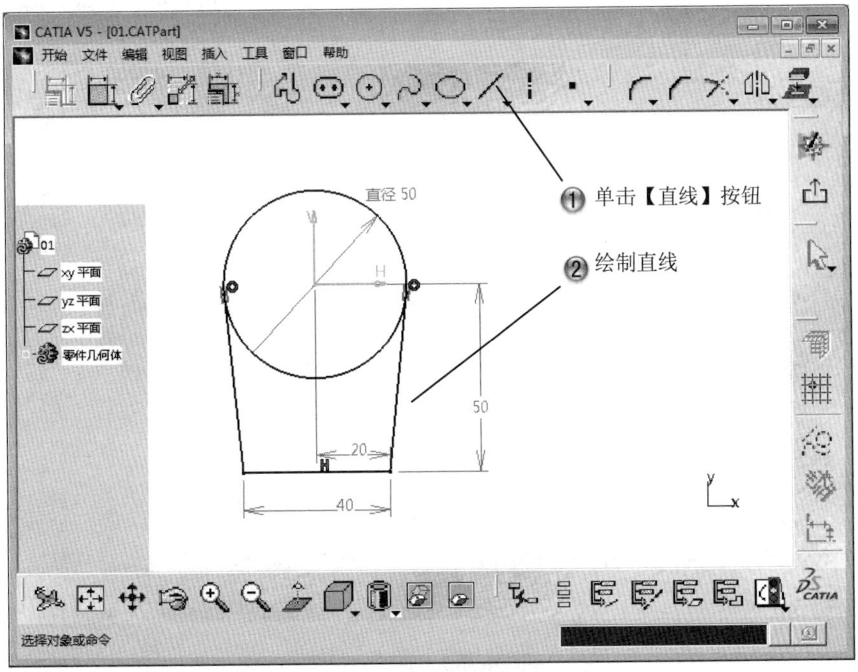

图 4-16 绘制直线图形

Step4 修剪草图，如图 4-17 所示。

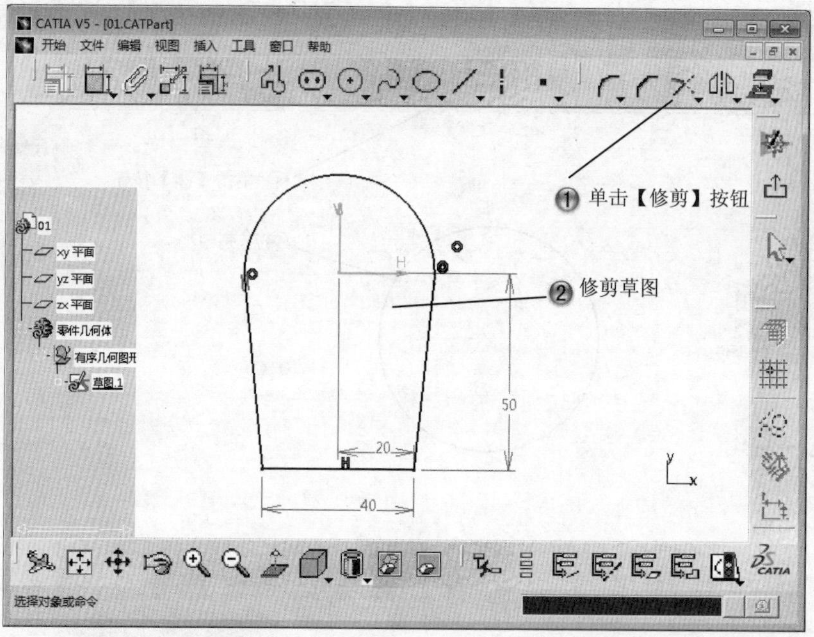

图 4-17　修剪草图

Step5 创建凸台，如图 4-18 所示。

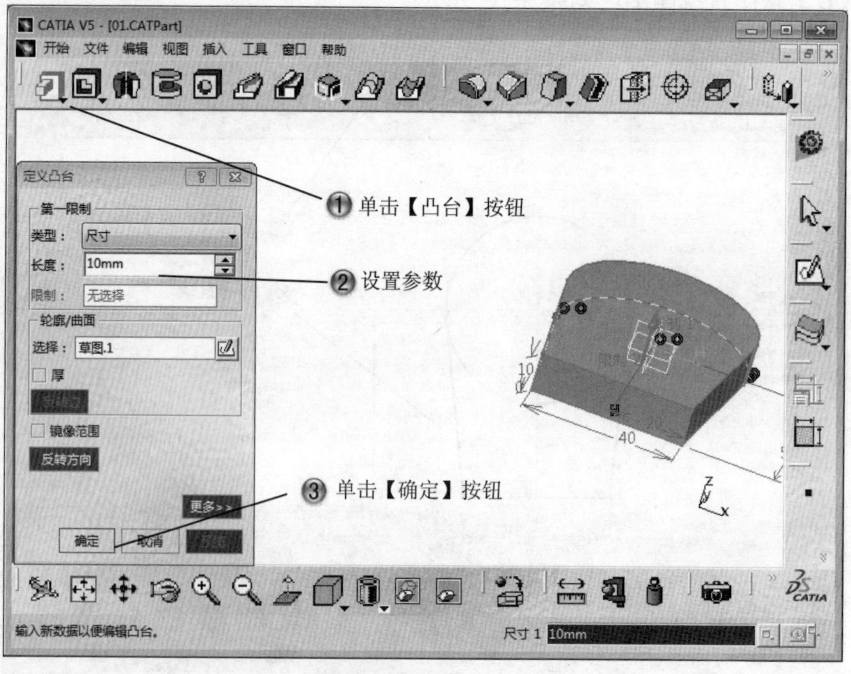

图 4-18　创建凸台

Step6 创建倒圆角，如图 4-19 所示。

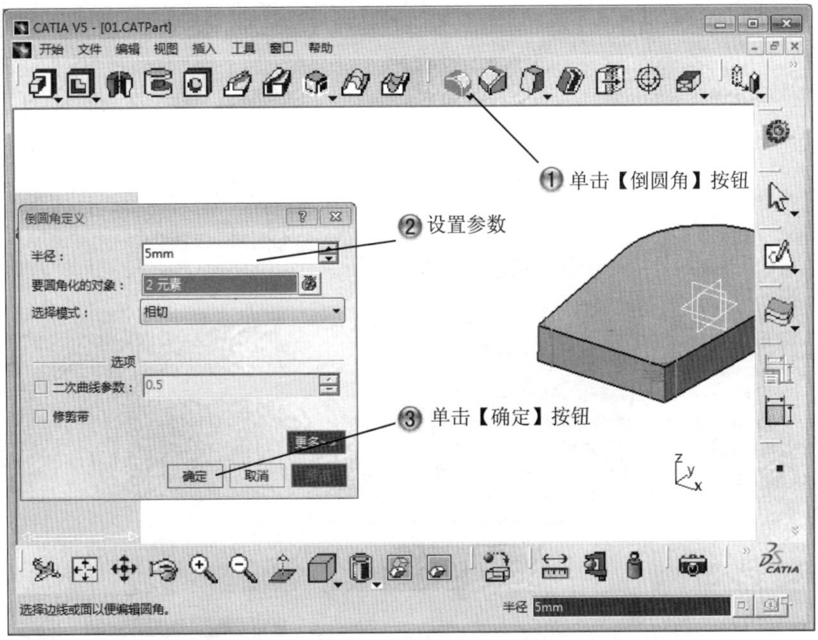

图 4-19　创建倒圆角

Step7 选择草绘面，如图 4-20 所示。

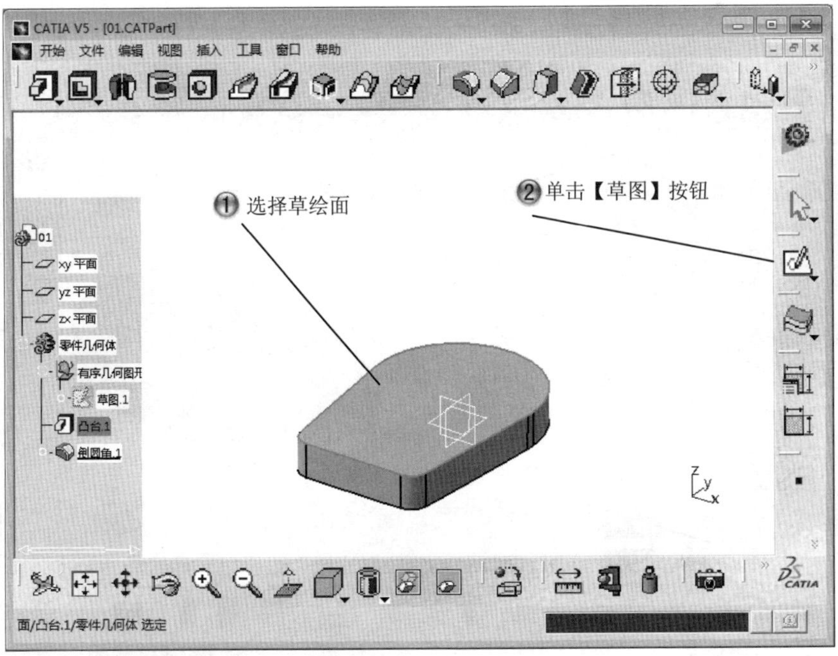

图 4-20　选择草绘面

Step8 绘制圆形，如图 4-21 所示。

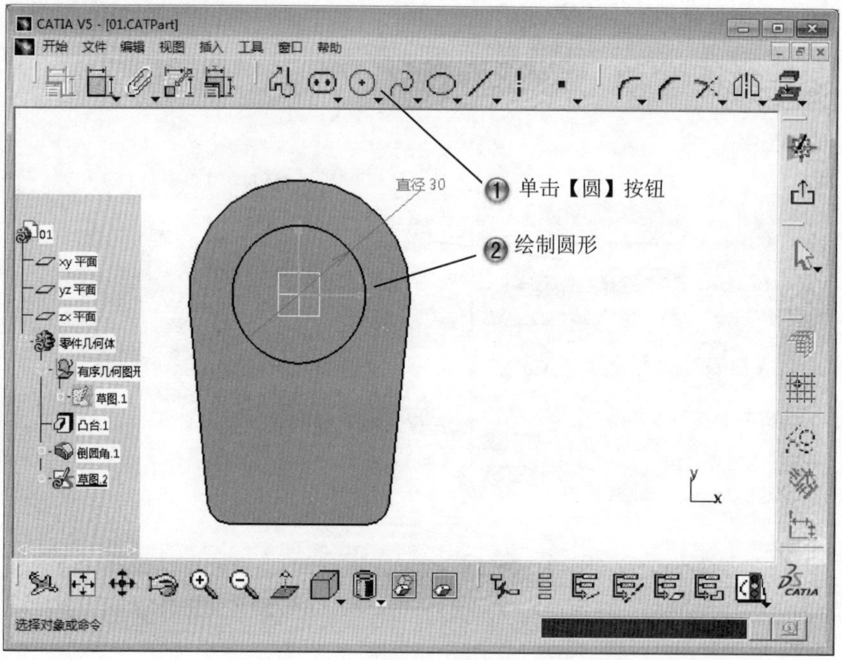

图 4-21 绘制圆形

Step9 创建凹槽，如图 4-22 所示。

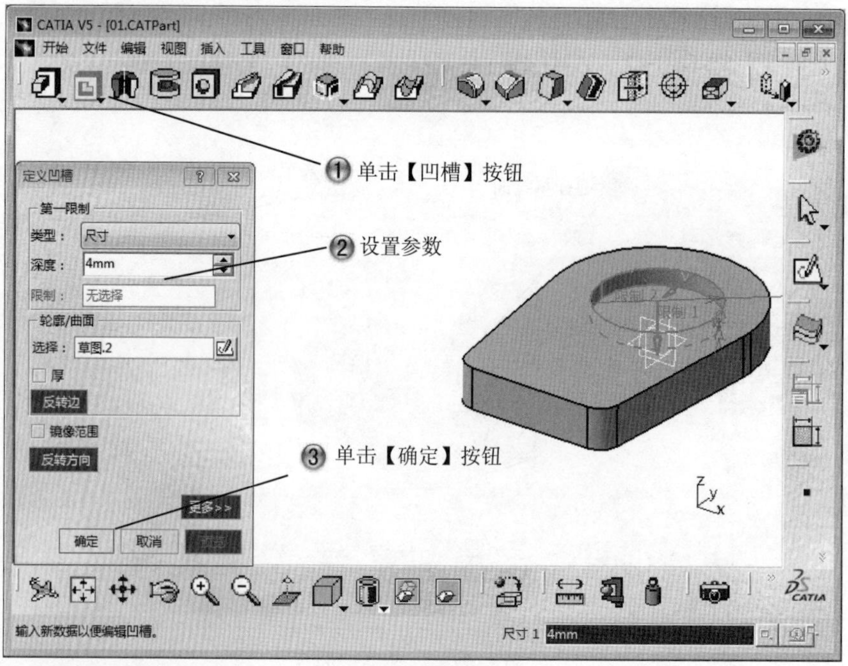

图 4-22 创建凹槽

Step 10 选择草绘面，如图 4-23 所示。

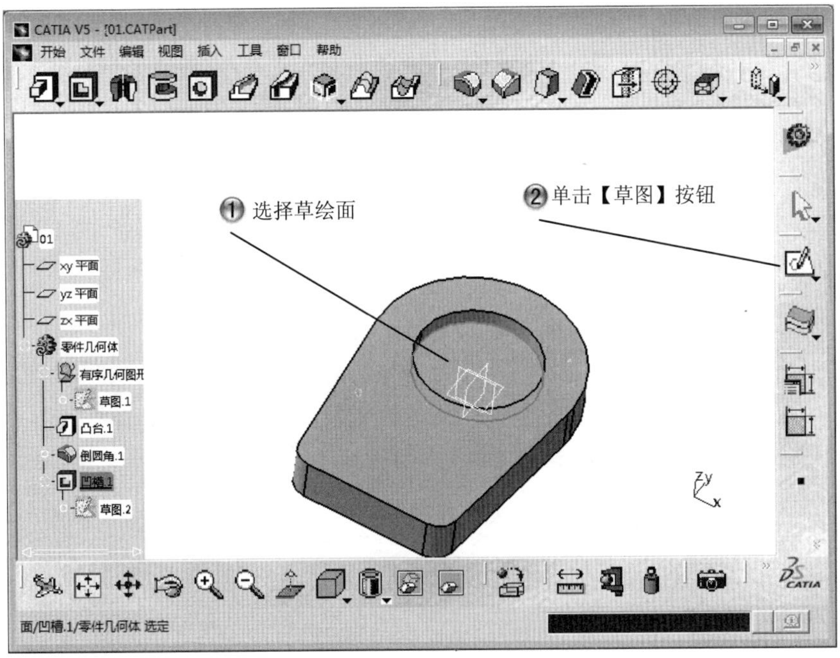
CATIA V5 - [01.CATPart]
① 选择草绘面
② 单击【草图】按钮

图 4-23　选择草绘面

Step 11 绘制圆形，如图 4-24 所示。

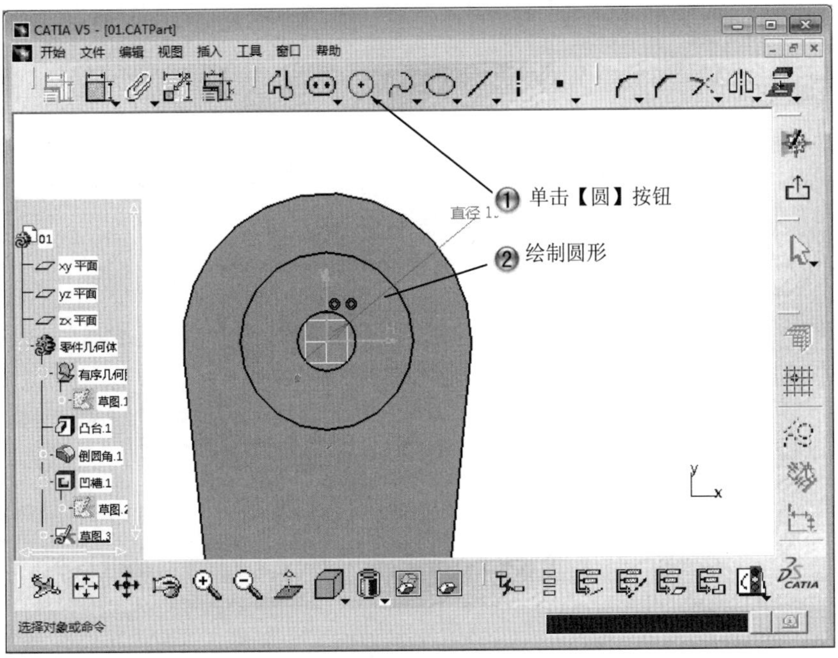
CATIA V5 - [01.CATPart]
① 单击【圆】按钮
② 绘制圆形

图 4-24　绘制圆形

Step12 创建凸台，如图 4-25 所示。

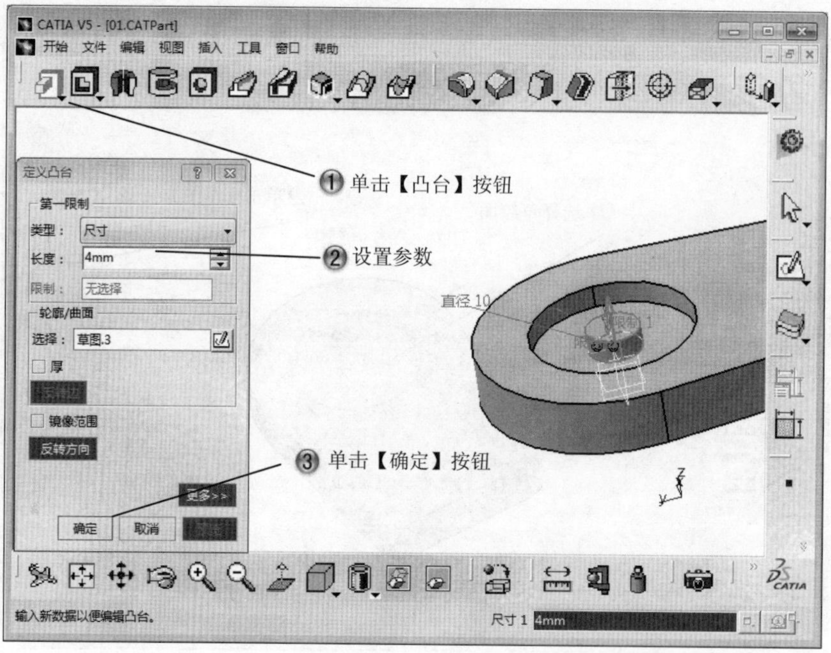

图 4-25 创建凸台

Step13 创建倒圆角，如图 4-26 所示。

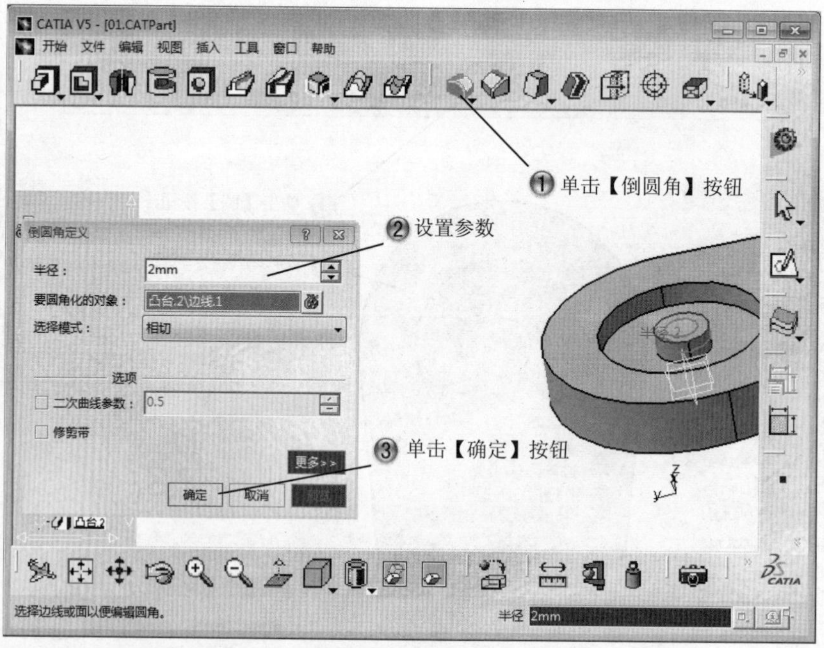

图 4-26 创建倒圆角

Step14 选择草绘面，如图 4-27 所示。

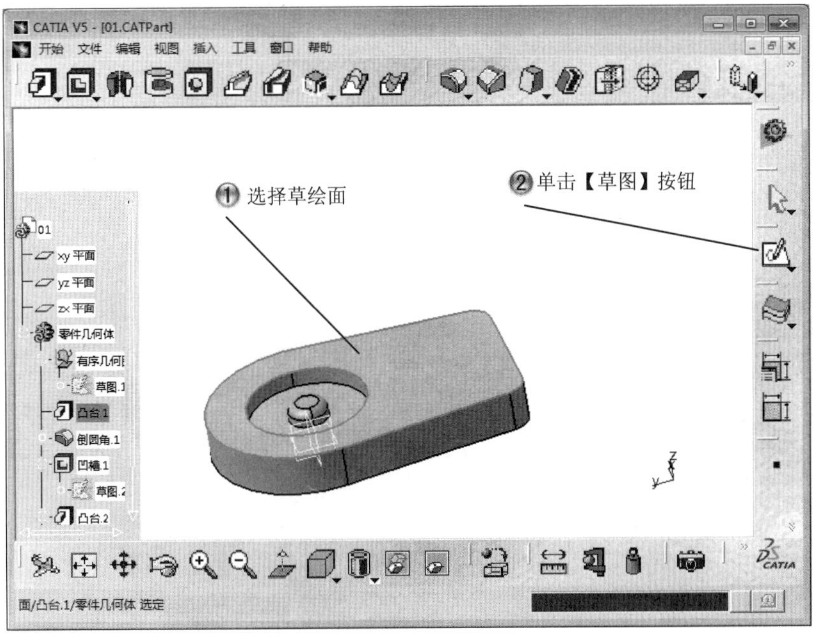

图 4-27 选择草绘面

Step15 绘制圆形，如图 4-28 所示。

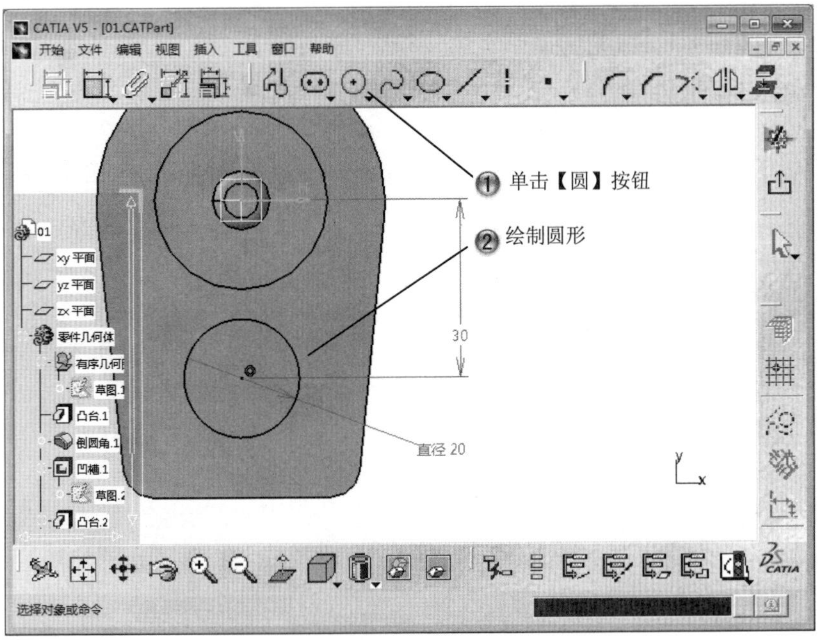

图 4-28 绘制圆形

Step16 创建凸台，如图 4-29 所示。

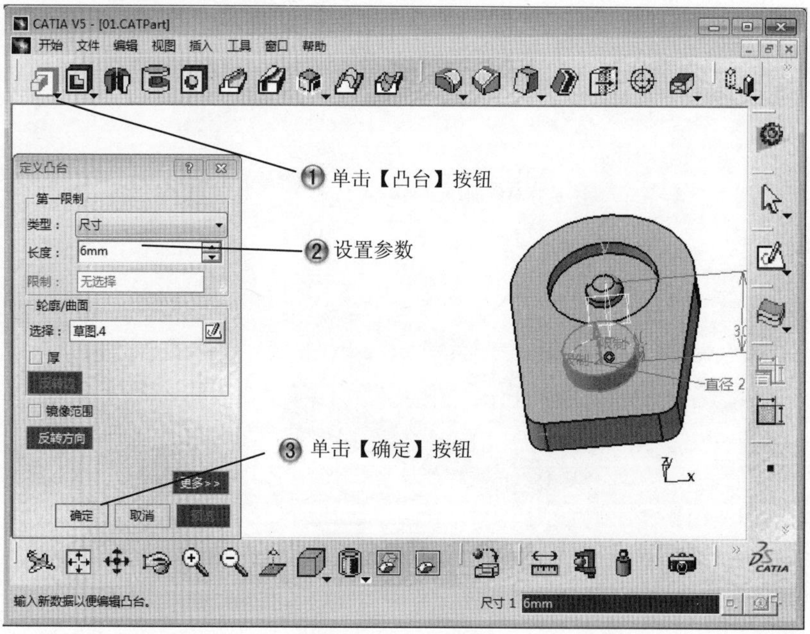
① 单击【凸台】按钮
② 设置参数
③ 单击【确定】按钮

图 4-29　创建凸台

Step17 创建倒圆角，如图 4-30 所示。

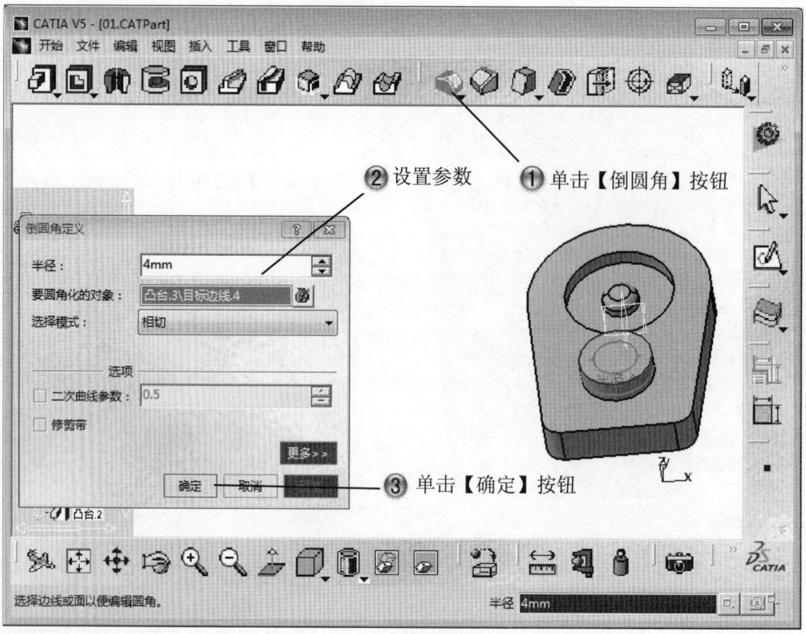
① 单击【倒圆角】按钮
② 设置参数
③ 单击【确定】按钮

图 4-30　创建倒圆角

Step18 进入加工模块，如图 4-31 所示。

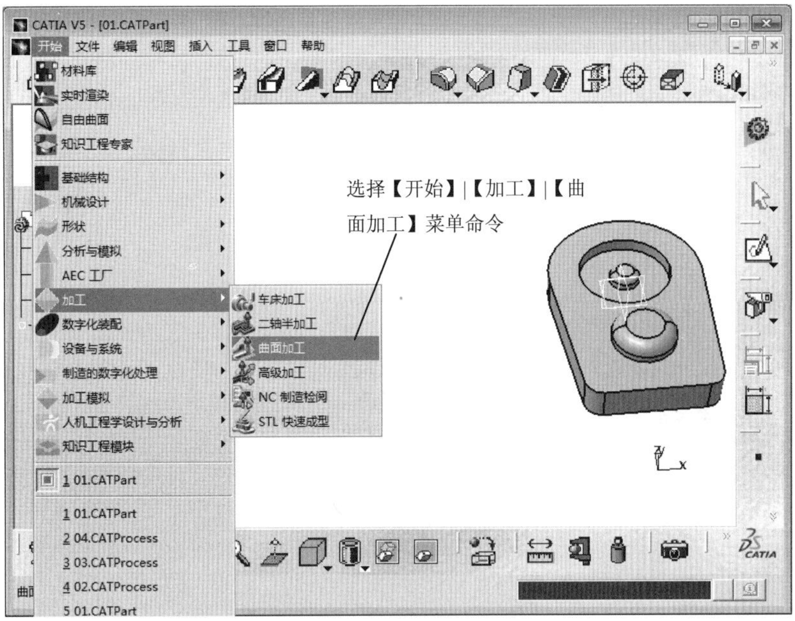

图 4-31　进入加工模块

Step19 创建生料，如图 4-32 所示。

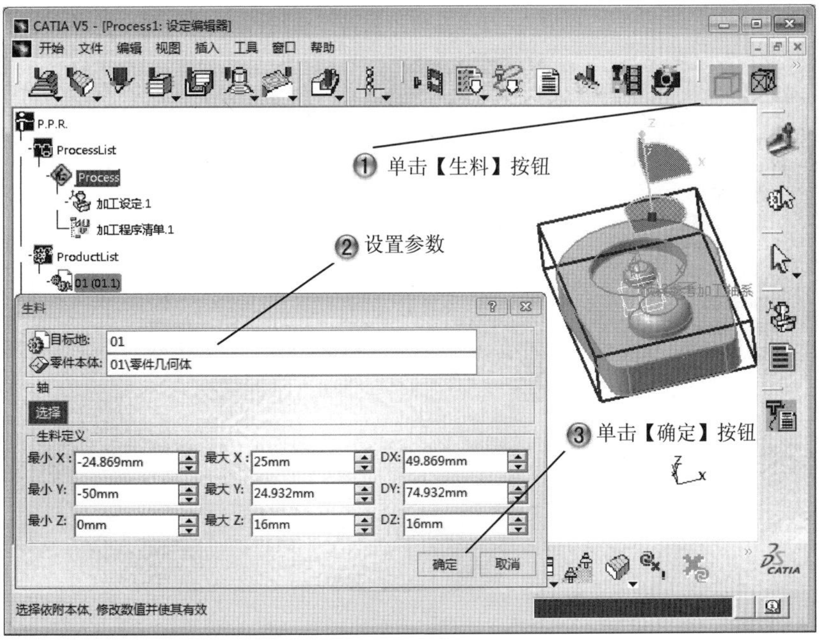

图 4-32　创建生料

Step20 选择机床命令，如图 4-33 所示。

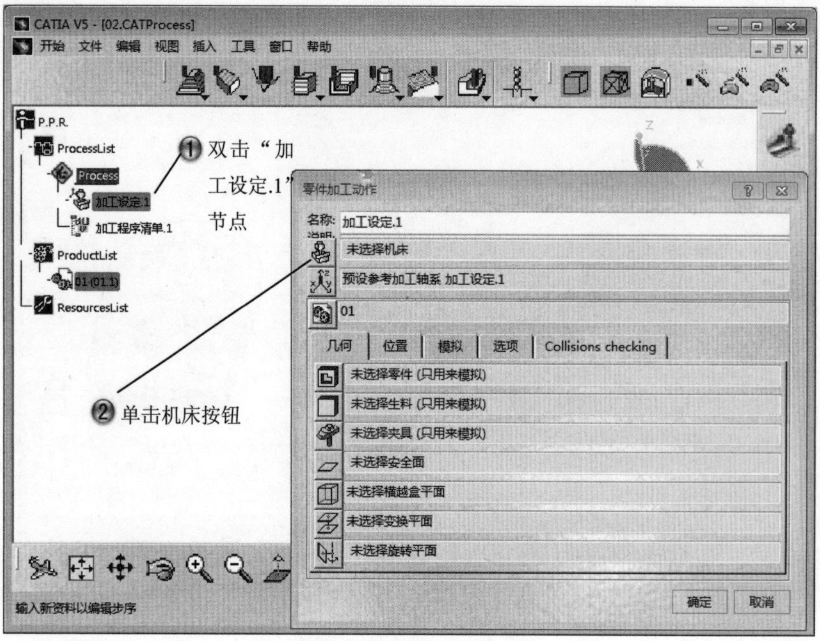

图 4-33 选择机床命令

Step21 设置机床，如图 4-34 所示。

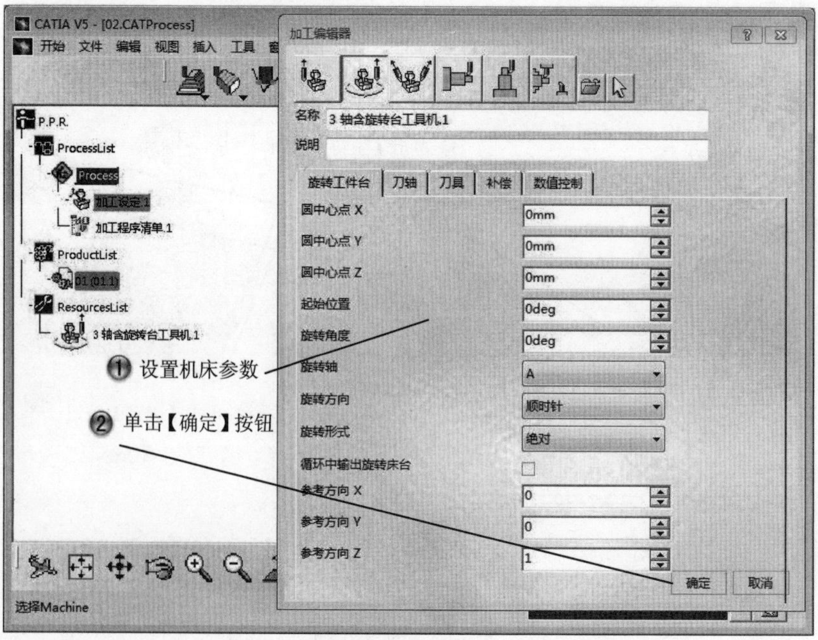

图 4-34 设置机床

Step22 选择生料命令，如图 4-35 所示。

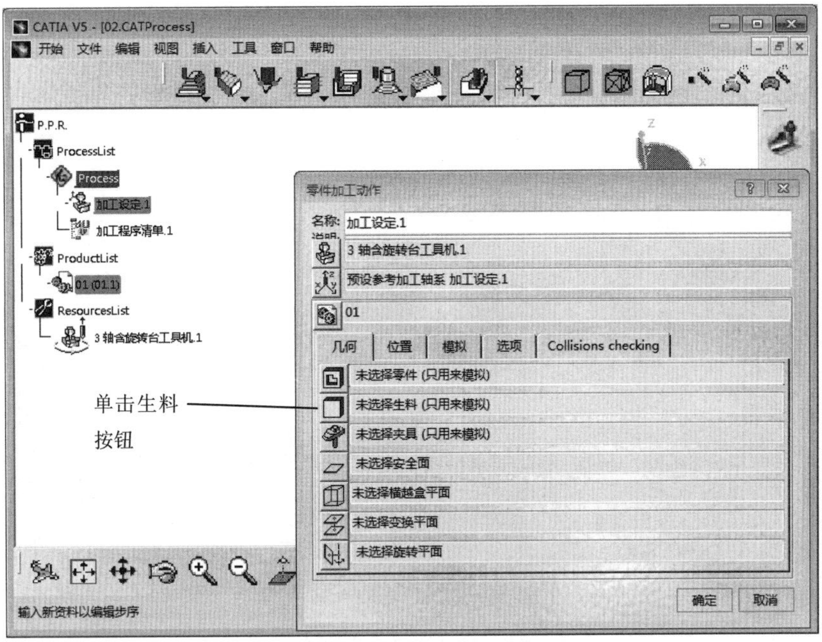

图 4-35　选择生料命令

Step23 选择生料，如图 4-36 所示。

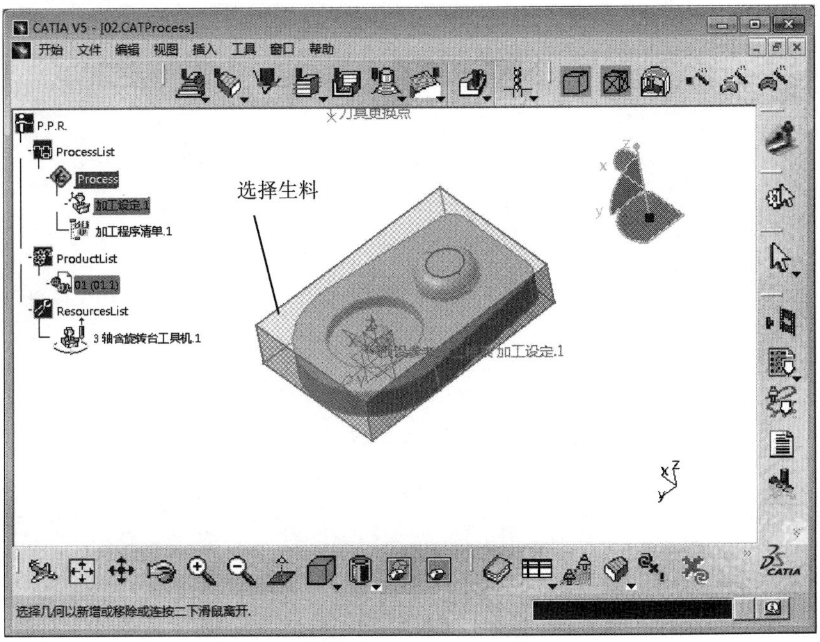

图 4-36　选择生料

Step24 选择零件命令，如图 4-37 所示。

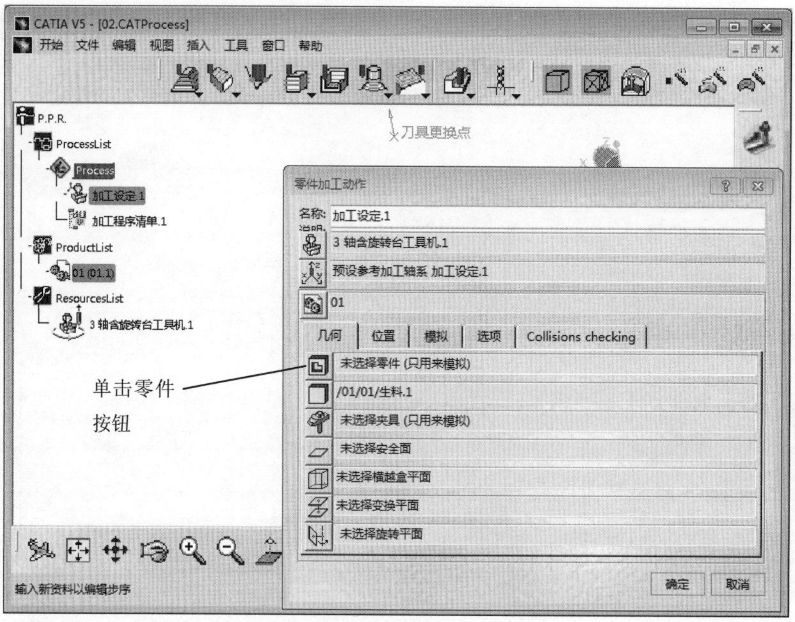

图 4-37 选择零件命令

Step25 选择加工零件，如图 4-38 所示。

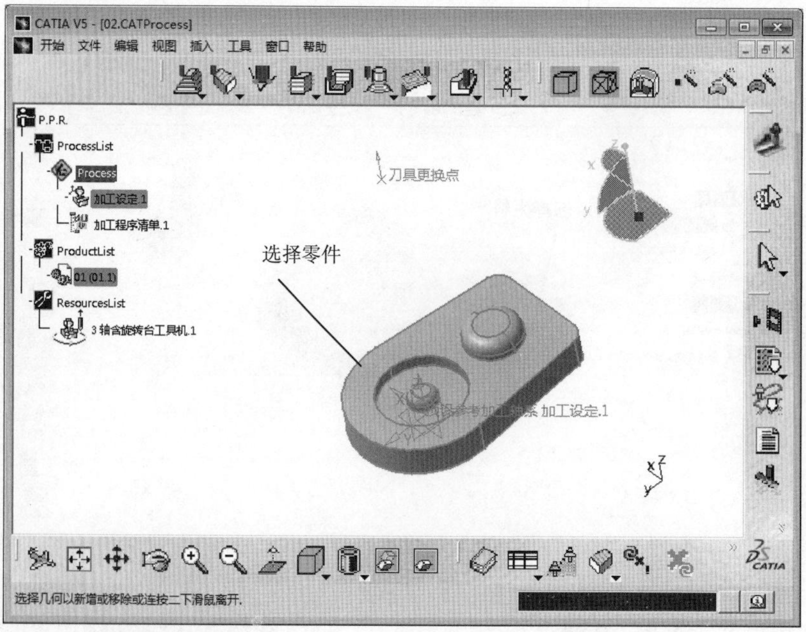

图 4-38 选择加工零件

Step26 选择安全面命令，如图 4-39 所示。

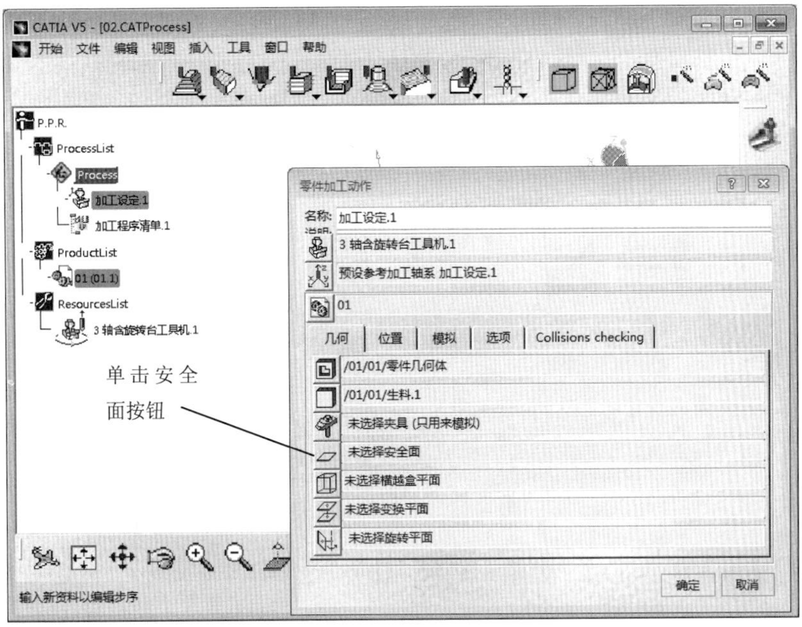

图 4-39　选择安全面命令

Step27 选择安全面，如图 4-40 所示。

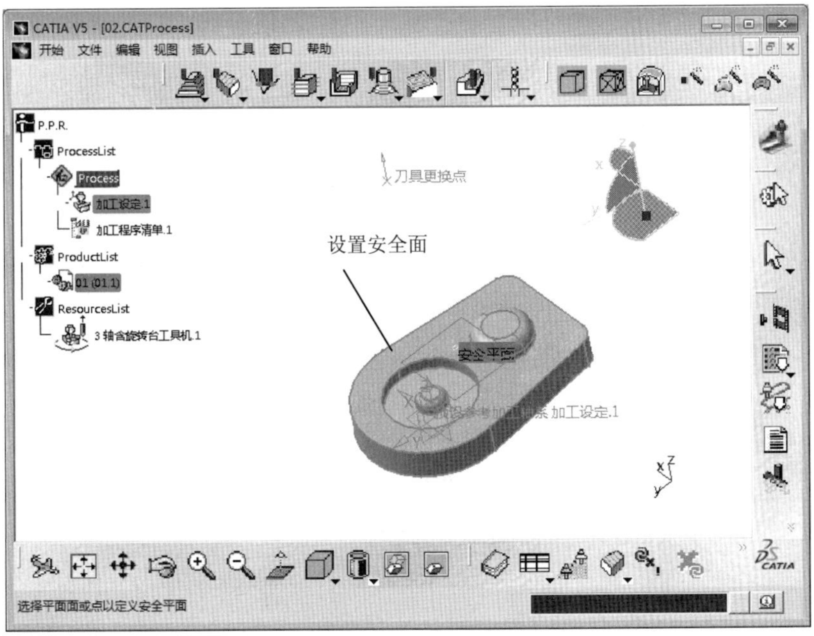

图 4-40　选择安全面

Step28 选择加工命令，如图 4-41 所示。

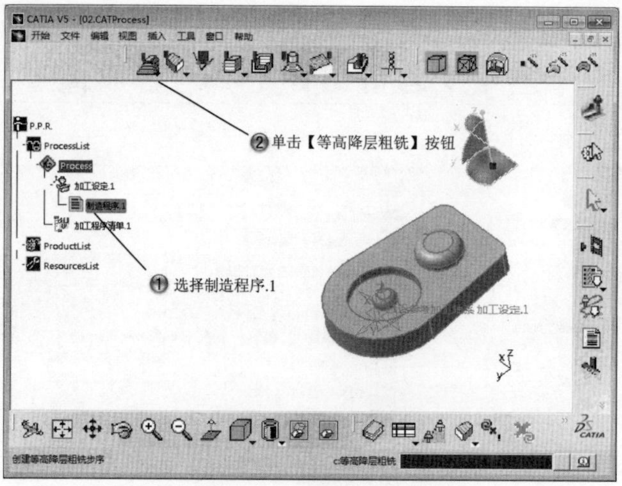
②单击【等高降层粗铣】按钮
①选择制造程序.1

图 4-41 选择加工命令

Step29 单击生料区域，如图 4-42 所示。

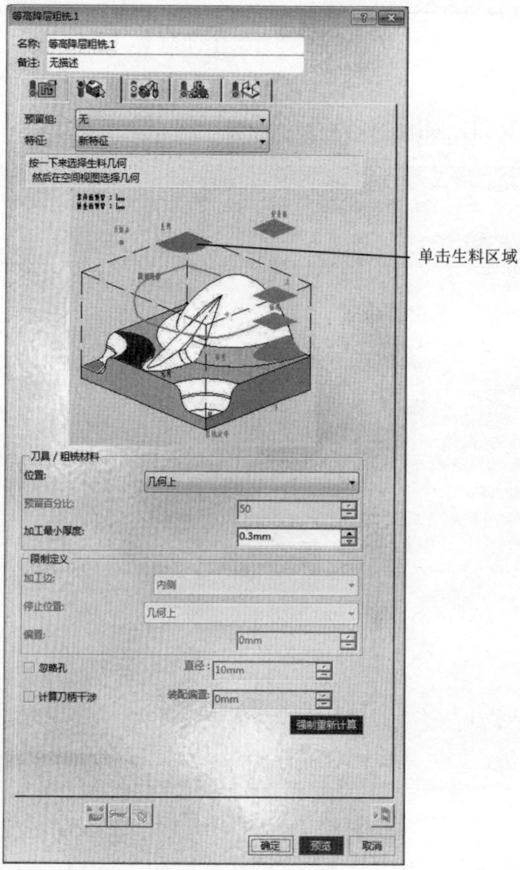
单击生料区域

图 4-42 单击生料区域

Step30 选择生料，如图 4-43 所示。

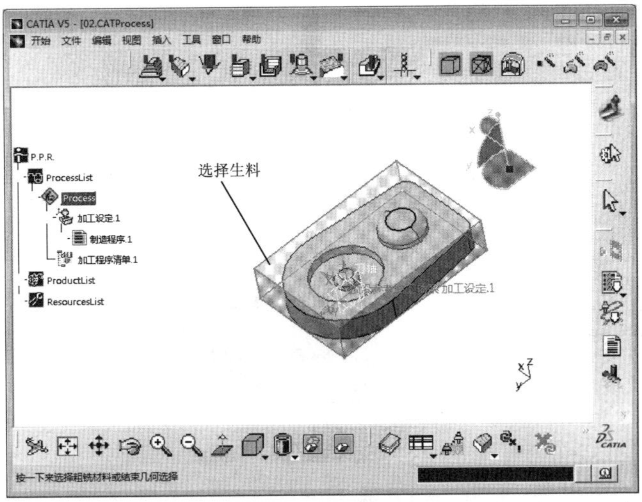

图 4-43 选择生料

Step31 选择元件区域，如图 4-44 所示。

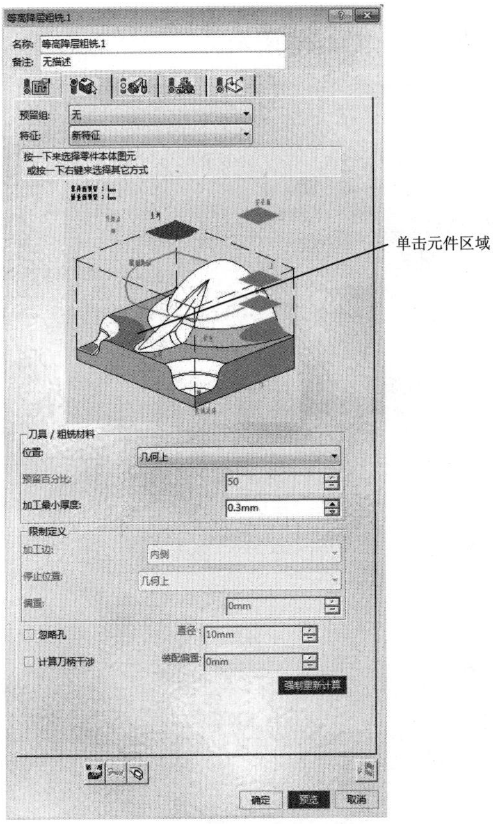

图 4-44 选择元件区域

Step32 选择加工零件，如图 4-45 所示。

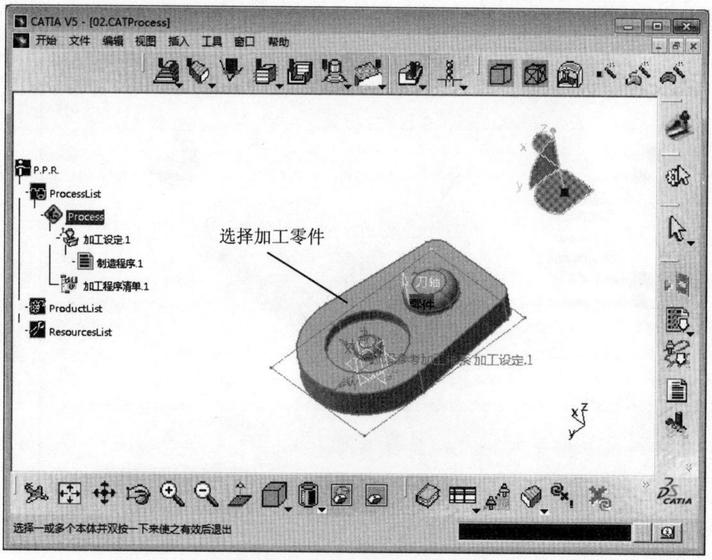

图 4-45　选择加工零件

Step33 单击限制曲线，如图 4-46 所示。

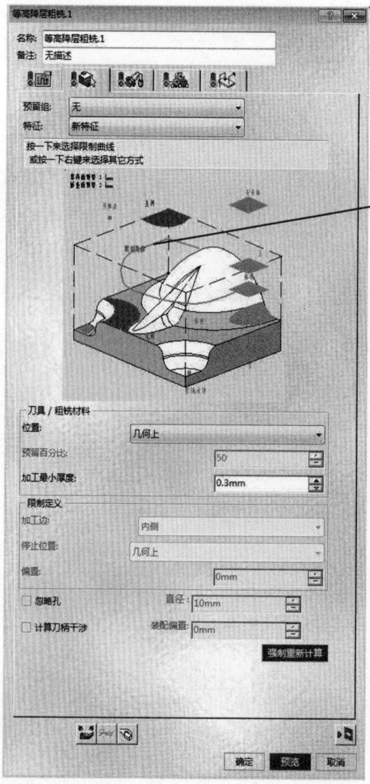

图 4-46　单击限制曲线

Step34 选择限制曲线，如图 4-47 所示。

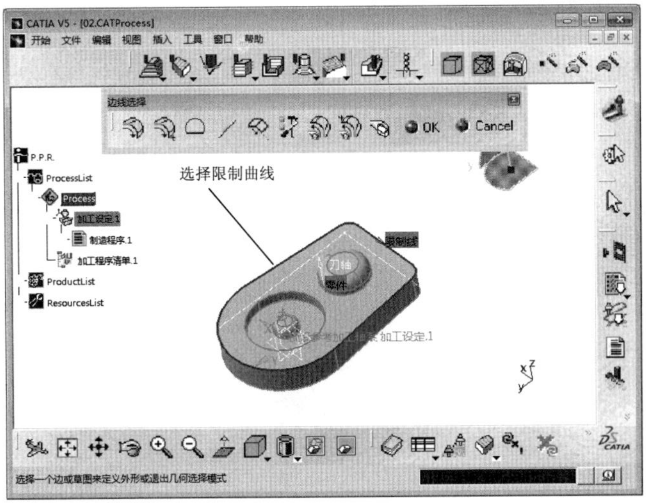

图 4-47 选择限制曲线

Step35 设置刀路样式，如图 4-48 所示。

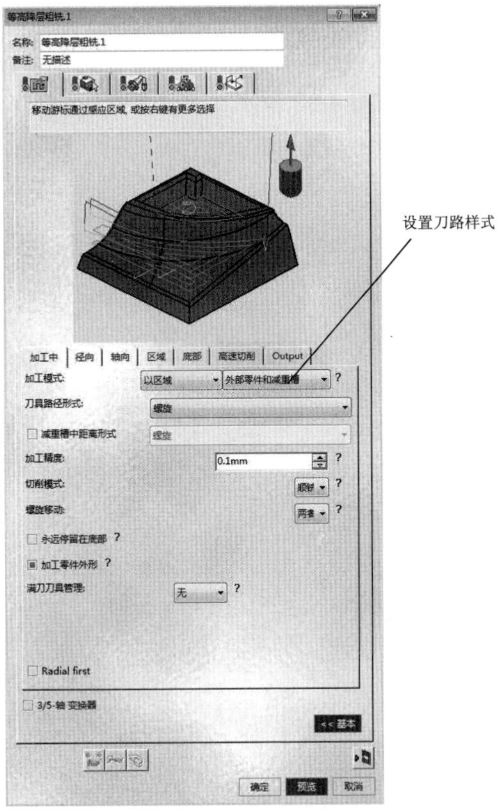

图 4-48 设置刀路样式

Step36 设置刀具参数，如图 4-49 所示。

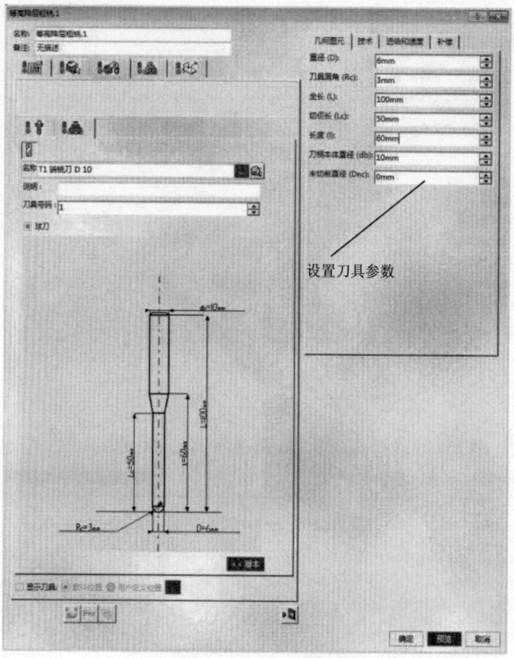

图 4-49　设置刀具参数

Step37 设置进给参数，如图 4-50 所示。

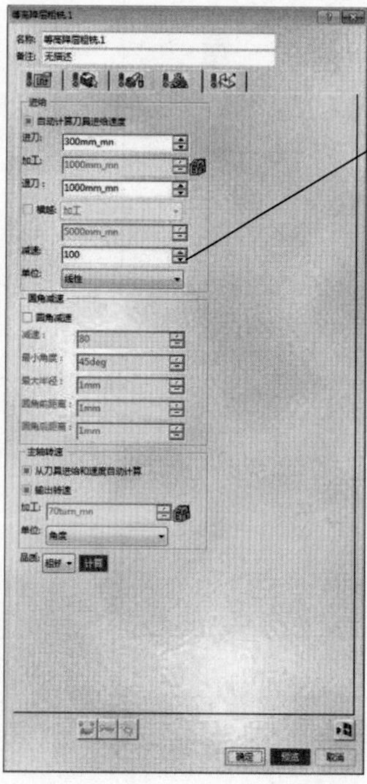

图 4-50　设置进给参数

Step38 设置进退刀参数，如图 4-51 所示。

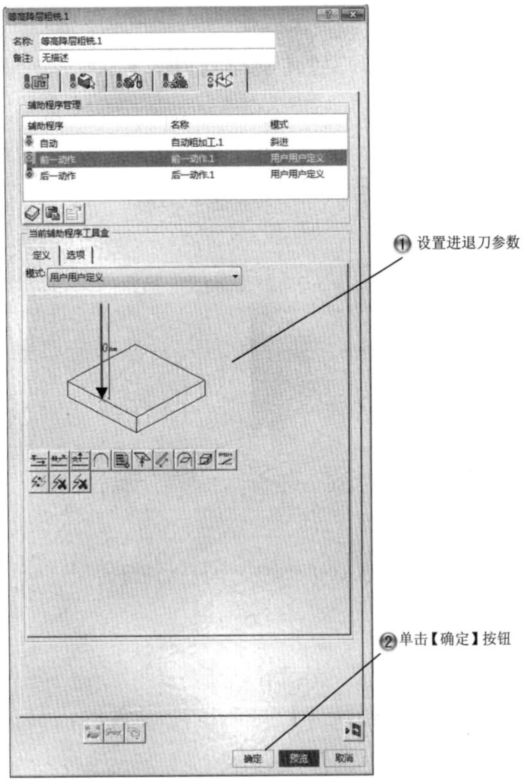

图 4-51　设置进退刀参数

Step39 刀具模拟，如图 4-52 所示。

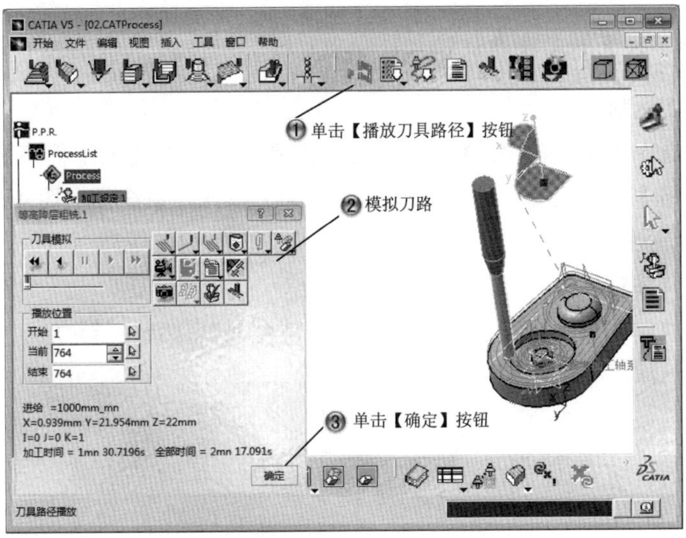

图 4-52　刀具模拟

4.2　投影粗加工

基本概念

投影粗加工就是以某个平面作为投影面，所有刀路都在与该平面平行的平面上。

课堂讲解课时：2 课时

4.2.1　设计理论

投影粗加工是在【导向式降层粗铣.1】对话框中设置的，必须定义加工区域和限制曲线。

4.2.2　课堂讲解

1. 投影粗加工设置加工参数

（1）定义加工区域

在特征树中选中【制造程序.1】节点，然后选择【插入】|【加工程序】|【粗加工步序】|【导向式降层粗铣】菜单命令，插入一个投影粗加工操作，系统弹出图 4-53 所示的【导向式降层粗铣.1】对话框。

（2）定义刀具参数

在【导向式降层粗铣.1】对话框中单击“刀具参数”选项卡，设置刀具参数，如图 4-54 所示。

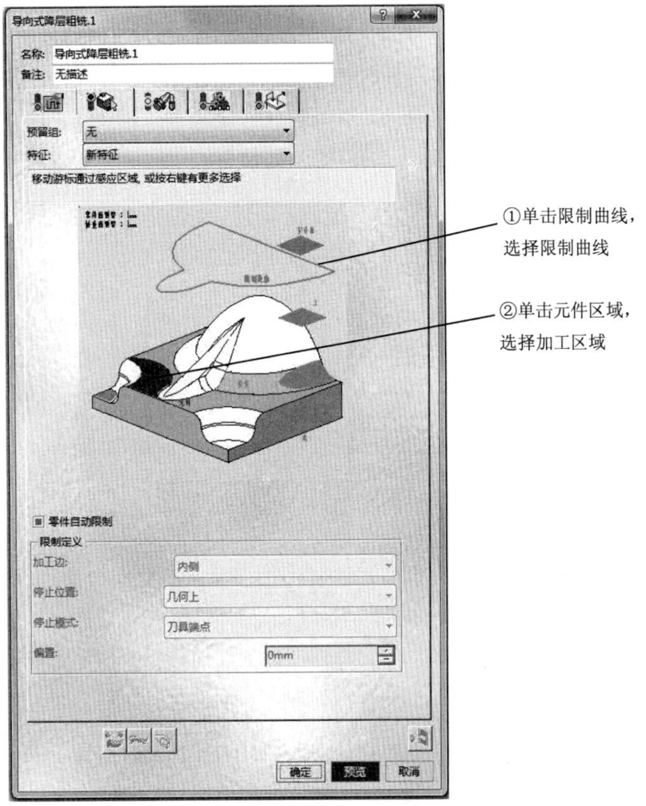

图 4-53　【导向式降层粗铣.1】对话框

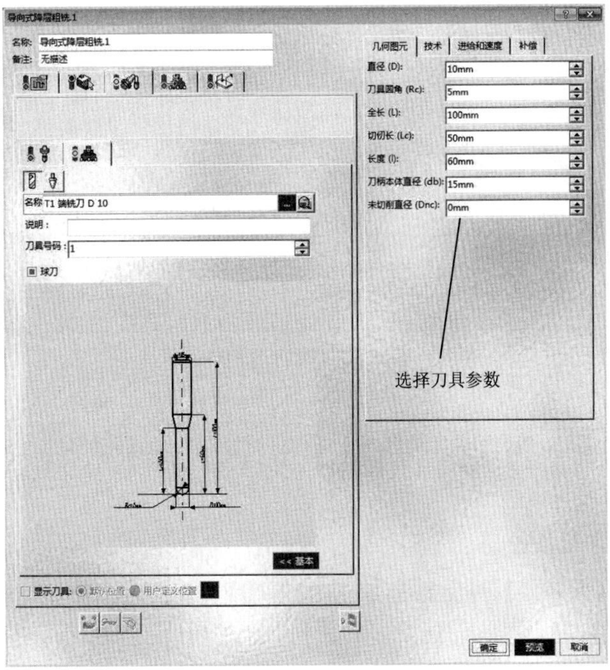

图 4-54　设置刀具

（3）定义进给率

在【导向式降层粗铣.1】对话框中单击“进给率”选项卡，在选项卡中设置参数，如图 4-55 所示。

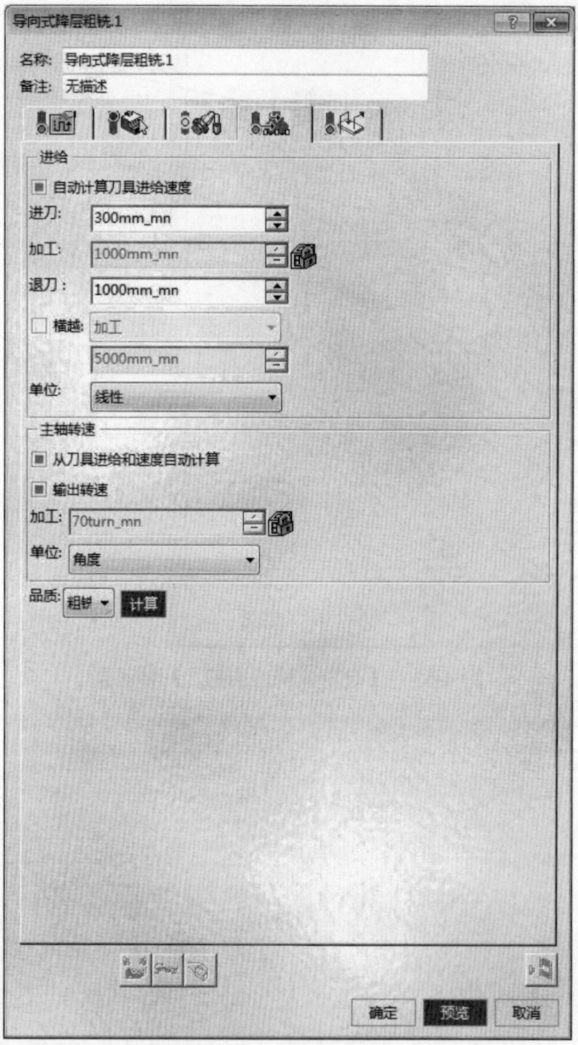

图 4-55 设置进给率

（4）定义刀具路径参数

在【导向式降层粗铣.1】对话框中单击“刀具路径参数”选项卡，设置参数，如图 4-56 所示。

（5）定义进刀/退刀路径

在【导向式降层粗铣.1】对话框中单击“进刀/退刀路径”选项卡，设置参数，如图 4-57 所示。

①在【粗铣形式】
选项组中定义切削
类型。

②在【加工中】选
项卡定义加工参
数。

图 4-56　"刀具路径参数"选项卡

①定义进刀参数。

②定义退刀参数。

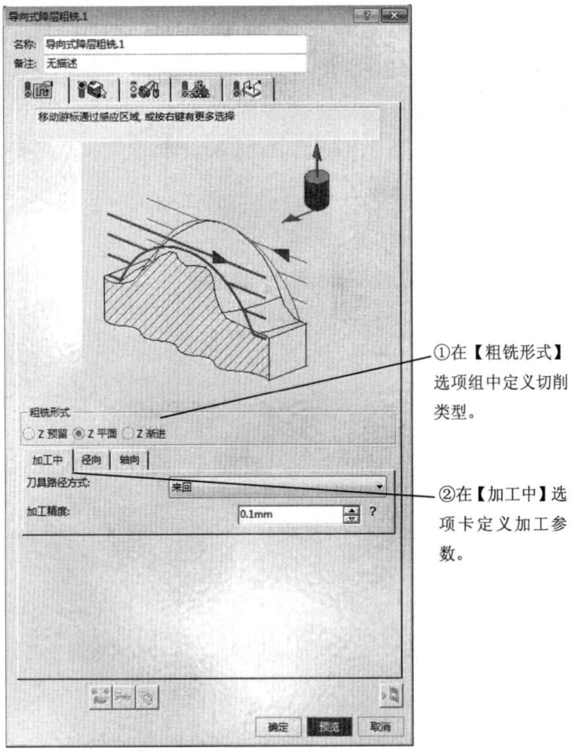

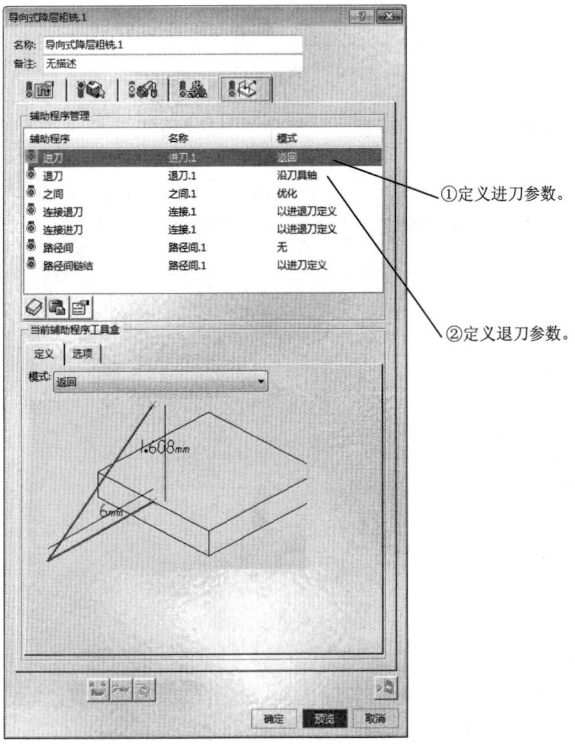

图 4-57　"进刀/退刀路径"选项卡

在【辅助程序管理】区域中的列表框中选择【退刀】选项，然后在【模式】下拉列表中选择【沿刀具轴】选项，如图 4-58 所示。

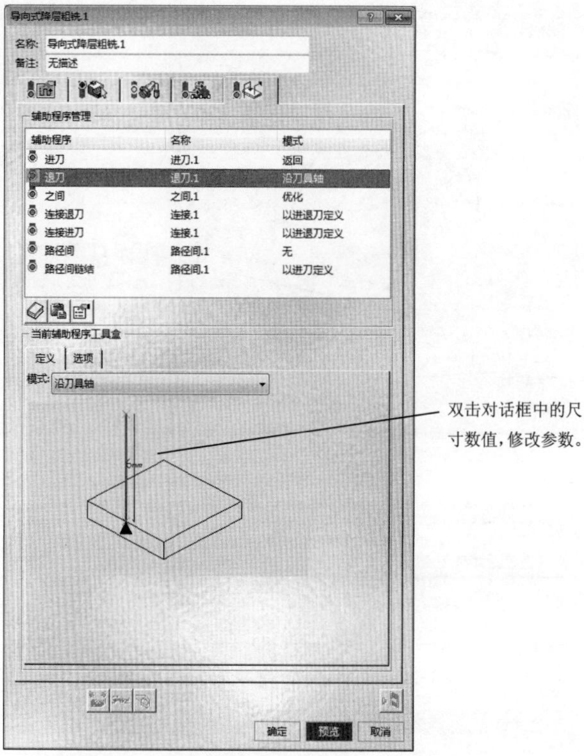
双击对话框中的尺寸数值，修改参数。

图 4-58　设置退刀方式

2. 投影粗加工刀路仿真

在【导向式降层粗铣.1】对话框中单击【播放刀具路径】按钮，系统弹出【导向式降层粗铣.1】对话框，且在图形区显示刀路轨迹，如图 4-59 所示。

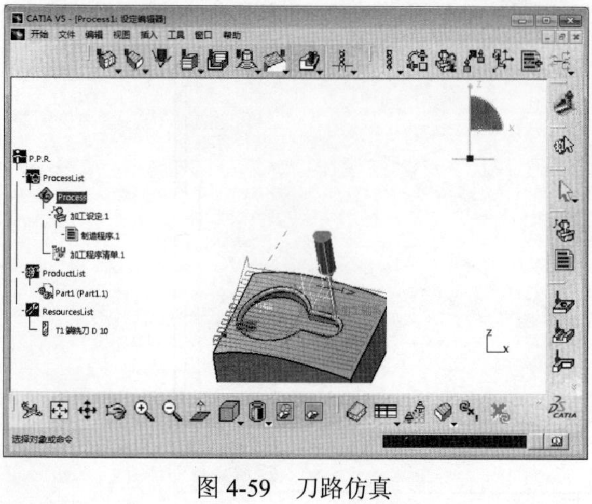

图 4-59　刀路仿真

4.2.3 课堂练习——创建投影粗加工

课堂练习开始文件： ywj /04/02.CATProcess

课堂练习完成文件： ywj /04/03.CATProcess

多媒体教学路径： 光盘→多媒体教学→第 4 章→4.2 练习

Step 1 选择加工命令，如图 4-60 所示。

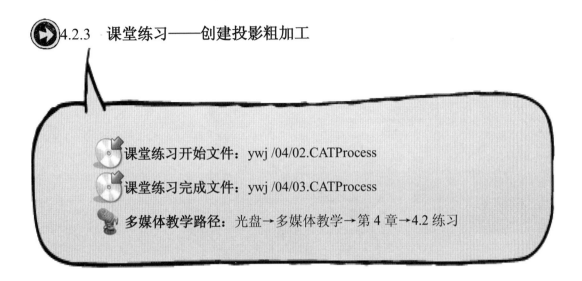

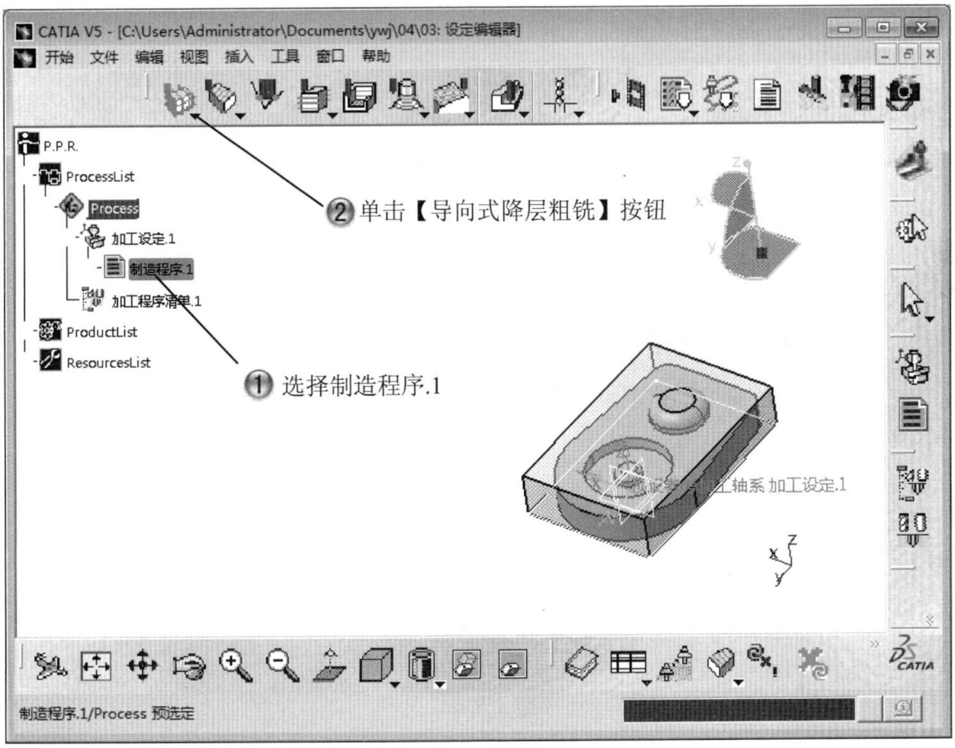

图 4-60　选择加工命令

Step2 单击元件区域，如图 4-61 所示。

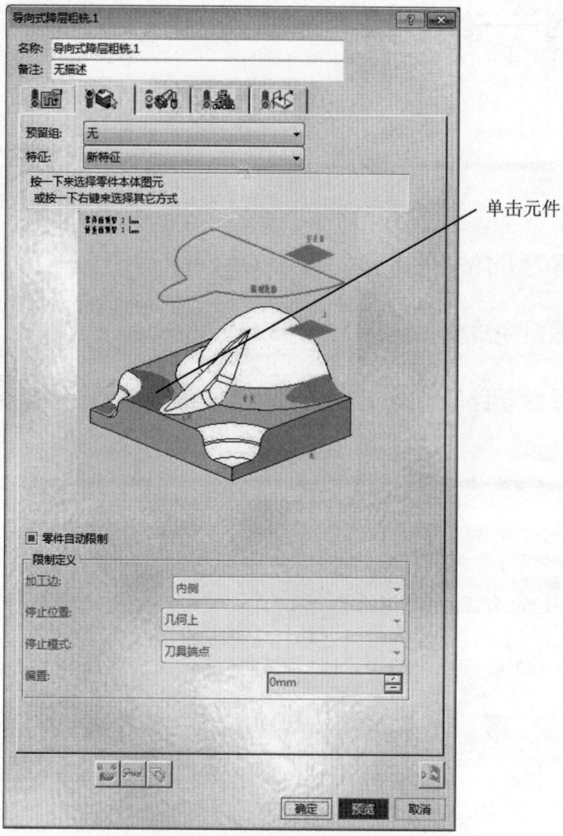

图 4-61 单击元件区域

Step3 选择加工零件，如图 4-62 所示。

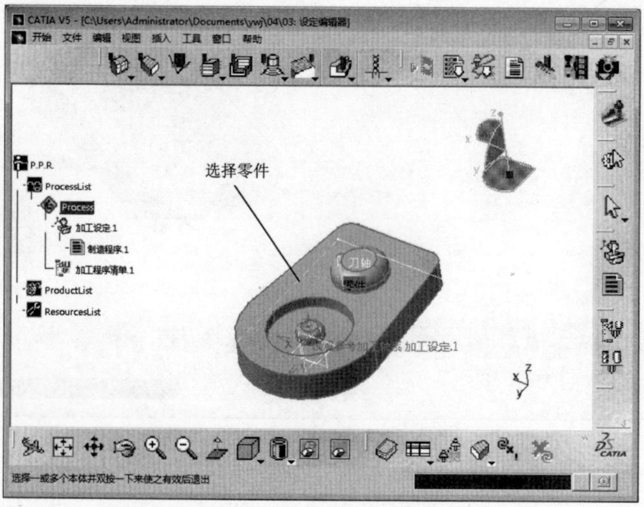

图 4-62 选择加工零件

Step4 单击限制曲线区域，如图 4-63 所示。

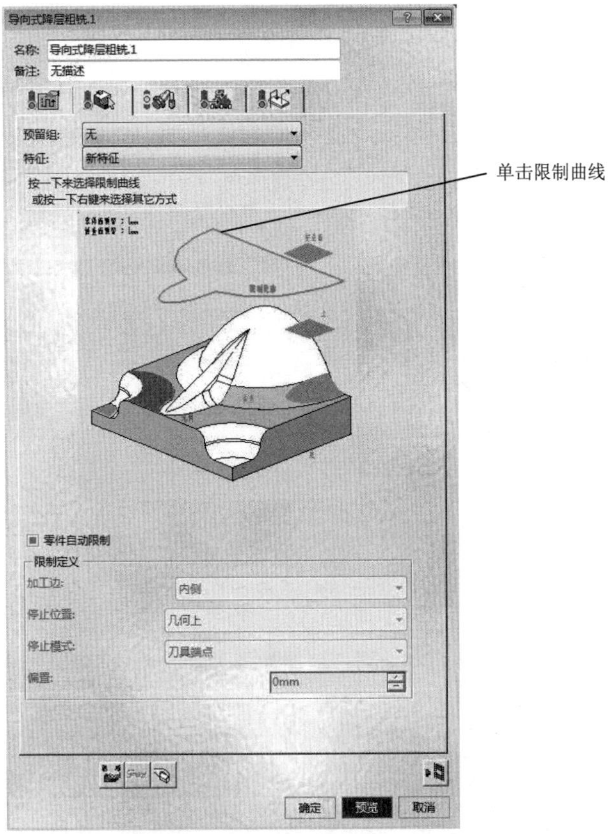

图 4-63　单击限制曲线区域

Step5 选择限制曲线，如图 4-64 所示。

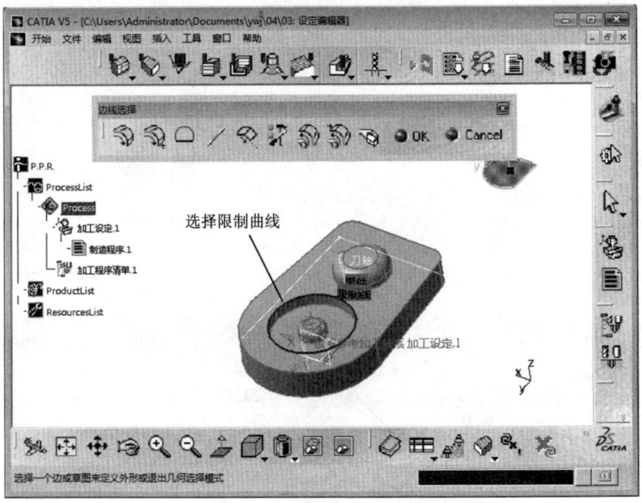

图 4-64　选择限制曲线

Step6 设置刀路样式，如图 4-65 所示。

Step7 设置进退刀参数，如图 4-66 所示。

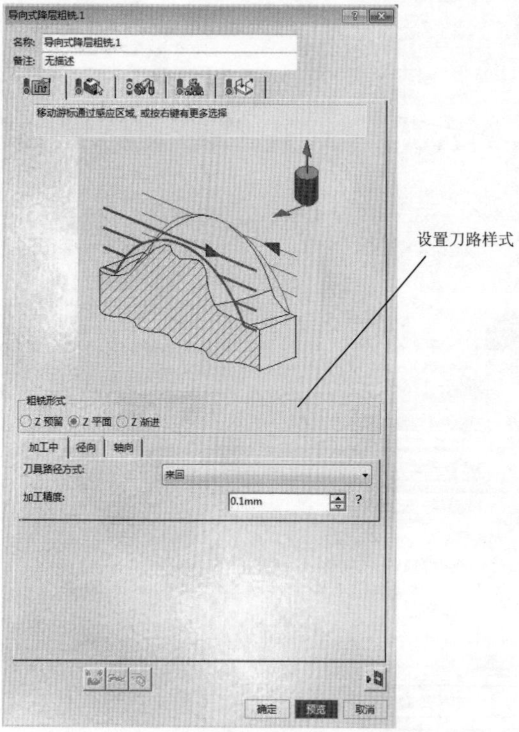

图 4-65　设置刀路样式

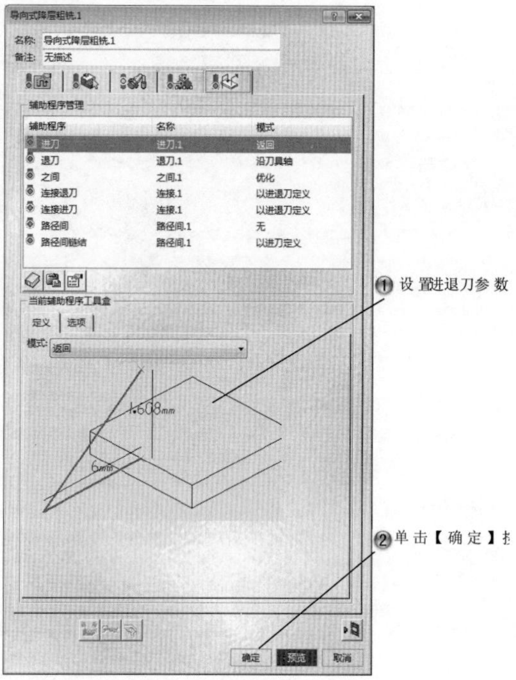

图 4-66　设置进退刀参数

Step8 刀具模拟，如图 4-67 所示。

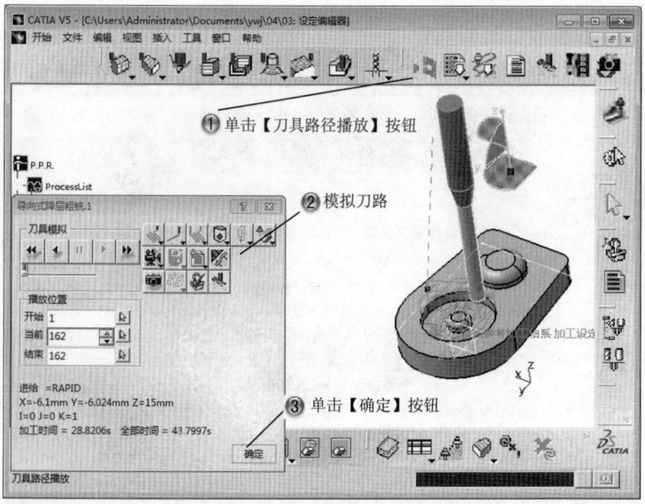

图 4-67　刀具模拟

4.3 投影加工

基本概念

投影加工就是以一系列与刀具轴线（Z 轴）平行的平面，与零件的加工表面相交得到加工的刀路。

课堂讲解课时：2 课时

4.3.1 设计理论

投影加工是在【导向切削.1】对话框中设置的，必须定义限制曲线。

4.3.2 课堂讲解

1. 投影加工设置加工参数

（1）设置加工参数

在特征树中选中【制造程序.1】节点，然后选择【插入】|【加工程序】|【扫掠步序】|【导向切削】菜单命令，插入一个投影加工操作，系统弹出图 4-68 所示的【导向切削.1】对话框。

（2）定义刀具参数

在【导向切削.1】对话框中单击“刀具参数”选项卡，设置刀具参数，如图 4-69 所示。

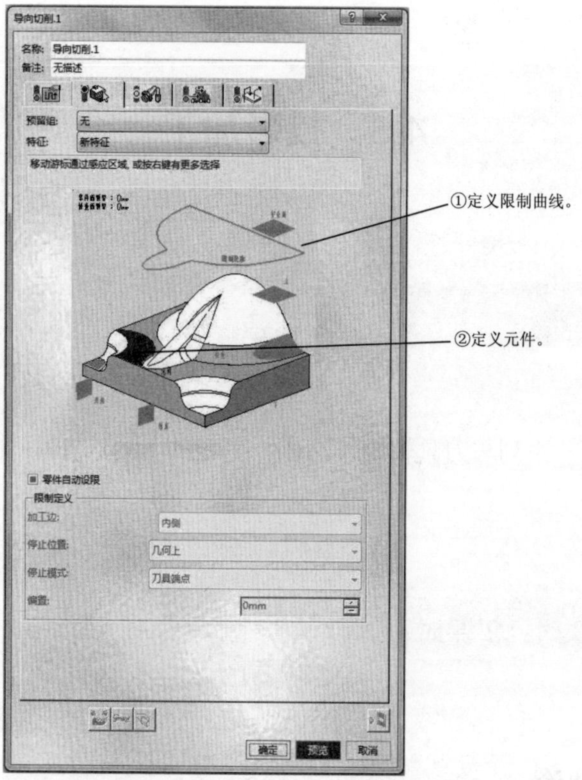
①定义限制曲线。
②定义元件。

图 4-68　【导向切削.1】对话框

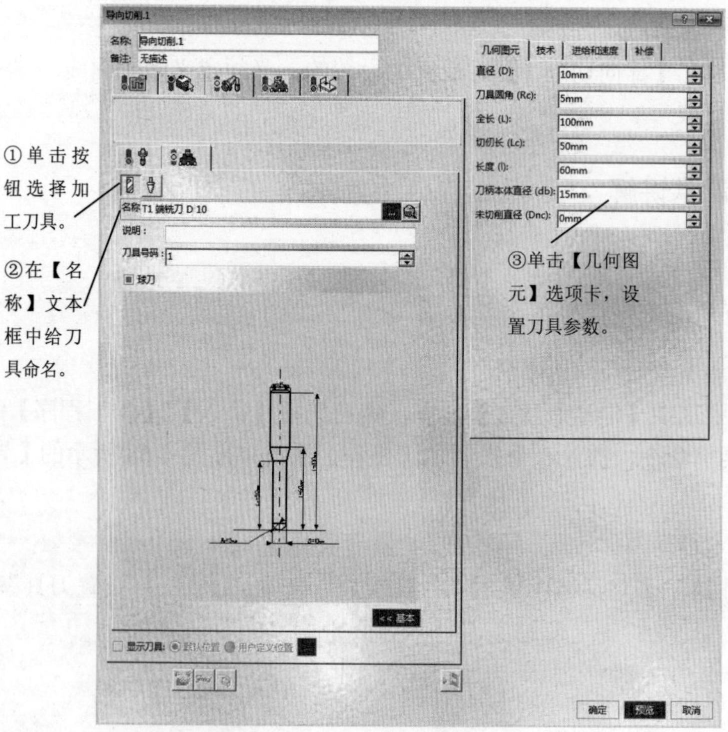
①单击按钮选择加工刀具。
②在【名称】文本框中给刀具命名。
③单击【几何图元】选项卡，设置刀具参数。

图 4-69　【几何图元】选项卡

（3）定义进给率

在【导向切削.1】对话框中单击“进给率”选项卡，在选项卡中设置参数，如图 4-70 所示。

（4）定义刀具路径参数

在【导向切削.1】对话框中单击“刀具路径参数”选项卡，设置参数，如图 4-71 所示。

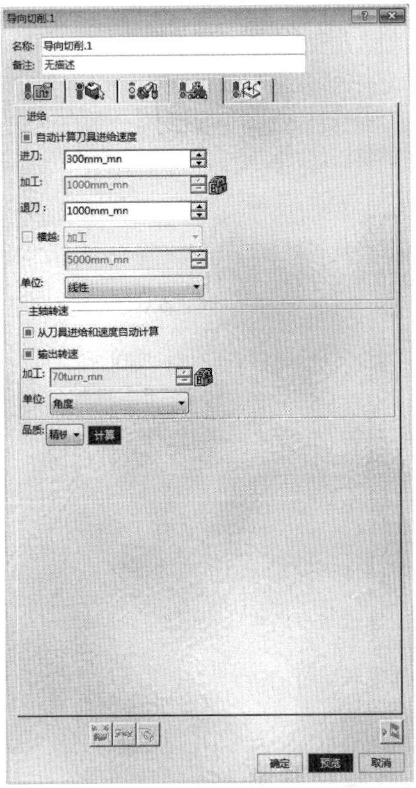

图 4-70　设置进给率

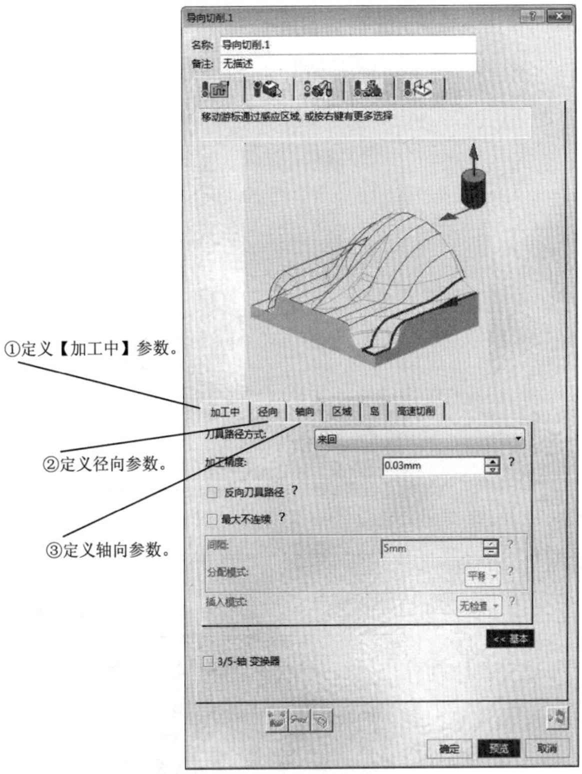

①定义【加工中】参数。
②定义径向参数。
③定义轴向参数。

图 4-71　“刀具路径参数”选项卡

（5）定义进刀/退刀路径

在【导向切削.1】对话框中单击“进刀/退刀路径”选项卡，设置参数，如图 4-72 所示。

2. 投影加工刀路仿真

在【导向切削.1】对话框中单击【播放刀具路径】按钮，系统弹出【导向切削.1】对话框，且在图形区显示刀路轨迹，如图 4-73 所示。

①定义进刀路径。

②定义退刀路径。

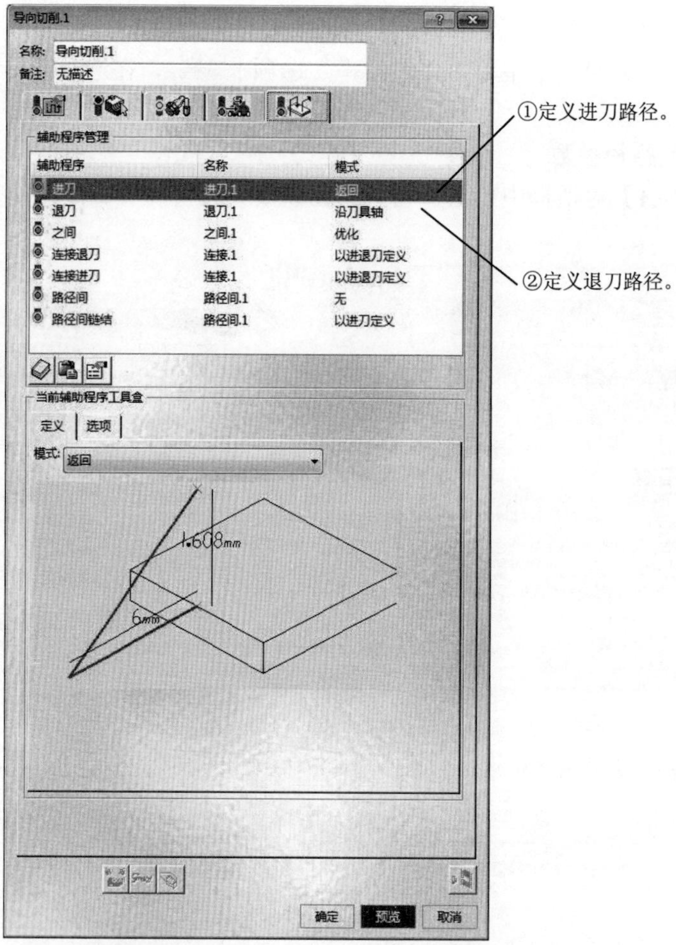

图 4-72 "进刀/退刀路径"选项卡

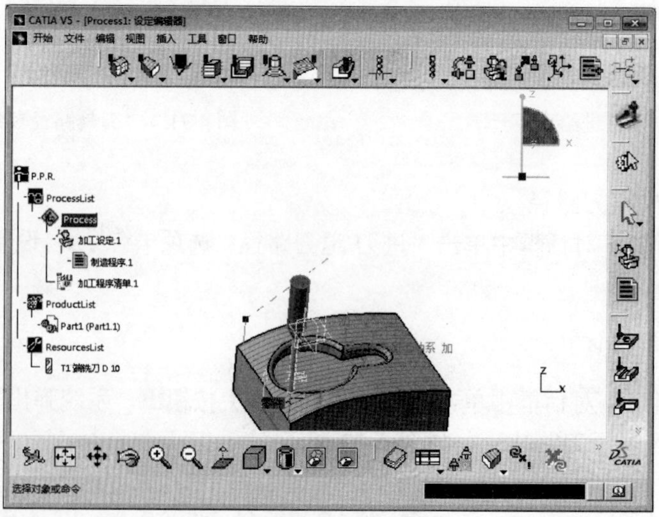

图 4-73 刀路仿真

4.3.3 课堂练习——创建投影加工

课堂练习开始文件：ywj /04/03.CATProcess

课堂练习完成文件：ywj /04/04.CATProcess

多媒体教学路径：光盘→多媒体教学→第 4 章→4.3 练习

Step1 选择加工命令，如图 4-74 所示。

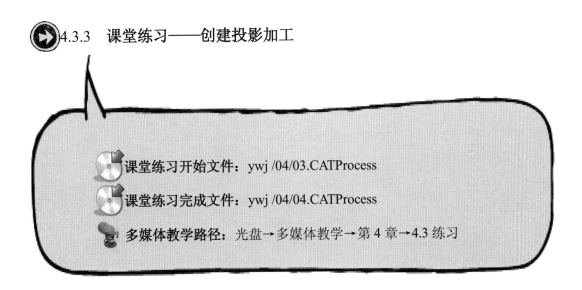

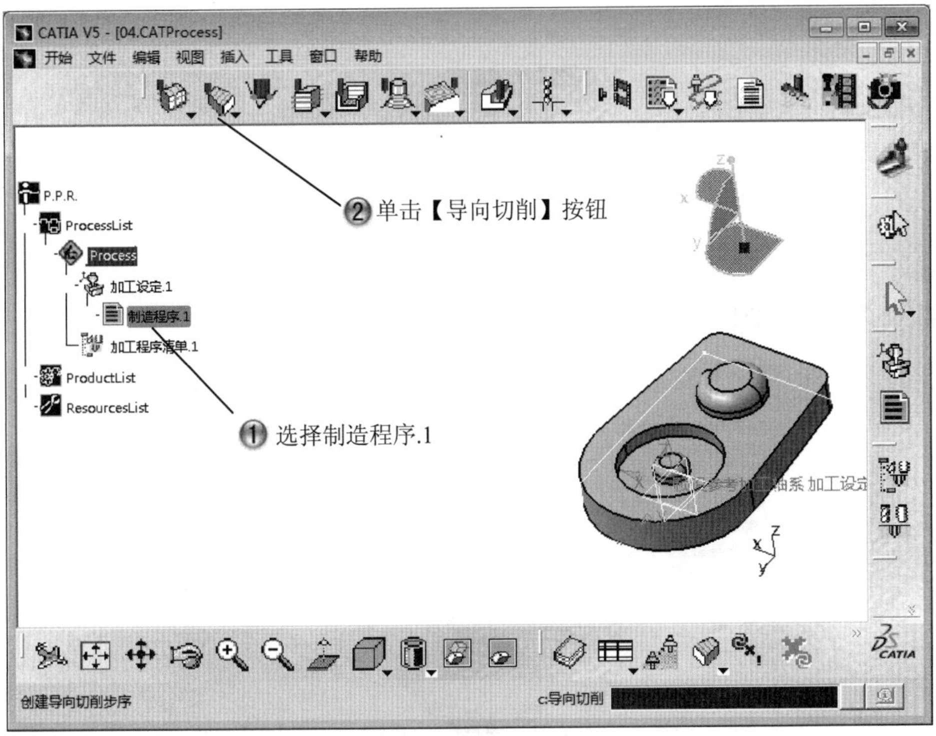

图 4-74　选择加工命令

Step2 单击元件区域，如图 4-75 所示。

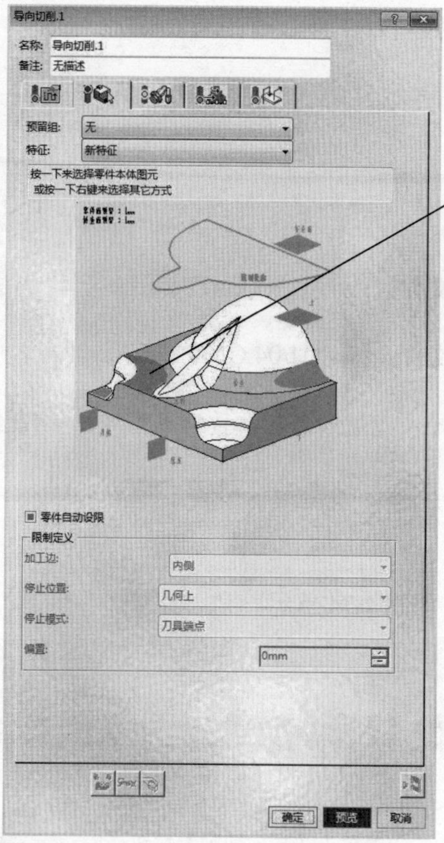

图 4-75　单击元件区域

Step3 选择加工零件，如图 4-76 所示。

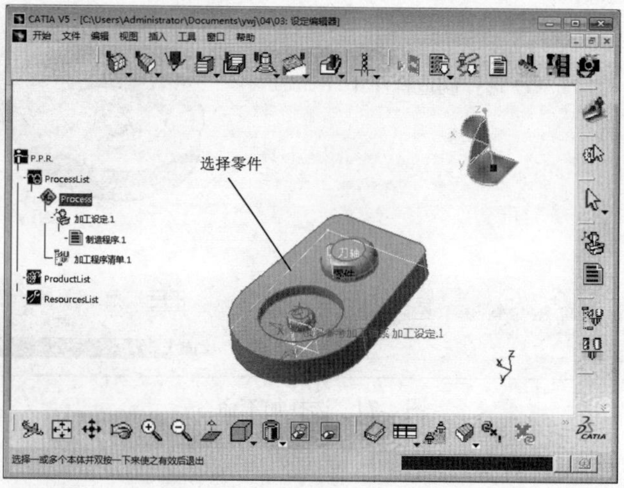

图 4-76　选择加工零件

Step4 单击限制曲线区域，如图 4-77 所示。

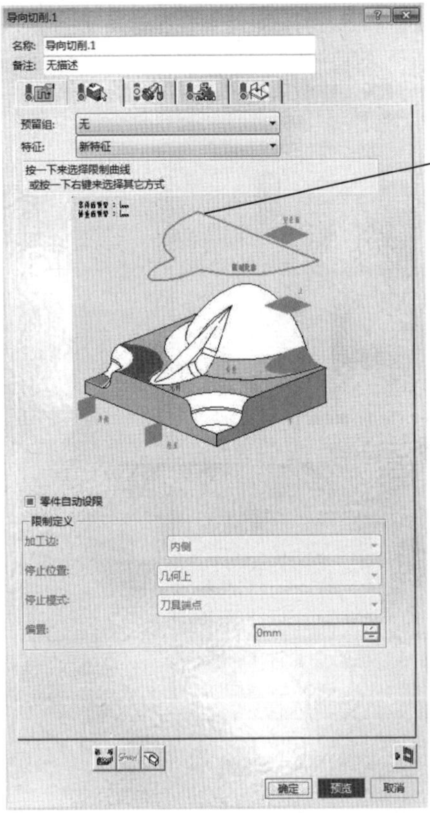

图 4-77 单击限制曲线区域

Step5 选择限制曲线，如图 4-78 所示。

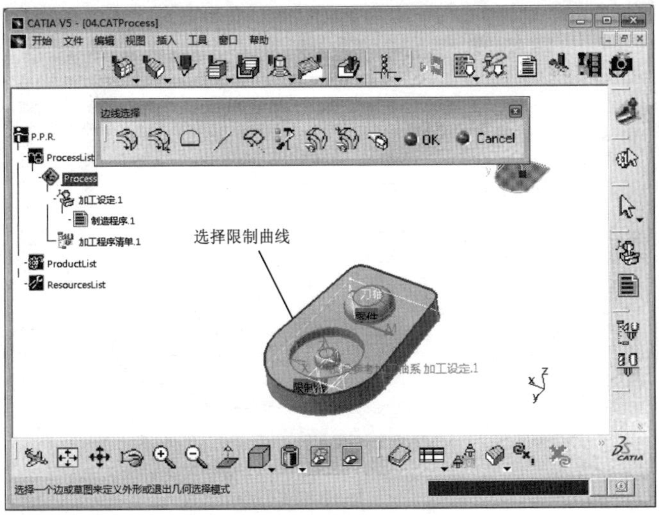

图 4-78 选择限制曲线

Step6 设置刀路样式，如图 4-79 所示。

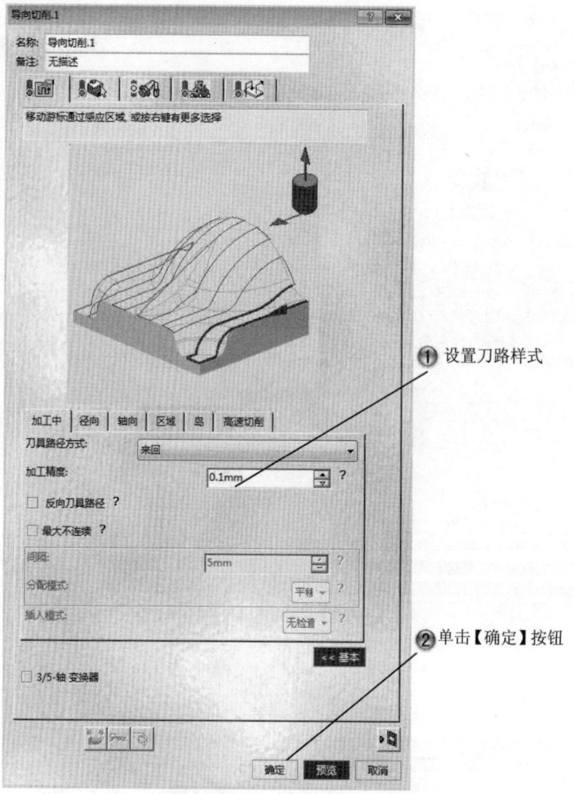

图 4-79　设置刀路样式

Step7 刀具模拟，如图 4-80 所示。

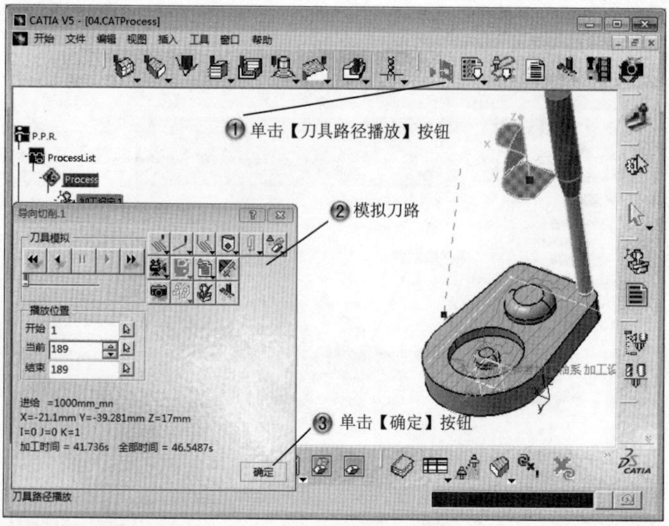

图 4-80　刀具模拟

4.4 等高线加工

基本概念

等高线加工就是以垂直于刀具轴线的平面切削零件加工表面，计算出加工刀路。其几何参数示意图与投影加工的基本相同，区别在于等高线加工没有起始位置和终止位置两个参数。

课堂讲解课时：2 课时

4.4.1 设计理论

等高线加工是在【等高线.1】对话框中设置的，必须定义加工元件。

4.4.2 课堂讲解

1. 等高线加工设置加工参数

在特征树中选中【制造程序.1】节点，然后选择【插入】|【加工程序】|【等高线加工】菜单命令，插入一个等高线加工操作，系统弹出图 4-81 所示的【等高线.1】对话框。

在【等高线.1】对话框中单击“刀具参数”选项卡，设置刀具参数，如图 4-82 所示。

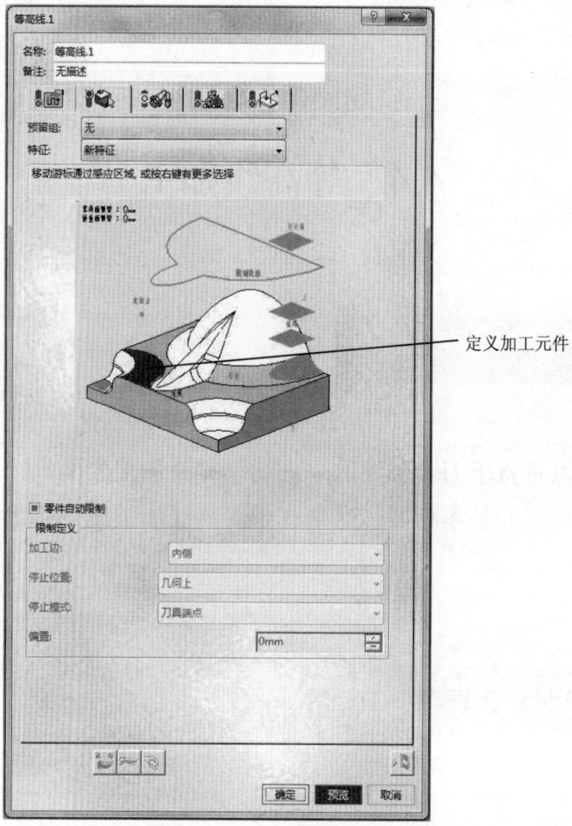

图 4-81 【等高线.1】对话框

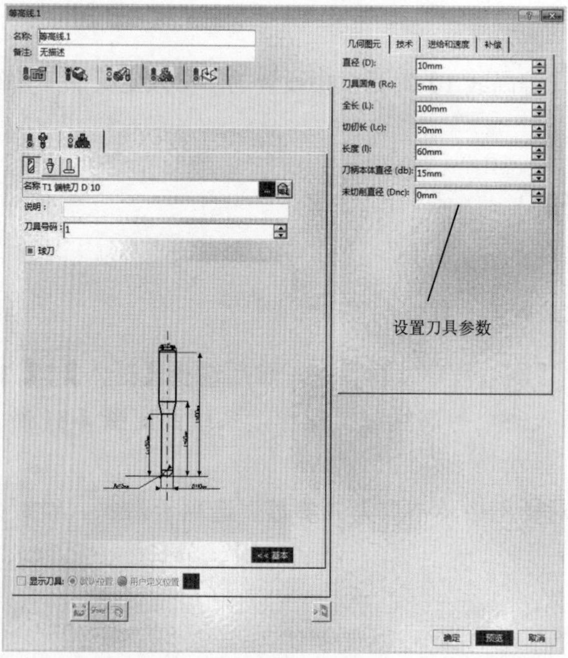

图 4-82 设置刀具参数

在【等高线.1】对话框中单击“进给率”选项卡，在选项卡中设置参数，如图 4-83 所示。

在【等高线.1】对话框中单击“刀具路径参数”选项卡，设置参数，如图 4-84 所示。

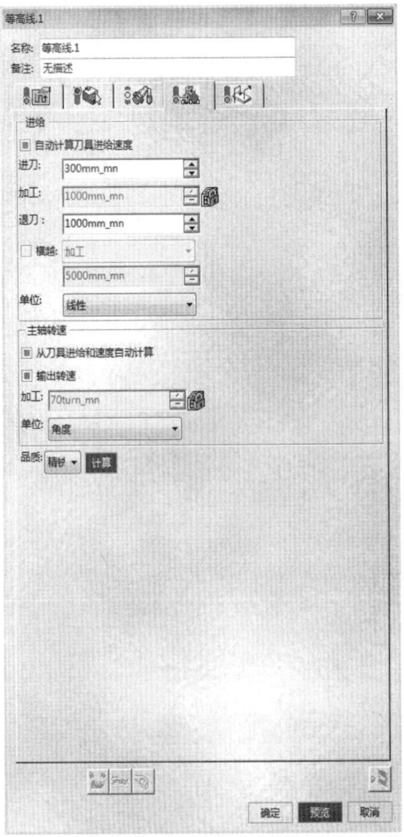

图 4-83　设置进给率

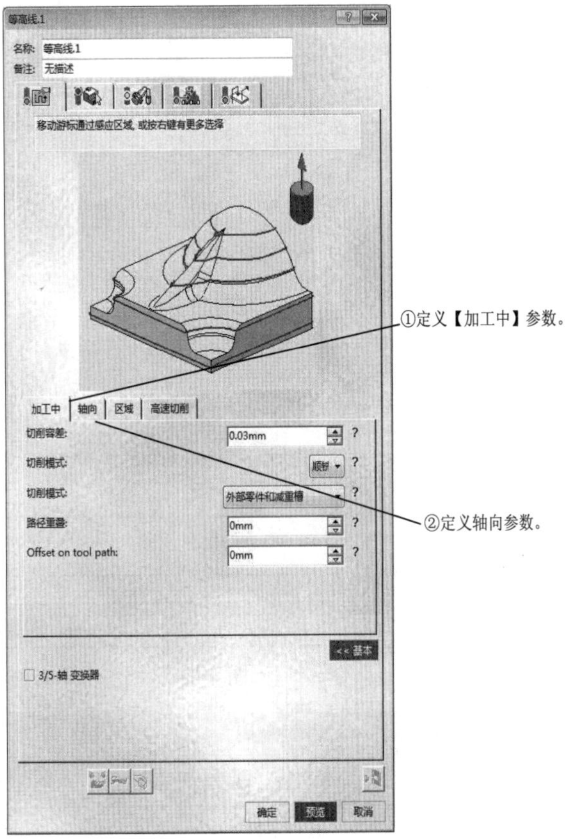

图 4-84　“刀具路径参数”选项卡

在【等高线.1】对话框中单击“进刀/退刀路径”选项卡，设置参数，如图 4-85 所示。

2. 等高线加工刀路仿真

在【等高线.1】对话框中单击【播放刀具路径】按钮，系统弹出【等高线.1】对话框，且在图形区显示刀路轨迹，如图 4-86 所示。

①定义进刀路径。

②定义退刀路径。

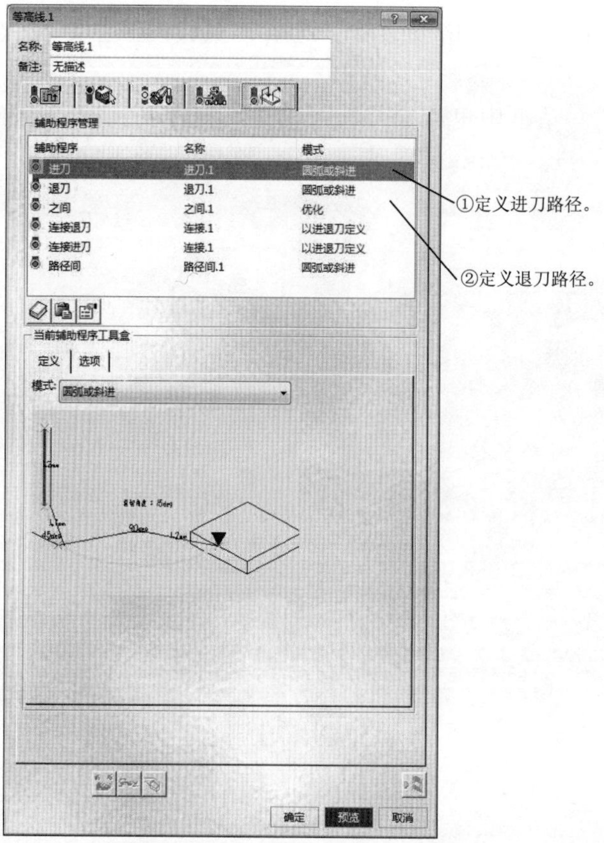

图 4-85 "进刀/退刀路径"选项卡

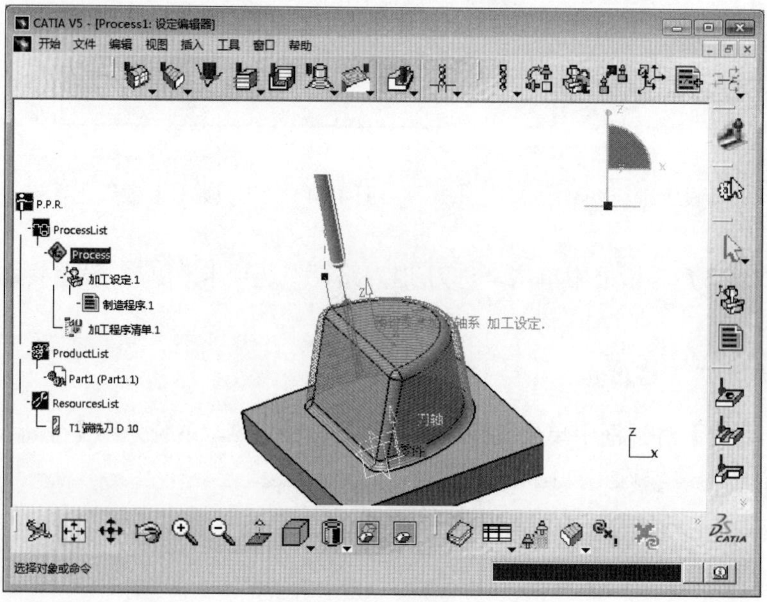

图 4-86 刀路仿真

4.4.3 课堂练习——创建等高线加工

课堂练习开始文件： ywj /04/04.CATProcess

课堂练习完成文件： ywj /04/05.CATProcess

多媒体教学路径： 光盘→多媒体教学→第 4 章→4.4 练习

Step 1 选择加工命令，如图 4-87 所示。

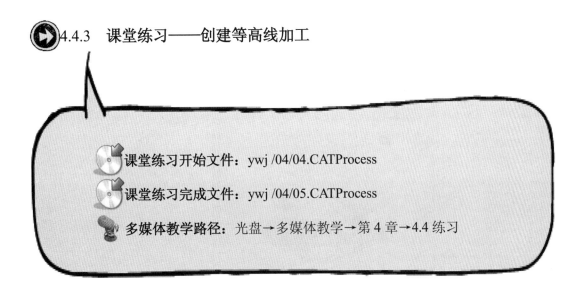

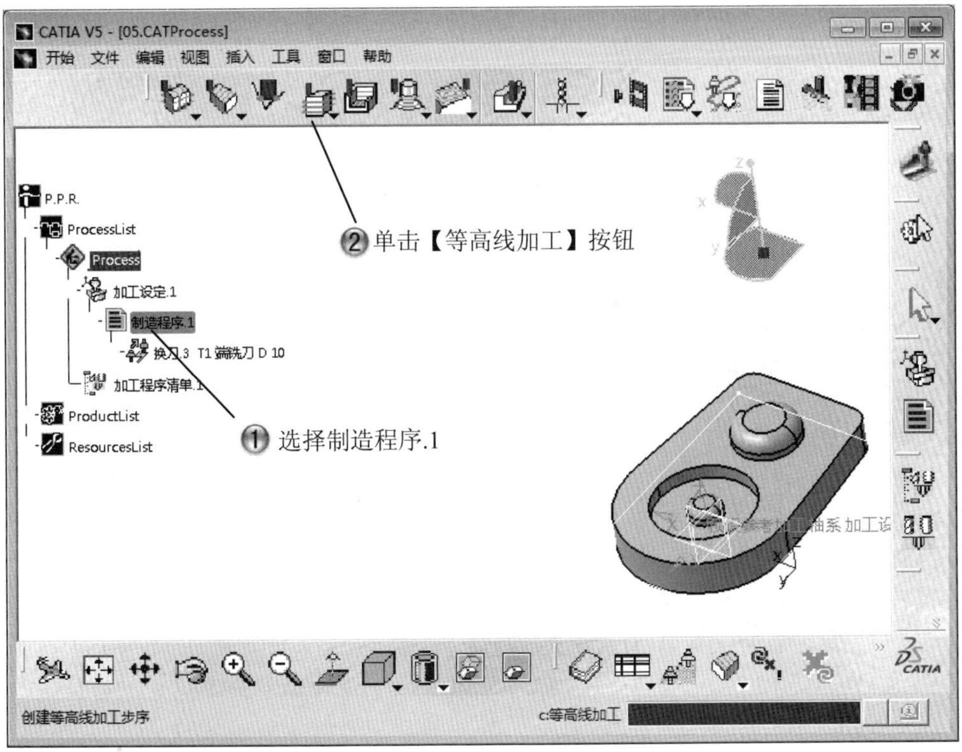

图 4-87 选择加工命令

Step2 单击元件区域，如图 4-88 所示。

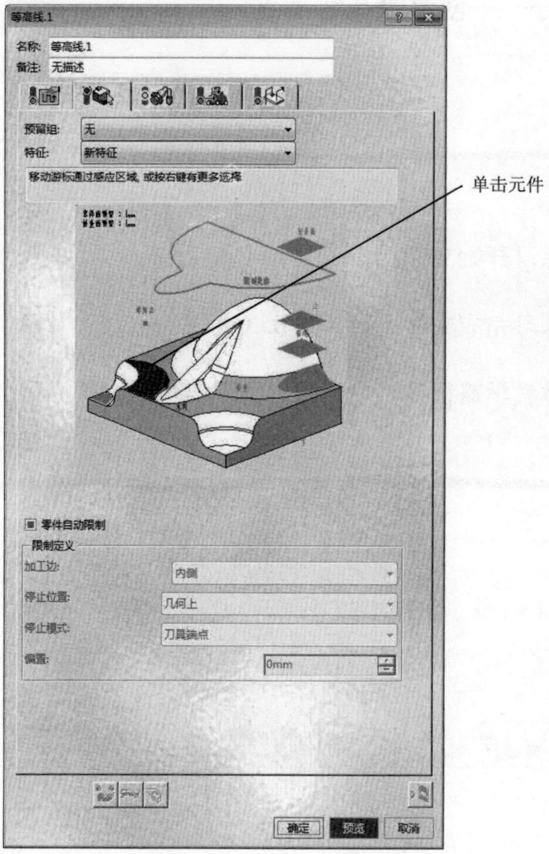

图 4-88　单击元件区域

Step3 选择加工零件，如图 4-89 所示。

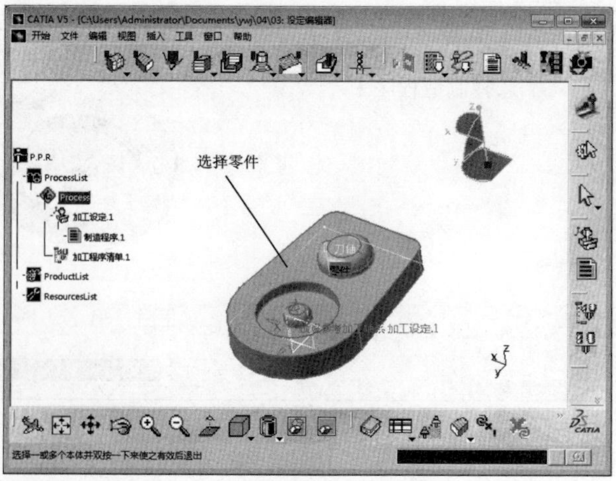

图 4-89　选择加工零件

Step4 单击限制曲线，如图 4-90 所示。

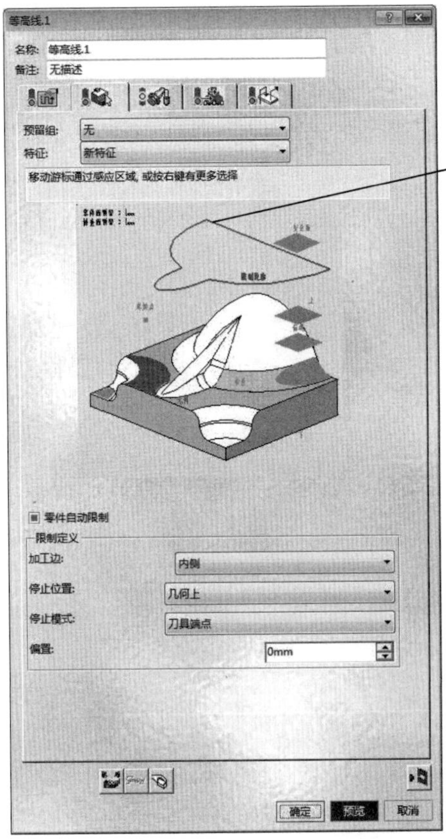

图 4-90　单击限制曲线

Step5 选择限制曲线，如图 4-91 所示。

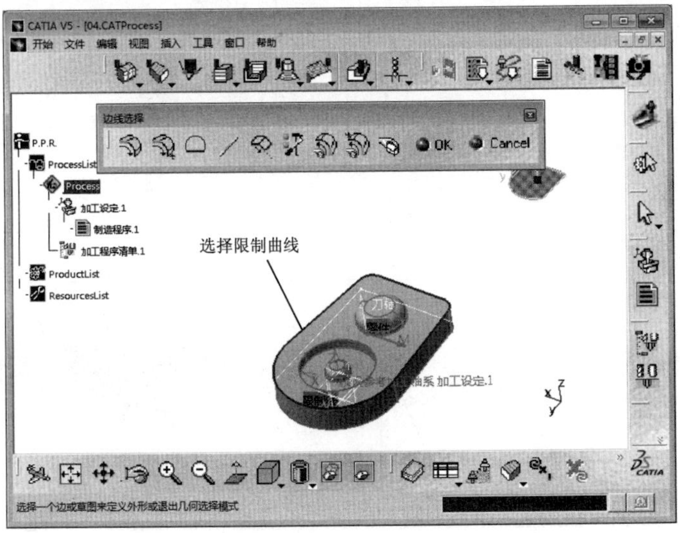

图 4-91　选择限制曲线

Step6 设置刀路样式，如图 4-92 所示。

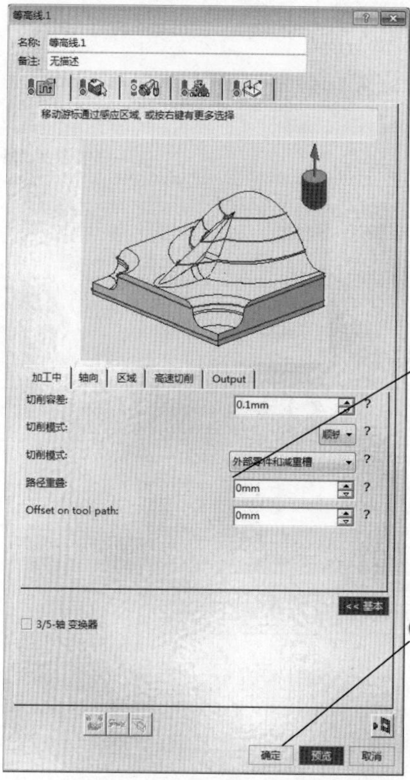

图 4-92　设置刀路样式

Step7 刀具模拟，如图 4-93 所示。

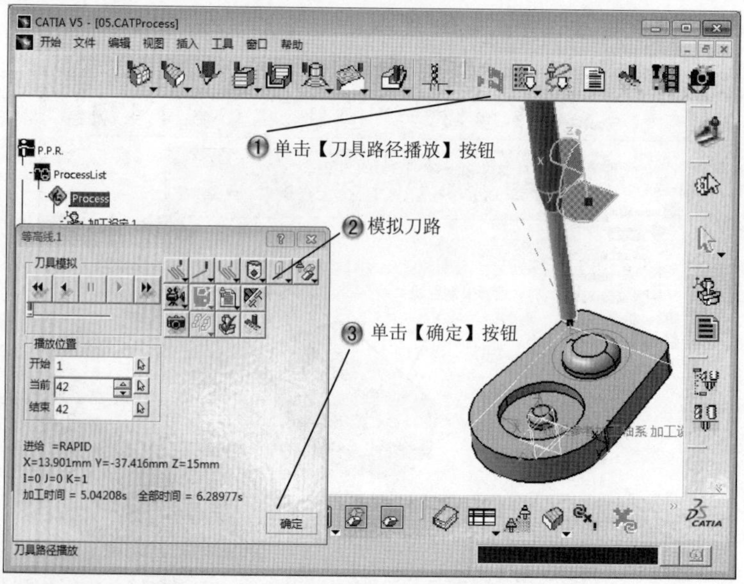

图 4-93　刀具模拟

4.5 专家总结

本章介绍了曲面零件的铣削加工方法。用旋转的铣刀作为刀具进行切削加工时，一般在铣床或镗床上进行，适于加工平面、沟槽、各种成形面（如花键、齿轮和螺纹铣削）和模具的特殊面等。

4.6 课后习题

4.6.1 填空题

（1）投影粗加工的关键是设置________。
（2）投影加工的加工特征属于________。

4.6.2 问答题

（1）等高线加工和等高线粗加工的区别是什么？
（2）投影加工是否可以加工平面区域？

4.6.3 上机操作题

如图 4-94 所示，使用本章学过的知识来创建壳体零件的加工程序。
练习步骤和方法：
（1）创建壳体零件。
（2）创建等高线粗加工加工凹槽。
（3）创建等高线加工精加工凹槽。

图 4-94 壳体零件

第 5 章　曲面铣削加工进阶

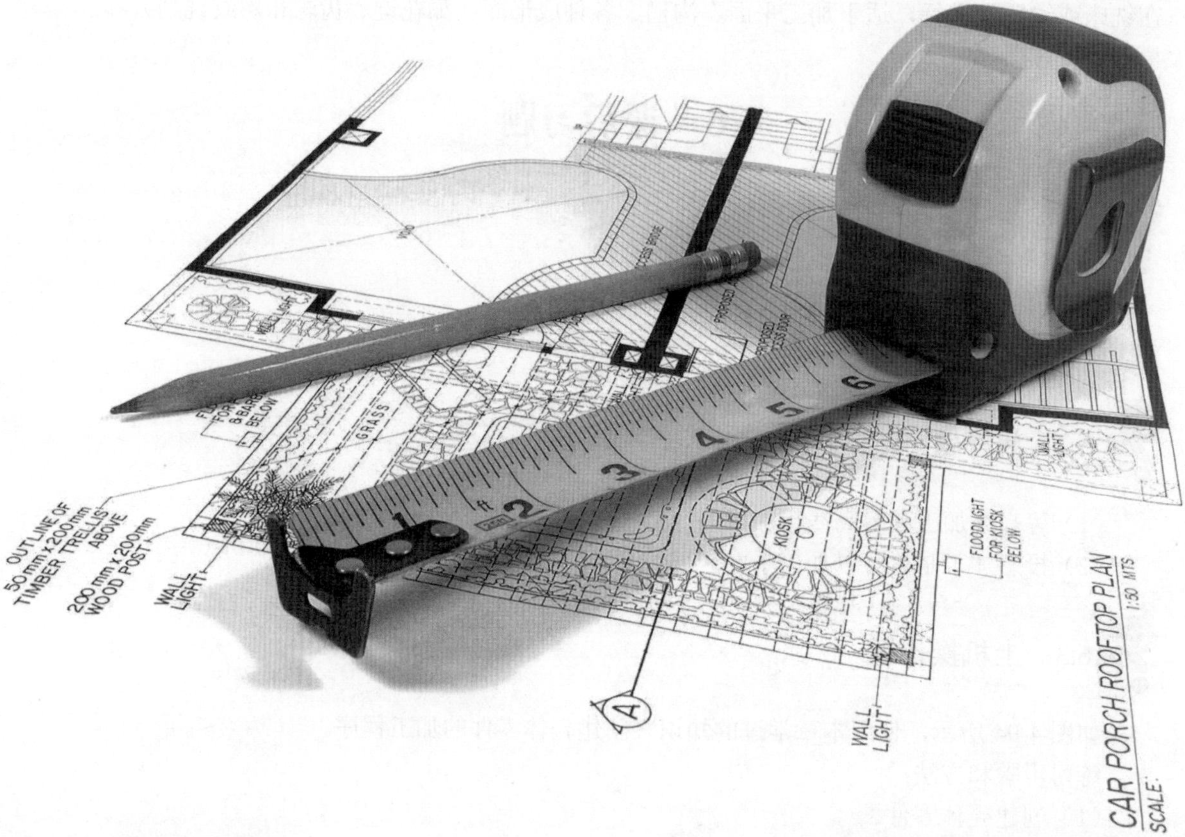

课训目标	内　容	掌握程度	课　时
	轮廓驱动加工	熟练运用	2
	等参数加工	熟练运用	2
	螺旋加工	熟练运用	2
	清根加工	熟练运用	2

课程学习建议

CATIA 的曲面铣削加工适用很多场合，适应多种多样的加工方法。本章将详细介绍轮廓驱动加工、等参数加工、螺旋加工、清根加工方法的设置和应用。

本课程主要基于软件的曲面数控加工模块来讲解，其培训课程表如下。

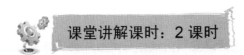

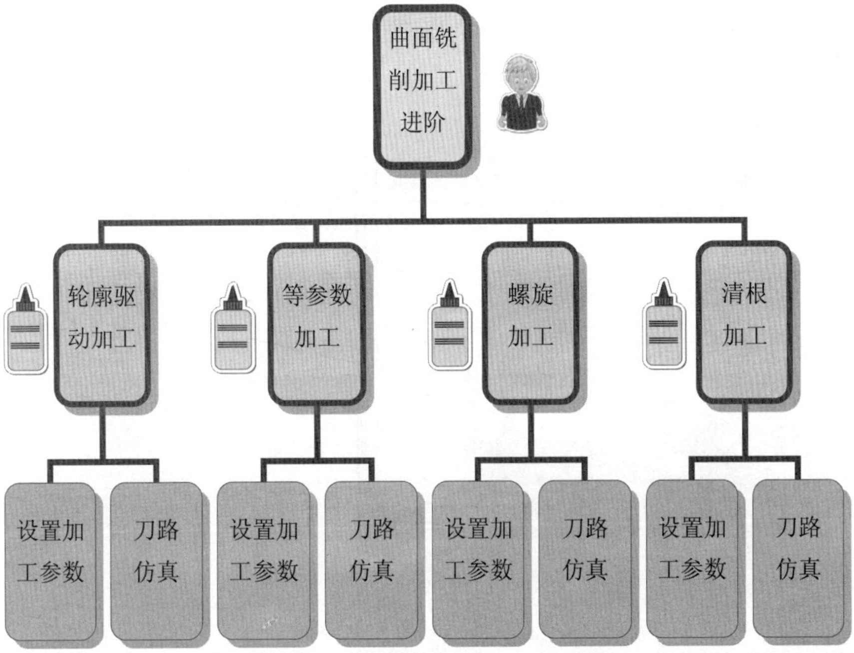

5.1 轮廓驱动加工

基本概念

轮廓驱动加工是以所选择加工区域的轮廓线作为引导线，来驱动刀具运动的加工方式。

课堂讲解课时：2 课时

5.1.1 设计理论

轮廓驱动加工是在【外形导向.1】对话框中设置的，必须定义加工曲面和限制曲线。

5.1.2 课堂讲解

1. 轮廓驱动设置加工参数

在特征树中选中【制造程序.1】节点，然后选择【插入】|【加工程序】|【外形导向加工】菜单命令，插入一个轮廓驱动加工操作，系统弹出图 5-1 所示的【外形导向.1】对话框。

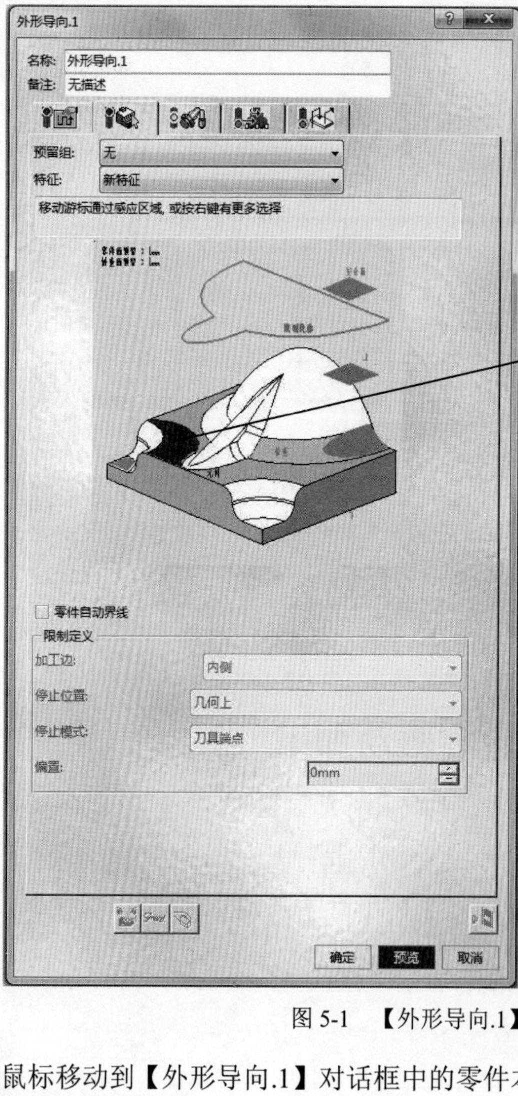

图 5-1 【外形导向.1】对话框

将鼠标移动到【外形导向.1】对话框中的零件本体图元上，该区域的颜色从深红色变为橙黄色，选择模型表面，如图 5-2 所示，在图形区空白处双击鼠标左键返回到【外形导向.1】对话框。

在【外形导向.1】对话框中单击“进给率”选项卡，在选项卡中设置参数，如图 5-3 所示。

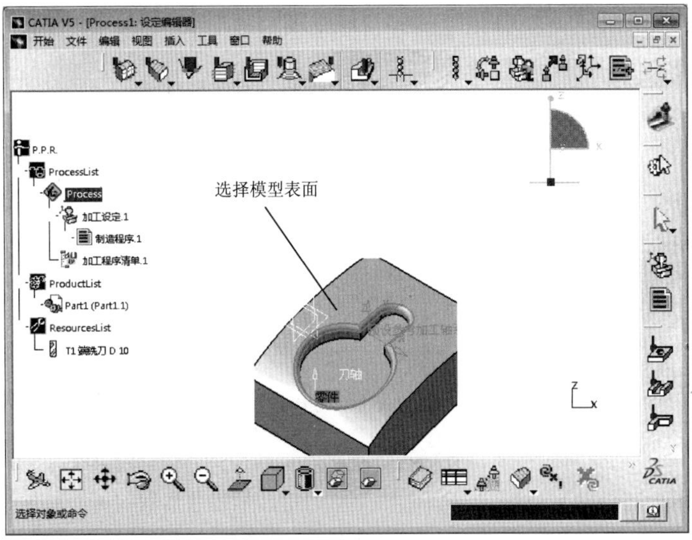

图 5-2　选择加工区域

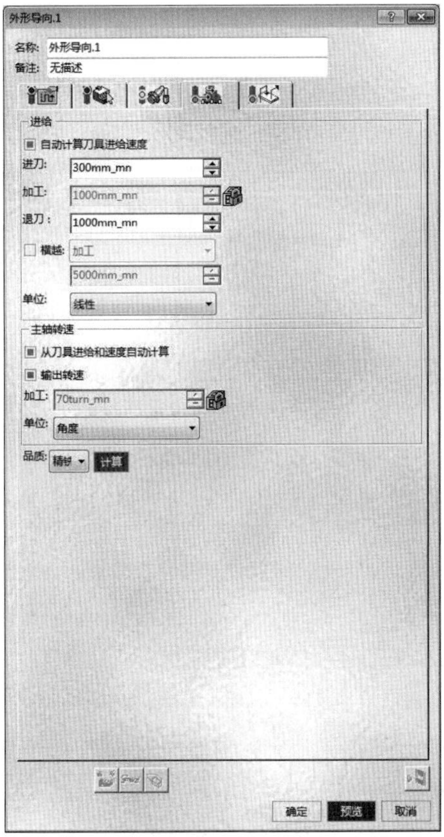

图 5-3　设置进给率

在【外形导向.1】对话框中单击“刀具路径参数”选项卡，设置参数，如图 5-4 所示。在【外形导向.1】对话框【导向切削】选项组中选中【平行外形】单选项。单击对话

框中的【导向 1】感应区，系统弹出【边线选择】工具条。在图形区选取图 5-5 所示的曲线，单击【边线选择】工具条中的【OK】按钮。

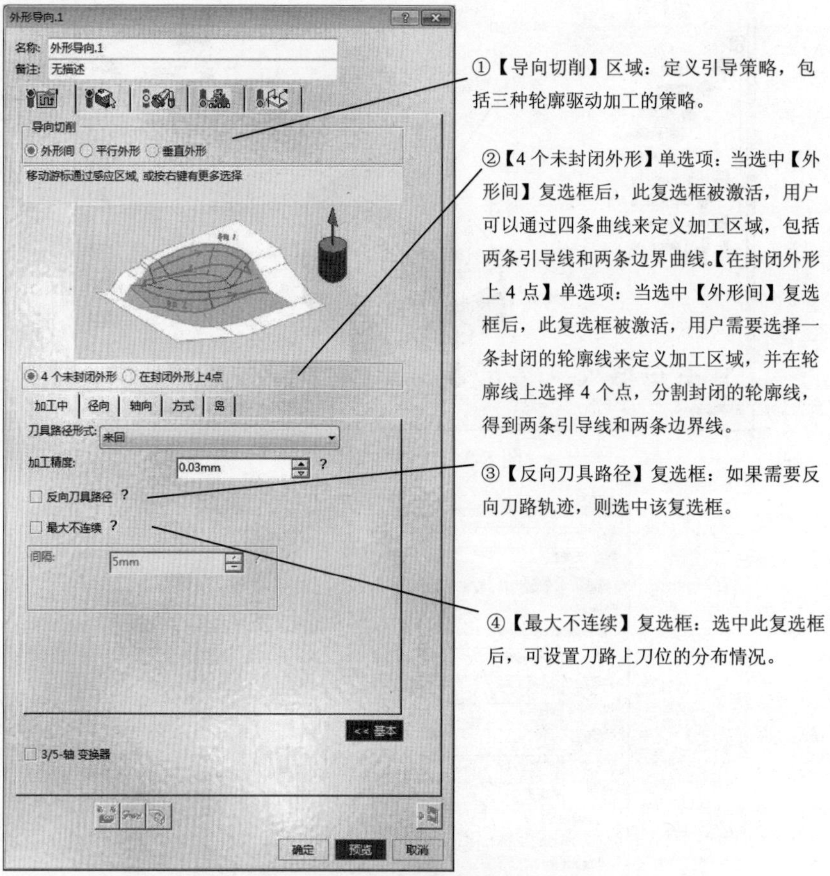

①【导向切削】区域：定义引导策略，包括三种轮廓驱动加工的策略。

②【4 个未封闭外形】单选项：当选中【外形间】复选框后，此复选框被激活，用户可以通过四条曲线来定义加工区域，包括两条引导线和两条边界曲线。【在封闭外形上 4 点】单选项：当选中【外形间】复选框后，此复选框被激活，用户需要选择一条封闭的轮廓线来定义加工区域，并在轮廓线上选择 4 个点，分割封闭的轮廓线，得到两条引导线和两条边界线。

③【反向刀具路径】复选框：如果需要反向刀路轨迹，则选中该复选框。

④【最大不连续】复选框：选中此复选框后，可设置刀路上刀位的分布情况。

图 5-4 “刀具路径参数”选项卡

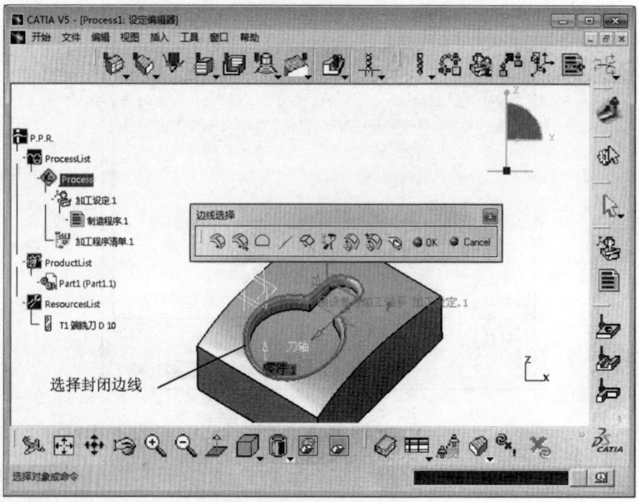

图 5-5 选择引导线

在【外形导向.1】对话框中单击【径向】选项卡，然后在【刀具预留】下拉列表中选择【常数 3D】选项，在【距离】文本框输入值，如图 5-6 所示。

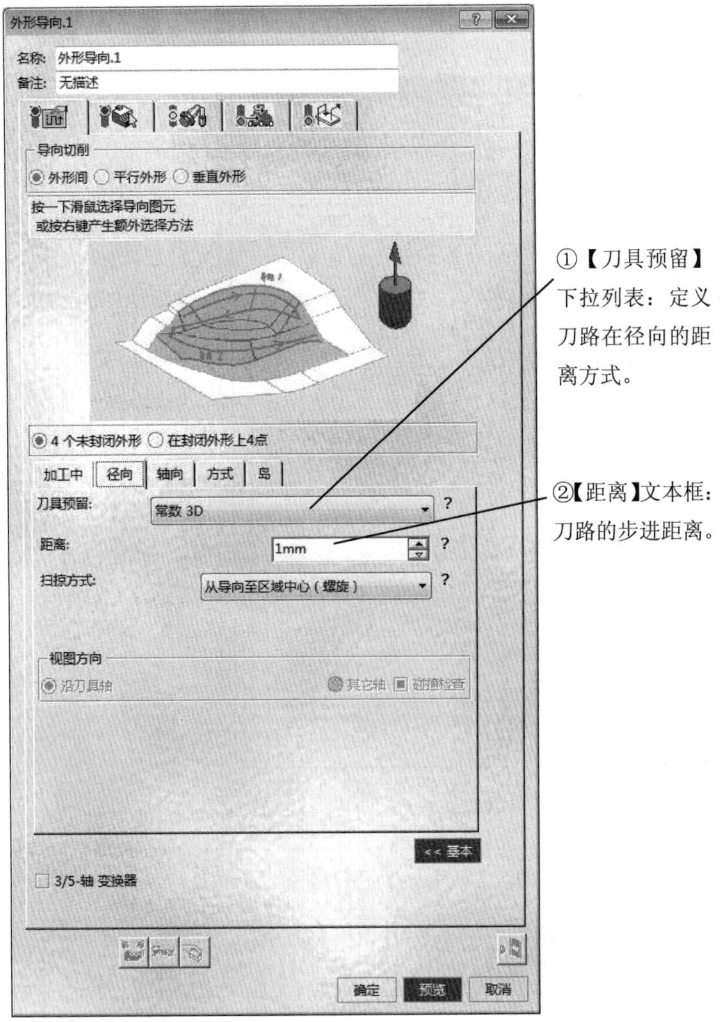

图 5-6 【径向】选项卡

在【外形导向.1】对话框中单击“进刀/退刀路径”选项卡，设置参数，如图 5-7 所示。

2. 轮廓驱动刀路仿真

在【外形导向.1】对话框中单击【播放刀具路径】按钮，系统弹出【外形导向.1】对话框，且在图形区显示刀路轨迹，如图 5-8 所示。

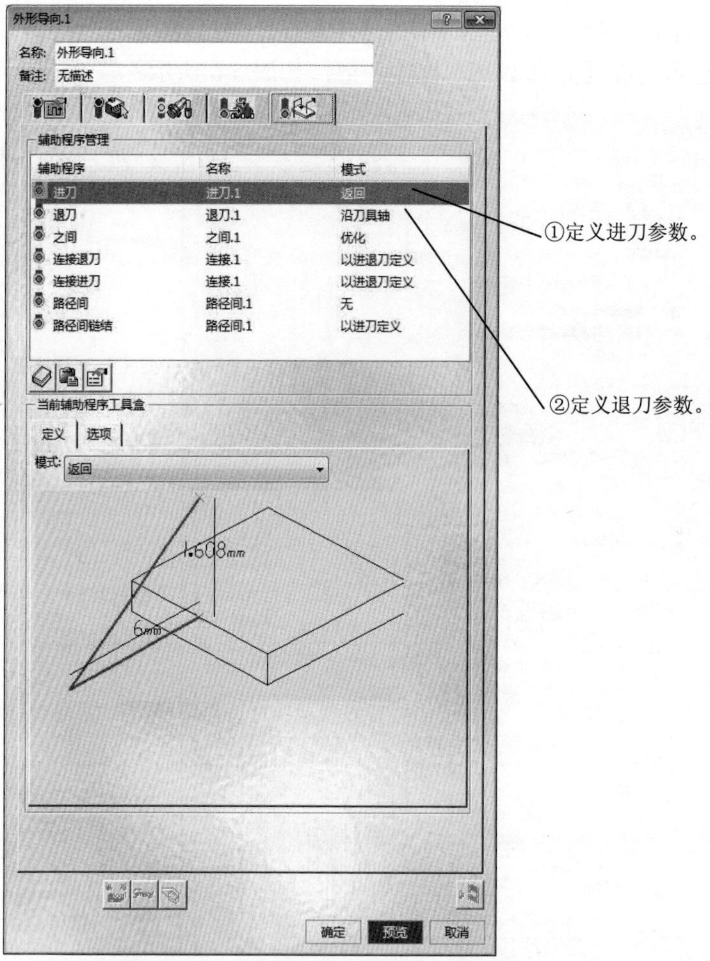

图 5-7 “进刀/退刀路径”选项卡

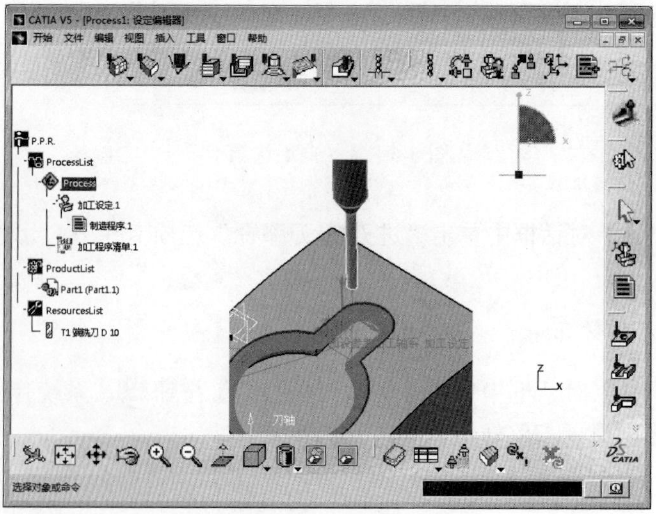

图 5-8 刀路仿真

5.1.3 课堂练习——创建轮廓驱动加工

课堂练习开始文件：ywj /05/01.CATPart

课堂练习完成文件：ywj /05/01.CATPart、02.CATProcess

多媒体教学路径：光盘→多媒体教学→第 5 章→5.1 练习

Step 1 打开零件，如图 5-9 所示。

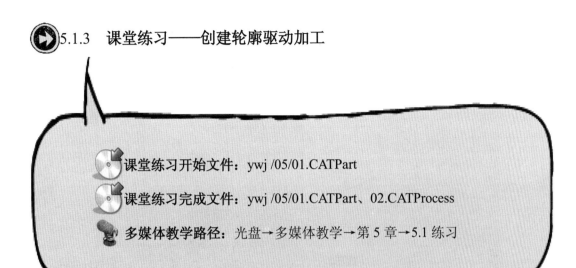

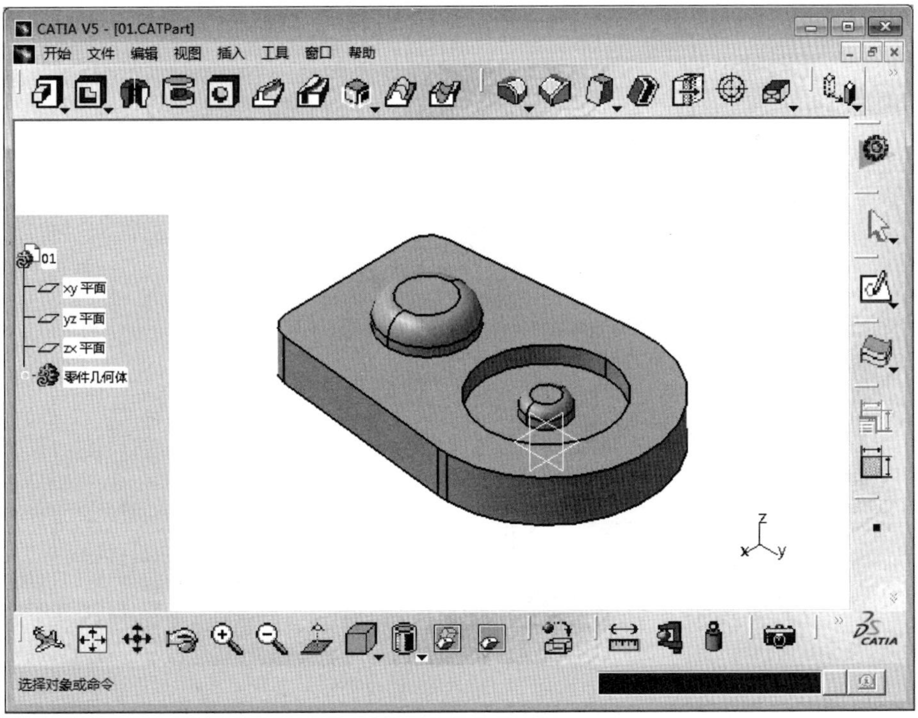

图 5-9 打开零件

Step2 创建倒圆角，如图 5-10 所示。

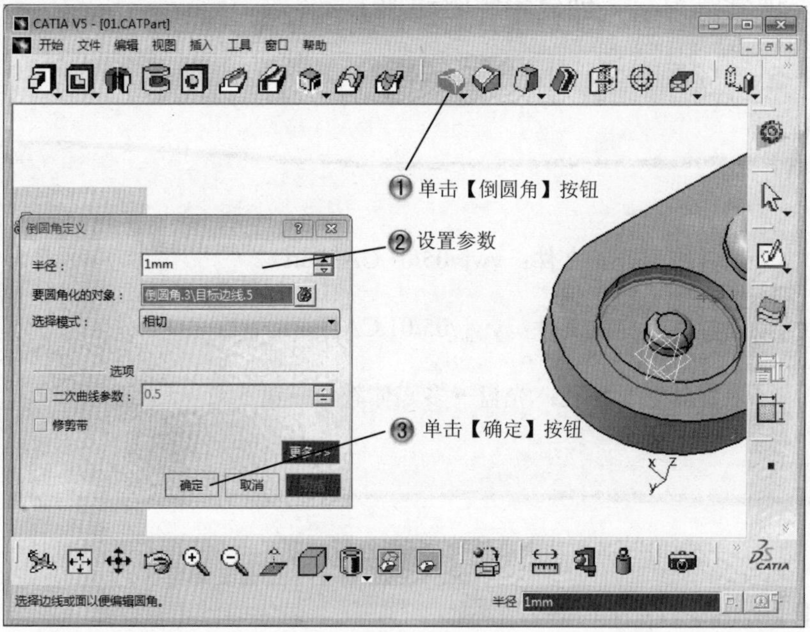

图 5-10 创建倒圆角

Step3 创建倒圆角，如图 5-11 所示。

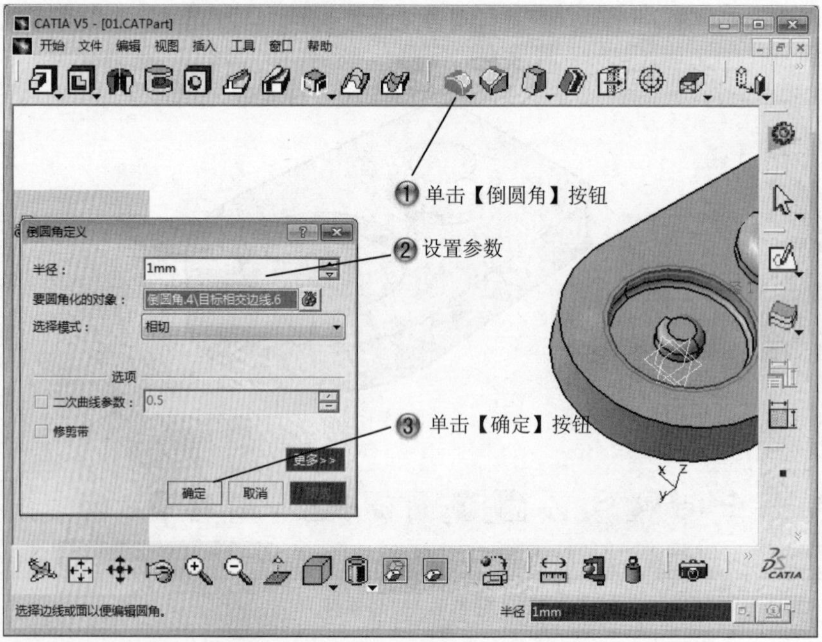

图 5-11 创建倒圆角

Step4 进入加工模块，如图 5-12 所示。

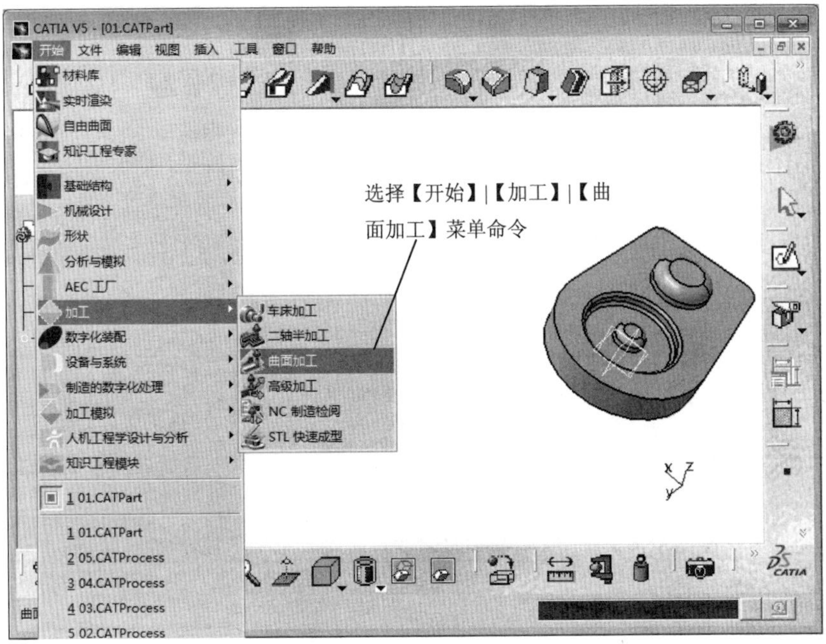
选择【开始】|【加工】|【曲面加工】菜单命令

图 5-12　进入加工模块

Step5 创建生料，如图 5-13 所示。

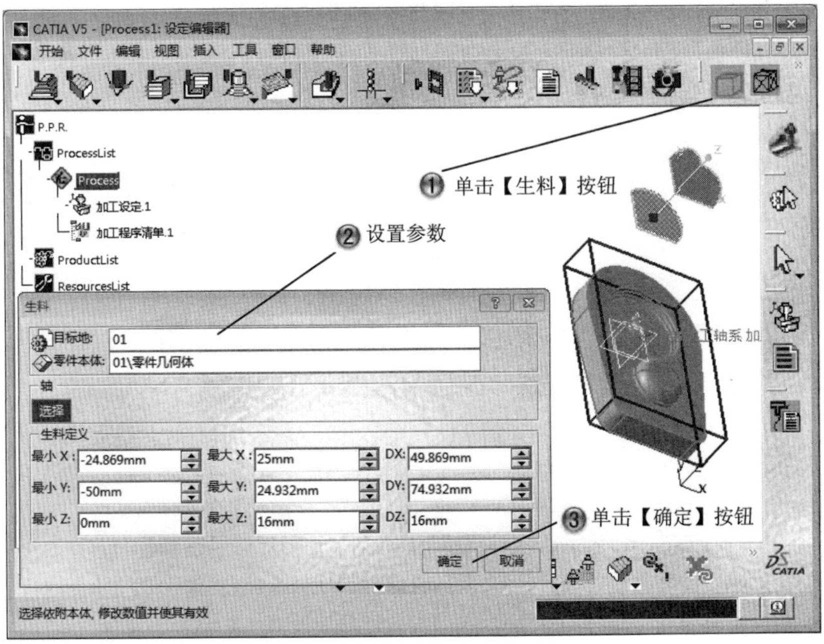
① 单击【生料】按钮
② 设置参数
③ 单击【确定】按钮

图 5-13　创建生料

Step6 选择机床命令，如图 5-14 所示。

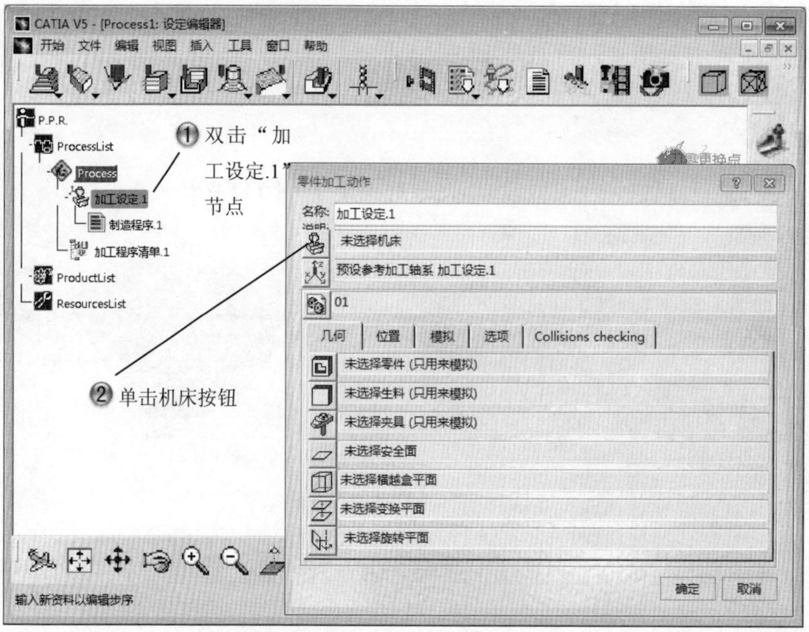
① 双击“加工设定.1”节点
② 单击机床按钮

图 5-14　选择机床命令

Step7 设置机床，如图 5-15 所示。

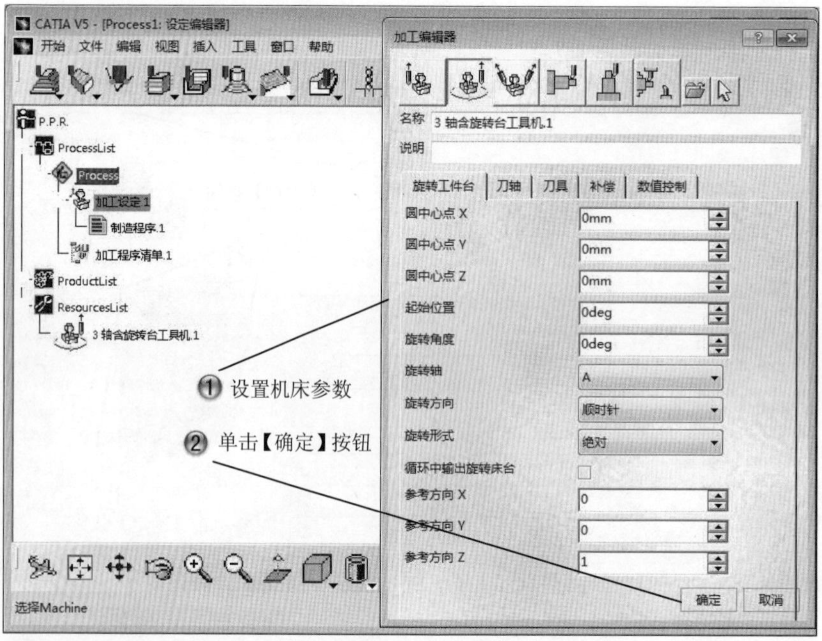
① 设置机床参数
② 单击【确定】按钮

图 5-15　设置机床

Step8 选择生料命令，如图 5-16 所示。

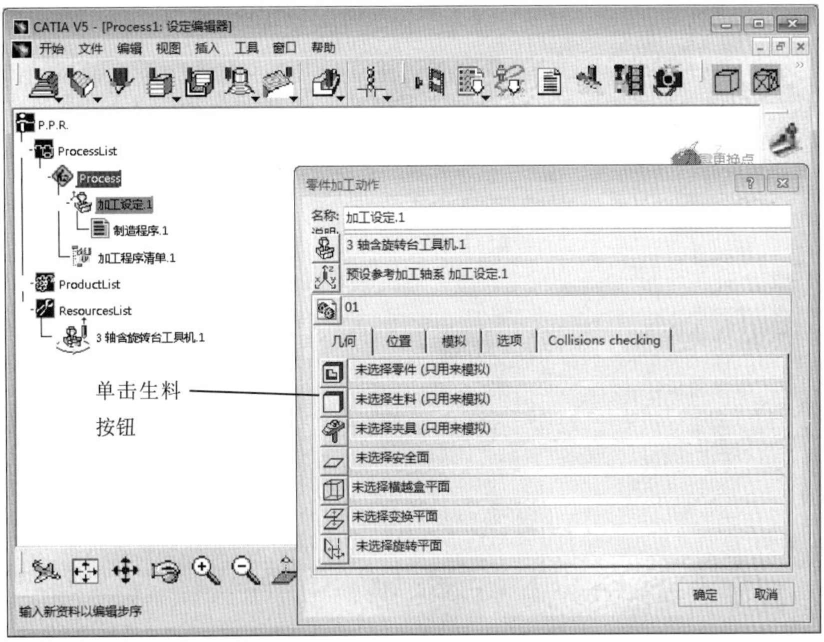

图 5-16 选择生料命令

Step9 选择生料，如图 5-17 所示。

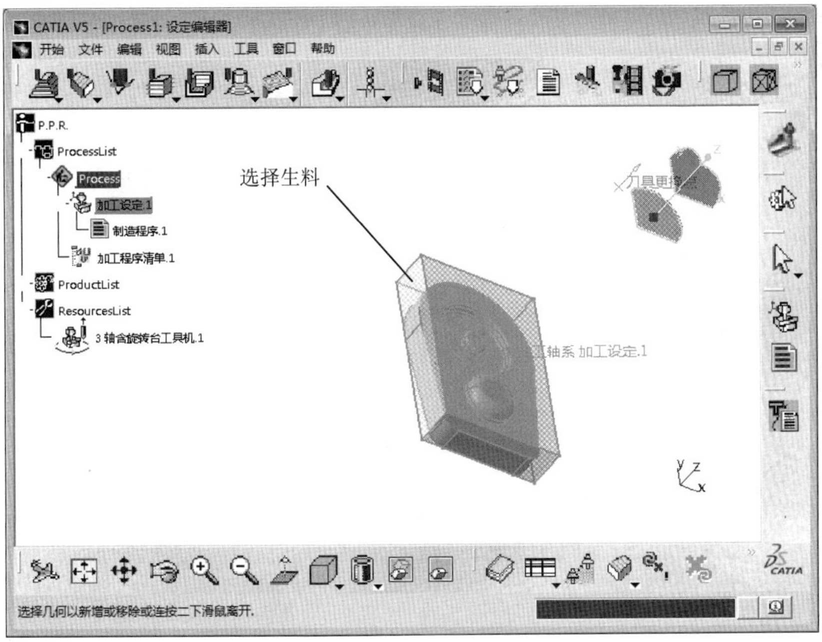

图 5-17 选择生料

Step10 选择零件命令，如图 5-18 所示。

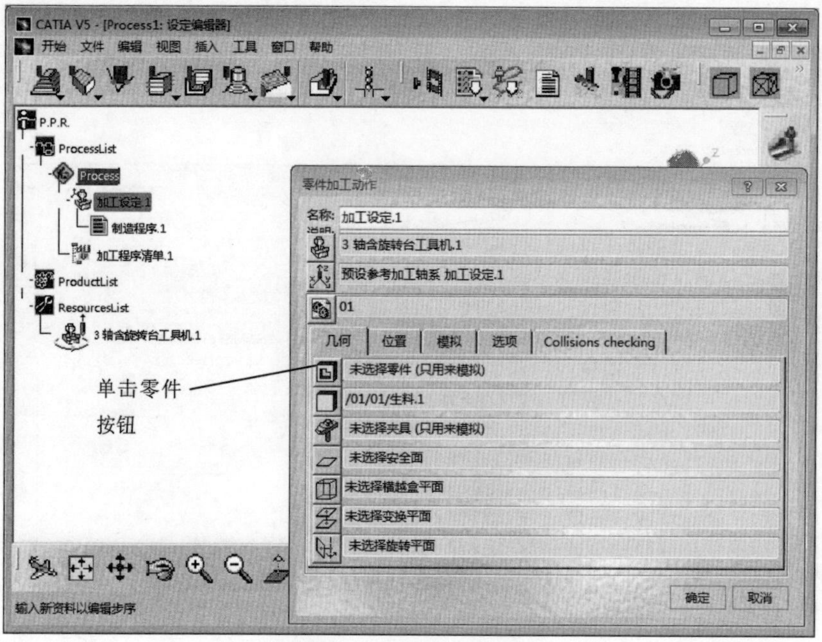

图 5-18 选择零件命令

Step11 选择加工零件，如图 5-19 所示。

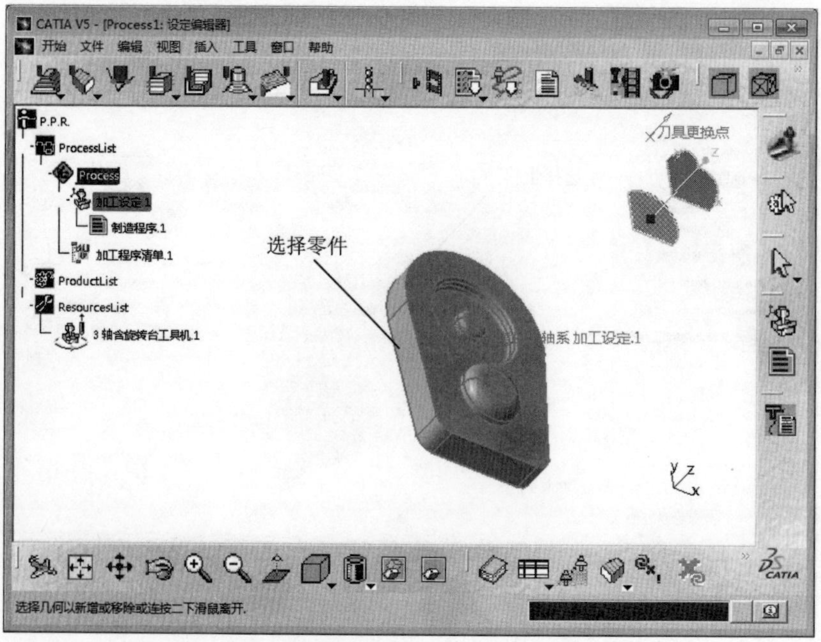

图 5-19 选择加工零件

Step 12 选择安全面命令，如图 5-20 所示。

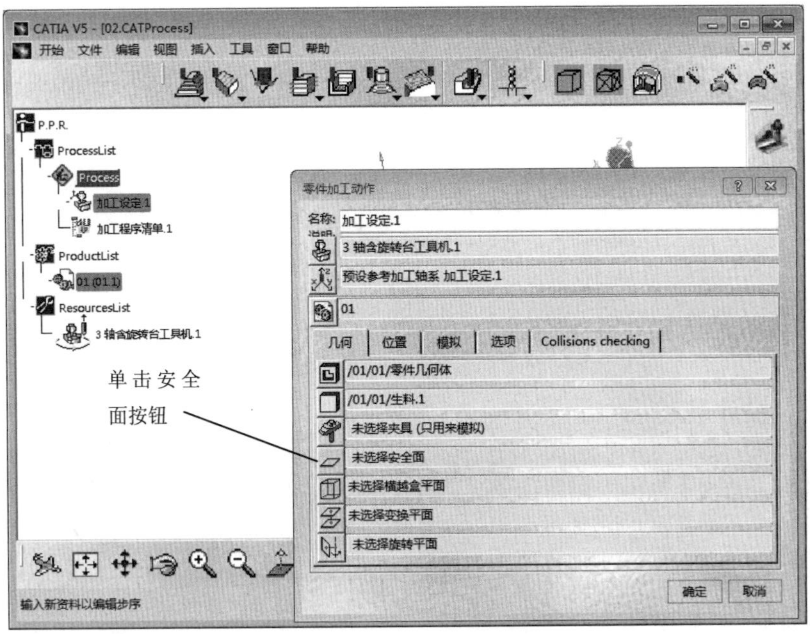

图 5-20　选择安全面命令

Step 13 选择安全面，如图 5-21 所示。

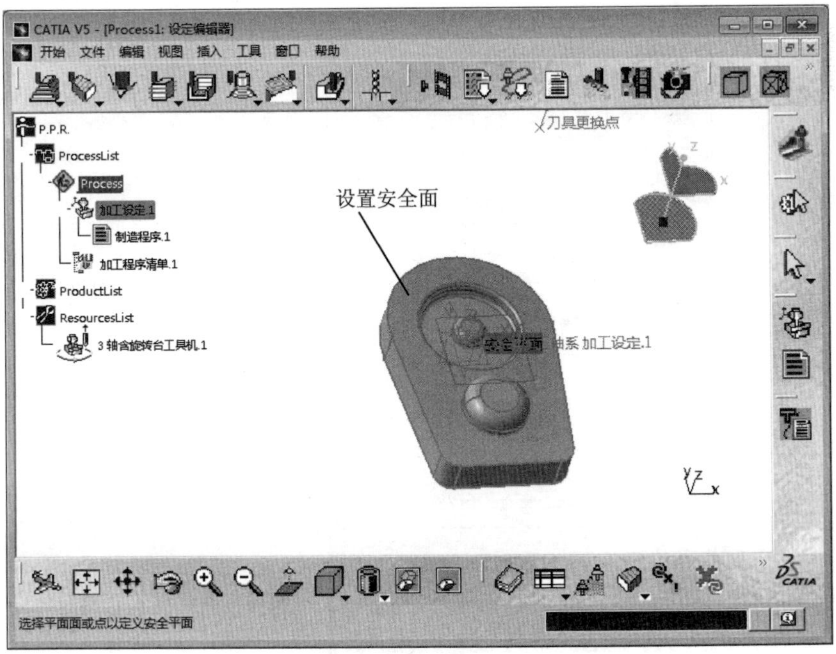

图 5-21　选择安全面

5.2 等参数加工

基本概念

等参数加工是由所加工的曲面等参数线 U、V 来确定切削路径的。用户需要选取加工曲面和 4 个端点作为几何参数，所选择的多个曲面必须是相邻且共边的。

课堂讲解课时：2 课时

5.2.1 设计理论

等参数加工是在【曲面等参数线加工.1】对话框中设置的，必须定义加工曲面和位置点。

5.2.2 课堂讲解

1. 等参数加工设置加工参数

在特征树中选中【制造程序.1】节点，然后选择【插入】|【加工程序】|【多轴加工程序】|【等参数加工】菜单命令，插入一个等参数加工操作，系统弹出图 5-22 所示的【曲面等参数线加工.1】对话框。

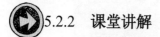

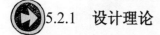

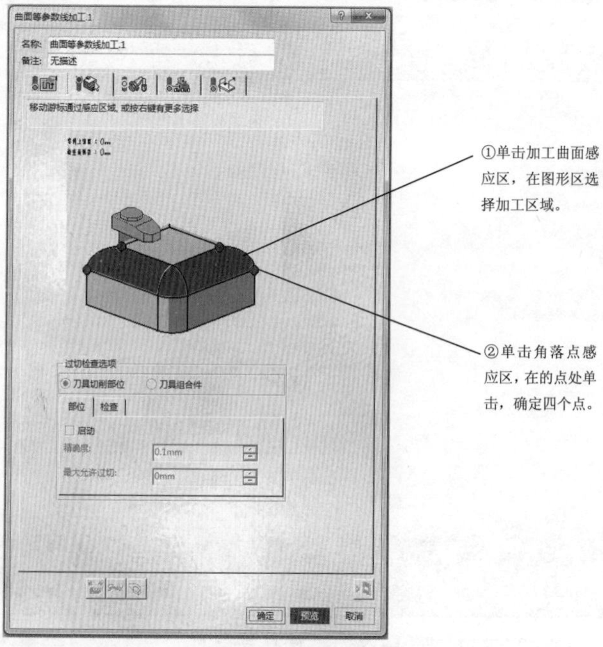

图 5-22 【曲面等参数线加工.1】对话框

设置的加工曲面和位置点，如图 5-23 所示。

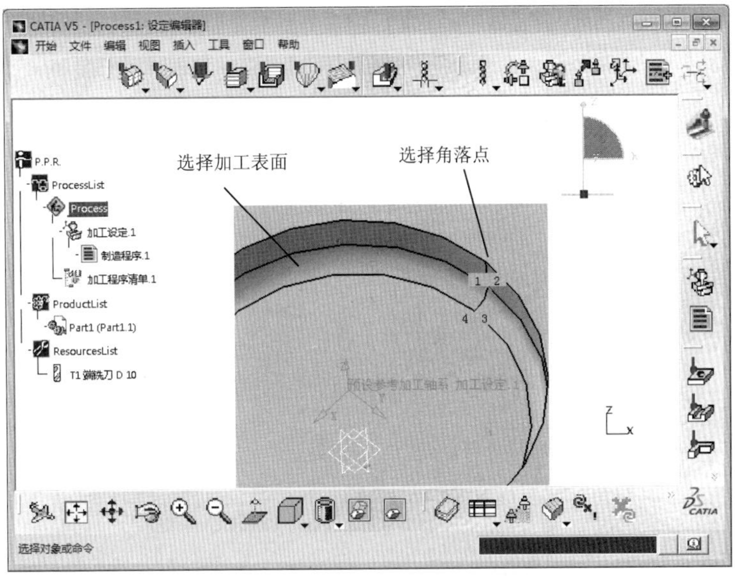

图 5-23　选择加工区域和角落点

在【曲面等参数线加工.1】对话框中单击“刀具参数”选项卡，设置刀具参数，如图 5-24 所示。

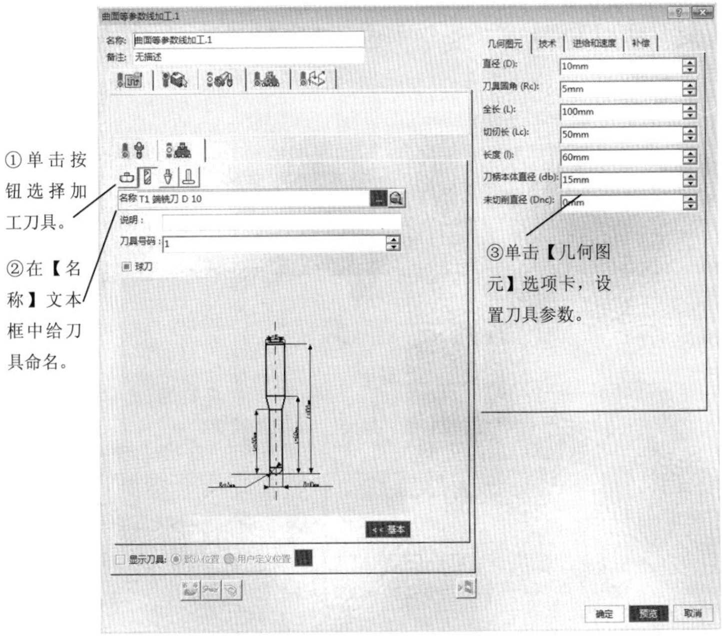

图 5-24　设置刀具参数

在【曲面等参数线加工.1】对话框中单击“进给率”选项卡，在选项卡中设置参数，如图 5-25 所示。

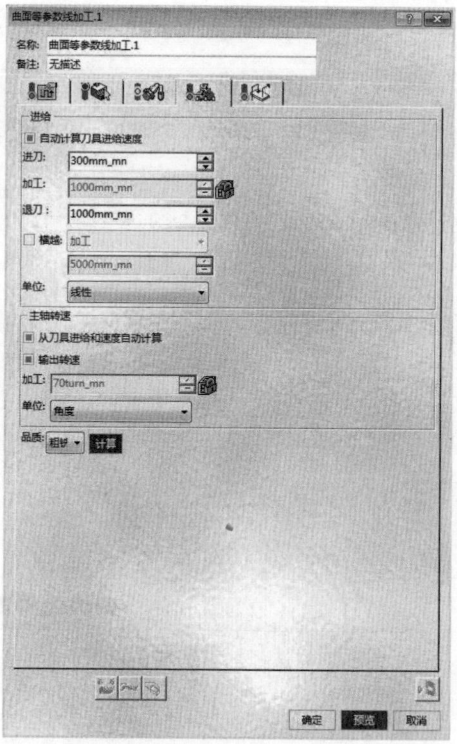

图 5-25　设置进给率

在【曲面等参数线加工.1】对话框中单击“刀具路径参数”选项卡，设置参数，如图 5-26 所示。

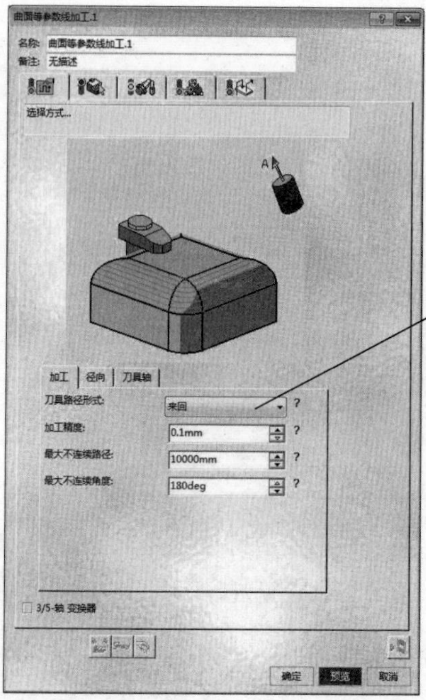

图 5-26　“刀具路径参数”选项卡

在【曲面等参数线加工.1】对话框中单击“进刀/退刀路径”选项卡，设置参数，如图 5-27 所示。

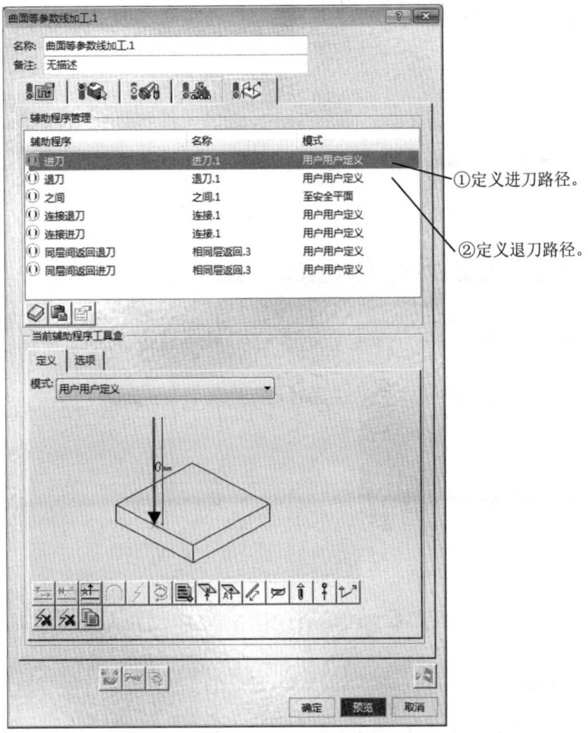

图 5-27　“进刀/退刀路径”选项卡

2. 等参数加工刀路仿真

在【曲面等参数线加工.1】对话框中单击【播放刀具路径】按钮，系统弹出【曲面等参数线加工.1】对话框，且在图形区显示刀路轨迹，如图 5-28 所示。

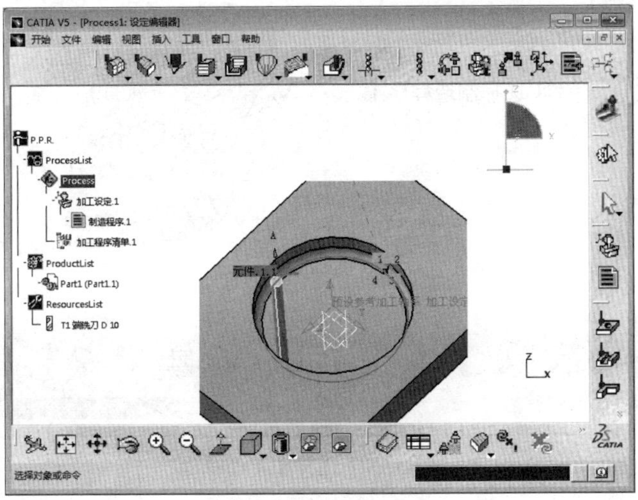

图 5-28　刀路仿真

5.2.3 课堂练习——创建等参数加工

课堂练习开始文件： ywj /05/02.CATProcess

课堂练习完成文件： ywj /05/03.CATProcess

多媒体教学路径： 光盘→多媒体教学→第 5 章→5.2 练习

Step1 选择加工命令，如图 5-29 所示。

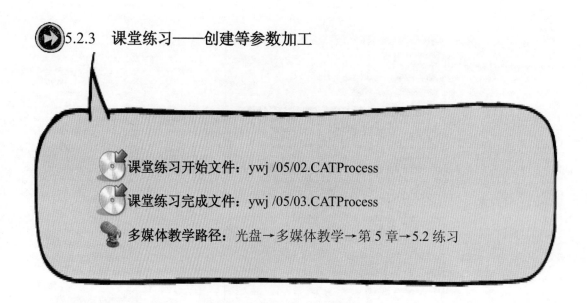

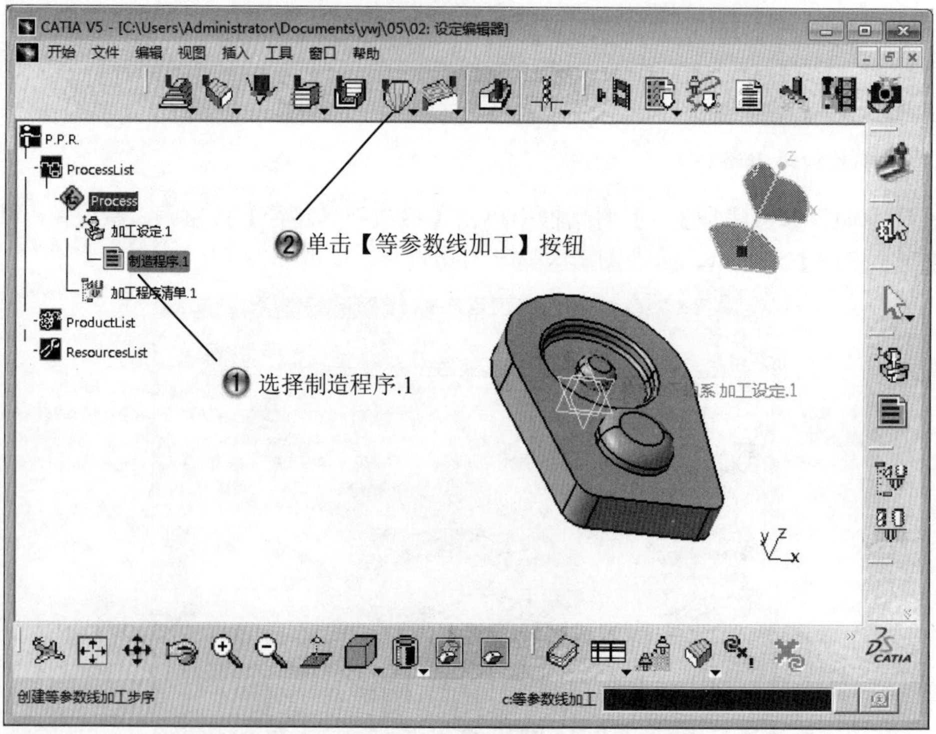

图 5-29 选择加工命令

Step2 选择元件区域，如图 5-30 所示。

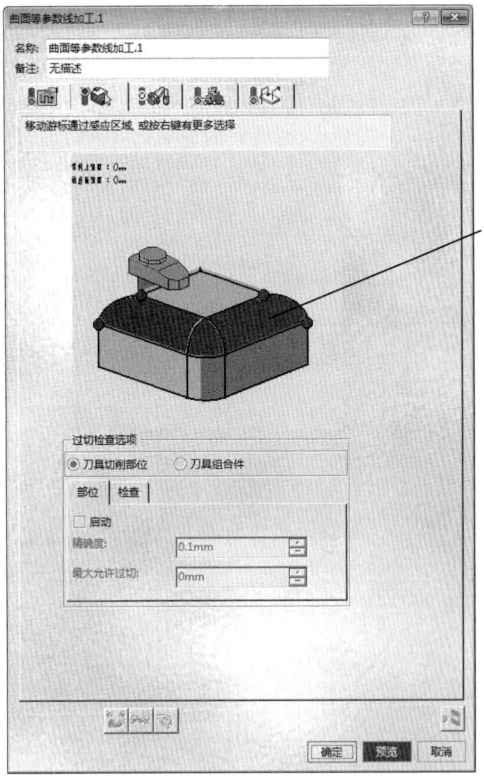

图 5-30 选择元件区域

Step3 选择加工面，如图 5-31 所示。

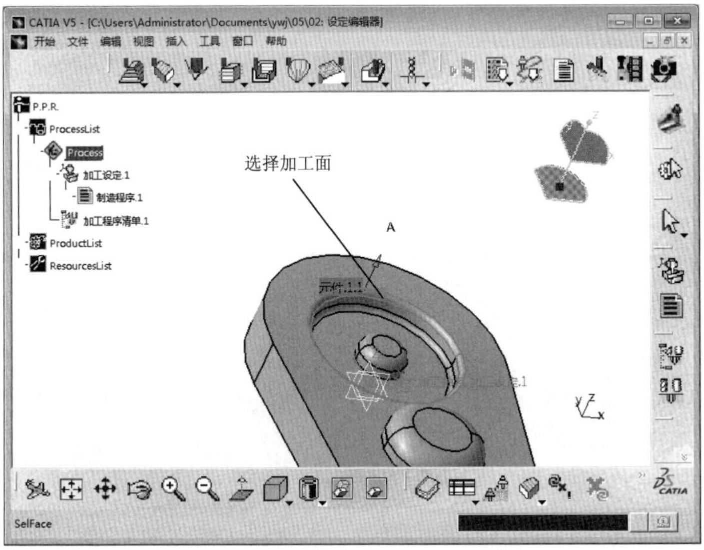

图 5-31 选择加工面

Step4 单击增加角落区域，如图 5-32 所示。

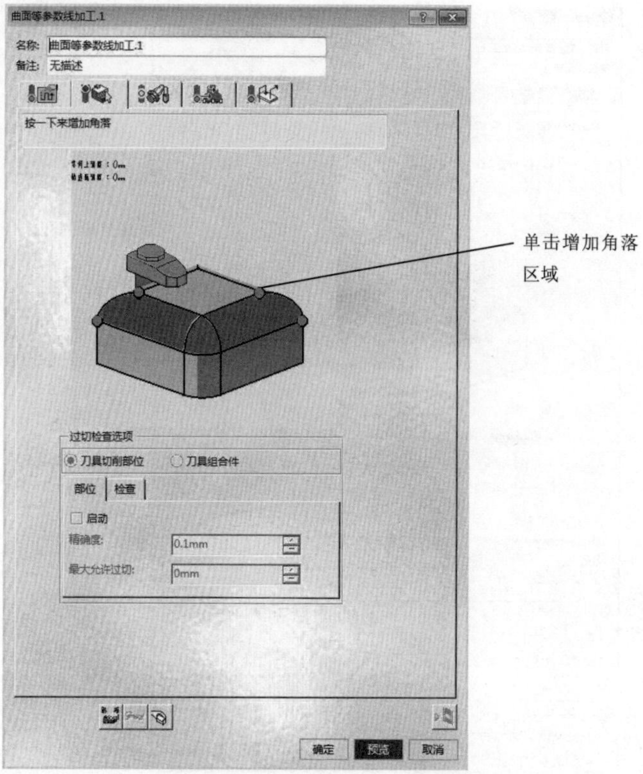

图 5-32 单击增加角落区域

Step5 选择角落点，如图 5-33 所示。

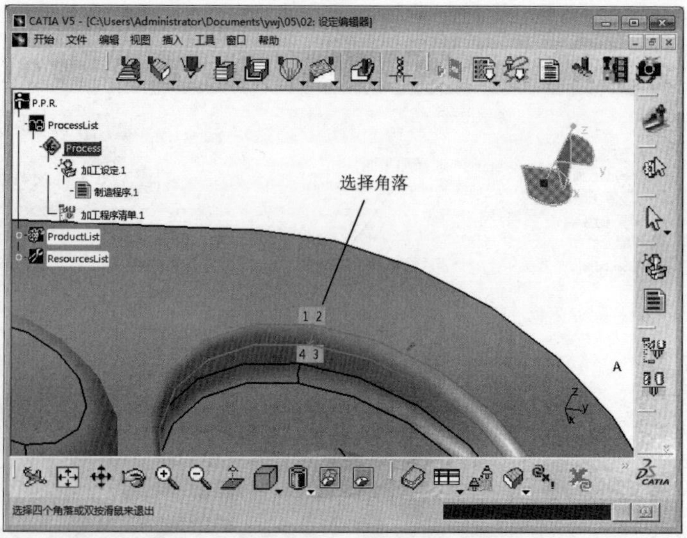

图 5-33 选择角落点

Step6 设置刀路样式，如图 5-34 所示。

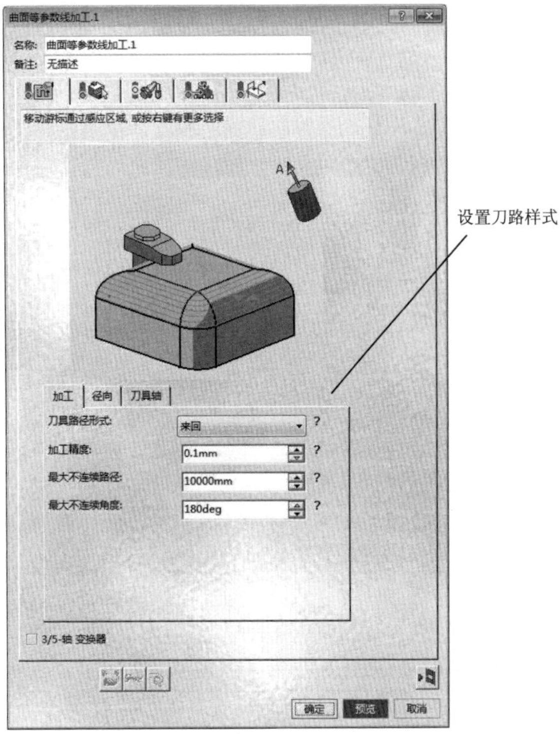

图 5-34　设置刀路样式

Step7 设置刀具参数，如图 5-35 所示。

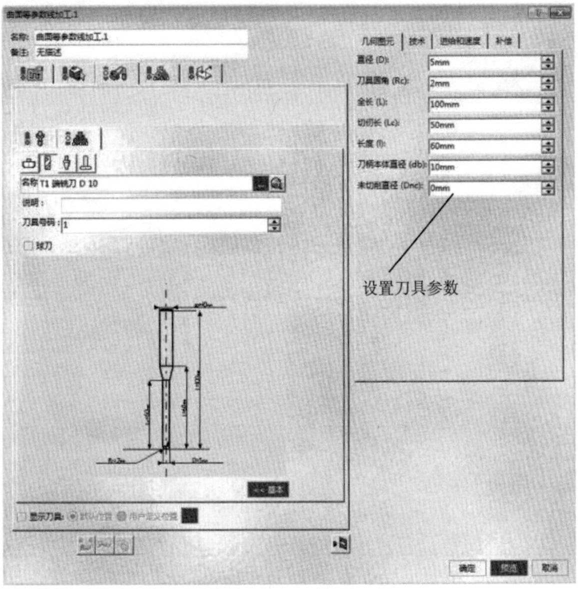

图 5-35　设置刀具参数

Step8 设置进退刀参数，如图 5-36 所示。

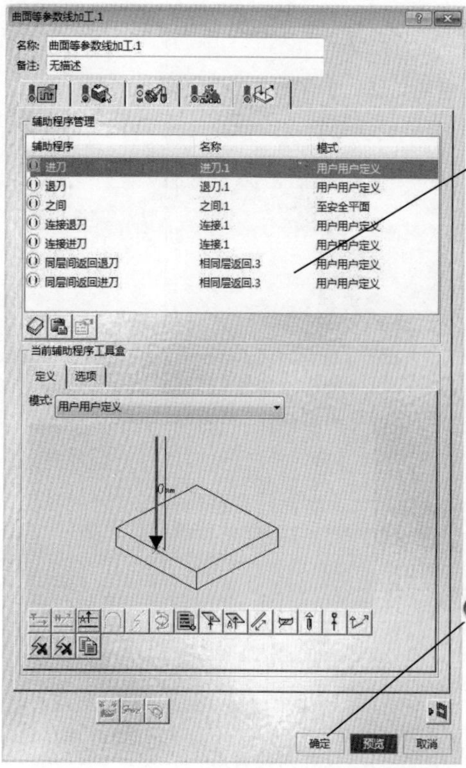

图 5-36　设置进退刀参数

Step9 刀具模拟，如图 5-37 所示。

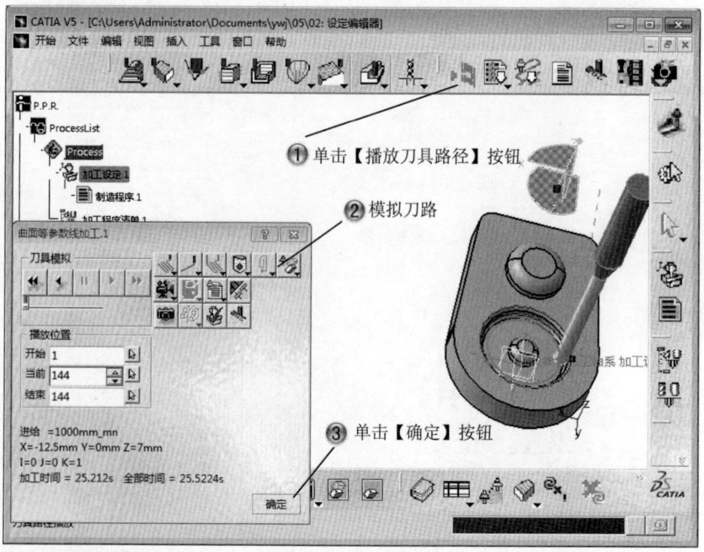

图 5-37　刀具模拟

5.3 螺旋加工

基本概念

螺旋加工就是在选定的加工区域中，对指定角度以下的平坦区域进行精加工。

课堂讲解课时：2 课时

5.3.1 设计理论

螺旋加工是在【涡旋铣削.1】对话框中设置的，必须定义加工区域。

5.3.2 课堂讲解

1. 螺旋加工设置加工参数

在特征树中选中【制造程序.1】节点，然后选择【插入】|【加工程序】|【涡旋铣削】菜单命令，插入一个螺旋加工操作，系统弹出图 5-38 所示的【涡旋铣削.1】对话框。

在【涡旋铣削.1】对话框中单击“刀具参数”选项卡，设置刀具参数，如图 5-39 所示。

在【涡旋铣削.1】对话框中单击“进给率”选项卡，在选项卡中设置参数，如图 5-40 所示。

在【涡旋铣削.1】对话框中单击“刀具路径参数”选项卡，单击【加工中】选项卡，进行参数设置，如图 5-41 所示。

在【涡旋铣削.1】对话框中单击“进刀/退刀路径”选项卡，设置参数，如图 5-42 所示。

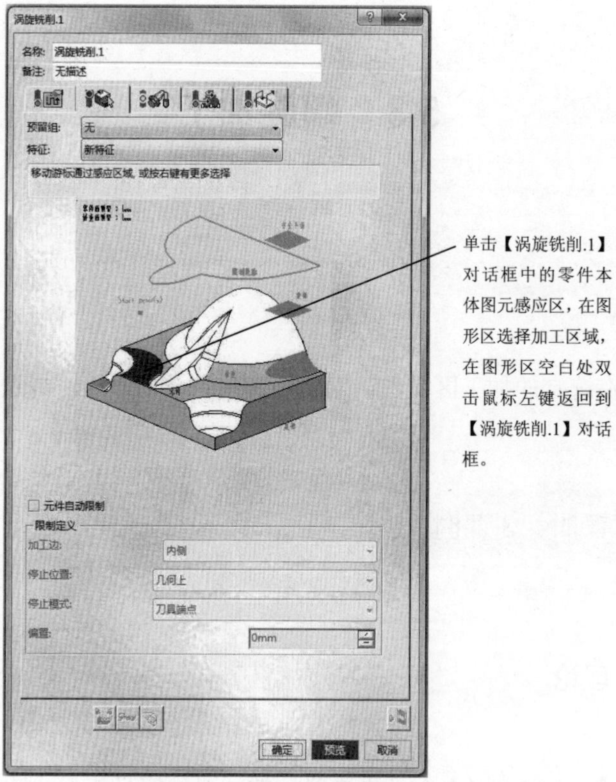

图 5-38 【涡旋铣削.1】对话框

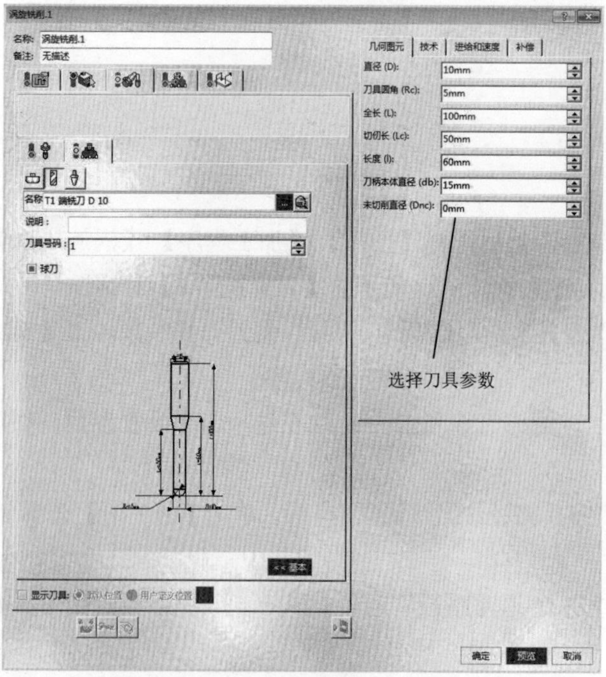

图 5-39 设置【几何图元】选项卡

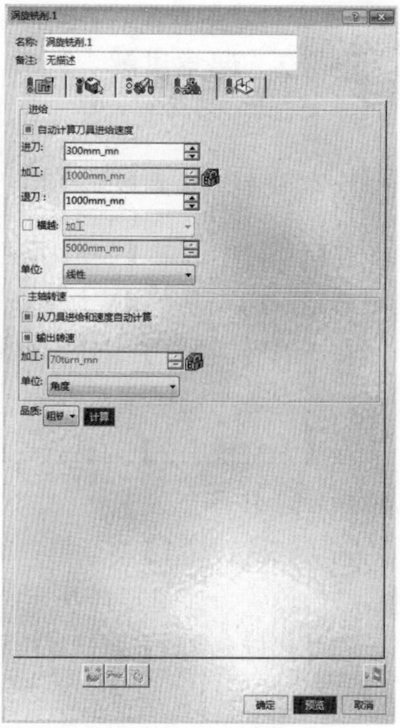

图 5-40 设置进给率

①单击【径向】选项卡，在【路径间最大距离】文本框中输入距离。

②单击【轴向】选项卡，在【最大切深】文本框中输入深度。

①定义进刀参数。

②定义退刀参数。

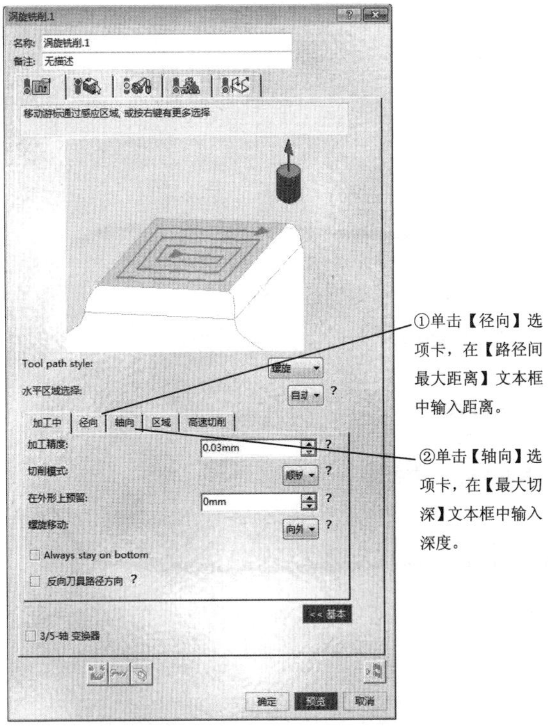

图 5-41 "刀具路径参数"选项卡

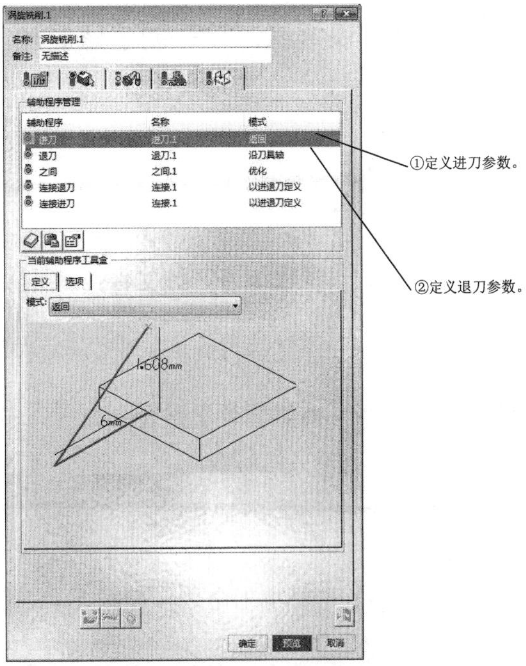

图 5-42 "进刀/退刀路径"选项卡

2. 螺旋加工刀路仿真

在【涡旋铣削.1】对话框中单击【播放刀具路径】按钮 ，系统弹出【涡旋铣削.1】对话框，且在图形区显示刀路轨迹，如图 5-43 所示。

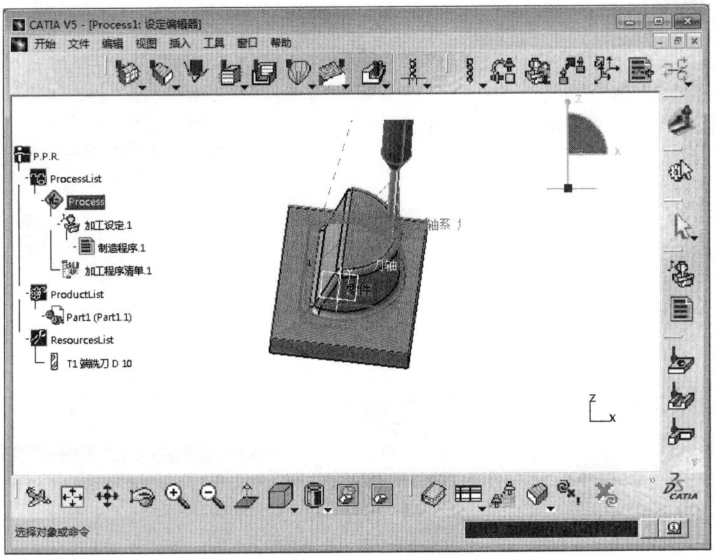

图 5-43 刀路仿真

5.3.3 课堂练习——创建螺旋加工

课堂练习开始文件： ywj /05/03.CATProcess

课堂练习完成文件： ywj /05/04.CATProcess

多媒体教学路径： 光盘→多媒体教学→第 5 章→5.3 练习

Step1 选择加工命令，如图 5-44 所示。

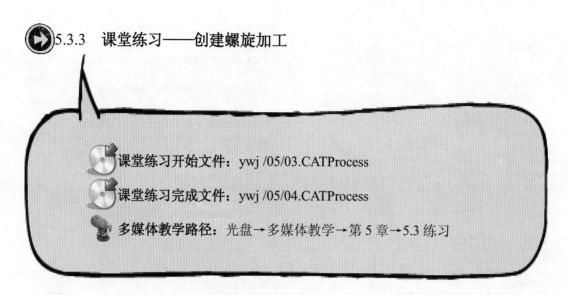

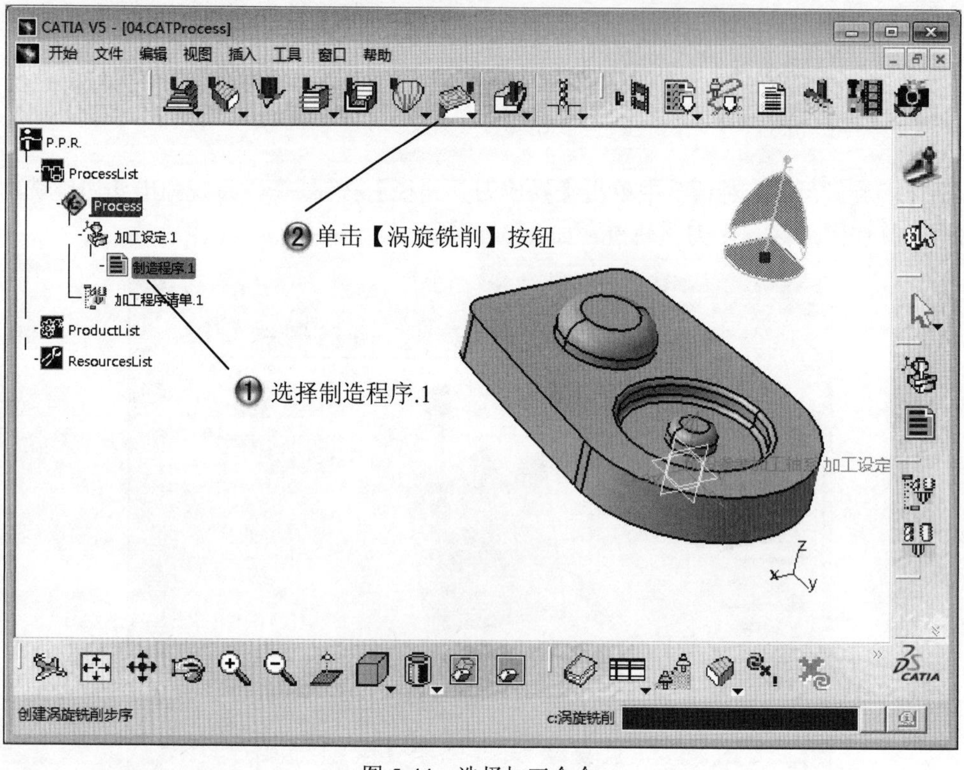

图 5-44 选择加工命令

Step2 选择【修剪面】命令，如图 5-45 所示。

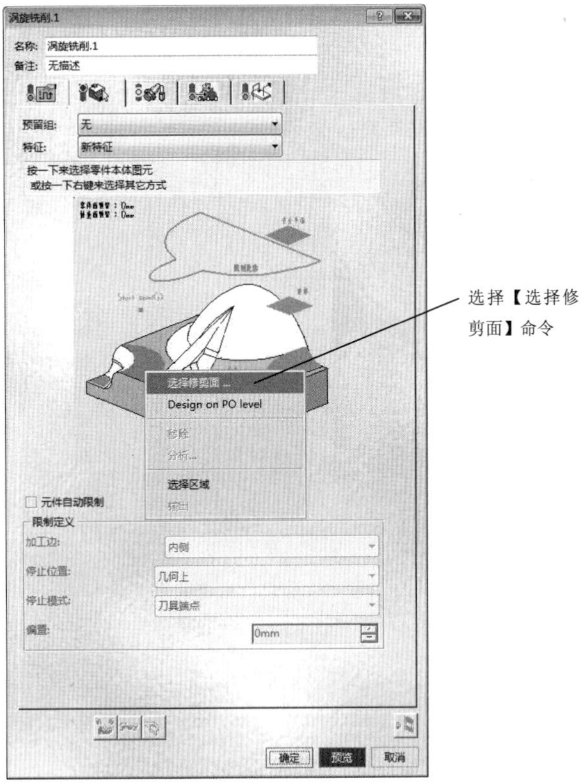

图 5-45　选择【修剪面】命令

Step3 选择加工面，如图 5-46 所示。

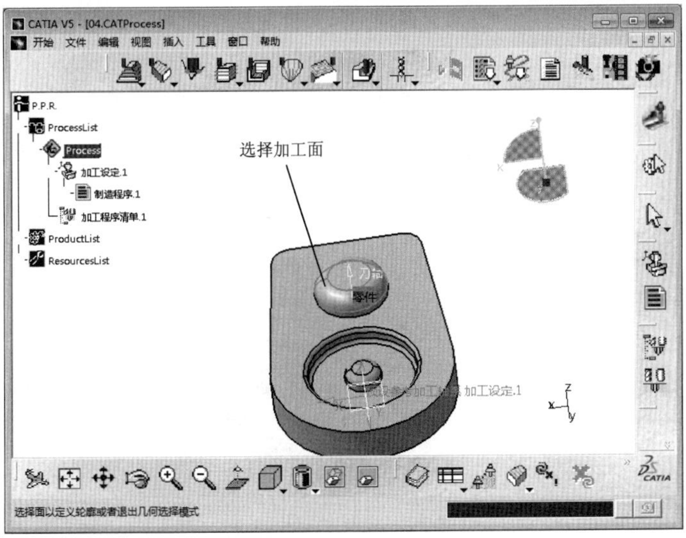

图 5-46　选择加工面

Step4 单击限制曲线，如图 5-47 所示。

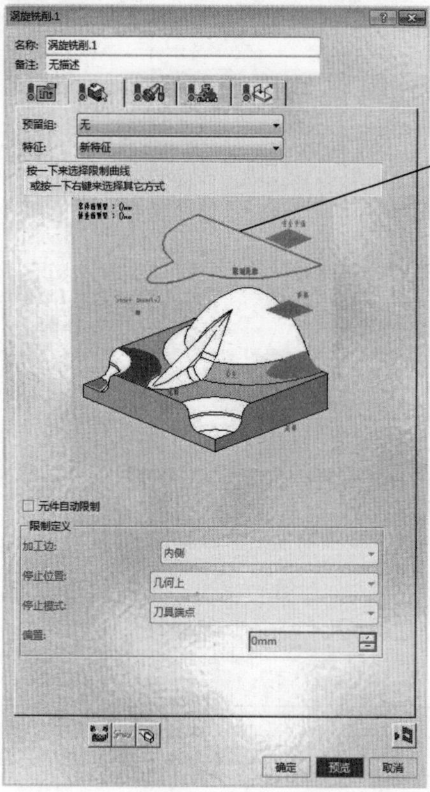

图 5-47　单击限制曲线

Step5 选择限制边线，如图 5-48 所示。

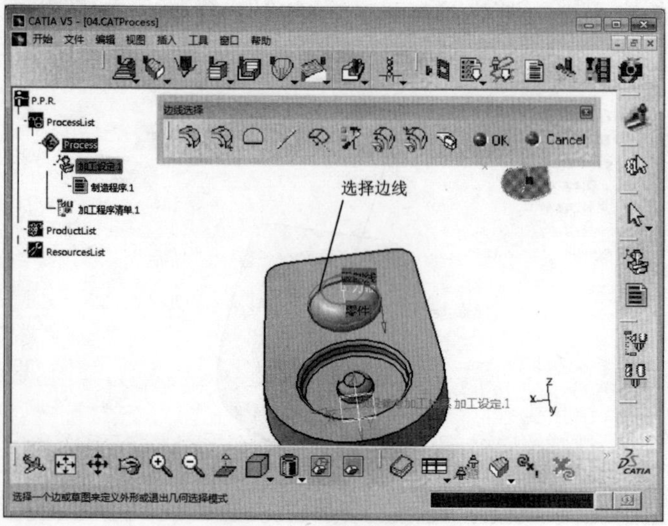

图 5-48　选择限制边线

Step6 设置刀路样式，如图 5-49 所示。

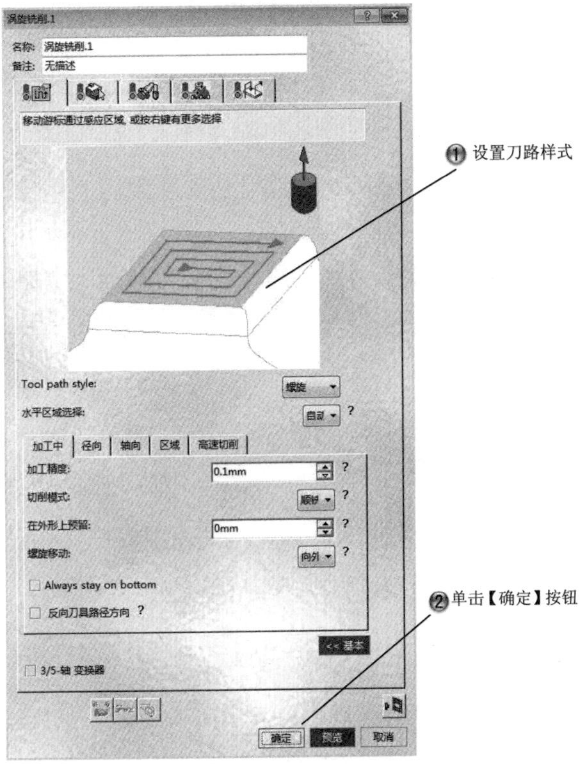

图 5-49　设置刀路样式

Step7 刀具模拟，如图 5-50 所示。

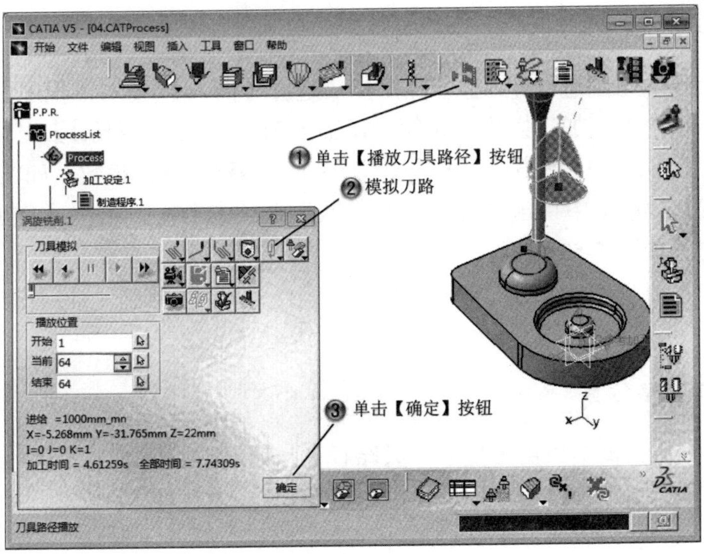

图 5-50　刀具模拟

5.4 清根加工

基本概念

清根加工是以两个面之间的交线作为运动路径，来切削上一个加工操作留在两个面之间的残料。

课堂讲解课时：2 课时

5.4.1 设计理论

清根加工是在【清角.1】对话框中设置的，必须定义加工区域。

5.4.2 课堂讲解

1. 清根加工设置加工参数

在特征树中选中【制造程序.1】节点，然后选择【插入】|【加工程序】|【残料清角】菜单命令，插入一个螺旋加工操作，系统弹出图 5-51 所示的【清角.1】对话框。

在【清角.1】对话框中单击“刀具参数”选项卡，设置参数，如图 5-52 所示。

在【清角.1】对话框中单击“刀具路径参数”选项卡，单击【加工中】选项卡，进行参数的设置，如图 5-53 所示。

在【清角.1】对话框中单击“进刀/退刀路径”选项卡，设置参数，如图 5-54 所示。

2. 清根加工刀路仿真

在【清角.1】对话框中单击【播放刀具路径】按钮，系统弹出【清角.1】对话框，且在图形区显示刀路轨迹，如图 5-55 所示。

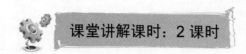

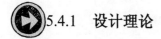

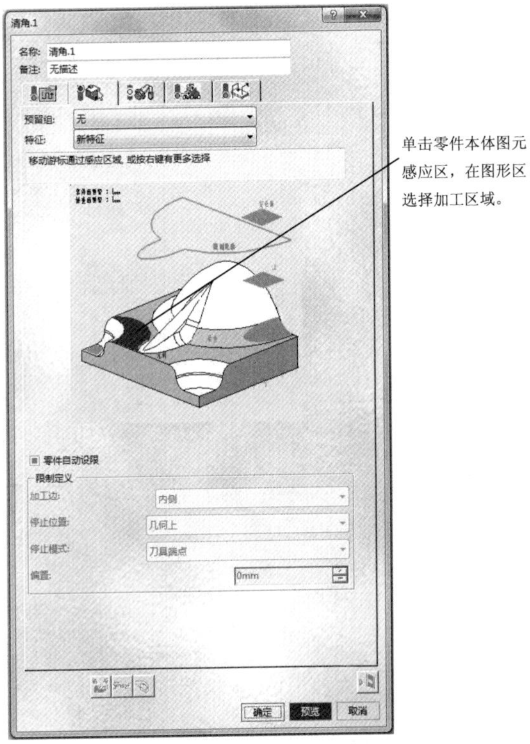

图 5-51 【清角.1】对话框

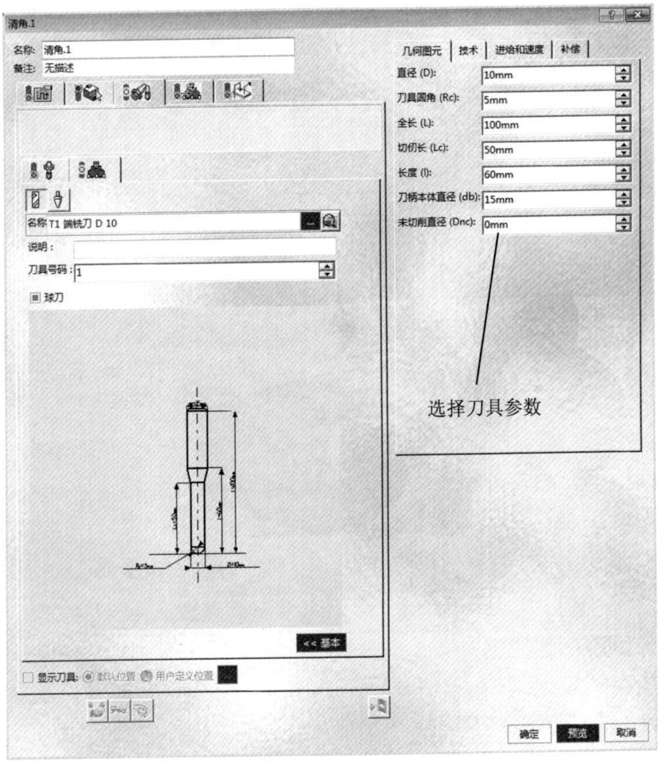

图 5-52 设置刀具参数

设置刀具路径参数

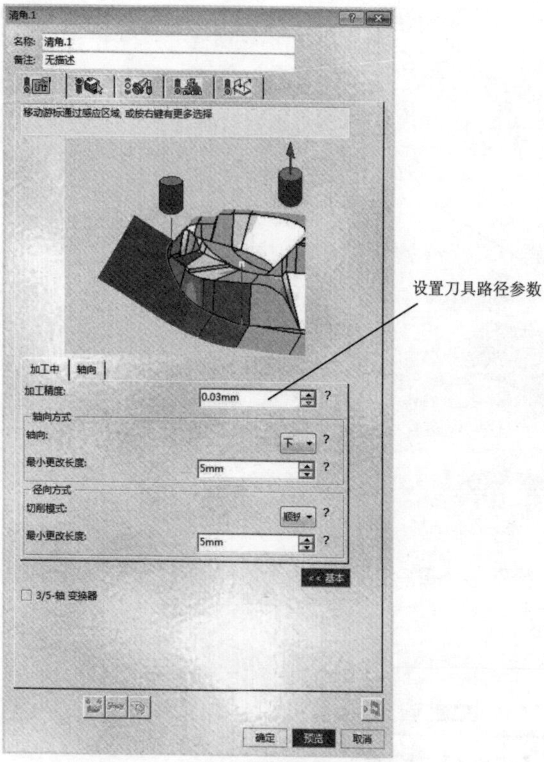

图 5-53　"刀具路径参数"选项卡 　　　　图 5-54　"进刀/退刀路径"选项卡

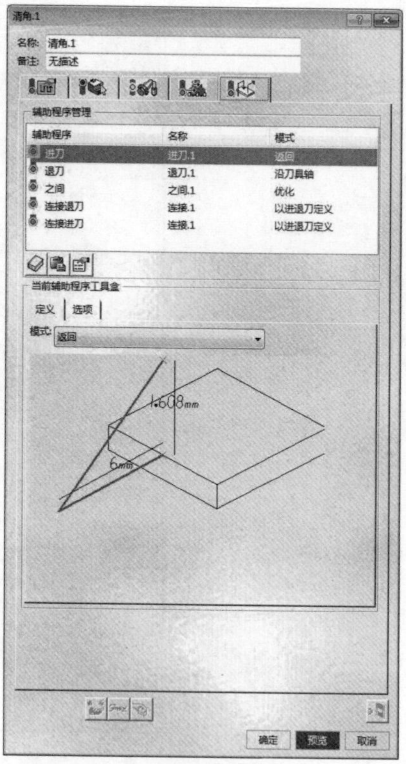

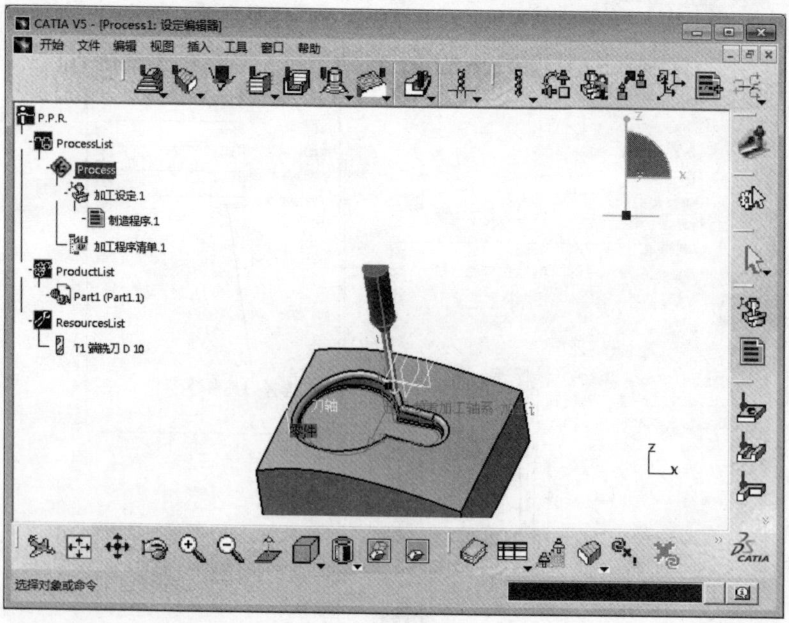

图 5-55　刀路仿真

5.4.3 课堂练习——创建清根加工

课堂练习开始文件：ywj /05/04.CATProcess

课堂练习完成文件：ywj /05/05.CATProcess

多媒体教学路径：光盘→多媒体教学→第 5 章→5.4 练习

Step1 选择加工命令，如图 5-56 所示。

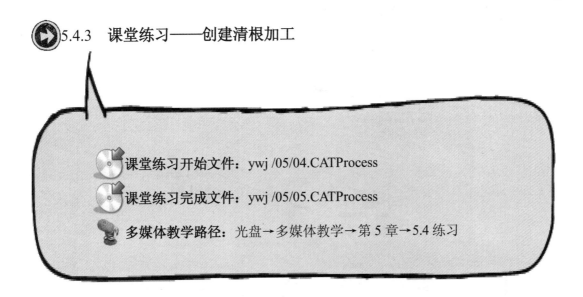

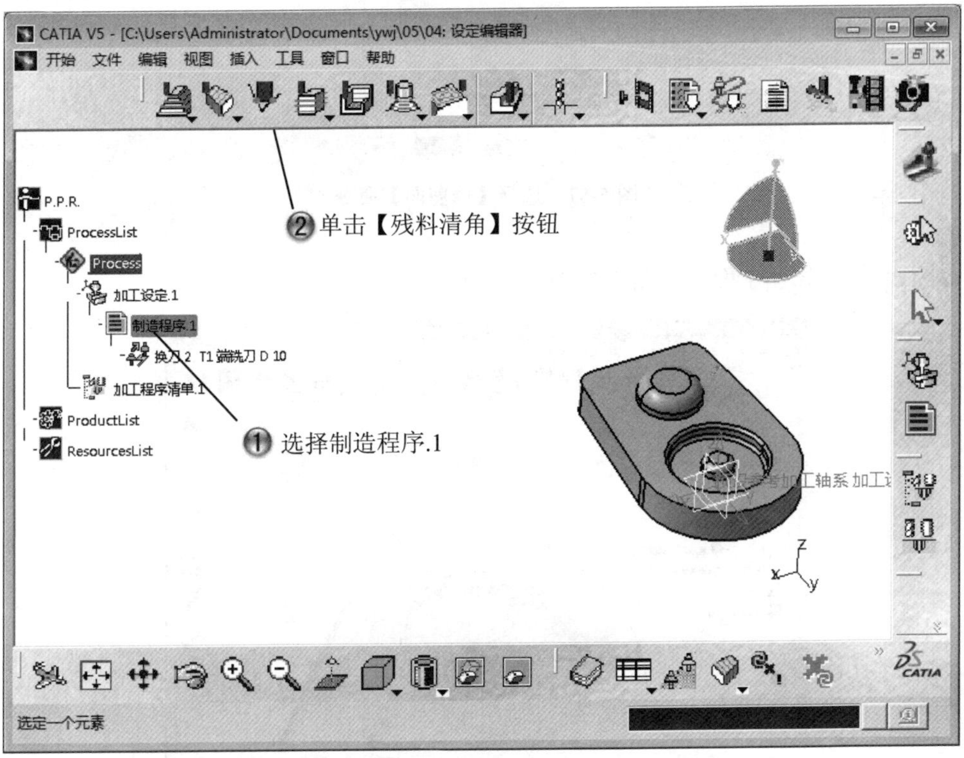

图 5-56 选择加工命令

Step2 选择【修剪面】命令，如图 5-57 所示。

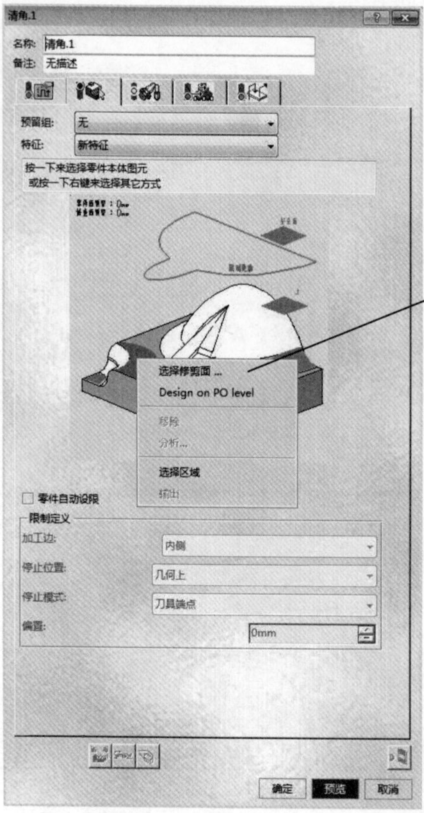

图 5-57　选择【修剪面】命令

Step3 选择加工面，如图 5-58 所示。

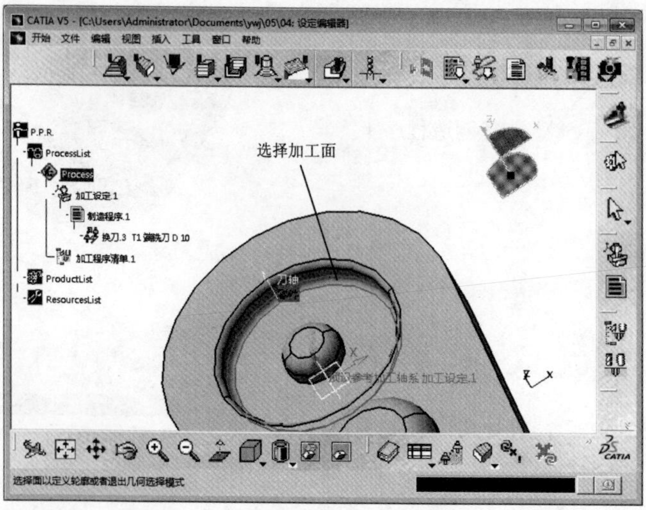

图 5-58　选择加工面

Step4 单击限制曲线，如图 5-59 所示。

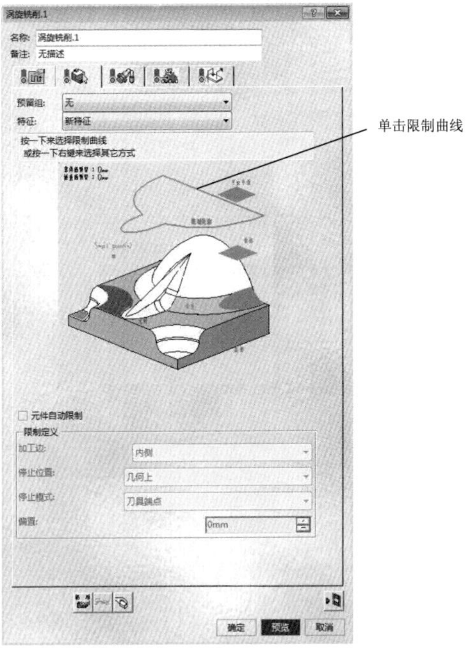

图 5-59　单击限制曲线

Step5 设置刀具参数，如图 5-60 所示。

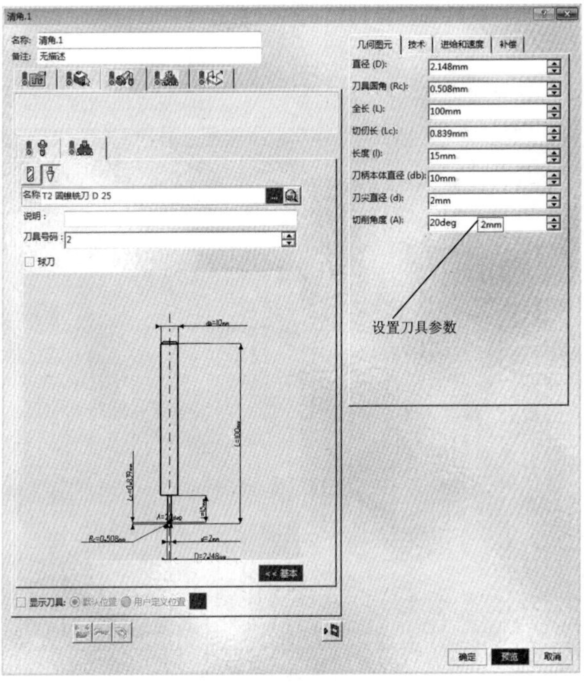

图 5-60　设置刀具参数

Step6 设置刀路样式，如图 5-61 所示。

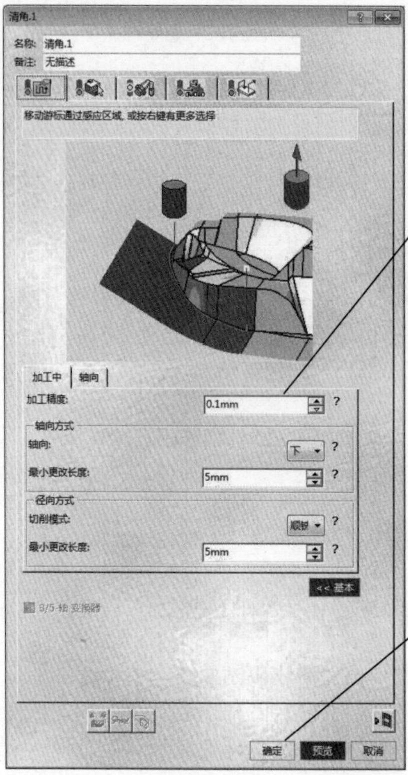

图 5-61　设置刀路样式

Step7 刀具模拟，如图 5-62 所示。

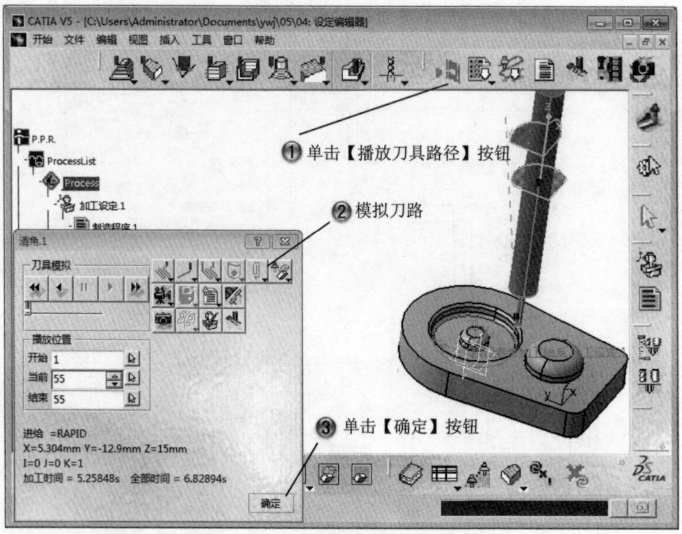

图 5-62　刀具模拟

5.5 专家总结

本章介绍了曲面零件的铣削加工方法，其中包括轮廓驱动加工、等参数加工、螺旋加工、清根加工和加工特征方法。铣削的特征是：铣刀各刀齿周期性地参与间断切削；每个刀齿在切削过程中的切削厚度是变化的。每齿进给量表示铣刀每转过一个刀齿的时间内工件的相对位移量。

5.6 课后习题

5.6.1 填空题

（1）轮廓驱动加工的驱动条件是________。

（2）螺旋加工的加工特征是________。

5.6.2 问答题

（1）清根加工有生料设置吗？

（2）螺旋加工和等参数加工的区别是？

5.6.3 上机操作题

如图 5-63 所示，使用本章学过的知识来创建壳体的加工过程。

练习步骤和方法：

（1）创建壳体零件。

（2）创建多型腔铣削。

（3）创建清根铣削。

图 5-63 壳体零件

第 6 章　车削加工基础

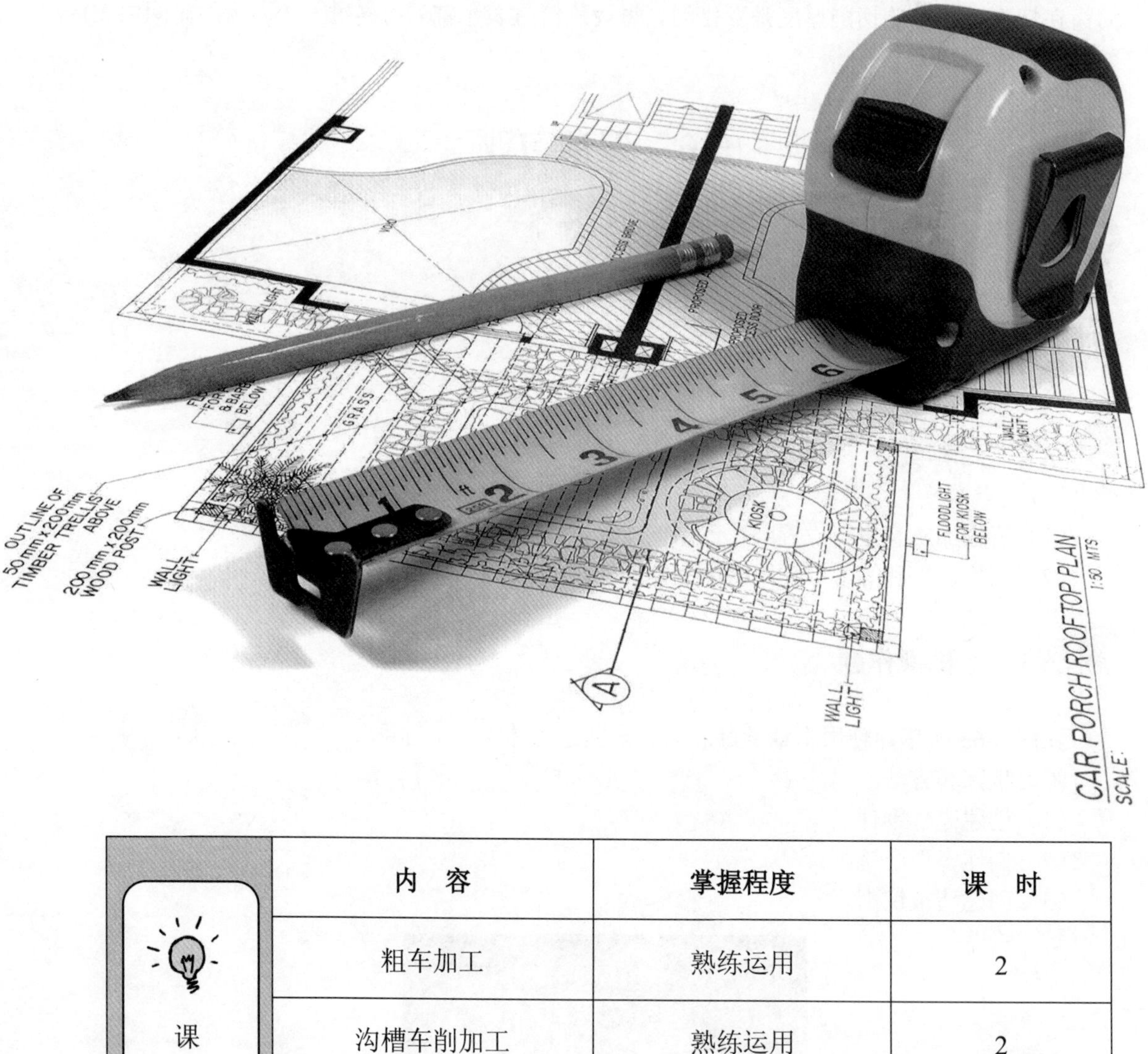

课训目标	内　容	掌握程度	课　时
	粗车加工	熟练运用	2
	沟槽车削加工	熟练运用	2
	凹槽车削加工	熟练运用	2
	轮廓精车加工	熟练运用	2

课程学习建议

本章将介绍车削加工的方法，其中包括粗车加工、沟槽车削加工、轮廓精车加工和凹槽车削加工等。车削加工需要创建圆柱毛坯，和曲面铣削模型有区别。在学习本章以后，希望读者能够熟练掌握这些车削加工方法。

本课程主要基于软件的车床数控加工模块来讲解，其培训课程表如下。

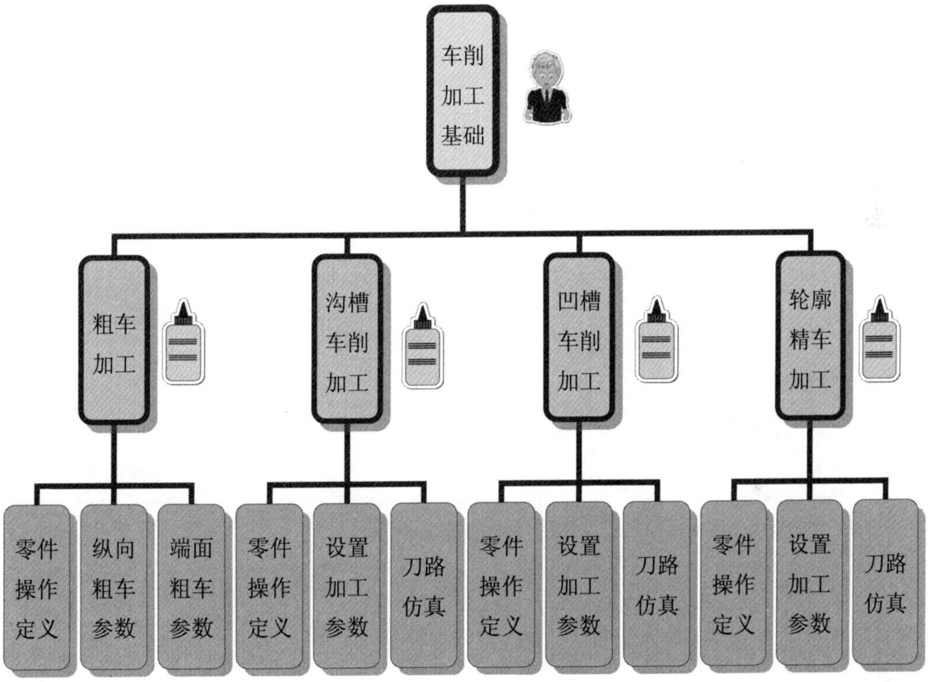

6.1 粗车加工

基本概念

粗车加工包括纵向粗车加工、端面粗车加工和平行轮廓粗车加工三种形式。

课堂讲解课时：2 课时

6.1.1 设计理论

粗车加工是在【粗车.1】对话框中设置的，必须定义零件轮廓草图和毛坯轮廓草图。

6.1.2 课堂讲解

1. 粗车加工零件操作定义

在特征树中双击【加工设定.1】节点，系统弹出【零件加工动作】对话框，如图 6-1 所示。

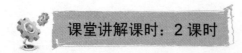

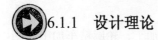

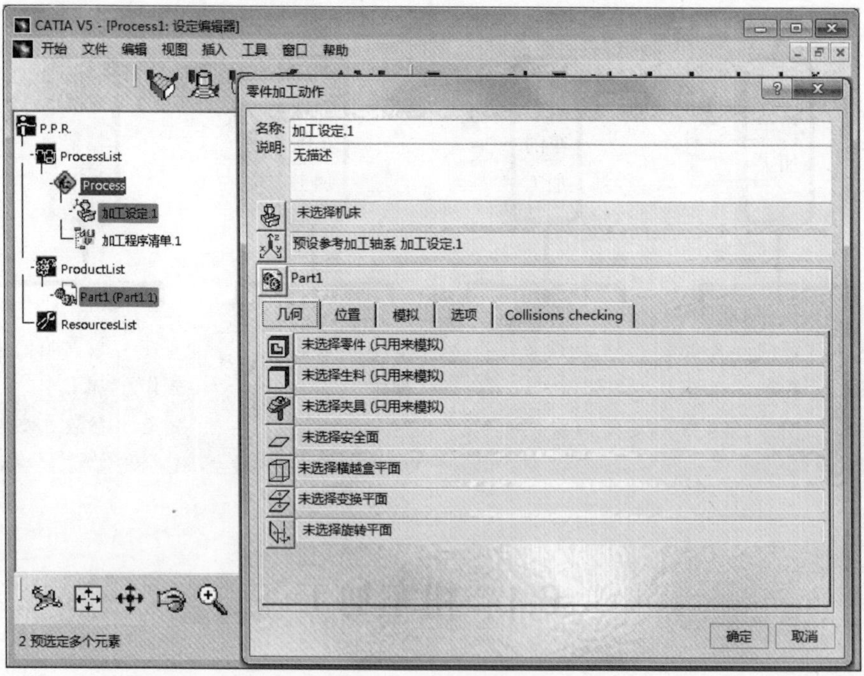

图 6-1 双击【加工设定.1】节点

单击【零件加工动作】对话框的【零件加工动作】对话框中的【机床】按钮，系统弹出【加工编辑器】对话框，进行设置，如图 6-2 所示。

单击【零件加工动作】对话框中的【参考加工轴系】按钮，系统弹出【预设参考加工轴系 加工设定.1】对话框。单击对话框中的 Z 轴感应区，弹出【Direction X】对话框，如图 6-3 所示。

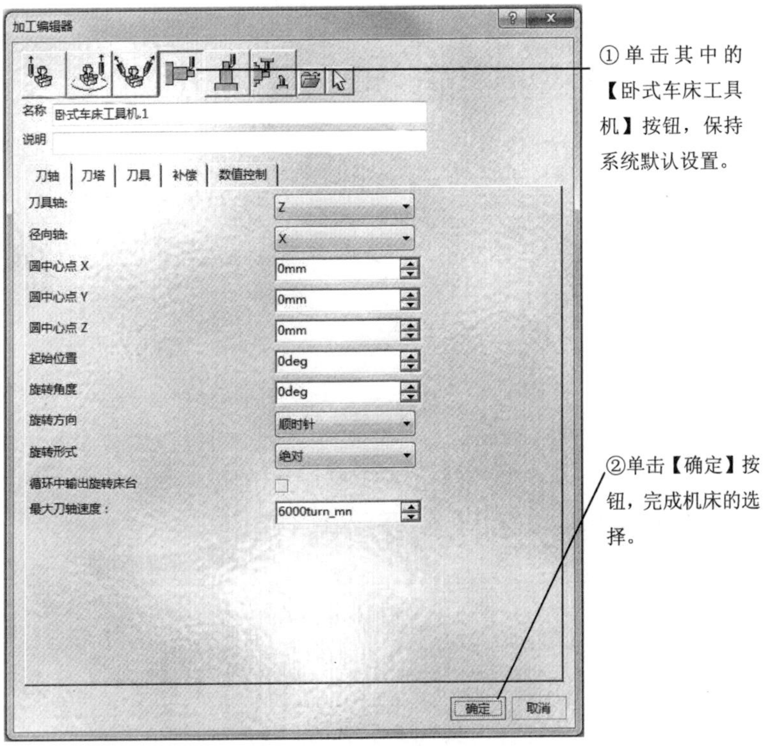

图 6-2 【加工编辑器】对话框

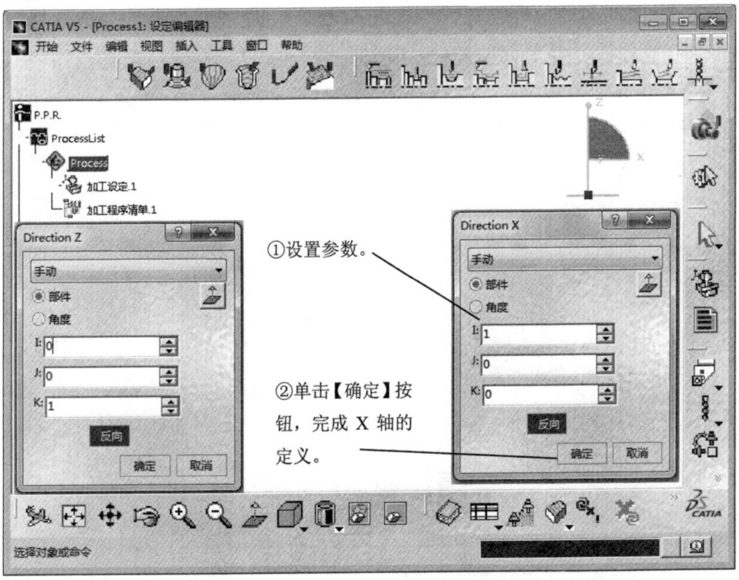

图 6-3 设置【Direction Z】和【Direction X】对话框

单击【预设参考加工轴系 加工设定.1】对话框中的加工坐标系原点感应区，然后在图形区选取图 6-4 所示的点作为加工坐标系的原点。

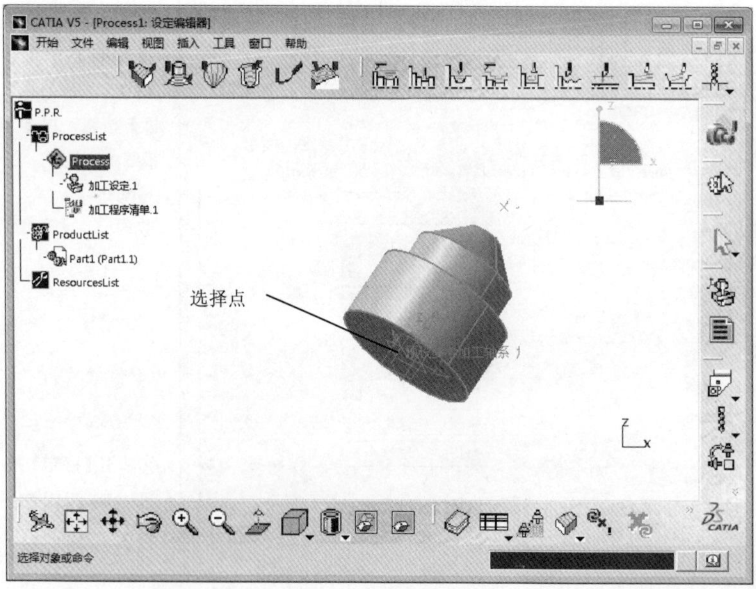

图 6-4　选择坐标原点

单击【零件加工动作】对话框中的【设计用来模拟零件】按钮和【用来模拟生料】按钮，选择加工零件和毛坯零件，如图 6-5 所示。

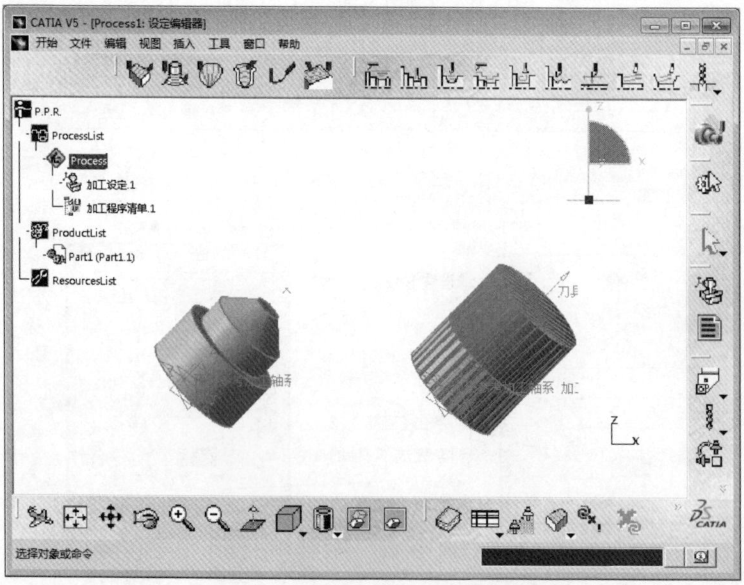

图 6-5　选择目标加工零件和毛坯

单击【零件加工动作】对话框中的【位置】选项卡，然后设置参数，如图 6-6 所示。

2. 纵向粗车加工设置参数

在特征树中选中【制造程序.1】节点，然后选择【插入】|【加工动作】|【粗车】菜单命令，插入一个粗车操作，系统弹出如图 6-7 所示的【粗车.1】对话框。

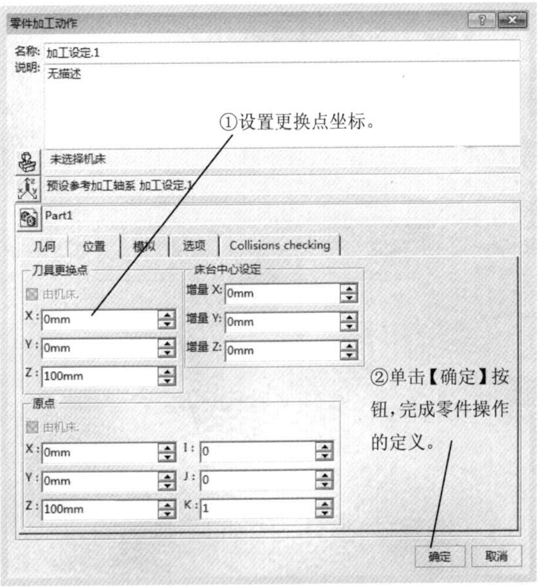

图 6-6 【位置】选项卡

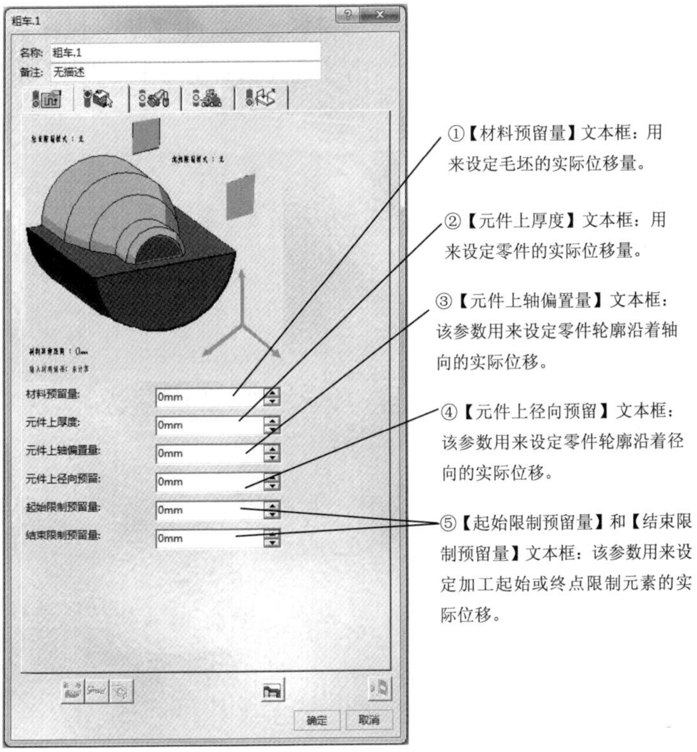

图 6-7 【粗车.1】对话框

（1）定义几何参数。

单击【粗车.1】对话框中的零件轮廓感应区，系统弹出【边界选择】工具栏。在图形区选择图 6-8 所示的曲线串作为零件轮廓。单击【边界选择】工具栏中的【OK】按钮，系统返回到【粗车.1】对话框。

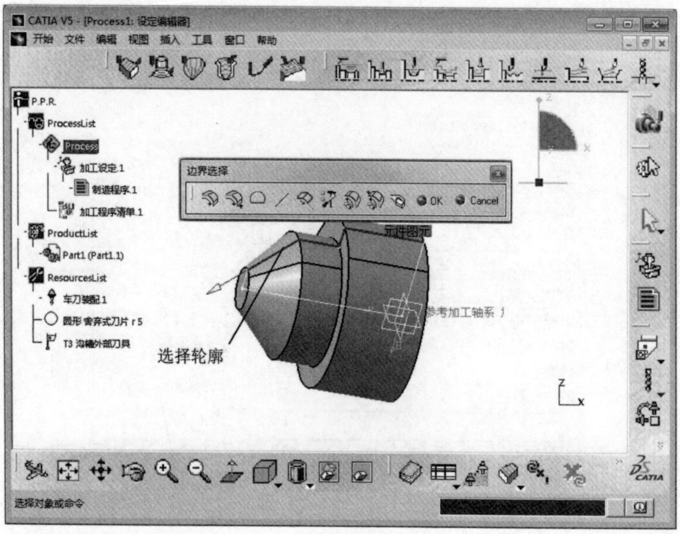

图 6-8 选择零件轮廓

单击【粗车.1】对话框中的毛坯边界感应区，系统弹出【边界选择】工具栏。在图形区选择图 6-9 所示的直线作为毛坯边界。单击【边界选择】工具栏中的【OK】按钮，系统返回到【粗车.1】对话框。

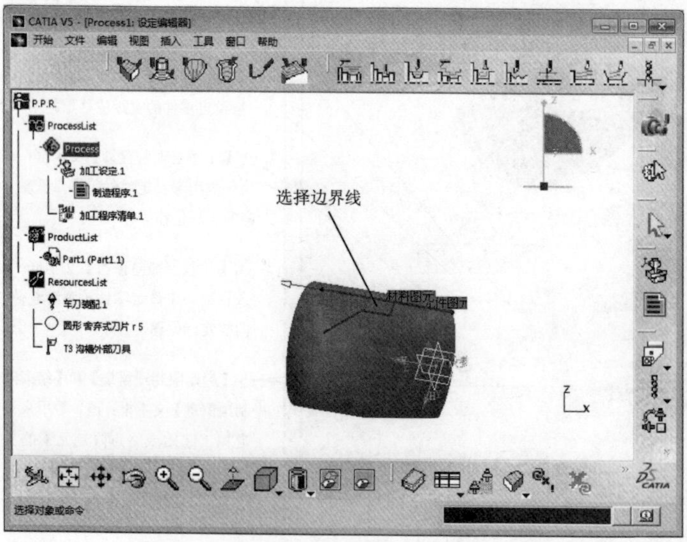

图 6-9 选择毛坯边界

（2）定义刀具参数。

在【粗车.1】对话框中单击“刀具参数”选项卡，设置参数，如图 6-10 所示。

在【粗车】对话框中单击“刀具”选项卡，设置参数，如图 6-11 所示。

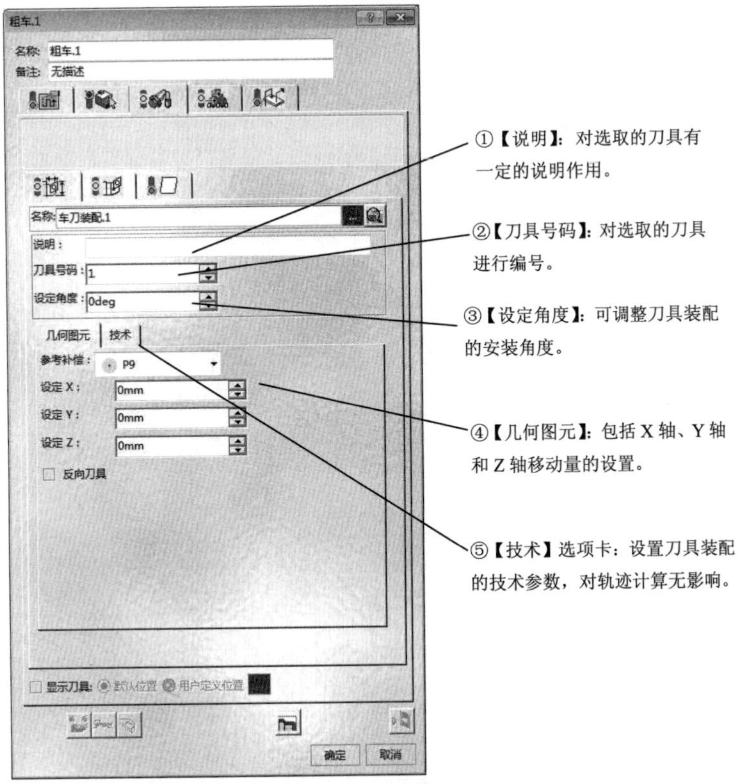
①【说明】：对选取的刀具有一定的说明作用。
②【刀具号码】：对选取的刀具进行编号。
③【设定角度】：可调整刀具装配的安装角度。
④【几何图元】：包括 X 轴、Y 轴和 Z 轴移动量的设置。
⑤【技术】选项卡：设置刀具装配的技术参数，对轨迹计算无影响。

图 6-10 “刀具参数”选项卡

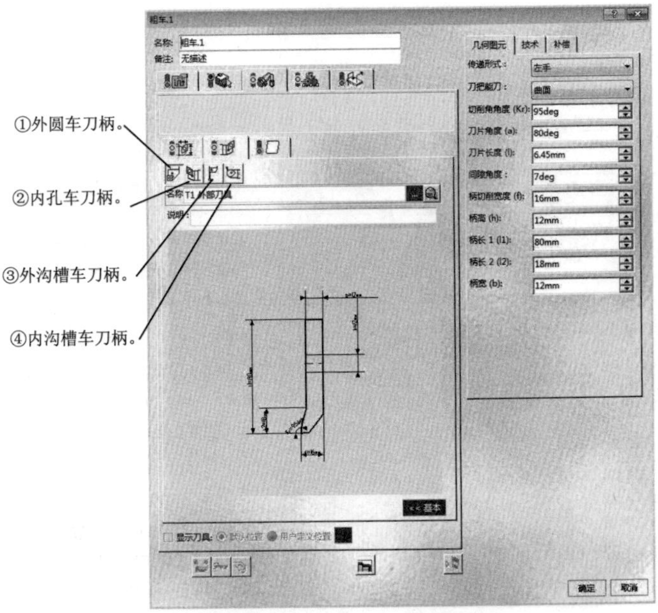
①外圆车刀柄。
②内孔车刀柄。
③外沟槽车刀柄。
④内沟槽车刀柄。

图 6-11 “刀具”选项卡

在【粗车.1】对话框中单击“进给率”选项卡，在选项卡中设置参数，如图 6-12 所示。

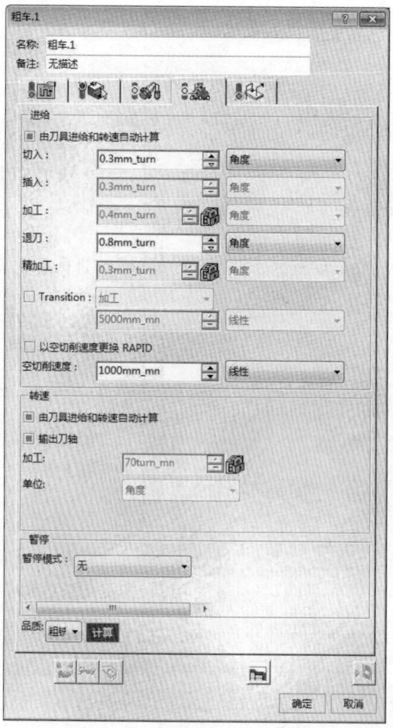

图 6-12　“进给率”选项卡

在【粗车.1】对话框中单击“刀具路径参数”选项卡，设置参数，如图 6-13 所示。

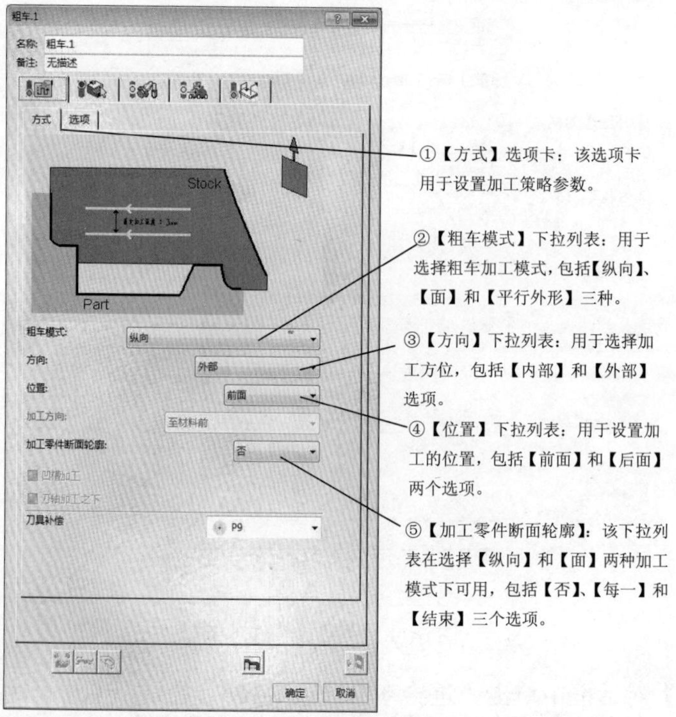

图 6-13　“刀具路径参数”选项卡

在【粗车.1】对话框中单击“进刀/退刀路径”选项卡，设置参数，如图 6-14 所示。

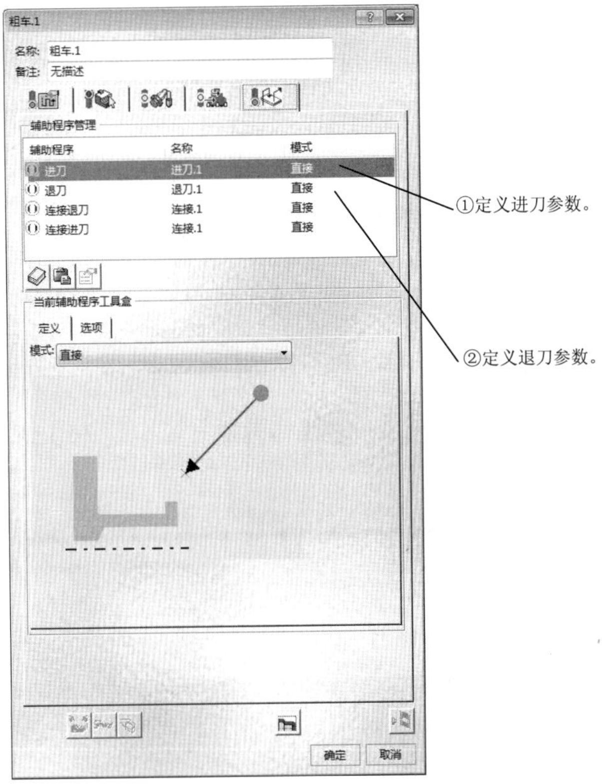

图 6-14 “进刀/退刀路径”选项卡

在【粗车.1】对话框中单击【播放刀具路径】按钮，系统弹出【粗车.1】对话框，且在图形区显示刀路轨迹，如图 6-15 所示。

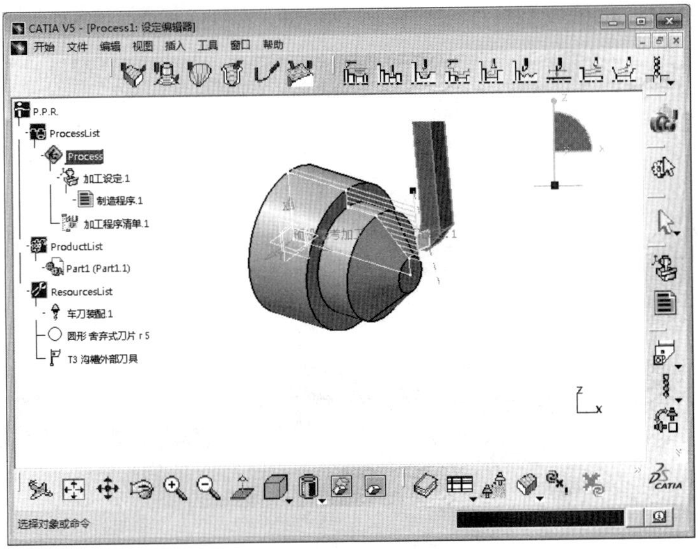

图 6-15 刀路仿真

6.1.3 课堂练习——创建粗车加工

课堂练习开始文件： ywj /06/01.CATPart、02.CATPart、03.CATProduct

课堂练习完成文件： ywj /06/04.CATProcess

多媒体教学路径： 光盘→多媒体教学→第 6 章→6.1 练习

Step1 选择草绘面，如图 6-16 所示。

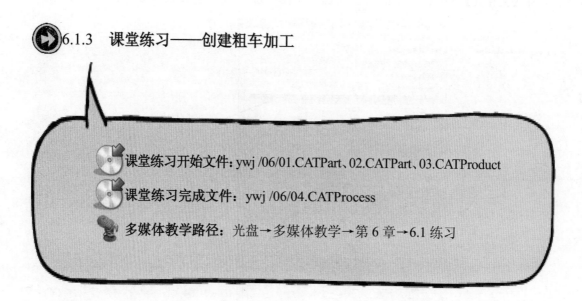

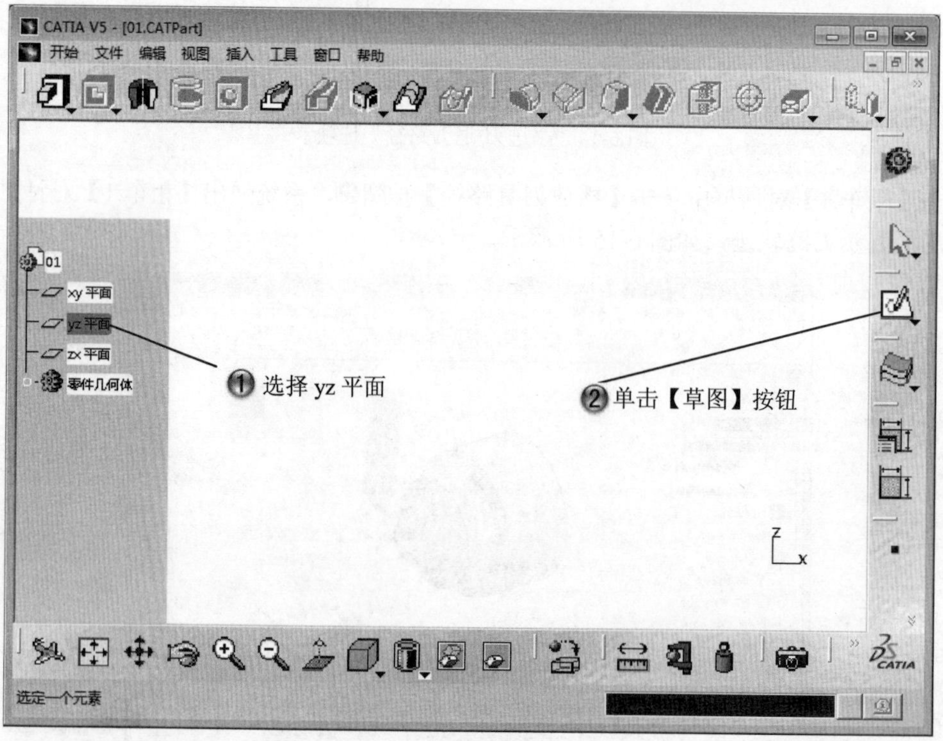

图 6-16 选择草绘面

Step2 绘制直线草图，如图 6-17 所示。

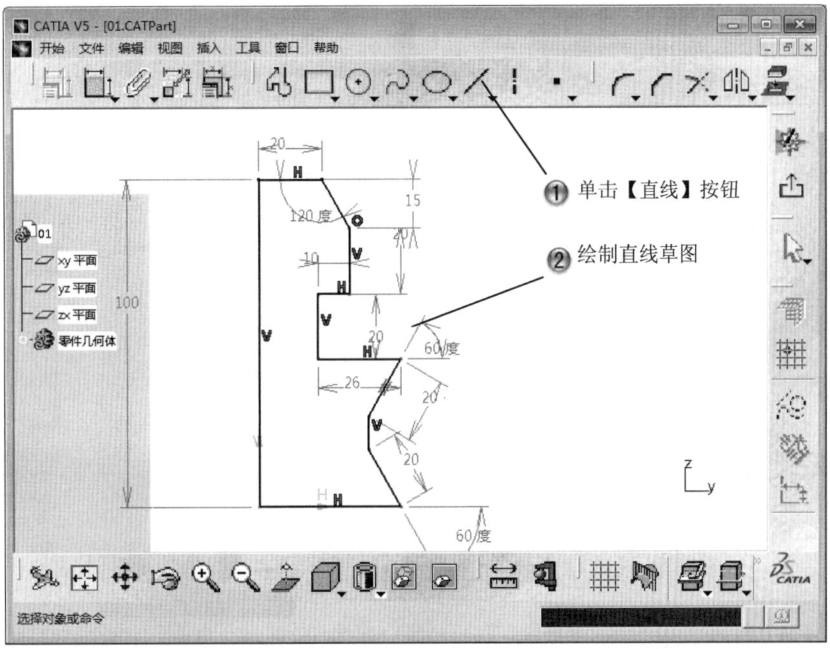

图 6-17　绘制直线草图

Step3 创建旋转体，如图 6-18 所示。

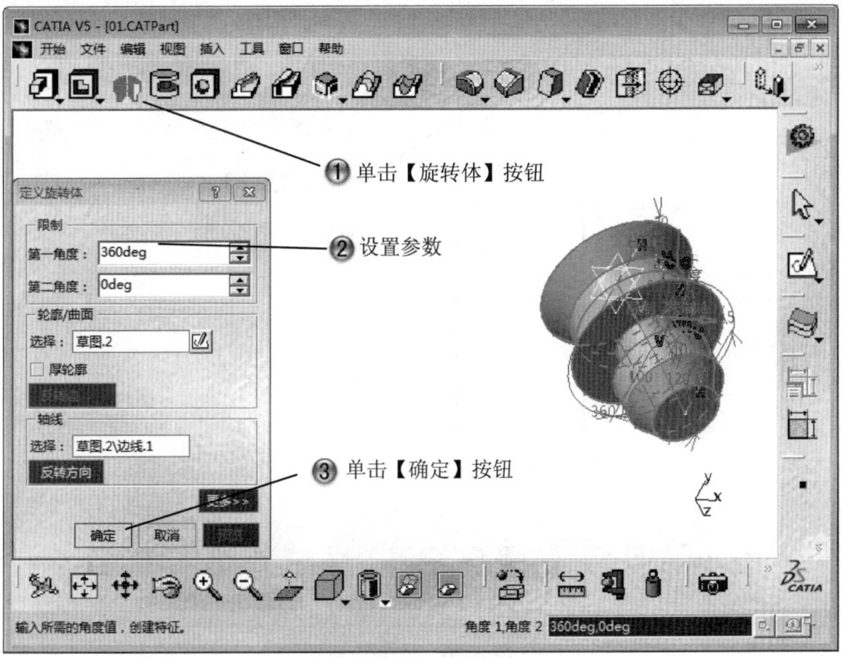

图 6-18　创建旋转体

Step4 选择草绘面，如图 6-19 所示。

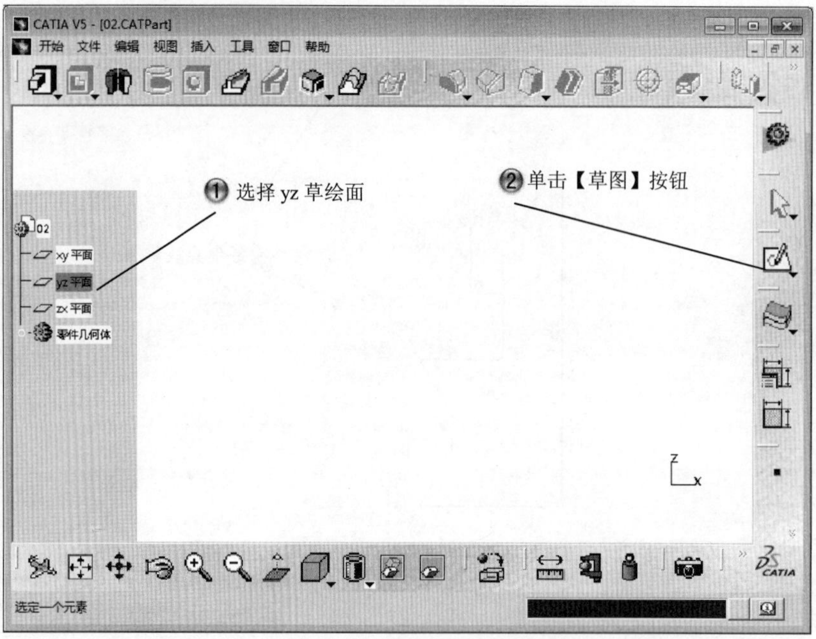

图 6-19　选择草绘面

Step5 绘制矩形，如图 6-20 所示。

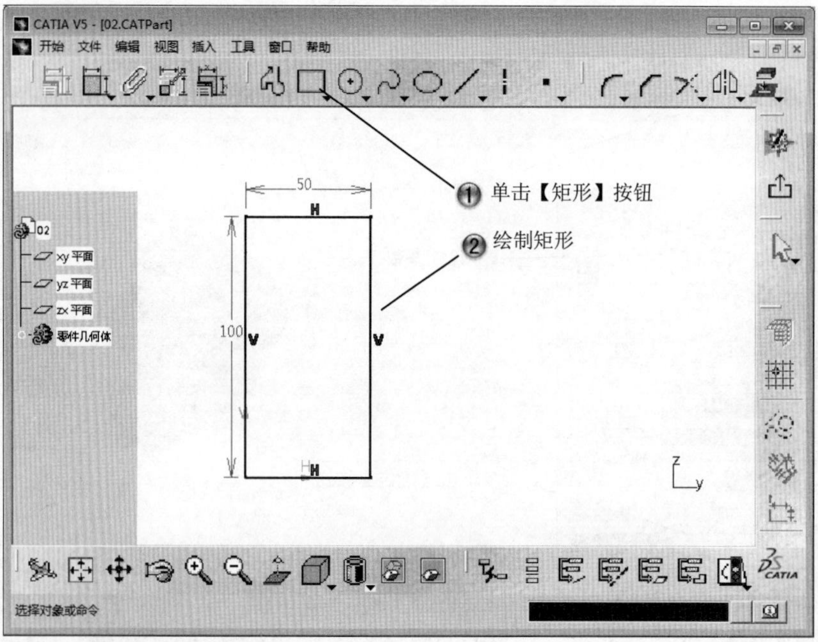

图 6-20　绘制矩形

Step6 创建旋转体，如图 6-21 所示。

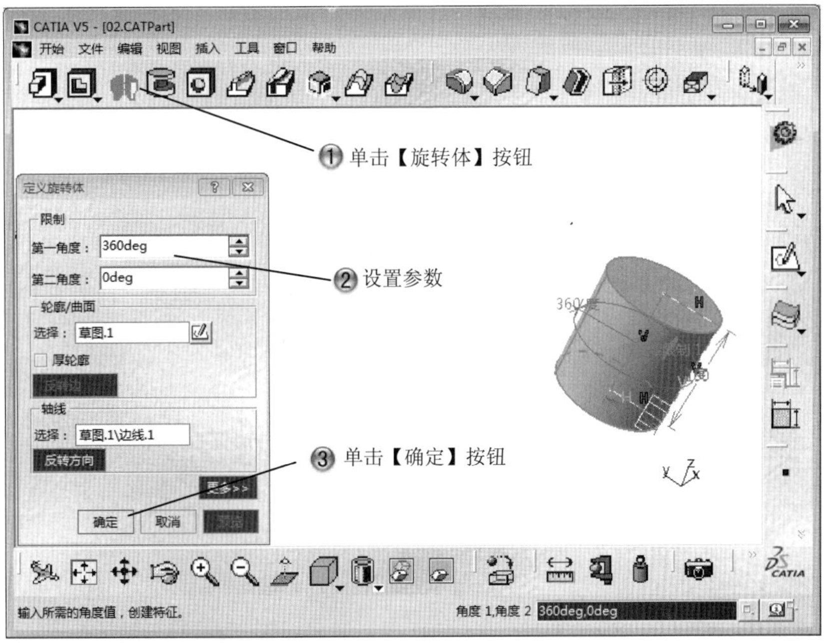

图 6-21 创建旋转体

Step7 创建装配，如图 6-22 所示。

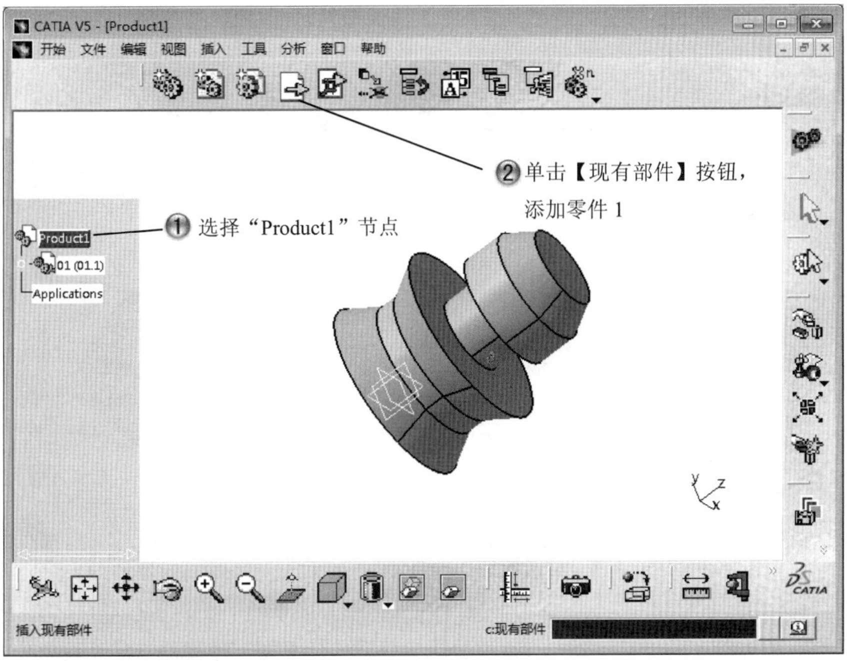

图 6-22 创建装配

Step8 装配第 2 个零件，如图 6-23 所示。

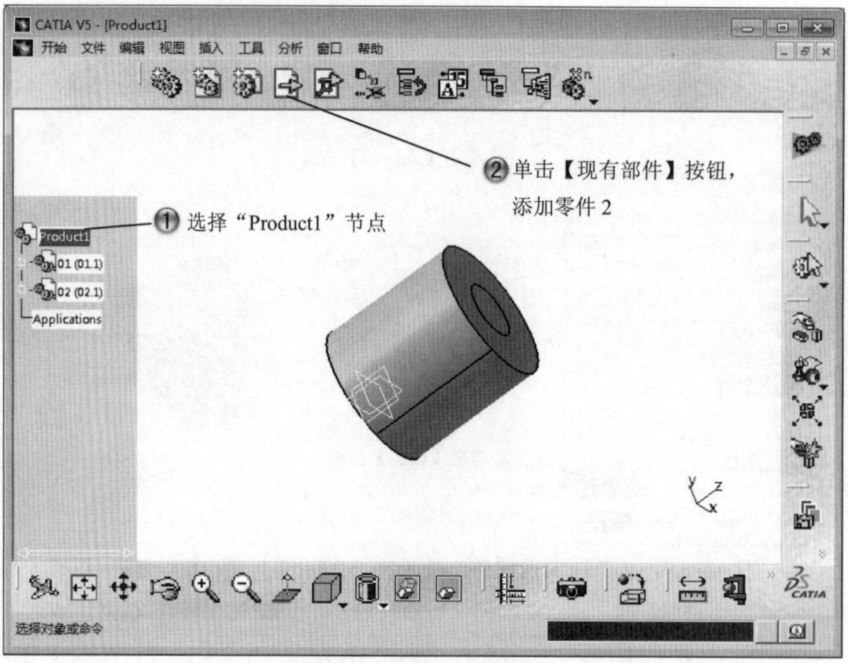

图 6-23　装配第 2 个零件

Step9 进入加工模块，如图 6-24 所示。

图 6-24　进入加工模块

Step10 选择机床命令，如图 6-25 所示。

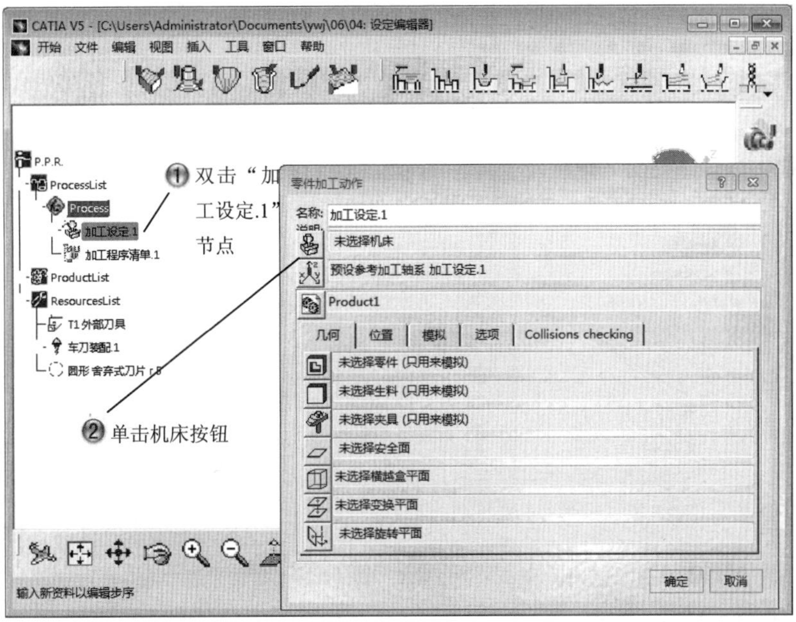

图 6-25 选择机床命令

Step11 设置机床，如图 6-26 所示。

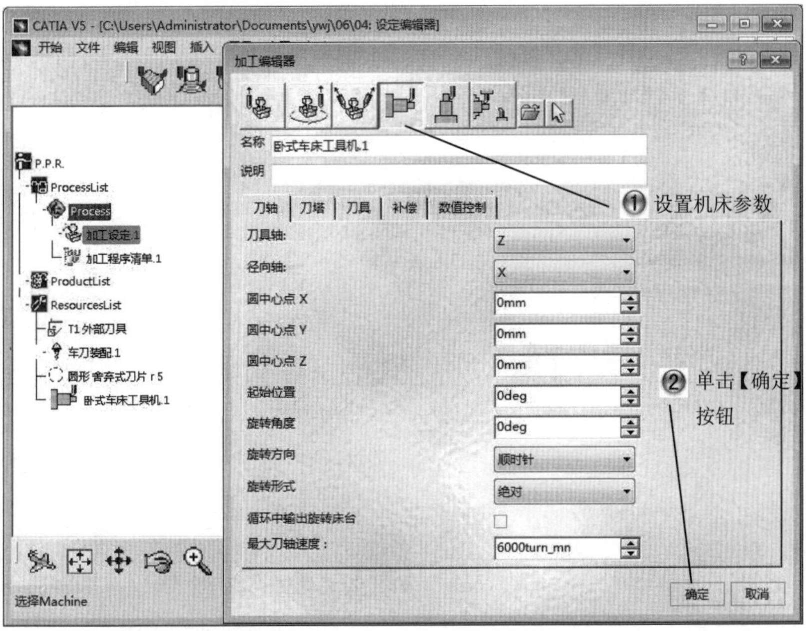

图 6-26 设置机床

Step12 选择坐标系按钮，如图 6-27 所示。

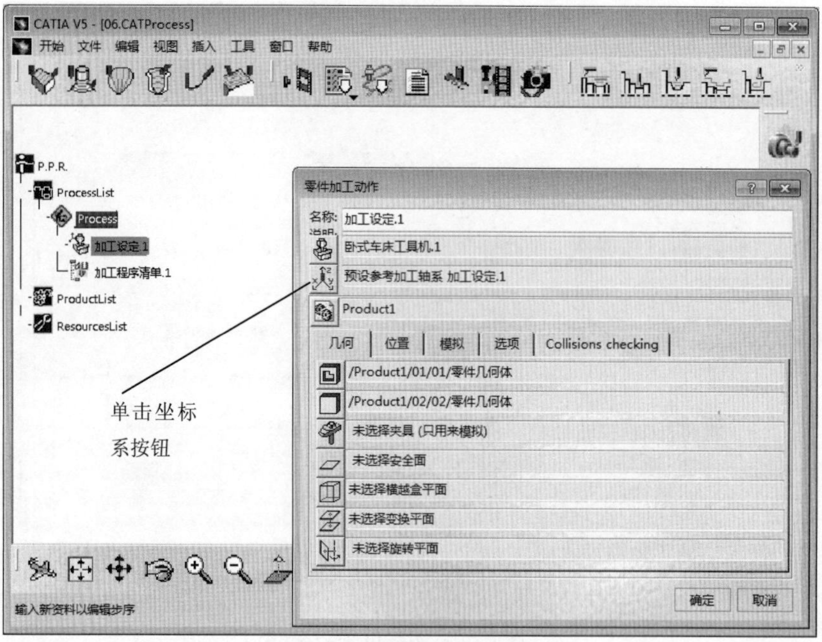

图 6-27　选择坐标系按钮

Step13 设置 X 轴参数，如图 6-28 所示。

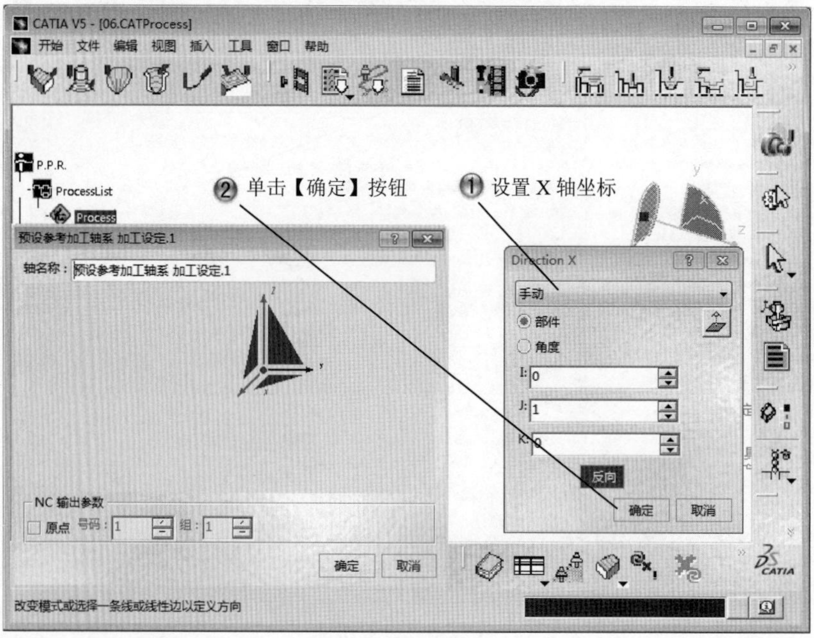

图 6-28　设置 X 轴参数

Step 14 选择生料命令，如图 6-29 所示。

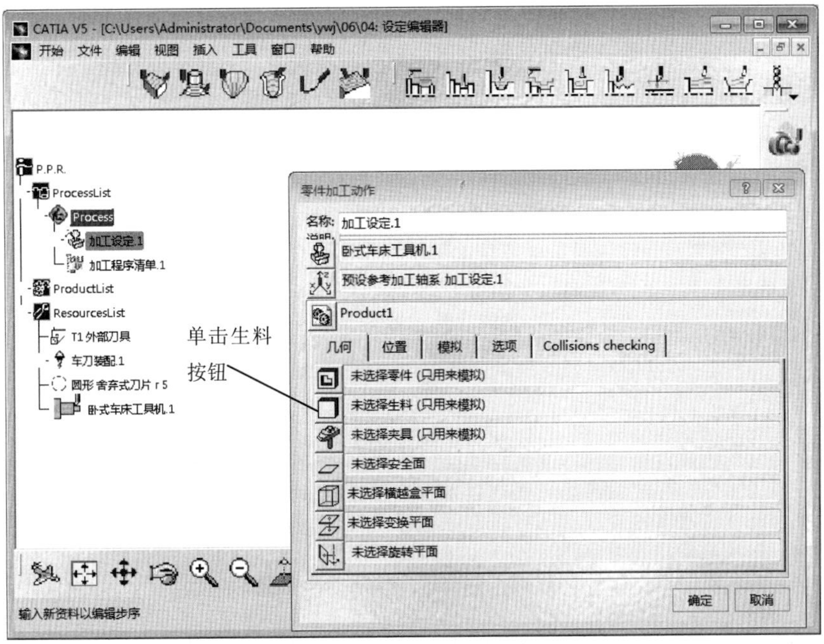

图 6-29　选择生料命令

Step 15 选择生料，如图 6-30 所示。

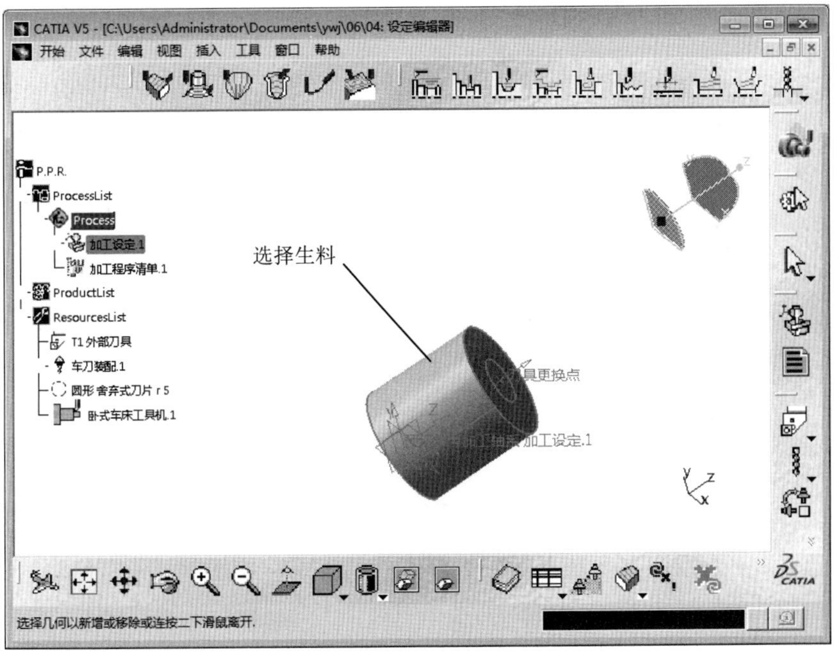

图 6-30　选择生料

Step16 选择零件命令，如图 6-31 所示。

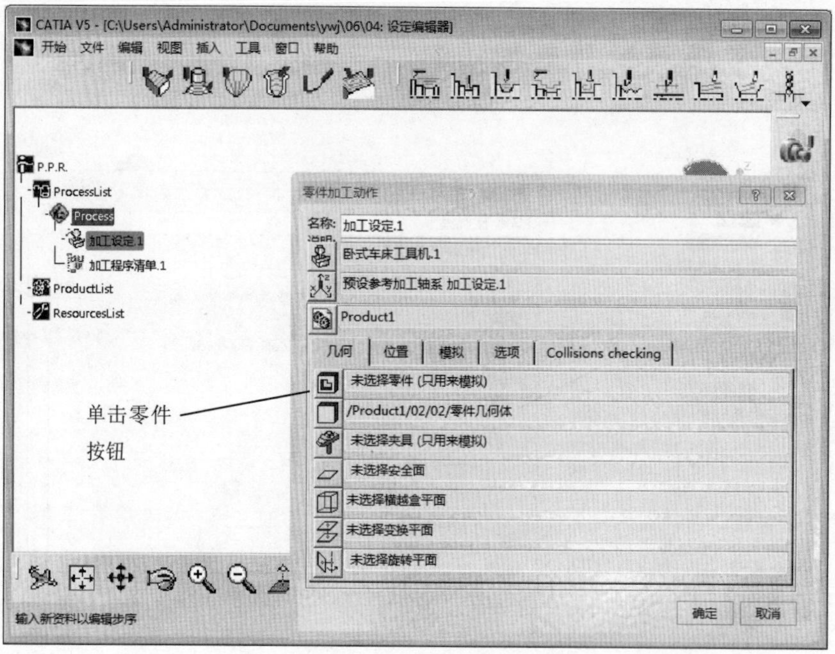

图 6-31　选择零件命令

Step17 选择加工零件，如图 6-32 所示。

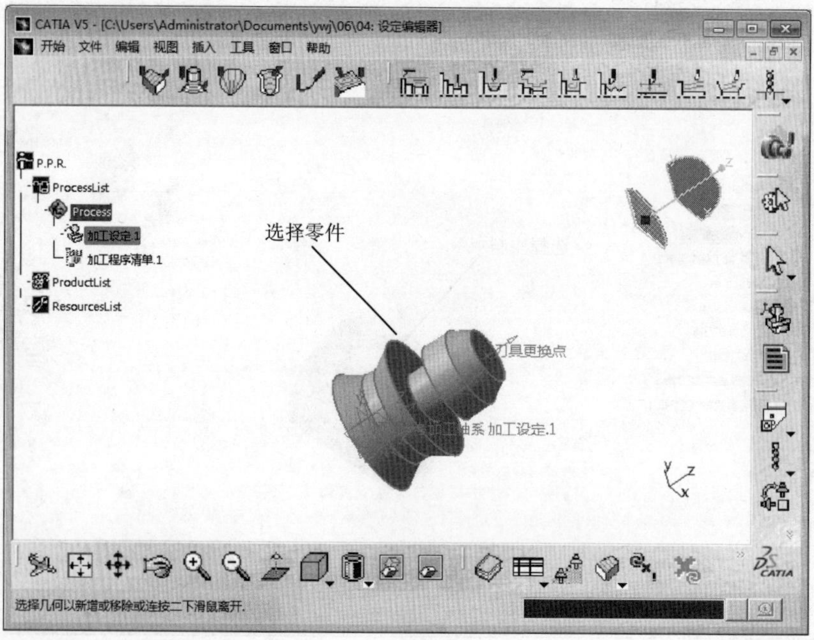

图 6-32　选择加工零件

Step18 选择安全面命令，如图 6-33 所示。

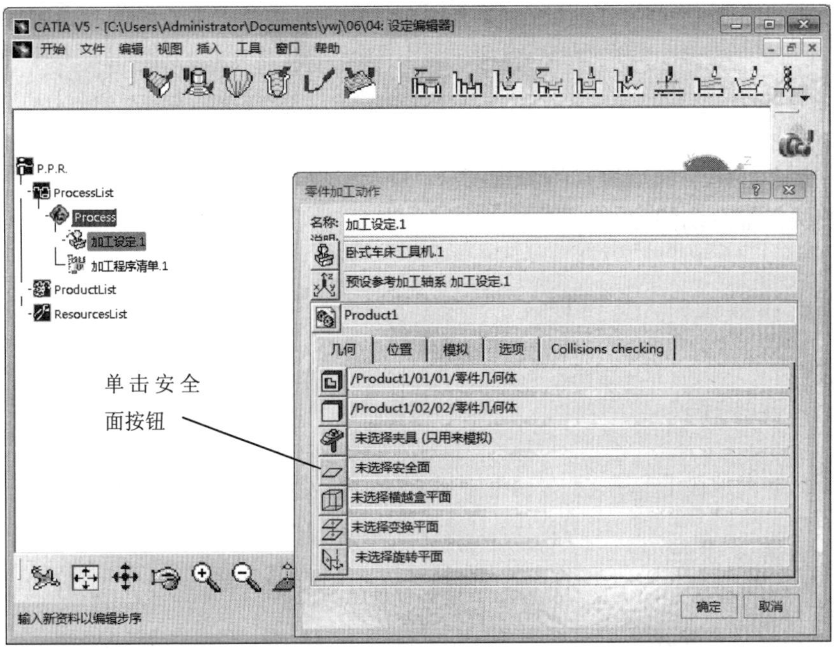

图 6-33　选择安全面命令

Step19 选择安全面，如图 6-34 所示。

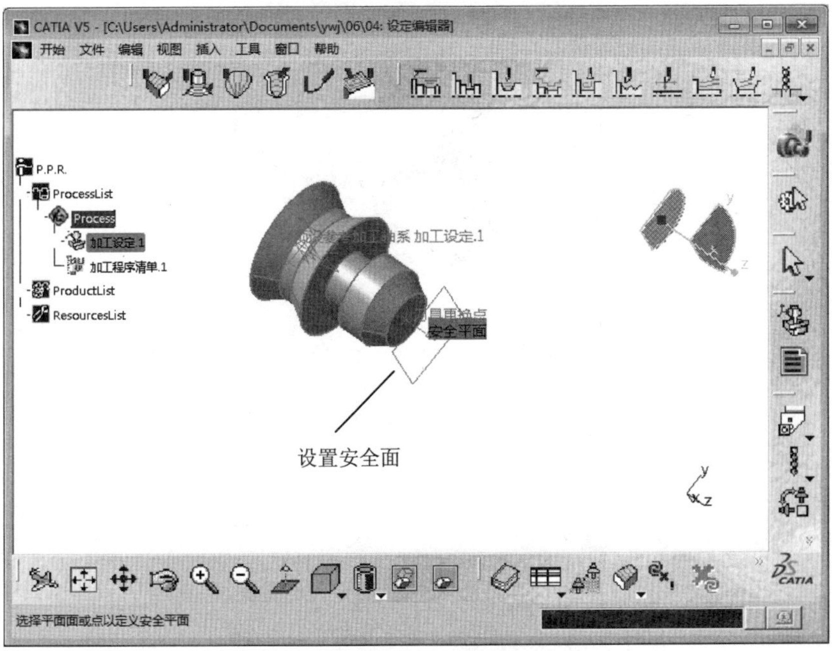

图 6-34　选择安全面

6.2　沟槽车削加工

基本概念

沟槽车削主要用于加工棒料的沟槽部分。刀具切削毛坯时垂直于回转体轴线进行切割，所用刀具的两侧都有切削刃。

课堂讲解课时：2 课时

6.2.1　设计理论

沟槽车削加工是在【车槽.1】对话框中设置的，必须定义零件轮廓草图和毛坯轮廓草图。

6.2.2　课堂讲解

1. 沟槽车削设置加工参数

在特征树中选中【制造程序.1】节点，然后选择【插入】|【加工动作】|【车槽】菜单命令，插入一个沟槽车削操作，系统弹出如图 6-35 所示的【车槽.1】对话框。

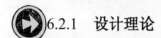

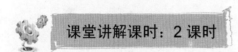

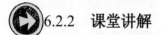

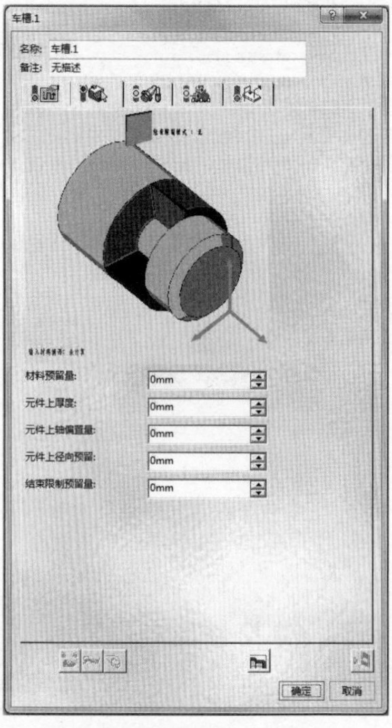

图 6-35　【车槽.1】对话框

（1）定义几何参数。

单击【车槽.1】对话框中的元件图元感应区，系统弹出【边界选择】工具栏。在图形区选择图 6-36 所示的曲线串作为零件轮廓。单击【边界选择】工具栏中的【OK】按钮，系统返回到【车槽.1】对话框。

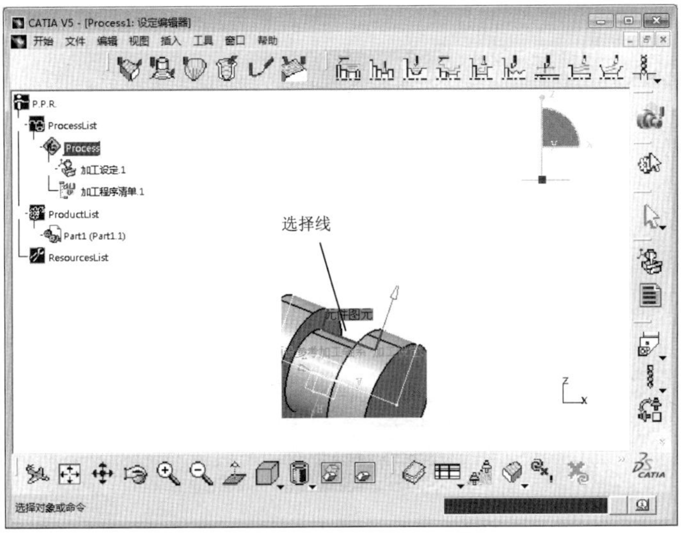

图 6-36　选择零件轮廓

单击【车槽.1】对话框中的材料图元感应区，系统弹出【边界选择】工具栏。在图形区选择图 6-37 所示的直线作为毛坯边界。单击【边界选择】工具栏中的【OK】按钮，系统返回到【车槽.1】对话框。

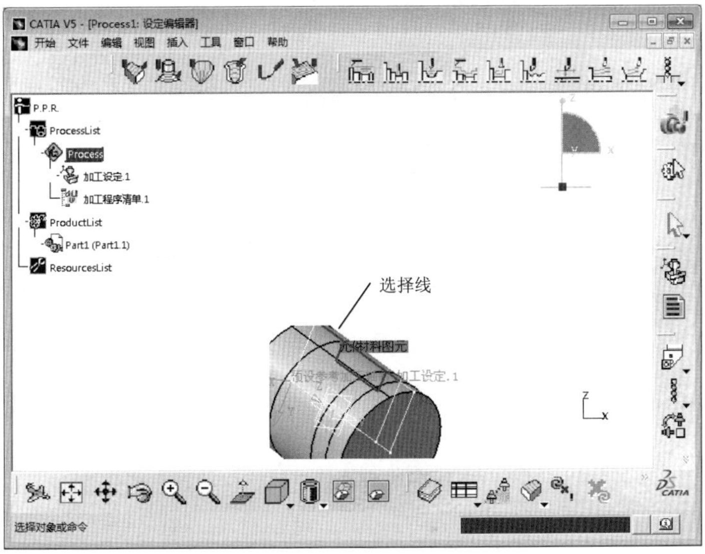

图 6-37　选择毛坯边界

（2）定义刀具参数。

在【车槽.1】对话框中单击“刀具参数”选项卡，设置参数，如图 6-38 所示。

设置刀具参数

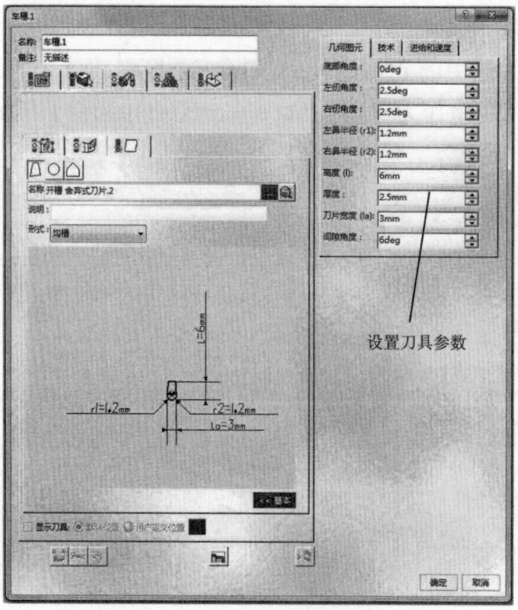

图 6-38　"刀具参数"选项卡

（3）定义进给率。

在【车槽.1】对话框中单击"进给率"选项卡 ，在"进给率"选项卡中设置参数，如图 6-39 所示。

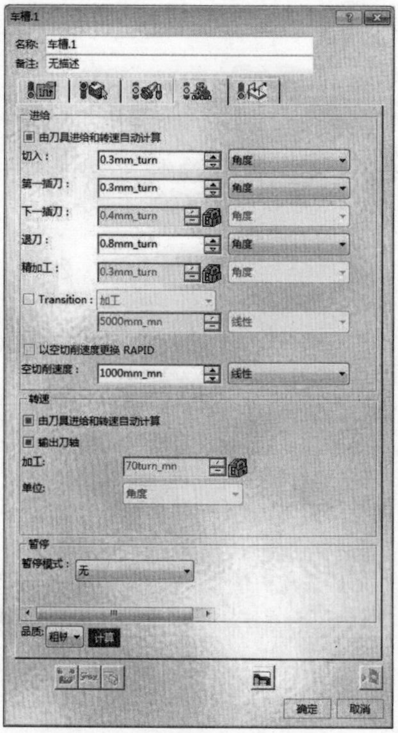

图 6-39　"进给率"选项卡

（4）定义刀具路径参数

在【车槽.1】对话框中单击“刀具路径参数”选项卡，设置刀具路径参数，如图 6-40 所示。

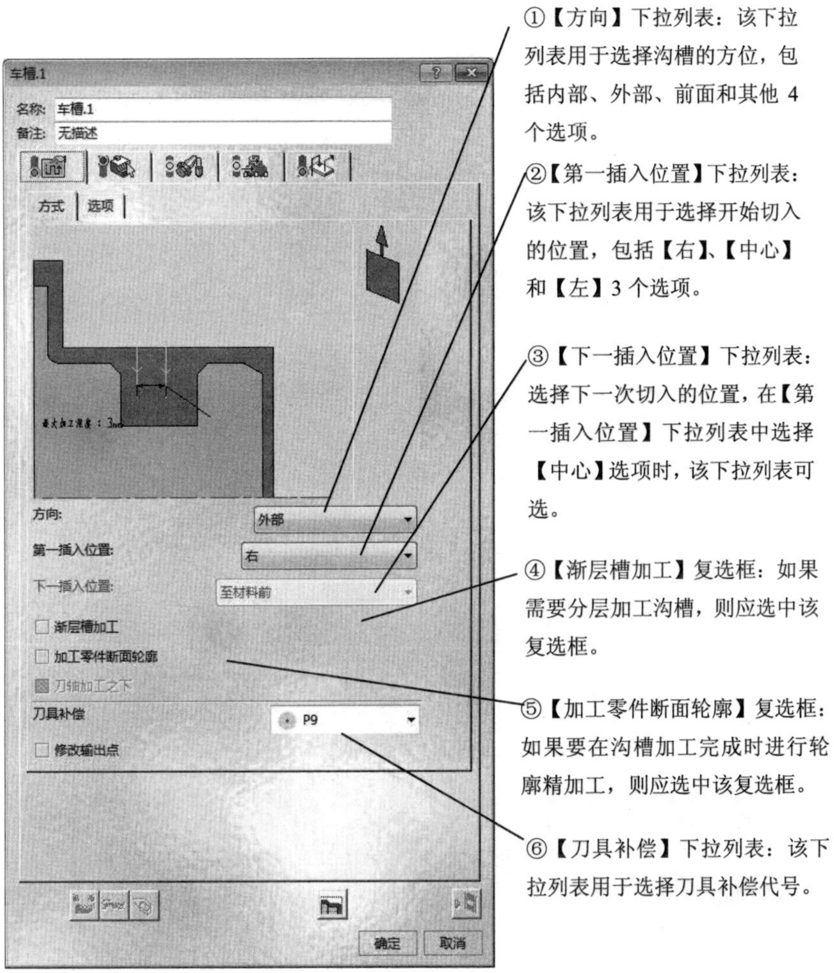
车槽.1
名称: 车槽.1
备注: 无描述
方式
选项
方向:
外部
第一插入位置:
右
下一插入位置:
至材料前
渐层槽加工
加工零件断面轮廓
刀轴加工之下
刀具补偿
P9
修改输出点
确定
取消
①【方向】下拉列表：该下拉列表用于选择沟槽的方位，包括内部、外部、前面和其他 4 个选项。
②【第一插入位置】下拉列表：该下拉列表用于选择开始切入的位置，包括【右】、【中心】和【左】3 个选项。
③【下一插入位置】下拉列表：选择下一次切入的位置，在【第一插入位置】下拉列表中选择【中心】选项时，该下拉列表可选。
④【渐层槽加工】复选框：如果需要分层加工沟槽，则应选中该复选框。
⑤【加工零件断面轮廓】复选框：如果要在沟槽加工完成时进行轮廓精加工，则应选中该复选框。
⑥【刀具补偿】下拉列表：该下拉列表用于选择刀具补偿代号。

图 6-40 “刀具路径参数”选项卡

（5）定义进刀/退刀路径

进入“进刀/退刀路径”选项卡。在【车槽.1】对话框中单击“进刀/退刀路径”选项卡，设置参数，如图 6-41 所示。

2. *沟槽车削刀路仿真*

在【车槽.1】对话框中单击【播放刀具路径】按钮，系统弹出【车槽.1】对话框，且在图形区显示刀路轨迹，如图 6-42 所示。

①定义进刀参数。

②定义退刀参数。

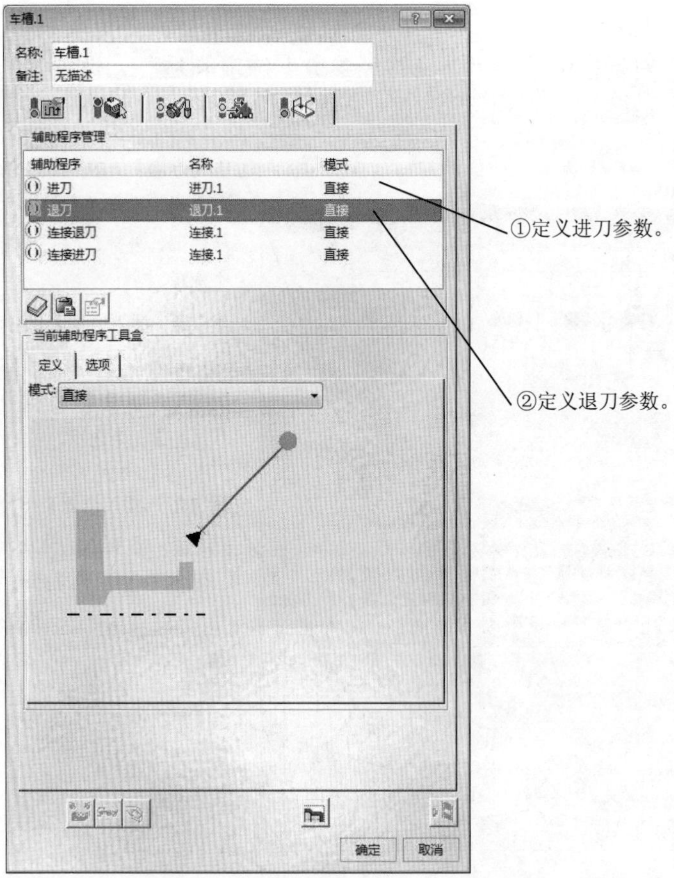

图 6-41 "进刀/退刀路径"选项卡

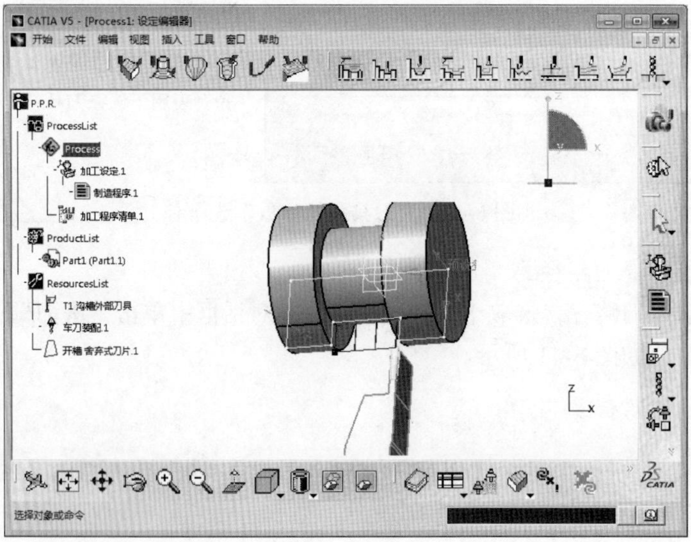

图 6-42 刀路仿真

6.2.3 课堂练习——创建沟槽车削

课堂练习开始文件：ywj /06/04.CATProcess

课堂练习完成文件：ywj /06/05.CATProcess

多媒体教学路径：光盘→多媒体教学→第 6 章→6.2 练习

Step 1 选择加工命令，如图 6-43 所示。

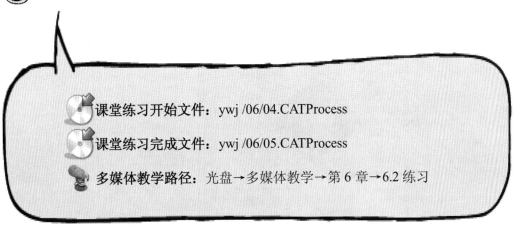

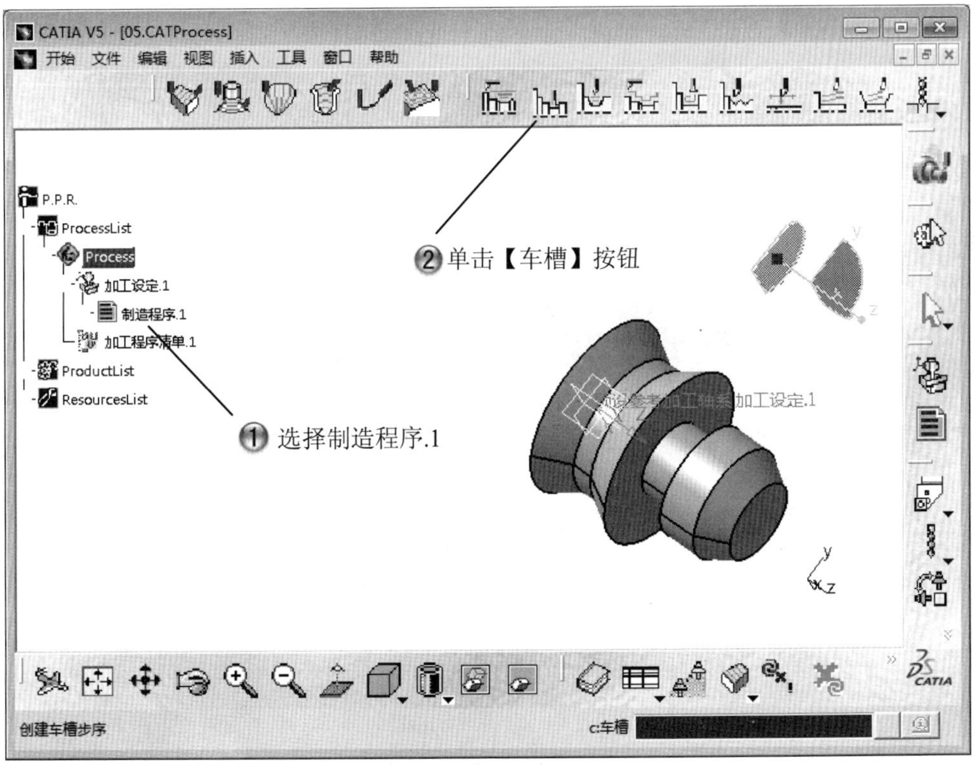

图 6-43 选择加工命令

Step2 选择元件区域，如图 6-44 所示。

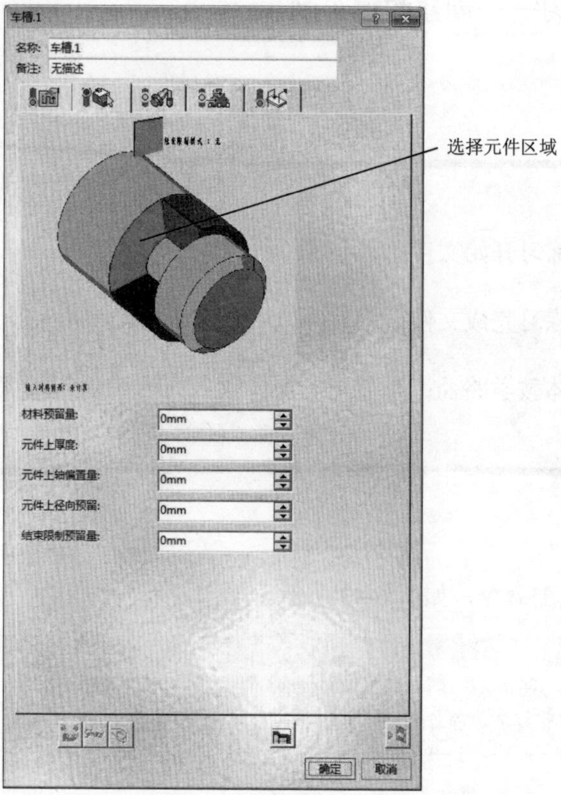

图 6-44　选择元件区域

Step3 选择加工草图，如图 6-45 所示。

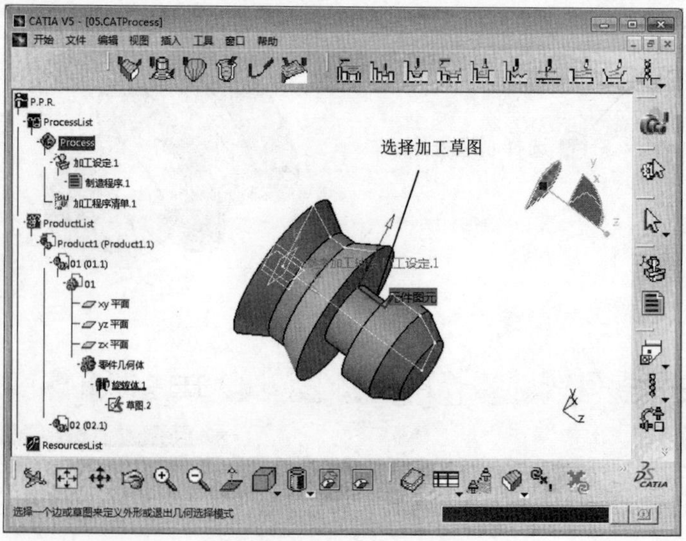

图 6-45　选择加工草图

Step4 选择生料区域，如图 6-46 所示。

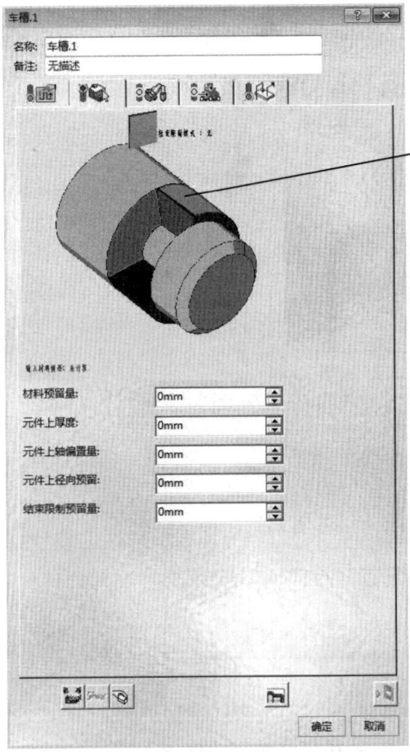

图 6-46　选择生料区域

Step5 选择生料草图，如图 6-47 所示。

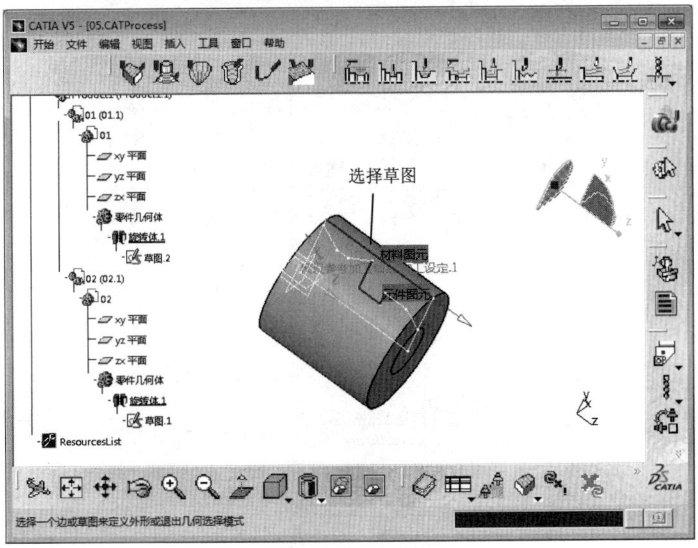

图 6-47　选择生料草图

Step6 设置刀路样式，如图 6-48 所示。

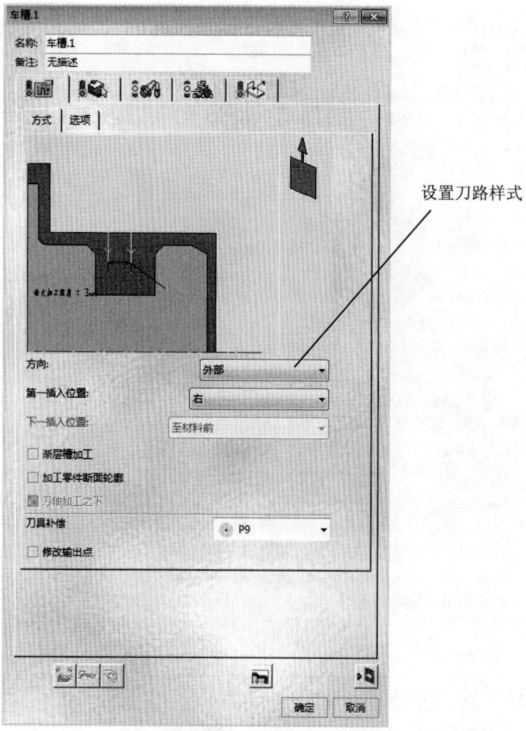

图 6-48 设置刀路样式

Step7 设置刀具参数，如图 6-49 所示。

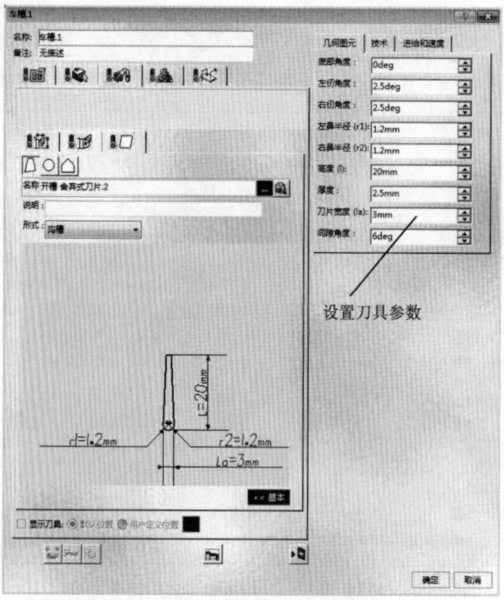

图 6-49 设置刀具参数

Step8 设置进退刀参数，如图 6-50 所示。

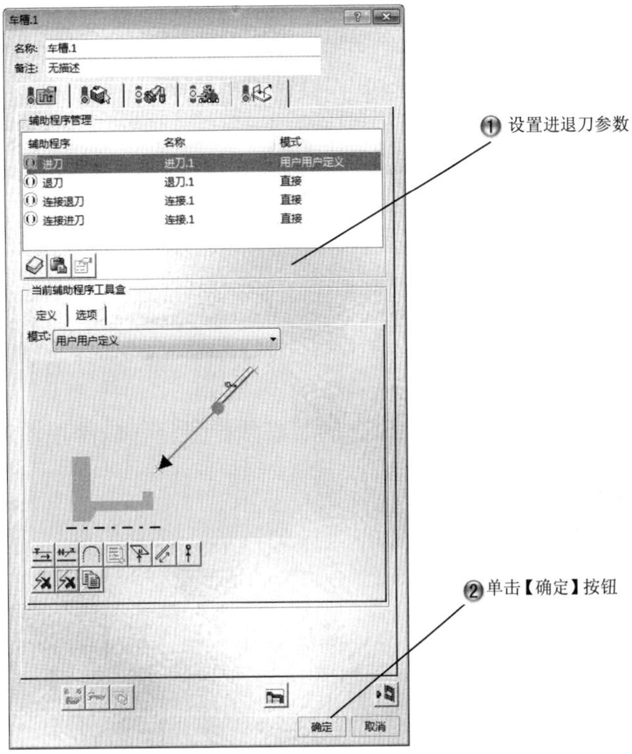

图 6-50 设置进退刀参数

Step9 刀具模拟，如图 6-51 所示。

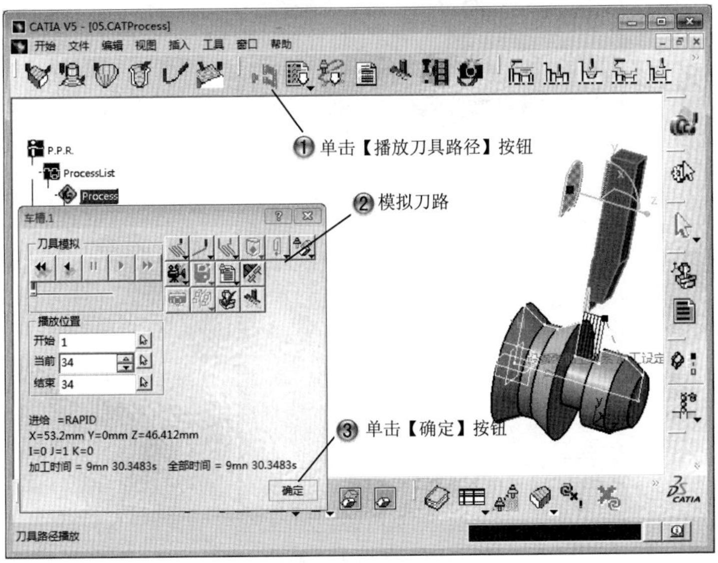

图 6-51 刀具模拟

6.3 凹槽车削加工

基本概念

凹槽加工和沟槽类似，不过凹槽是有斜度的。

课堂讲解课时：2 课时

6.3.1 设计理论

凹槽加工是在【退刀.1】对话框中设置的，必须定义零件轮廓草图和毛坯轮廓草图。

6.3.2 课堂讲解

1. 凹槽车削设置加工参数

在特征树中选中【制造程序.1】节点，然后选择【插入】|【加工动作】|【退刀】菜单命令，插入一个凹槽车削操作，系统弹出如图 6-52 所示的【退刀.1】对话框。

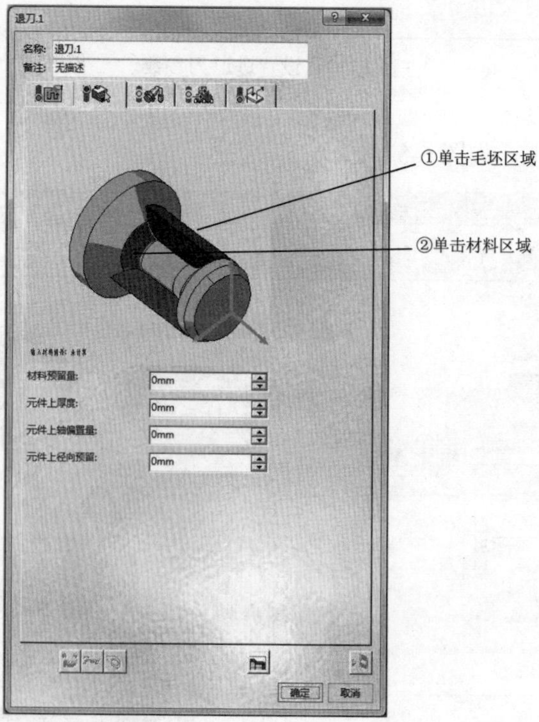

图 6-52 【退刀.1】对话框

（1）定义几何参数。

单击【退刀.1】对话框中的元件图元感应区，系统弹出【边界选择】工具栏，在图形区选择图 6-53 所示的曲线串作为零件轮廓。

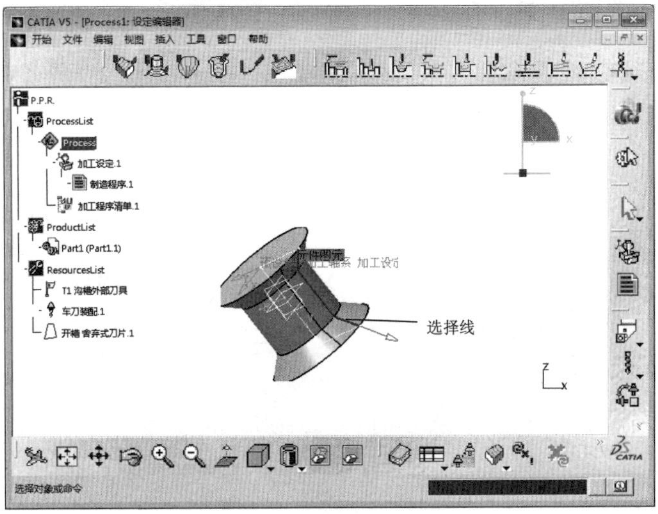

图 6-53 选择零件轮廓

定义毛坯边界。单击【退刀.1】对话框中的材料图元感应区，系统弹出【边界选择】工具栏，在图形区选择图 6-54 所示的直线作为毛坯边界。

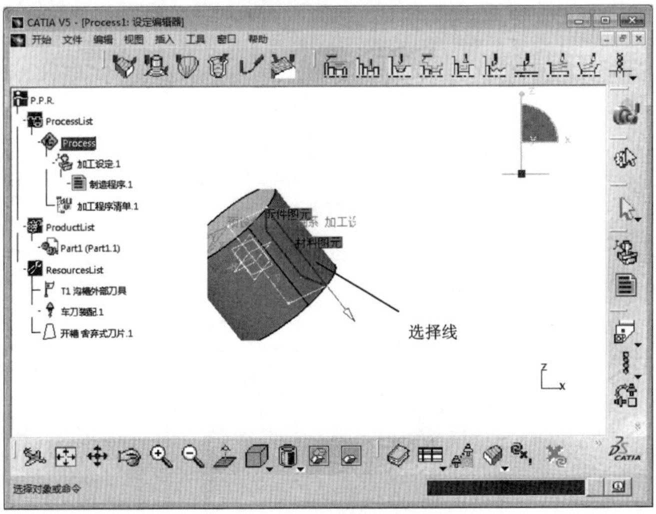

图 6-54 选择毛坯边界

（2）定义刀具参数。

在【退刀.1】对话框中单击“刀具参数”选项卡，在“刀具参数”选项卡中采用系统默认参数设置，如图 6-55 所示。

（3）定义进给率

在【退刀.1】对话框中单击“进给率”选项卡，在选项卡中设置参数，如图 6-56 所示。

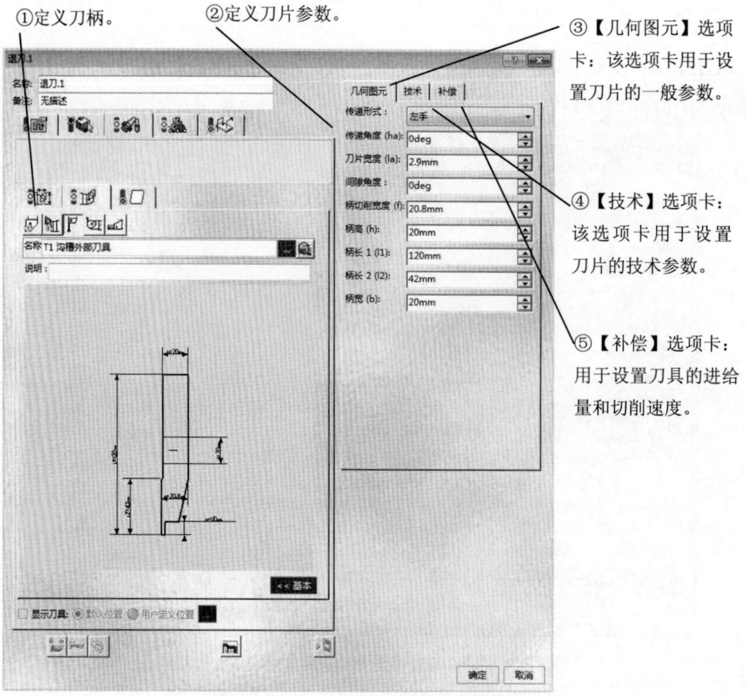
①定义刀柄。
②定义刀片参数。
③【几何图元】选项卡：该选项卡用于设置刀片的一般参数。
④【技术】选项卡：该选项卡用于设置刀片的技术参数。
⑤【补偿】选项卡：用于设置刀具的进给量和切削速度。

图 6-55　“刀具参数”选项卡

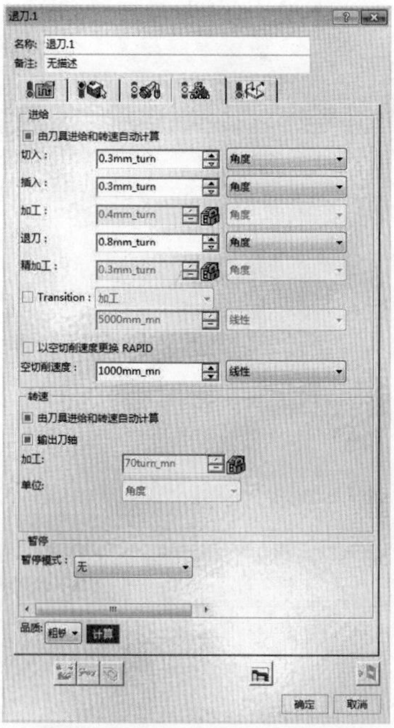

图 6-56　“进给率”选项卡

（4）定义刀具路径参数

在【退刀.1】对话框中单击“刀具路径参数”选项卡，设置参数，如图 6-57 所示。

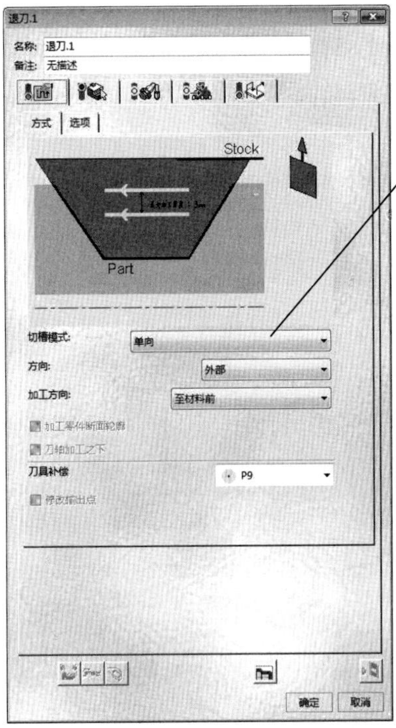

【切槽模式】下拉列表中提供了 3 种进给方式:【单向】选项：选择该模式后，加工时单向进给，一次往复切除一层多余的材料;【来回】选项：选择该模式后，加工时双向进给，往复时均去除多余材料;【平行外形】选项：选择该模式加工时，刀具沿零件轮廓轨迹加工去除多余的材料。

图 6-57　“刀具路径参数”选项卡

（5）定义进刀/退刀路径

在【退刀.1】对话框中单击“进刀/退刀路径”选项卡，设置参数，如图 6-58 所示。

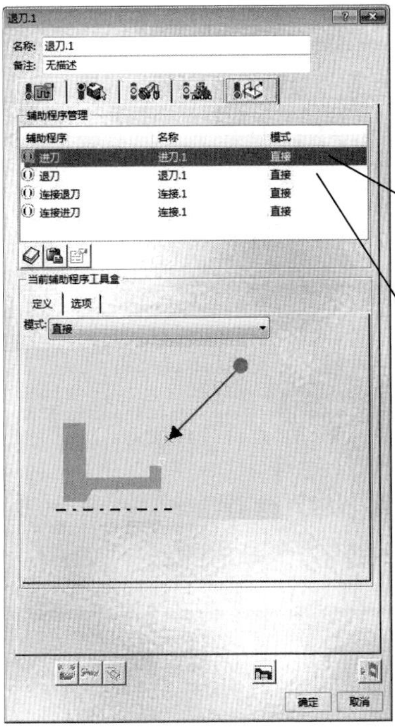

①定义进刀参数。

②定义退刀参数。

图 6-58　“进刀/退刀路径”选项卡

2. 凹槽车削刀路仿真

在【退刀.1】对话框中单击【播放刀具路径】按钮，系统弹出【退刀.1】对话框，且在图形区显示刀路轨迹，如图 6-59 所示。

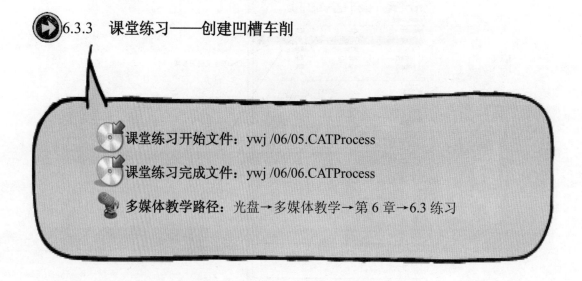

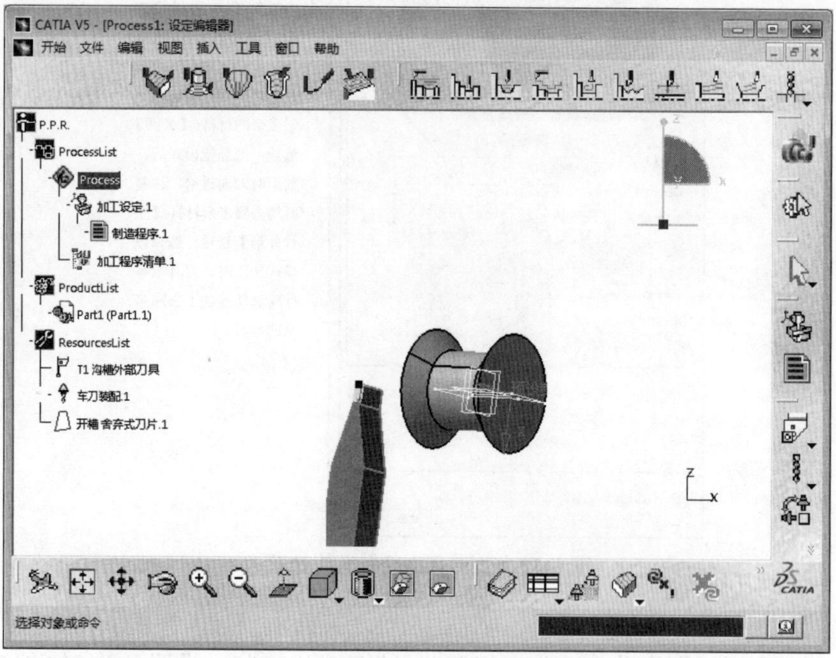

图 6-59 刀路仿真

6.3.3 课堂练习——创建凹槽车削

课堂练习开始文件： ywj /06/05.CATProcess

课堂练习完成文件： ywj /06/06.CATProcess

多媒体教学路径： 光盘→多媒体教学→第 6 章→6.3 练习

Step1 选择加工命令，如图 6-60 所示。

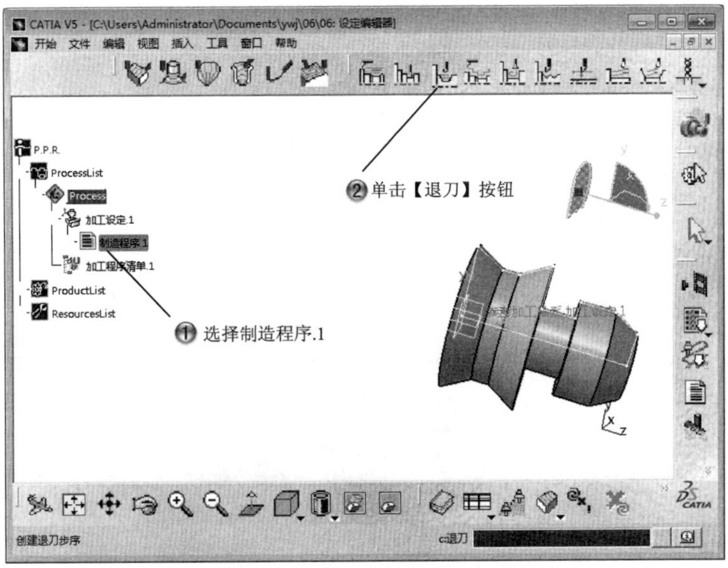

图 6-60　选择加工命令

Step2 选择元件区域，如图 6-61 所示。

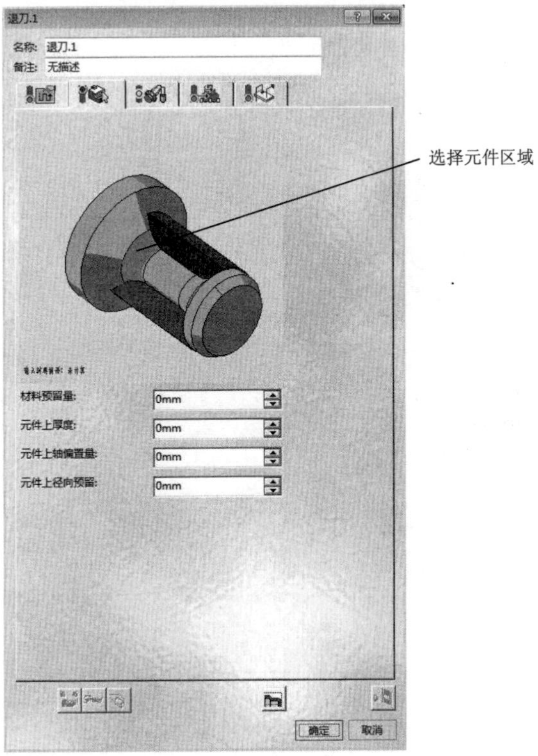

图 6-61　选择元件区域

Step3 选择加工草图，如图 6-62 所示。

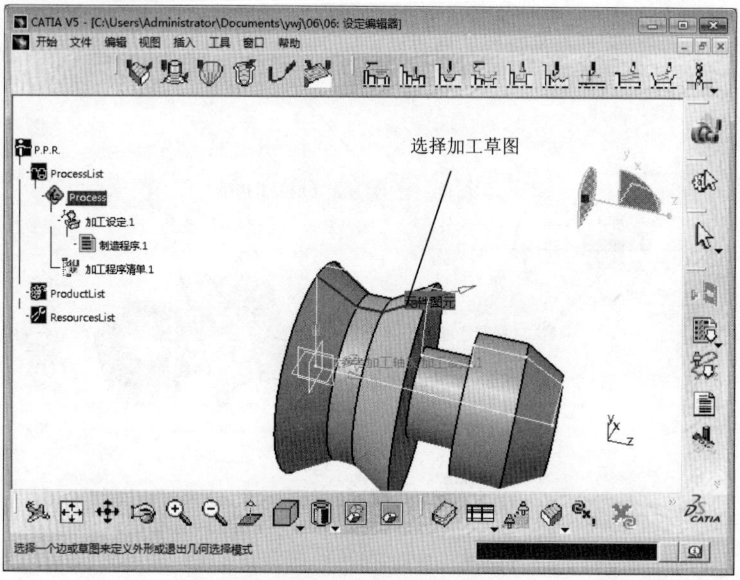

图 6-62　选择加工草图

Step4 选择生料区域，如图 6-63 所示。

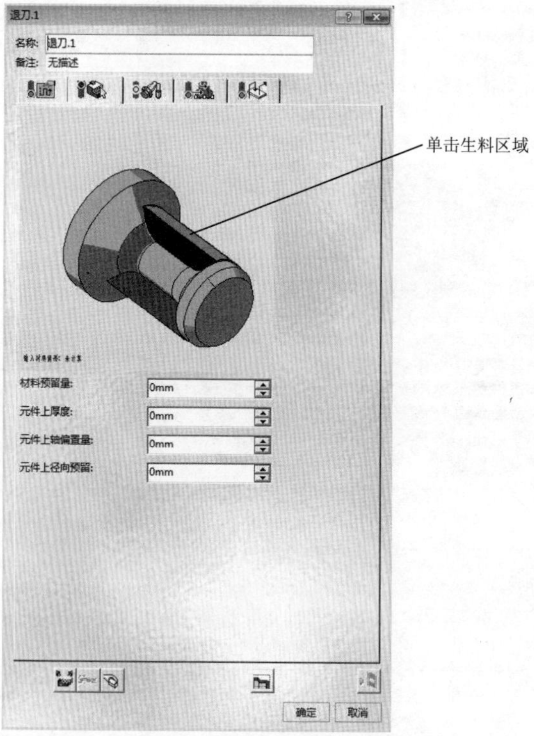

图 6-63　选择生料区域

Step5 选择生料草图，如图 6-64 所示。

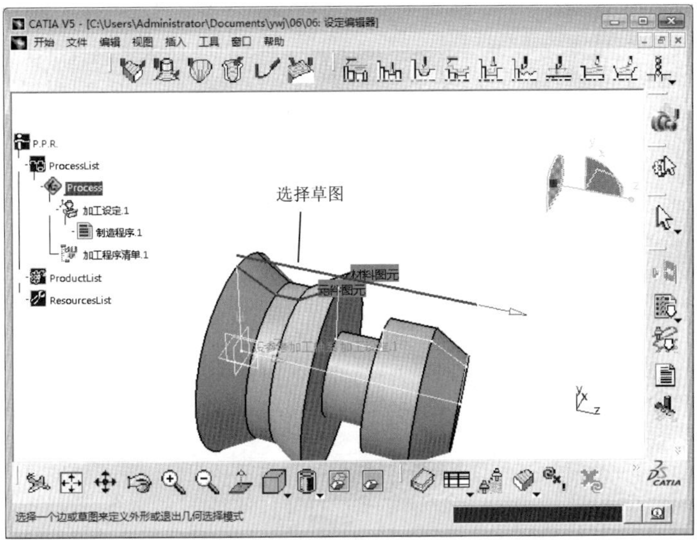

图 6-64 选择生料草图

Step6 设置刀路样式，如图 6-65 所示。

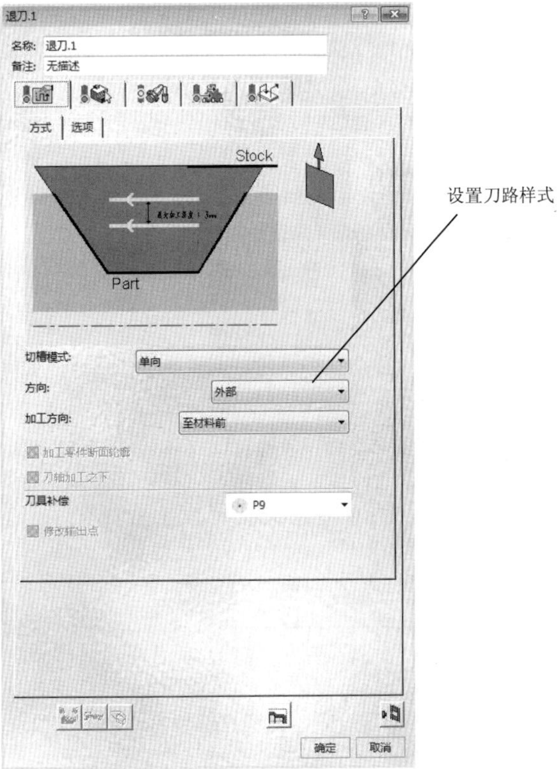

图 6-65 设置刀路样式

Step7 设置刀具参数，如图 6-66 所示。

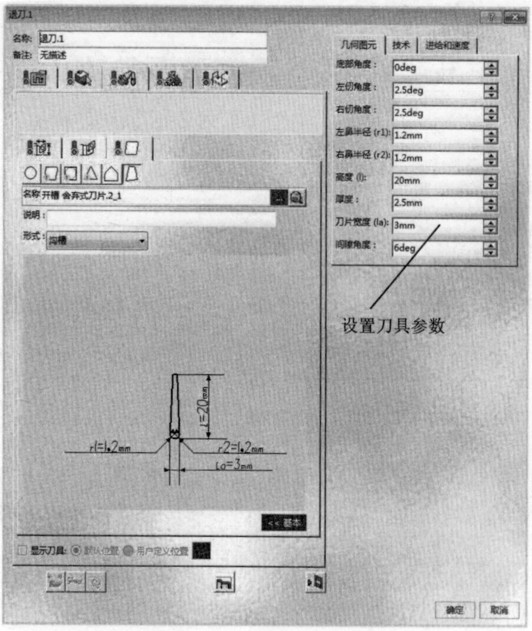

图 6-66　设置刀具参数

Step8 设置进退刀参数，如图 6-67 所示。

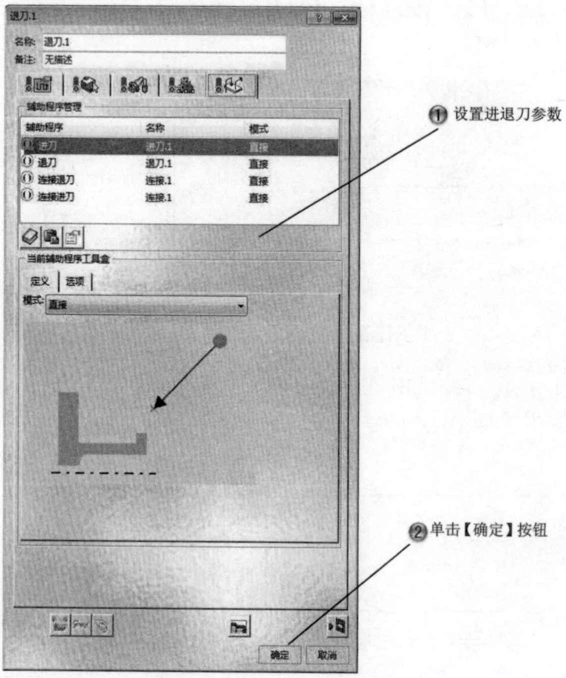

图 6-67　设置进退刀参数

Step9 刀具模拟，如图 6-68 所示。

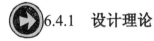

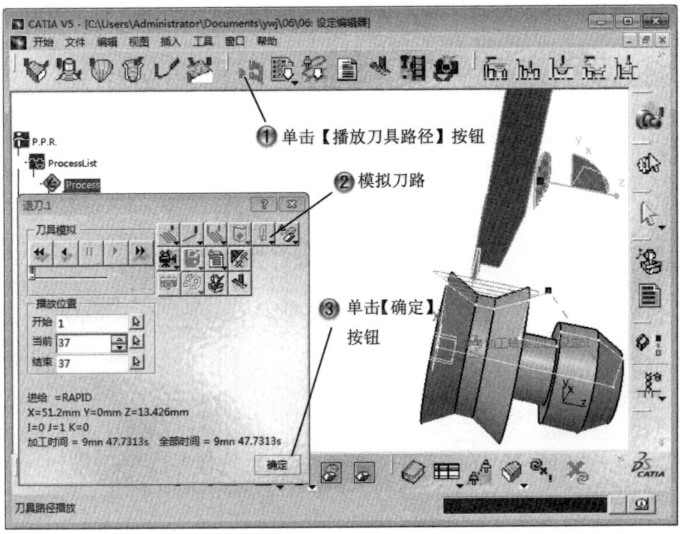
① 单击【播放刀具路径】按钮
② 模拟刀路
③ 单击【确定】按钮

图 6-68　刀具模拟

6.4　轮廓精车加工

基本概念

轮廓精车指的是沿着零件的外形进行精加工切削。

课堂讲解课时：2 课时

6.4.1　设计理论

轮廓精车加工是在【断面轮廓精加工.1】对话框中设置的，必须定义零件轮廓草图。

6.4.2　课堂讲解

1. 轮廓精车设置加工参数

在特征树中选中【制造程序.1】节点，然后选择【插入】|【加工动作】|【精车断面轮廓】菜单命令，插入一个轮廓精车加工操作，系统弹出如图 6-69 所示的【断面轮廓精加工.1】对话框。

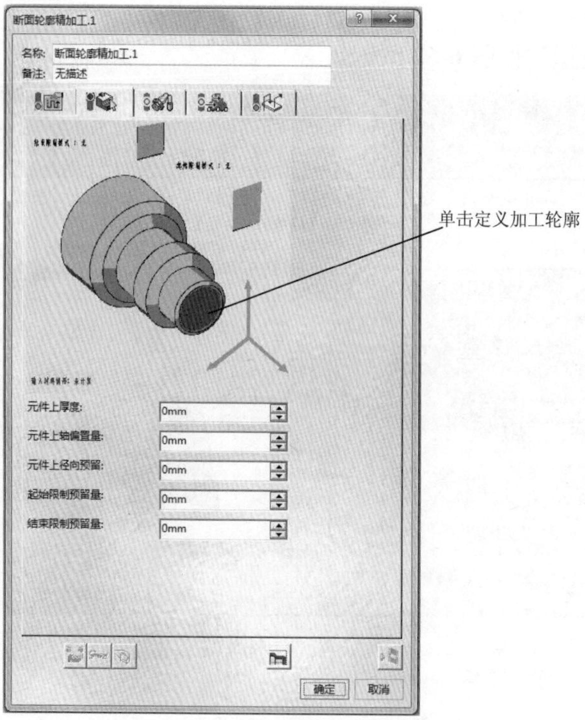

图 6-69 【断面轮廓精加工.1】对话框

（1）定义几何参数。

单击【断面轮廓精加工.1】对话框中的元件图元感应区，系统弹出【边界选择】工具栏。在图形区选择图 6-70 所示的曲线串作为零件轮廓。单击【边界选择】工具栏中的【OK】按钮，系统返回到【断面轮廓精加工.1】对话框。

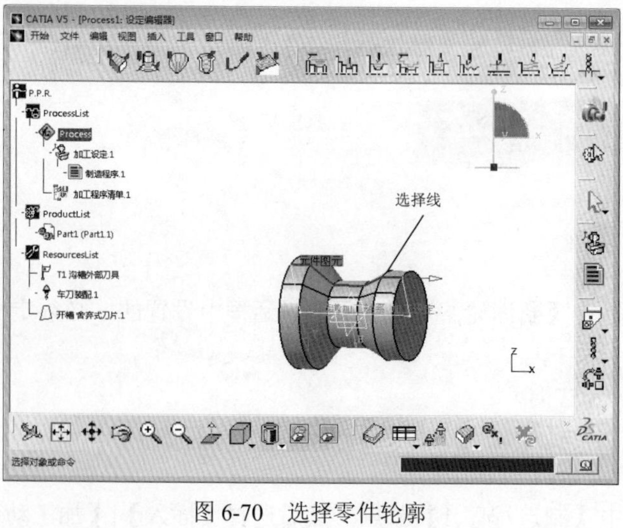

图 6-70 选择零件轮廓

（2）定义刀具参数。

在【断面轮廓精加工.1】对话框中单击“刀具参数”选项卡，设置参数，如图 6-71 所示。

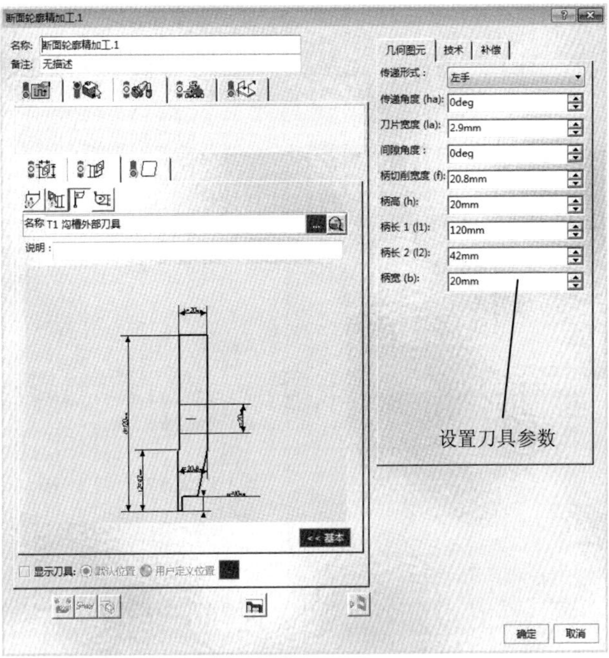

图 6-71　设置刀具参数

（3）定义进给率

在【断面轮廓精加工.1】对话框中单击“进给率”选项卡，在选项卡中设置参数，如图 6-72 所示。

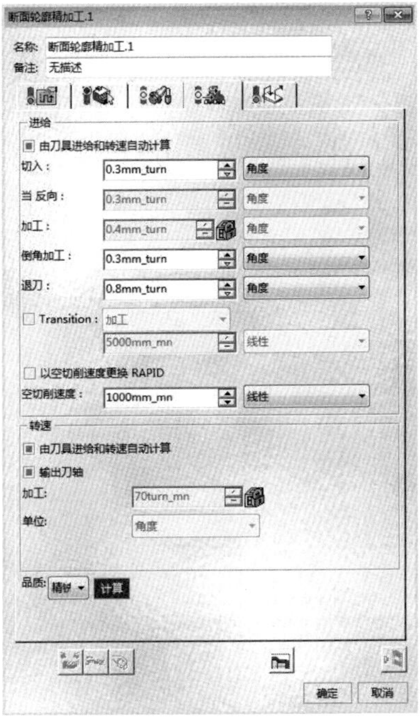

图 6-72　“进给率”选项卡

（4）定义刀具路径参数

在【断面轮廓精加工.1】对话框中单击“刀具路径参数”选项卡，设置参数，如图 6-73 所示。

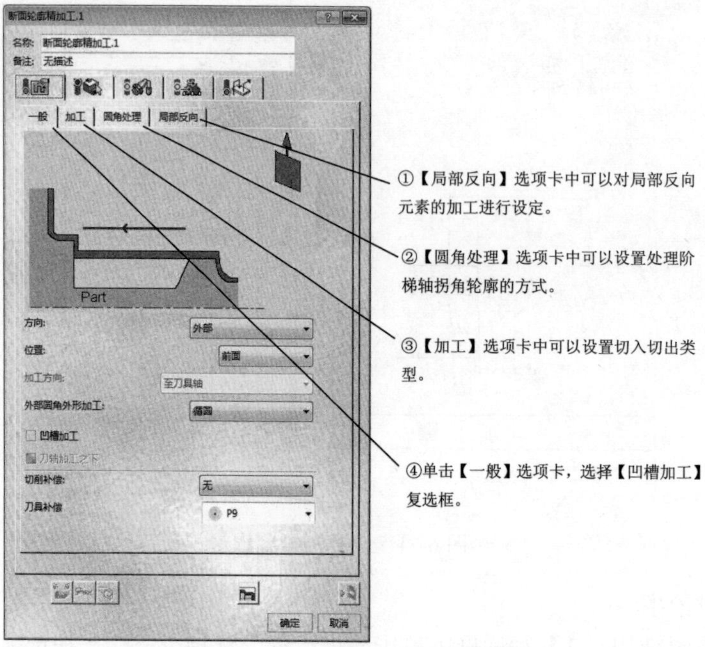

①【局部反向】选项卡中可以对局部反向元素的加工进行设定。
②【圆角处理】选项卡中可以设置处理阶梯轴拐角轮廓的方式。
③【加工】选项卡中可以设置切入切出类型。
④单击【一般】选项卡，选择【凹槽加工】复选框。

图 6-73　“刀具路径参数”选项卡

（5）定义进刀/退刀路径

在【断面轮廓精加工.1】对话框中单击“进刀/退刀路径”选项卡，设置参数，如图 6-74 所示。

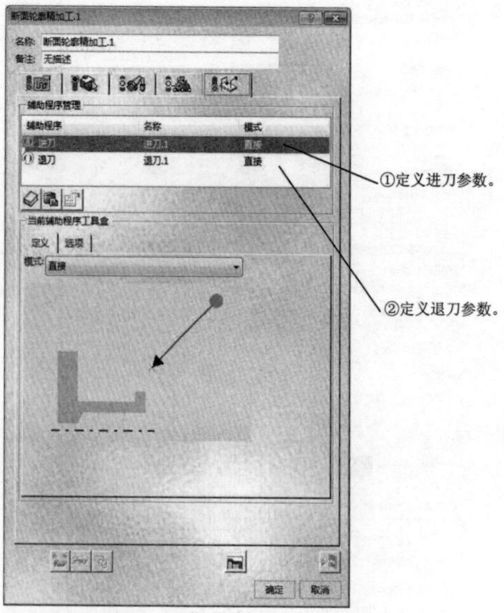

①定义进刀参数。
②定义退刀参数。

图 6-74　“进刀/退刀路径”选项卡

2. 轮廓精车刀路仿真

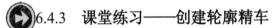

在【断面轮廓精加工.1】对话框中单击【播放刀具路径】按钮，系统弹出【断面轮廓精加工.1】对话框，且在图形区显示刀路轨迹，如图 6-75 所示。

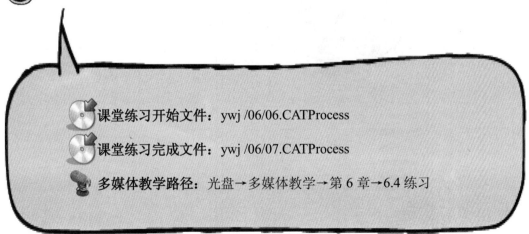

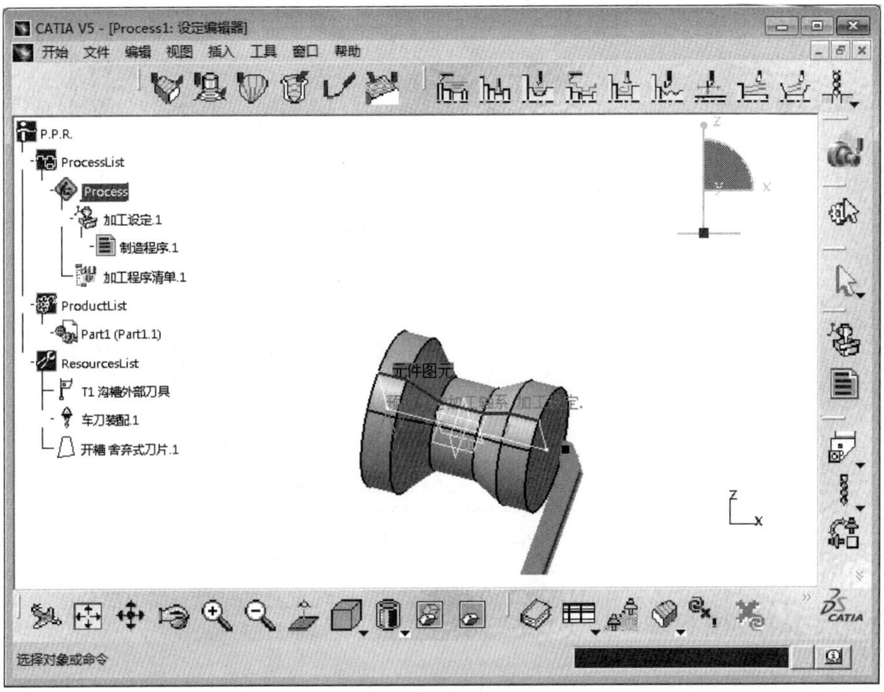

图 6-75　刀路仿真

6.4.3　课堂练习——创建轮廓精车

课堂练习开始文件： ywj /06/06.CATProcess

课堂练习完成文件： ywj /06/07.CATProcess

多媒体教学路径： 光盘→多媒体教学→第 6 章→6.4 练习

Step1 选择加工命令，如图 6-76 所示。

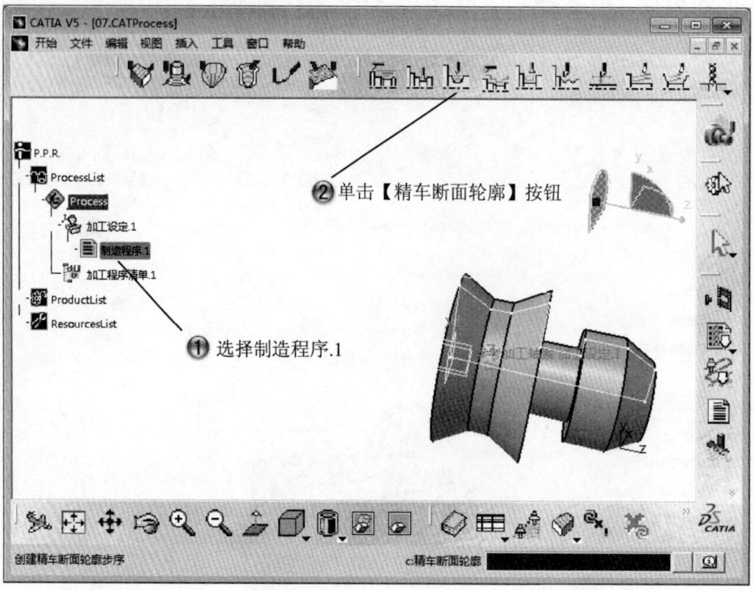

图 6-76 选择加工命令

Step2 选择元件区域，如图 6-77 所示。

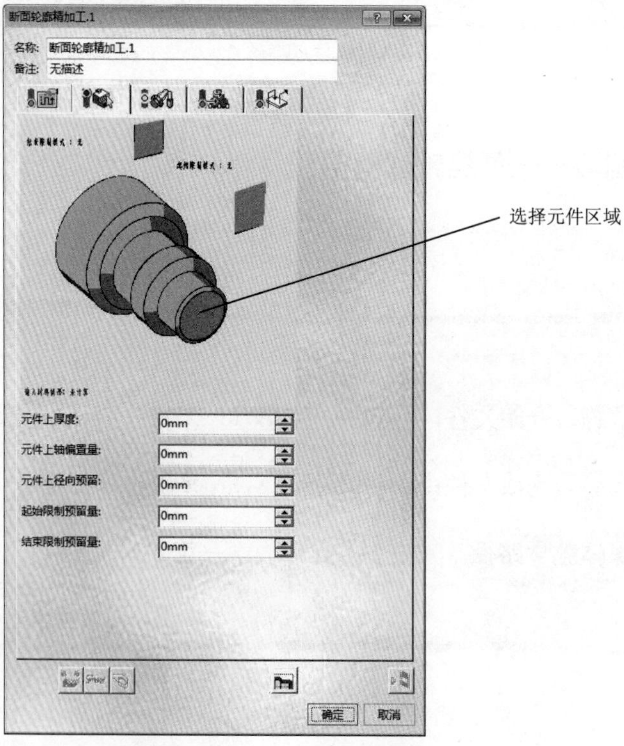

图 6-77 选择元件区域

Step3 选择加工草图，如图 6-78 所示。

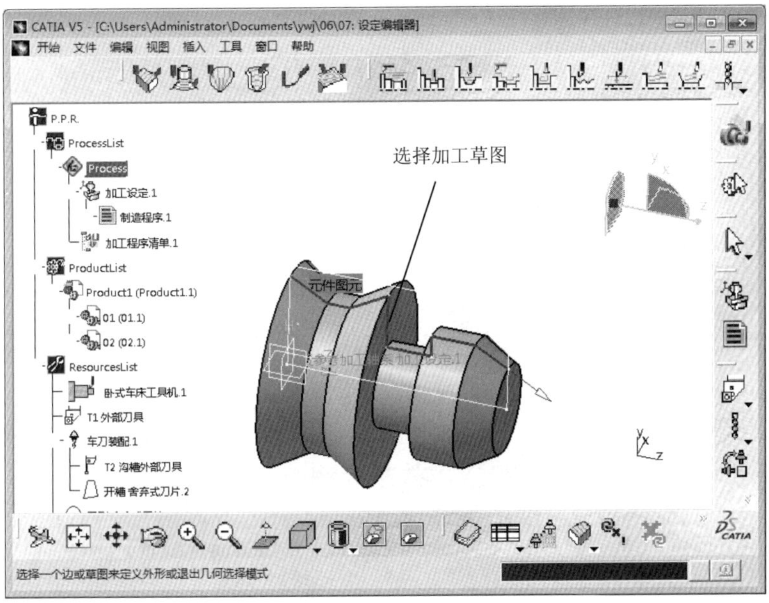

图 6-78　选择加工草图

Step4 设置刀具参数，如图 6-79 所示。

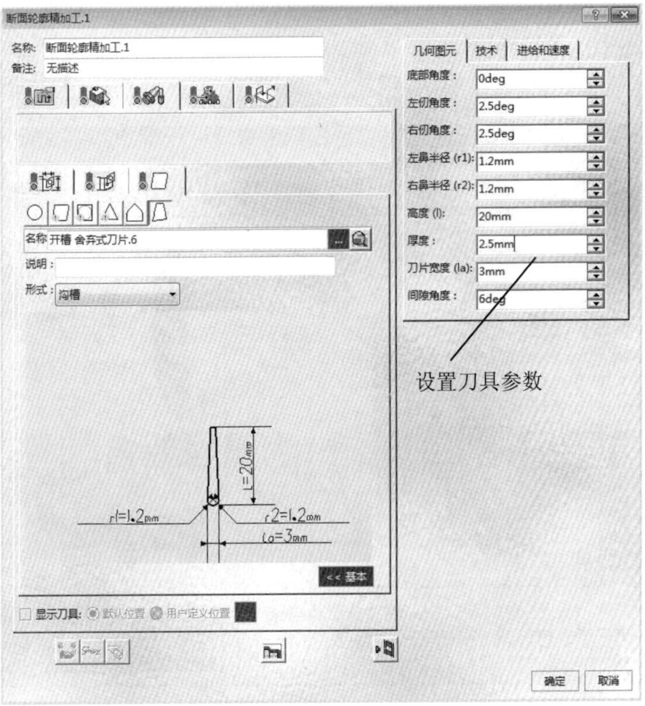

图 6-79　设置刀具参数

Step5 设置刀路样式，如图 6-80 所示。

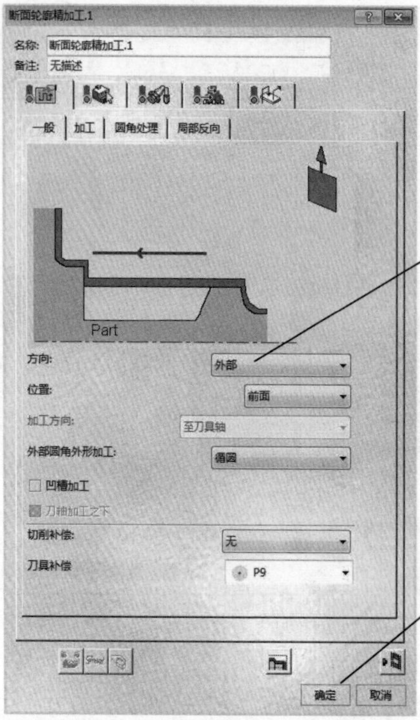

图 6-80　设置刀路样式

Step6 刀具模拟，如图 6-81 所示。

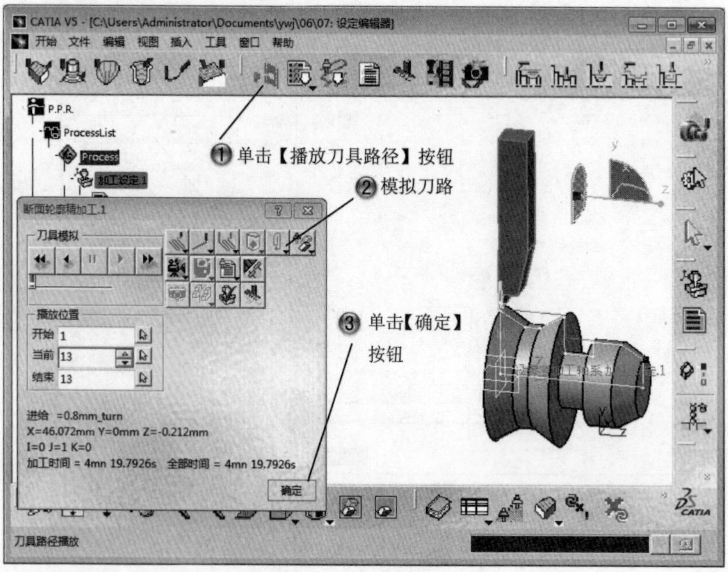

图 6-81　刀具模拟

6.5　专家总结

本章主要介绍了车削加工的多种方式。车床加工主要用车刀对旋转的工件进行车削加工。在车床上还可用钻头、扩孔钻、铰刀、丝锥、板牙和滚花工具等进行相应的加工。车床主要用于加工轴、盘、套和其他具有回转表面的工件，是机械制造和修配工厂中使用最广的一类机床加工。

6.6　课后习题

6.6.1　填空题

（1）车削加工成功的关键是________。

（2）沟槽车削的刀具是________。

（3）常见的车削表面程序有________、________、________、________。

6.6.2　问答题

（1）粗车和轮廓精车的区别是什么？

（2）车削零件特征的轮廓由什么特征生成？

6.6.3　上机操作题

如图 6-82 所示，使用本章学过的知识来创建杆件的加工程序。

练习步骤和方法：

（1）创建杆件零件。

（2）创建杆件粗加工。

（3）创建凹槽加工程序。

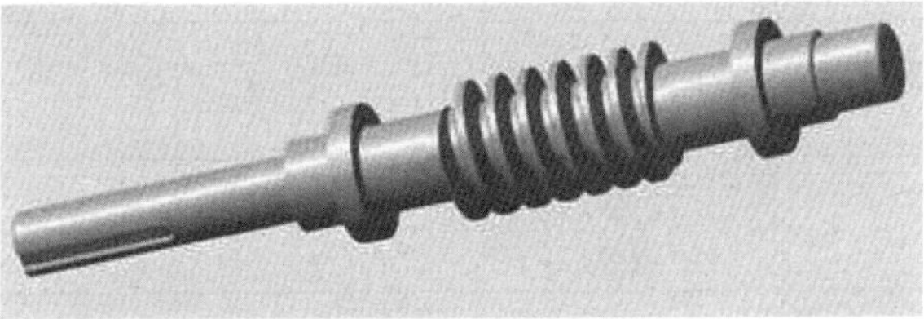

图 6-82　杆件

第 7 章　车削加工进阶

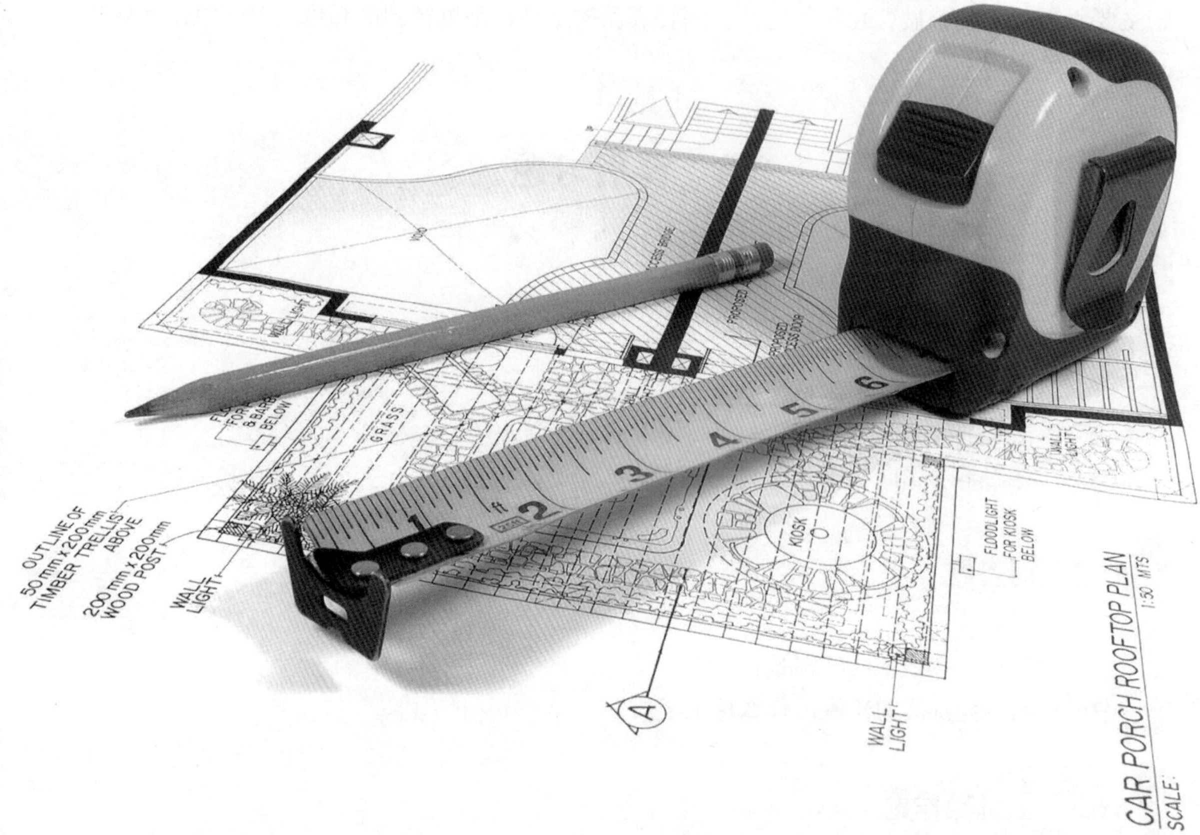

课训目标	内　容	掌握程度	课　时
	顺序车削	熟练运用	2
	斜升车加工	熟练运用	2
	沟槽精车加工	熟练运用	2

课程学习建议

本章将介绍车削加工中的顺序车削、斜升粗车加工和轮廓精车加工。数控车削车刀常用的一般分为成形车刀、尖形车刀、圆弧形车刀三类。目前，数控机床上大多使用系列化、标准化刀具，对可转位机夹外圆车刀、端面车刀等的刀柄和刀头都有国家标准及系列化型号。对于加工中心及有自动换刀装置的机床，刀具的刀柄都已有系列化和标准化的规定。

本课程主要基于软件的车床数控加工模块来讲解，其培训课程表如下。

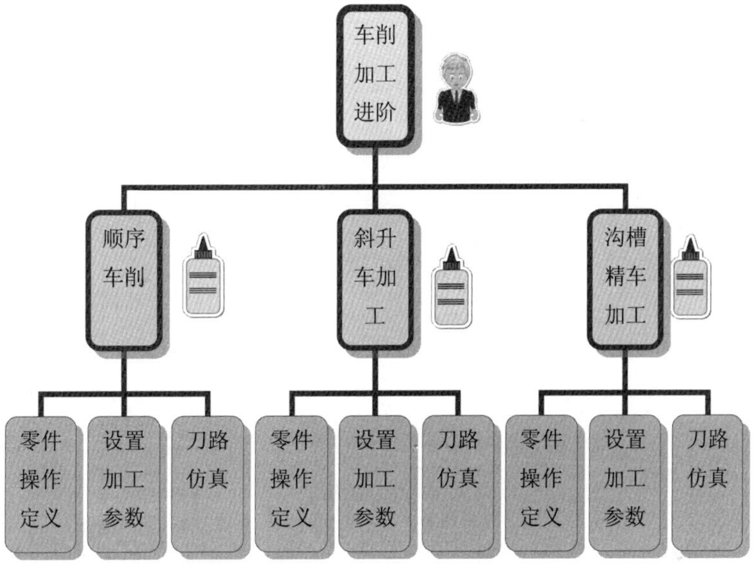

7.1 顺序车削

基本概念

顺序车削加工可以加工零件的曲面部分。

课堂讲解课时：2 课时

7.1.1 设计理论

顺序车削加工是在【车床顺序.1】对话框中设置的，必须定义零件坐标点和毛坯轮廓草图。

7.1.2 课堂讲解

1. 顺序车削设置加工参数

（1）设置加工参数

在特征树中选中【制造程序.1】节点，然后选择【插入】|【加工动作】|【车床循序加工】菜单命令，插入一个顺序车削加工操作，系统弹出图 7-1 所示的【车床顺序.1】对话框。

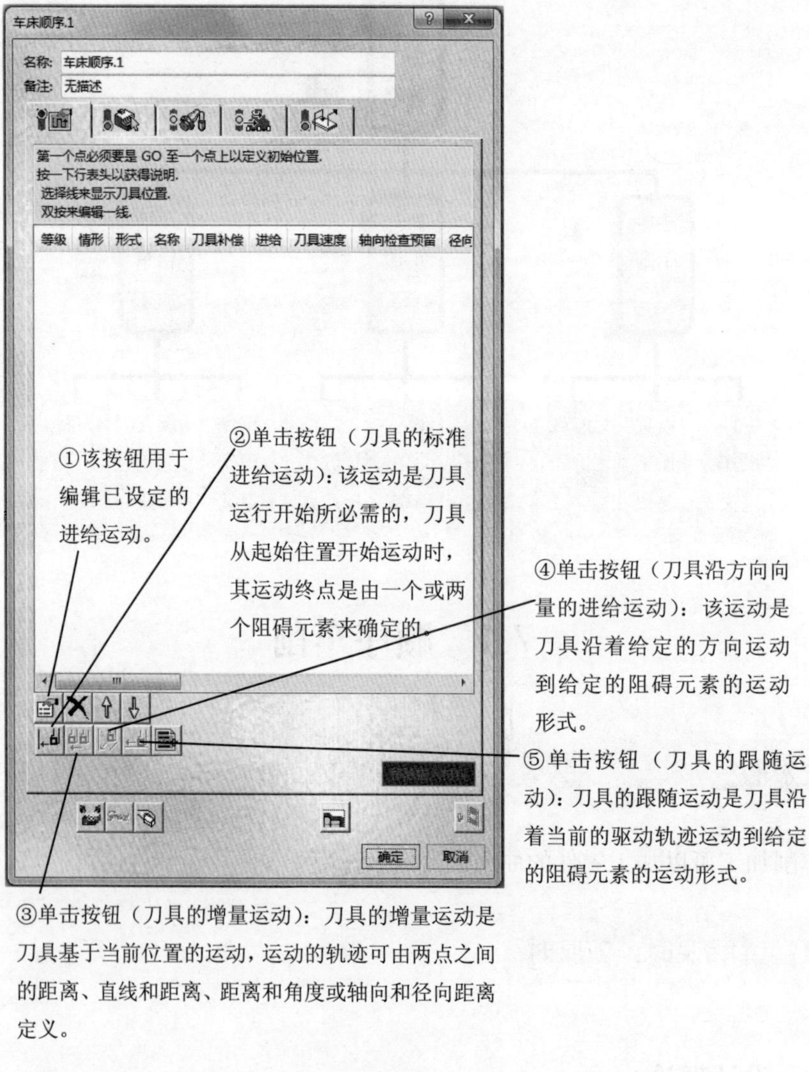
车床顺序.1
名称: 车床顺序.1
备注: 无描述
第一个点必须要是 GO 至一个点上以定义初始位置.
按一下行表头以获得说明.
选择线来显示刀具位置.
双按来编辑一线.
等级 情形 形式 名称 刀具补偿 进给 刀具速度 轴向检查预留 径向
确定 取消
①该按钮用于编辑已设定的进给运动。
②单击按钮（刀具的标准进给运动）：该运动是刀具运行开始所必需的，刀具从起始住置开始运动时，其运动终点是由一个或两个阻碍元素来确定的。
④单击按钮（刀具沿方向向量的进给运动）：该运动是刀具沿着给定的方向运动到给定的阻碍元素的运动形式。
⑤单击按钮（刀具的跟随运动）：刀具的跟随运动是刀具沿着当前的驱动轨迹运动到给定的阻碍元素的运动形式。
③单击按钮（刀具的增量运动）：刀具的增量运动是刀具基于当前位置的运动，运动的轨迹可由两点之间的距离、直线和距离、距离和角度或轴向和径向距离定义。

图 7-1 【车床顺序.1】对话框

（2）刀具路径参数设置。

在【车床顺序.1】对话框中单击“刀具路径”选项卡，单击按钮，系统弹出

图 7-2 所示的【标准.1】对话框。

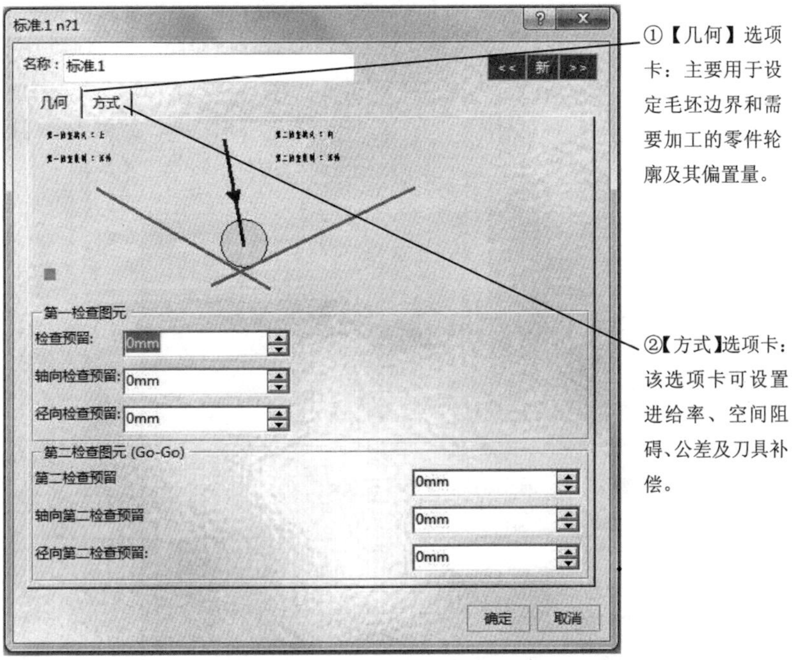

图 7-2 【标准.1】对话框

在图形区中选取直线 1 和曲线 2 作为阻碍元素 1 和阻碍元素 2，并选择点，单击【标准.1】对话框中的【确定】按钮，如图 7-3 所示。

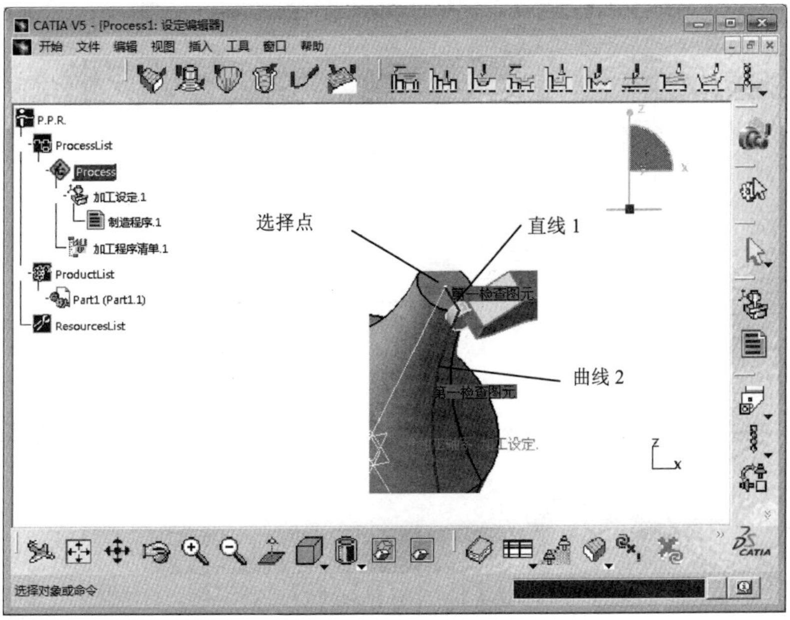

图 7-3 选择点和阻碍元素

（3）设置刀路和刀具参数。

单击“几何参数”选项卡，采用系统默认的参数。单击“刀具参数”选项卡，采用系统默认的参数。

（4）定义进给率

在【车床顺序.1】对话框中单击“进给率”选项卡，在选项卡中设置参数，如图 7-4 所示。

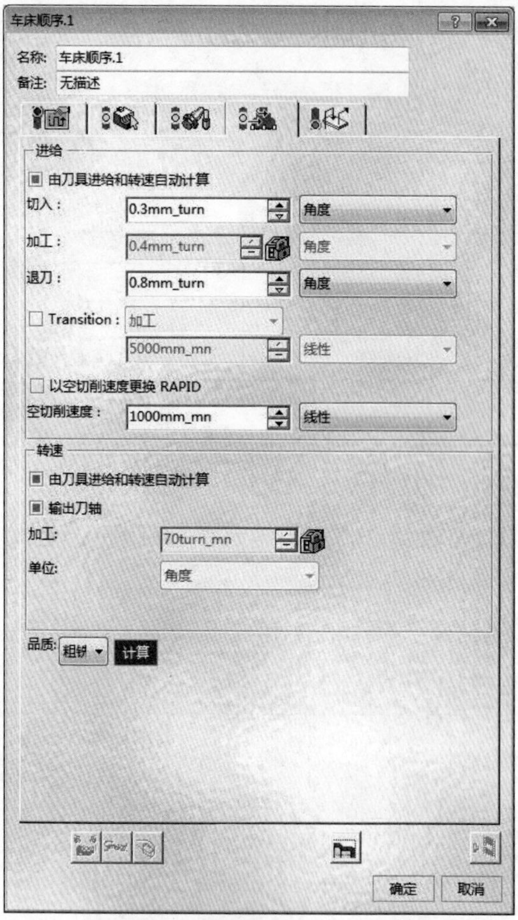

图 7-4 “进给率”选项卡

（5）定义进刀/退刀路径

在【车床顺序.1】对话框中单击“进刀/退刀路径”选项卡，设置参数，如图 7-5 所示。

2. 顺序车削刀路仿真

在【车床顺序.1】对话框中单击【播放刀具路径】按钮，系统弹出【车床顺序.1】对话框，且在图形区显示刀路轨迹，如图 7-6 所示。

①定义进刀参数。

②定义退刀参数。

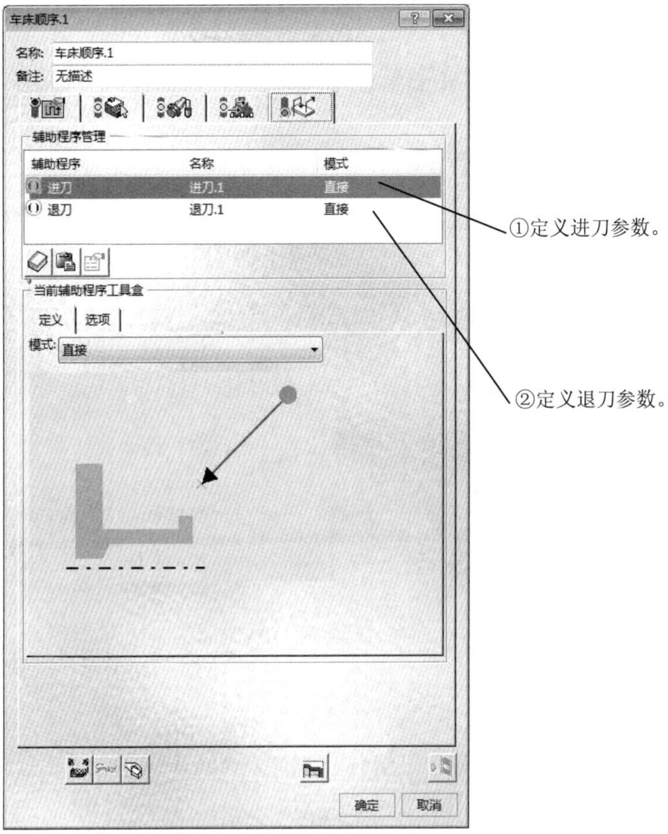

图 7-5 "进刀/退刀路径"选项卡

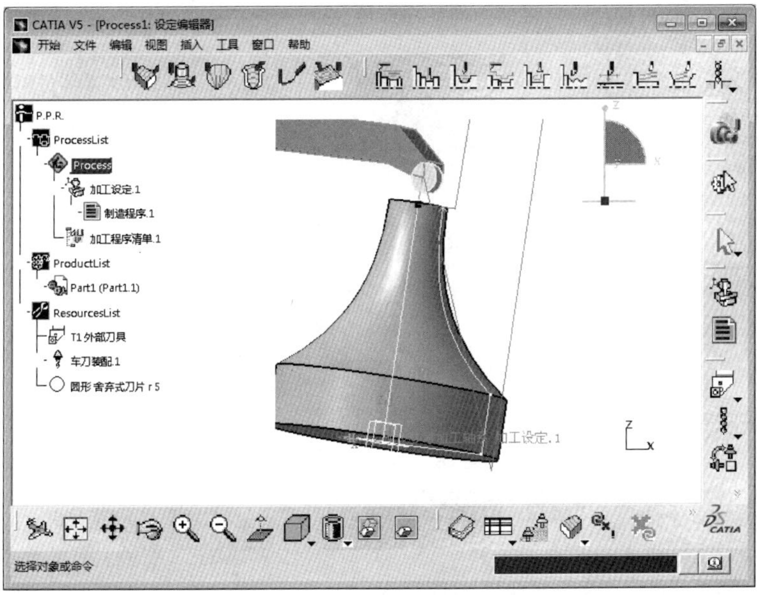

图 7-6 刀路仿真

7.1.3 课堂练习——创建顺序车削

课堂练习开始文件： ywj /07/01.CATPart、02.CATPart、03.CATProduct

课堂练习完成文件： ywj /07/04.CATProcess

多媒体教学路径： 光盘→多媒体教学→第 7 章→7.1 练习

Step1 打开零件，如图 7-7 所示。

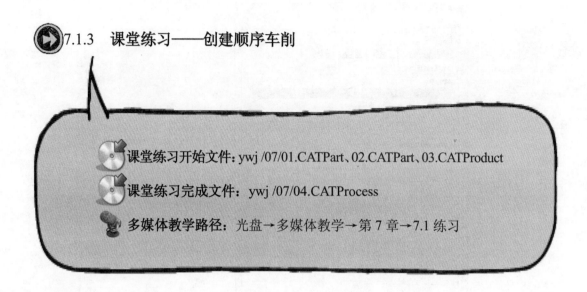

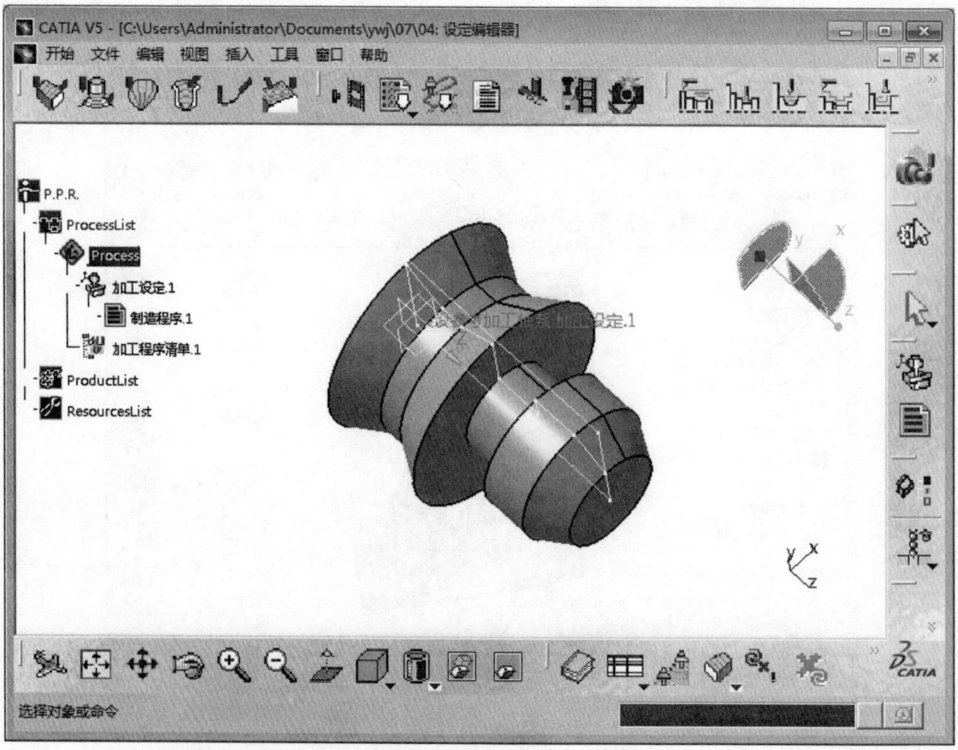

图 7-7 打开零件

Step2 选择加工命令，如图 7-8 所示。

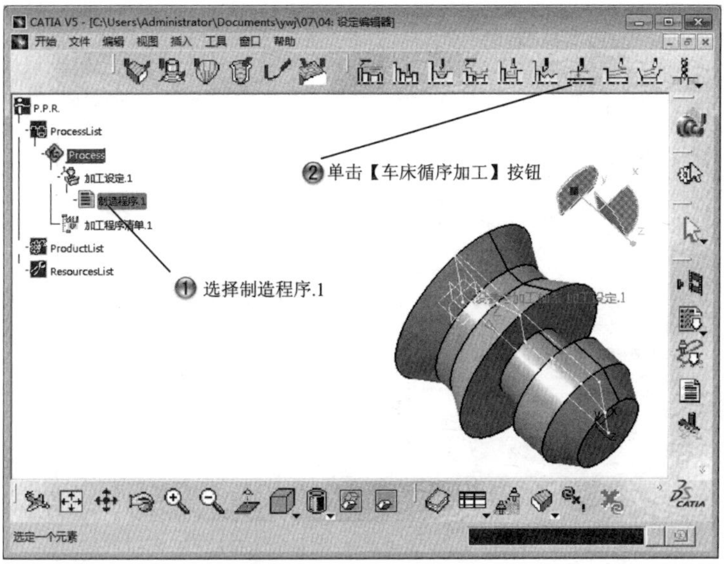

图 7-8　选择加工命令

Step3 选择标准 go 按钮，如图 7-9 所示。

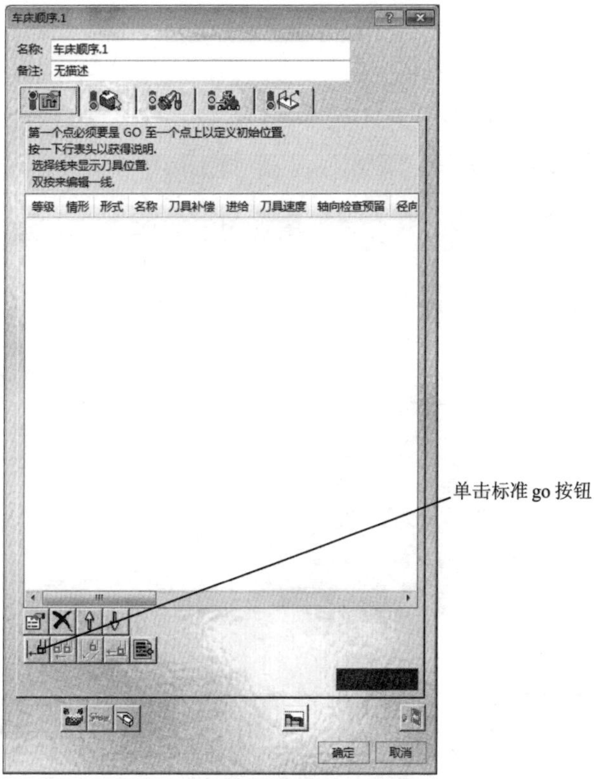

图 7-9　选择标准 go 按钮

Step4 单击限制线，如图 7-10 所示。

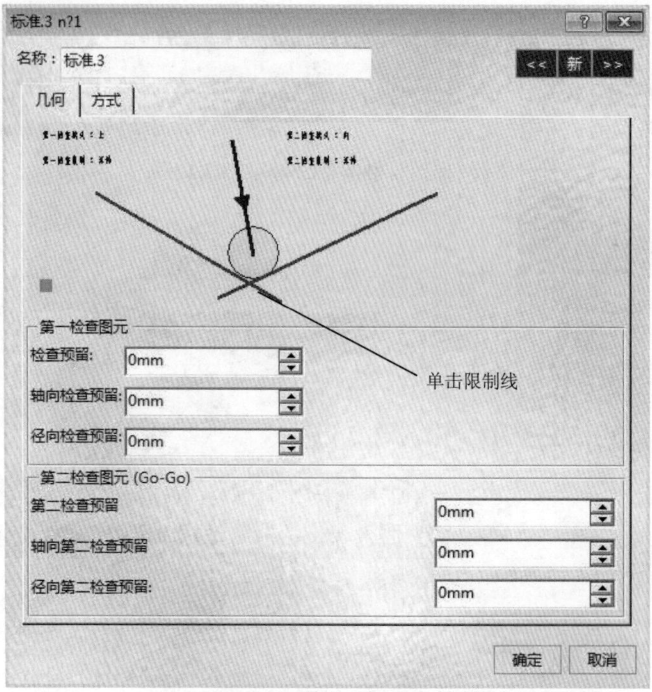

图 7-10 单击限制线

Step5 选择加工草图，如图 7-11 所示。

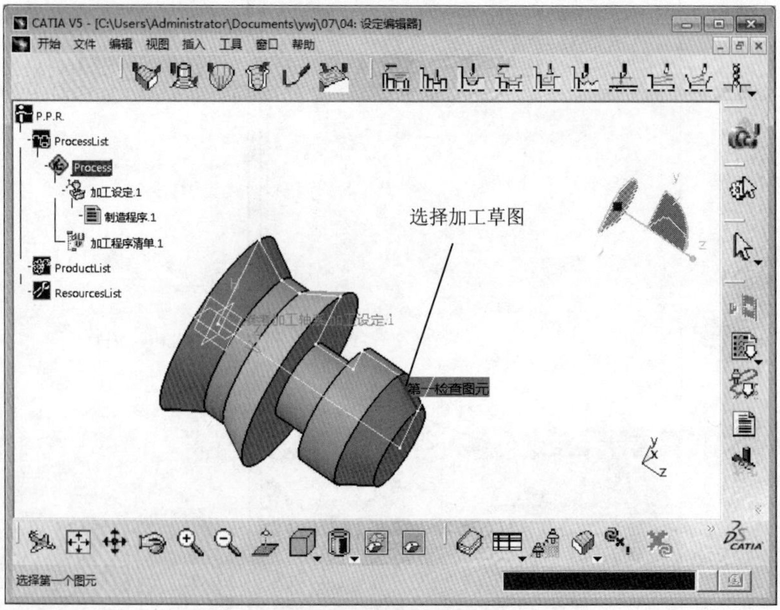

图 7-11 选择加工草图

Step6 设置刀具参数，如图 7-12 所示。

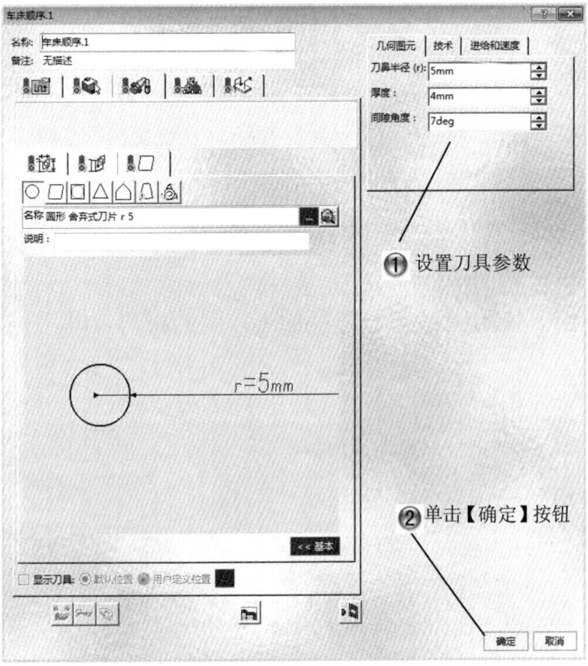

图 7-12 设置刀具参数

Step7 刀具模拟，如图 7-13 所示。

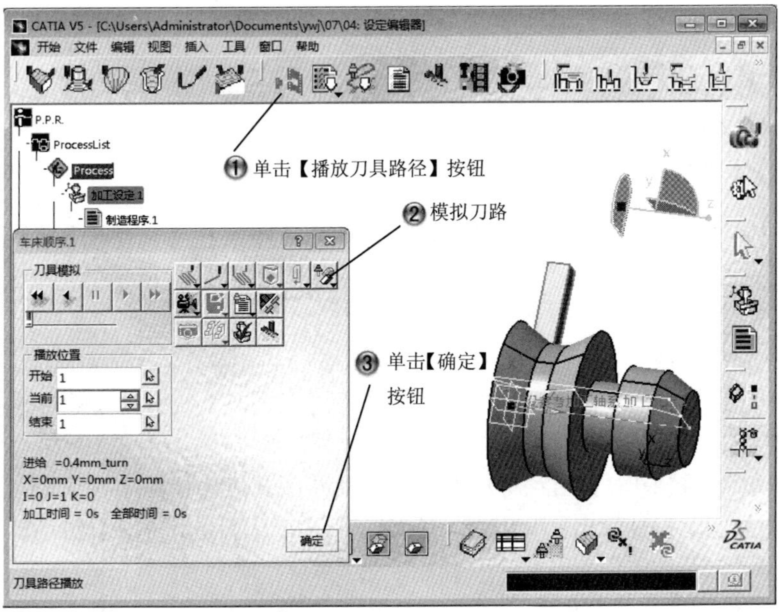

图 7-13 刀具模拟

7.2 斜升车加工

基本概念

斜升粗车加工适用于使用圆形陶瓷刀片加工较硬的材料，其刀路沿着一定的角度倾斜提升。

课堂讲解课时：2 课时

7.2.1 设计理论

斜升粗车加工是在【车床斜进粗车.1】对话框中设置的，必须定义零件轮廓草图。

7.2.2 课堂讲解

1. 斜升粗车设置加工参数

在特征树中选中【制造程序.1】节点，然后选择【插入】|【加工动作】|【车床斜进粗车】菜单命令，插入一个斜升粗车加工操作，系统弹出如图 7-14 所示的【车床斜进粗车.1】对话框。

（1）定义几何参数。

单击【车床斜进粗车.1】对话框中的元件图元感应区，系统弹出【边界选择】工具栏，在图形区选择图 7-15 所示的曲线串作为零件轮廓。

单击【车床斜进粗车.1】对话框中的材料图元感应区，选择图 7-15 所示的直线作为毛坯边界，在图形区空白处双击鼠标左键，系统回到【车床斜进粗车.1】对话框。

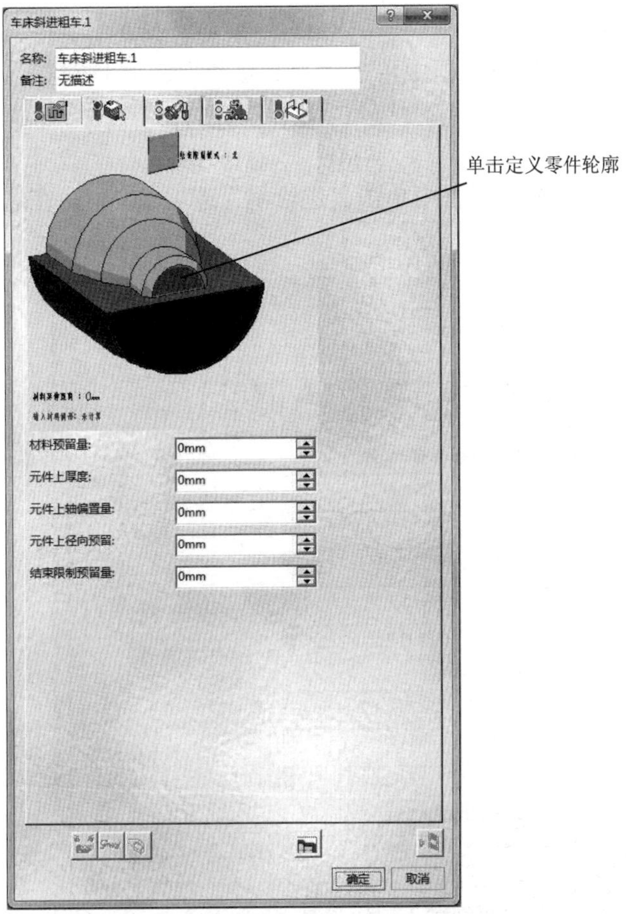

图 7-14 【车床斜进粗车.1】对话框

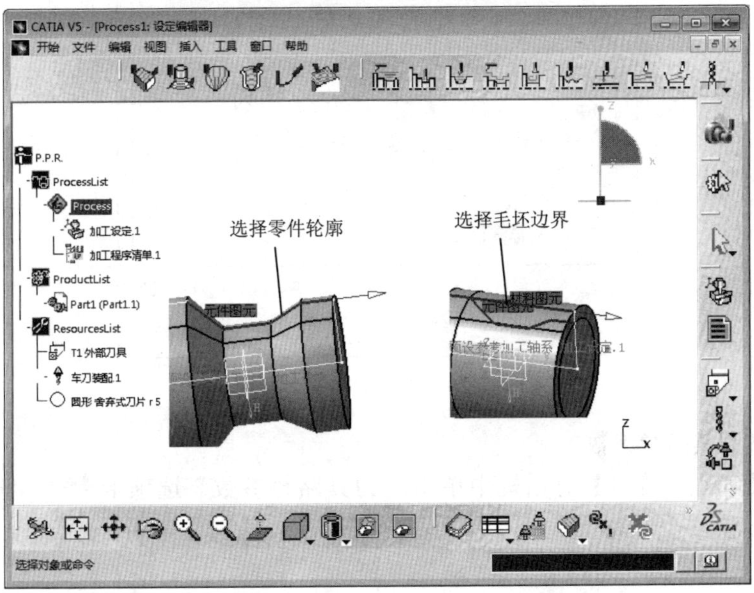

图 7-15 选择零件轮廓和毛坯边界

（2）定义刀具参数。

在【车床斜进粗车.1】对话框中单击“刀具参数”选项卡，采用系统默认参数设置。

（3）定义进给率。

在【车床斜进粗车.1】对话框中单击“进给率”选项卡，在选项卡中设置参数，如图 7-16 所示。

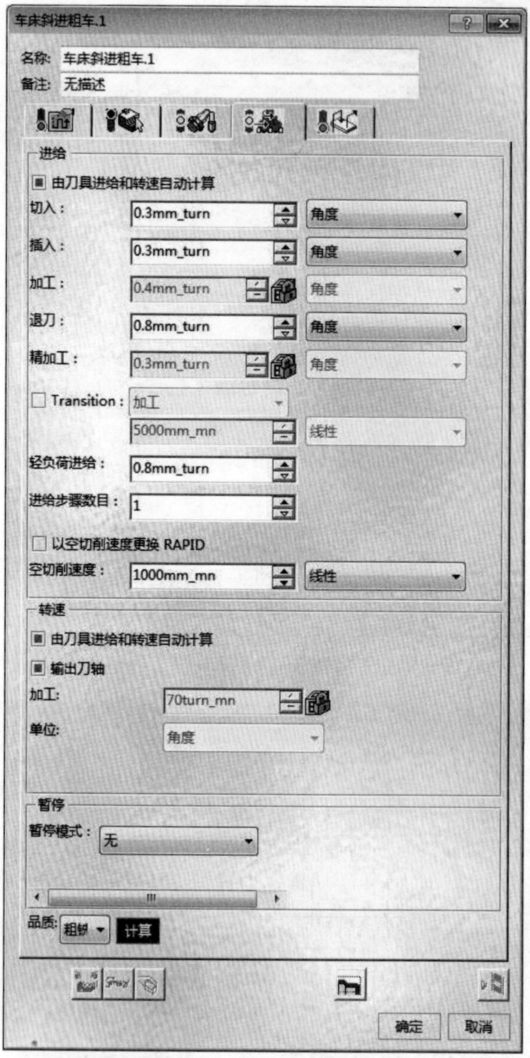

图 7-16 “进给率”选项卡

（4）定义刀具路径参数。

在【车床斜进粗车.1】对话框中单击“刀具路径参数”选项卡，设置参数，如图 7-17 所示。

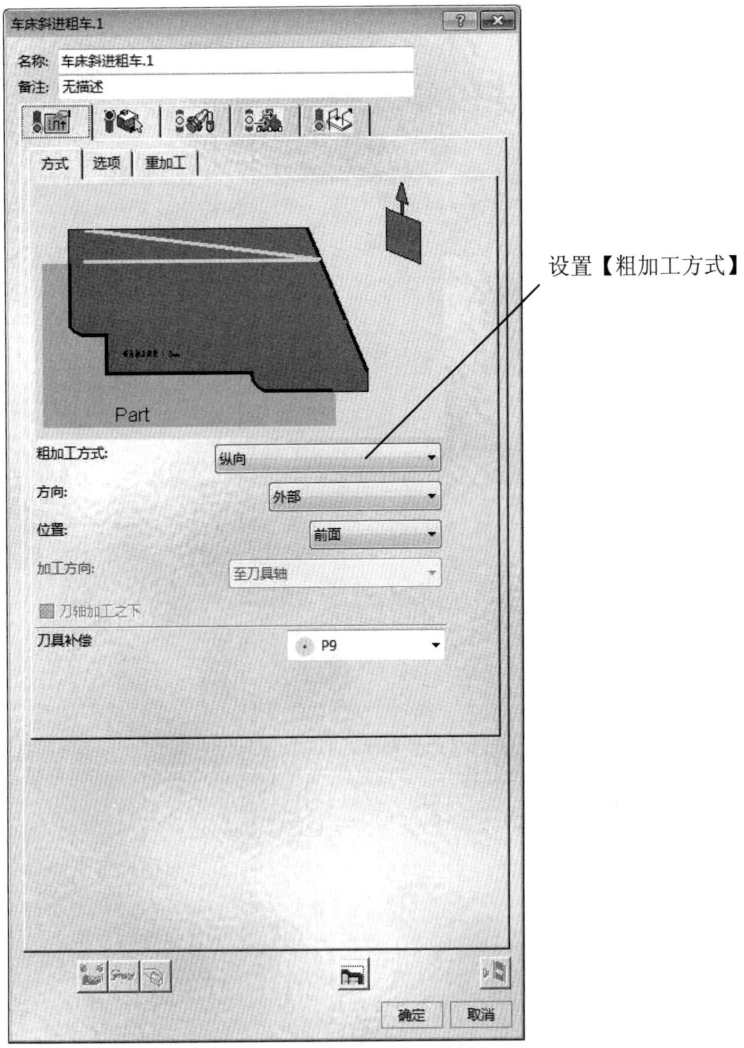

图 7-17 “刀具路径参数”选项卡

（5）定义进刀/退刀路径。

在【车床斜进粗车.1】对话框中单击“进刀/退刀路径”选项卡，设置参数，如图 7-18 所示。

2. 斜升粗车刀路仿真

在【车床斜进粗车.1】对话框中单击【播放刀具路径】按钮，系统弹出【车床斜进粗车.1】对话框，且在图形区显示刀路轨迹，如图 7-19 所示。

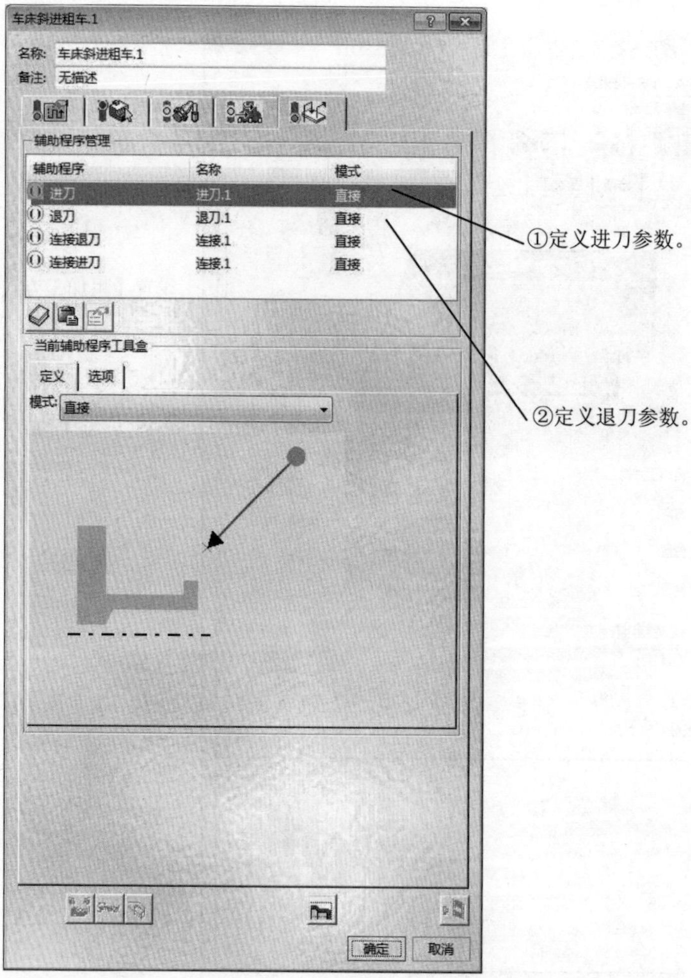

图 7-18 “进刀/退刀路径”选项卡

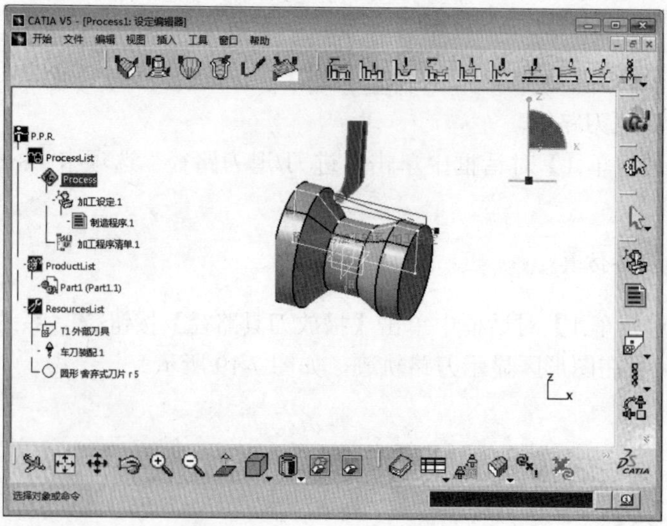

图 7-19 刀路仿真

7.2.3 课堂练习——创建斜升车加工

课堂练习开始文件： ywj /07/04.CATProcess

课堂练习完成文件： ywj /07/05.CATProcess

多媒体教学路径： 光盘→多媒体教学→第 7 章→7.2 练习

Step 1 选择加工命令，如图 7-20 所示。

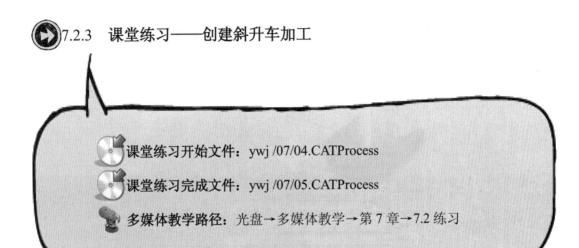

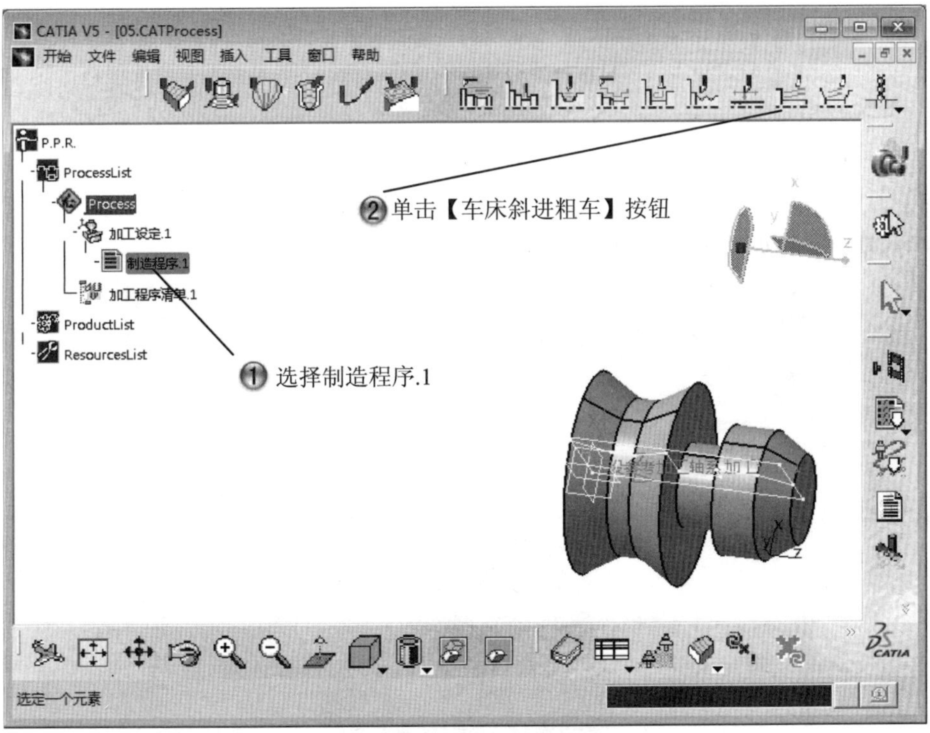

图 7-20 选择加工命令

Step2 选择元件区域，如图 7-21 所示。

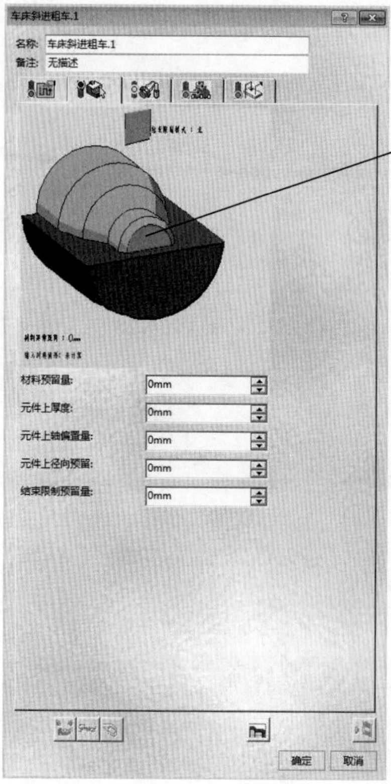

图 7-21 选择元件区域

Step3 选择加工草图，如图 7-22 所示。

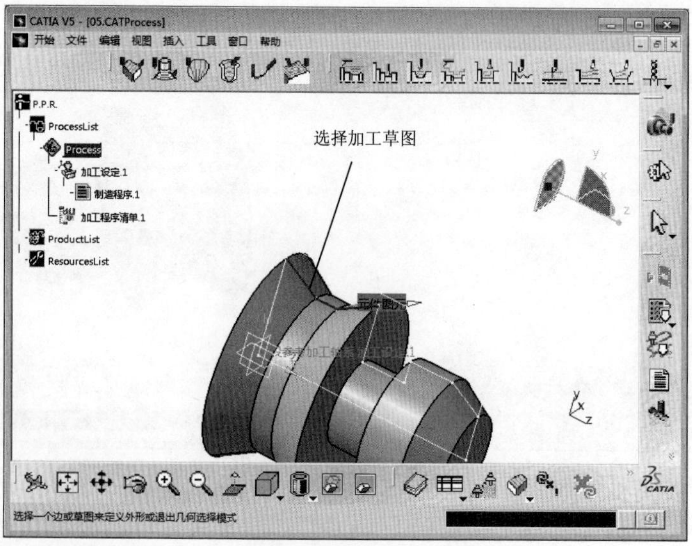

图 7-22 选择加工草图

Step4 选择材料区域，图 7-23 所示。

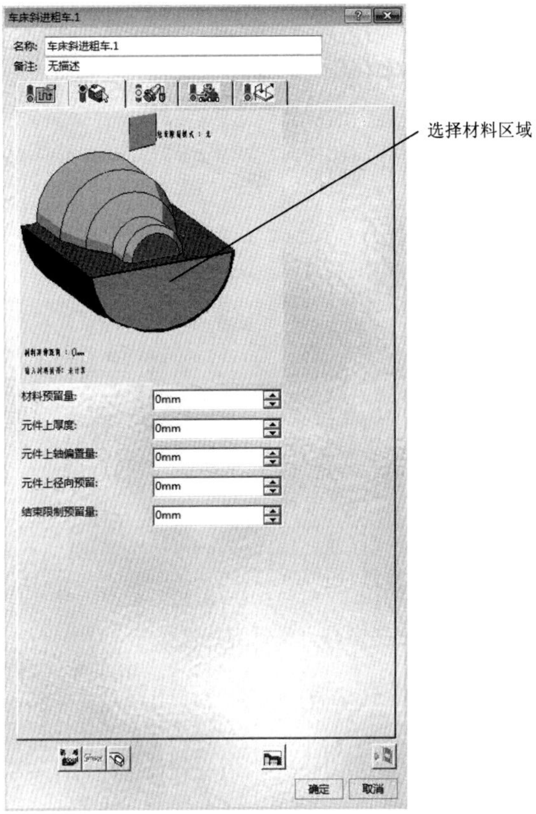

图 7-23　选择材料区域

Step5 选择材料草图，如图 7-24 所示。

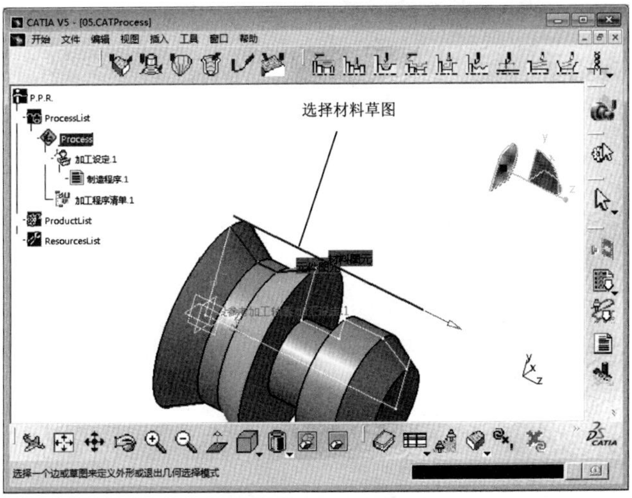

图 7-24　选择材料草图

Step6 设置刀具参数，如图 7-25 所示。

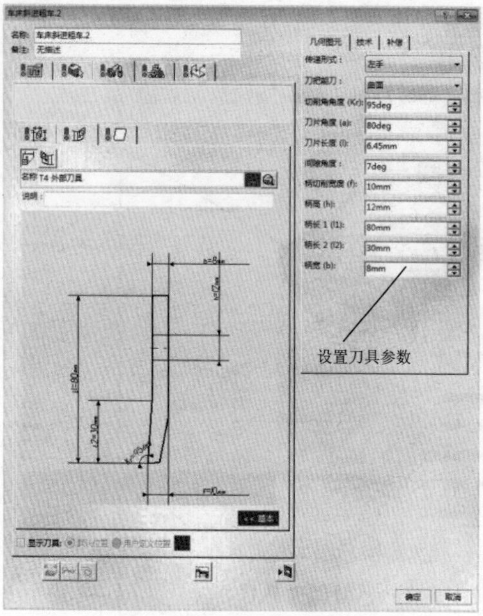
设置刀具参数

图 7-25　设置刀具参数

Step7 设置刀路样式，如图 7-26 所示。

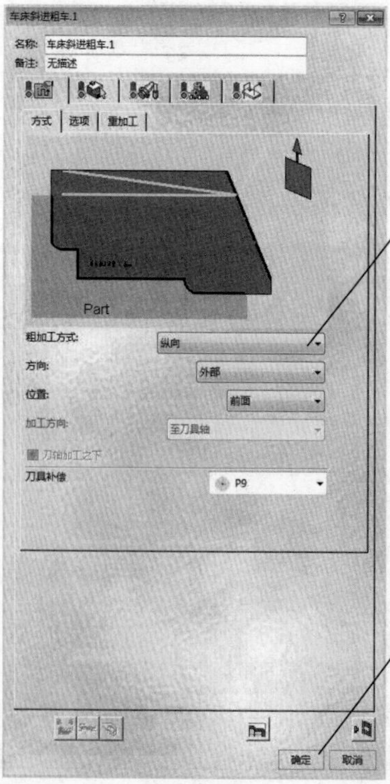
① 设置刀路样式
② 单击【确定】按钮

图 7-26　设置刀路样式

Step8 刀具模拟，如图 7-27 所示。

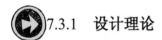

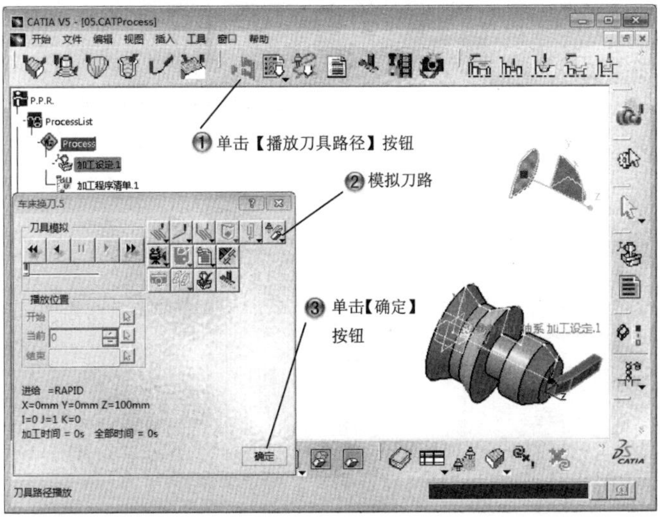

图 7-27 刀具模拟

7.3 沟槽精车加工

基本概念

沟槽精车加工指的是元件轮廓只选取沟槽加工曲线的车削过程。

课堂讲解课时：2 课时

7.3.1 设计理论

沟槽精车加工是在【车槽精加工.1】对话框中设置的，必须定义零件轮廓草图和限制点。

7.3.2 课堂讲解

1. 沟槽精车设置加工参数

在特征树中选中【制造程序.1】节点，然后选择【插入】|【加工动作】|【精车槽】菜单命令，插入一个沟槽精车加工操作，系统弹出如图 7-28 所示的【车槽精加工.1】对话框。

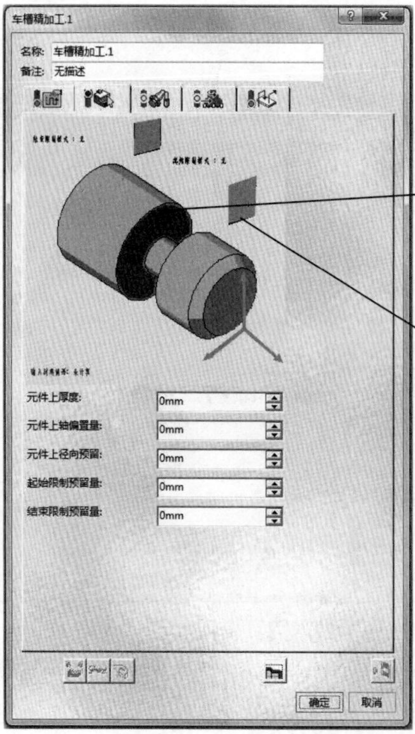

图 7-28 【车槽精加工.1】对话框

（1）定义几何参数。

单击【车槽精加工.1】对话框中的元件图元感应区，系统弹出【边界选择】工具栏。在图形区选择图 7-29 所示的曲线串作为零件轮廓。单击【边界选择】工具栏中的【OK】按钮，系统返回到【车槽精加工.1】对话框。

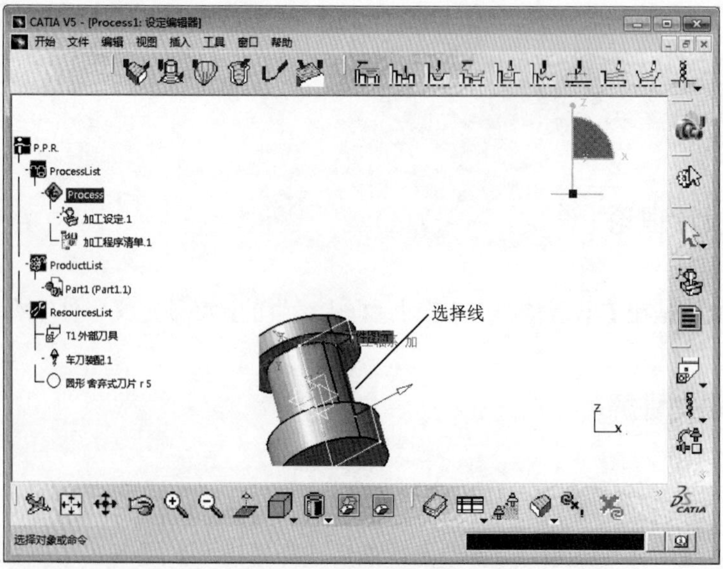

图 7-29 选择零件轮廓

（2）定义刀具参数。

在【车槽精加工.1】对话框中单击“刀具参数”选项卡，采用系统默认参数设置。单击“刀头”选项卡，设置参数，如图 7-30 所示。

（3）定义进给率

在【车槽精加工.1】对话框中单击“进给率”选项卡，在选项卡中设置参数，如图 7-31 所示。

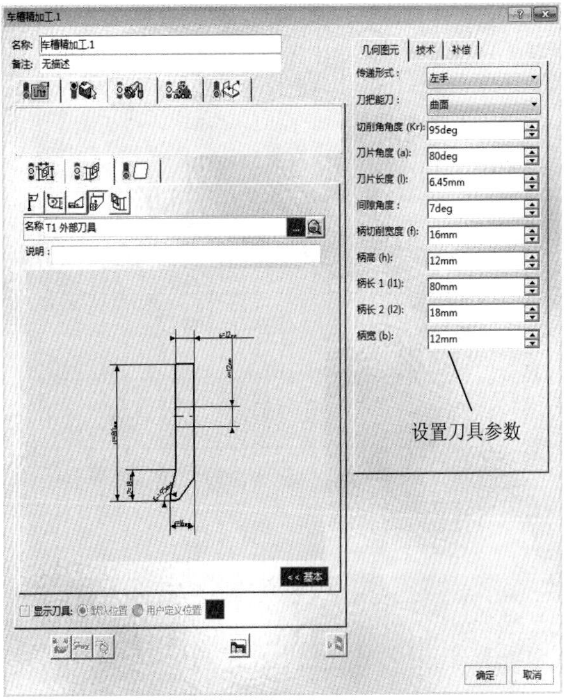

图 7-30　设置刀具参数

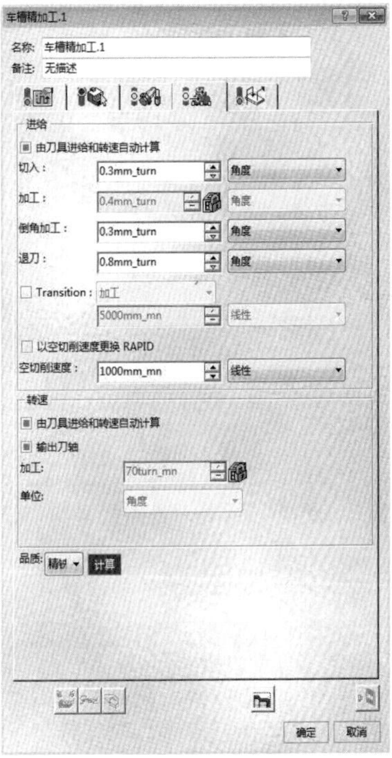

图 7-31　“进给率”选项卡

（4）定义刀具路径参数

在【车槽精加工.1】对话框中单击“刀具路径参数”选项卡，参数采用系统默认的设置，如图 7-32 所示。

（5）定义进刀/退刀路径

在【车槽精加工.1】对话框中单击“进刀/退刀路径”选项卡，设置参数，如图 7-33 所示。

2. 沟槽精车刀路仿真

在【车槽精加工.1】对话框中单击【播放刀具路径】按钮，系统弹出【车槽精加工.1】对话框，且在图形区显示刀路轨迹，如图 7-34 所示。

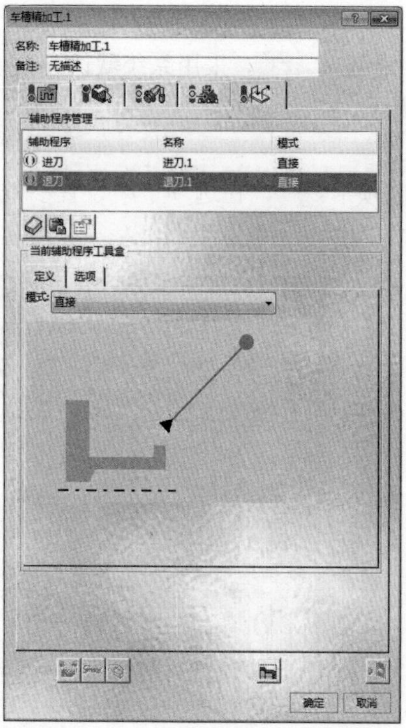

图 7-32 “刀具路径参数”选项卡

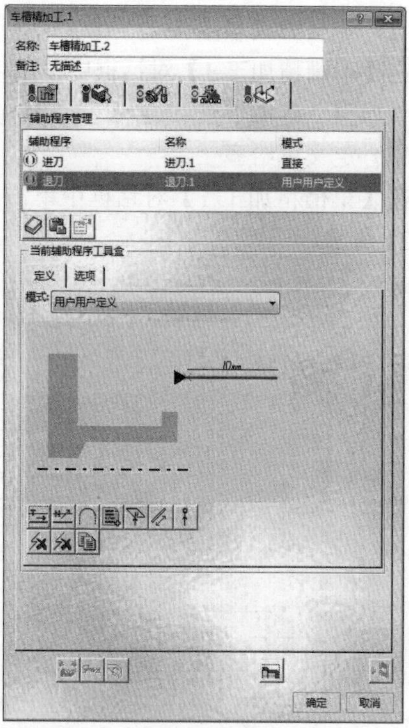

图 7-33 “进刀/退刀路径”选项卡

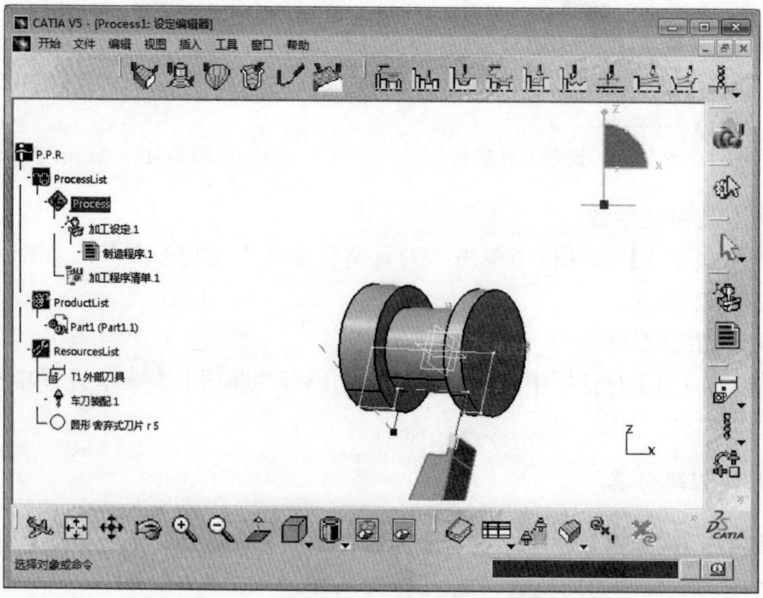

图 7-34 刀路仿真

7.3.3 课堂练习——创建沟槽精车加工

课堂练习开始文件：ywj /07/05.CATProcess

课堂练习完成文件：ywj /07/06.CATProcess

多媒体教学路径：光盘→多媒体教学→第 7 章→7.3 练习

Step 1 选择加工命令，如图 7-35 所示。

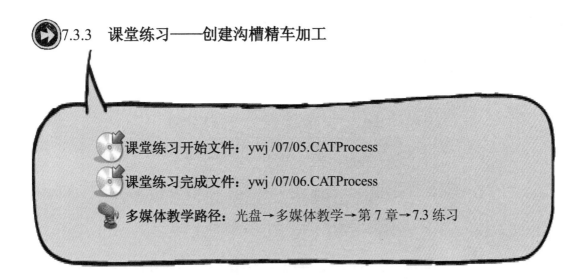

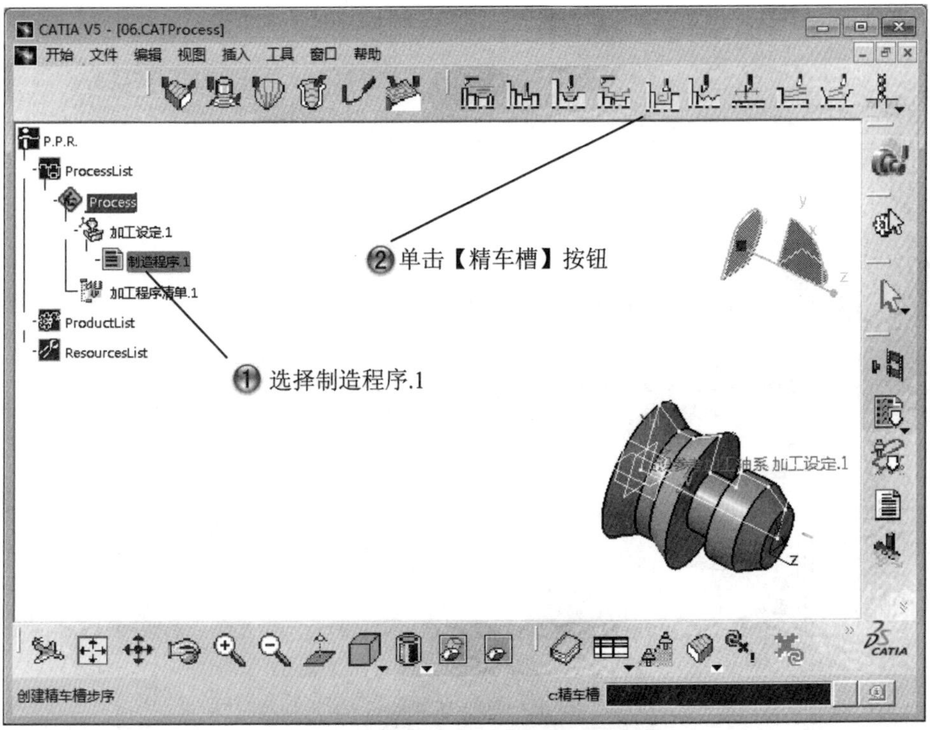

图 7-35 选择加工命令

Step2 选择元件区域，如图 7-36 所示。

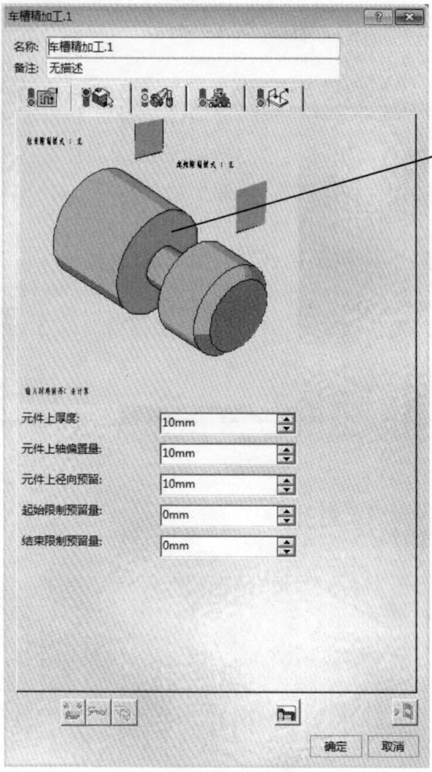

图 7-36　选择元件区域

Step3 选择加工草图，如图 7-37 所示。

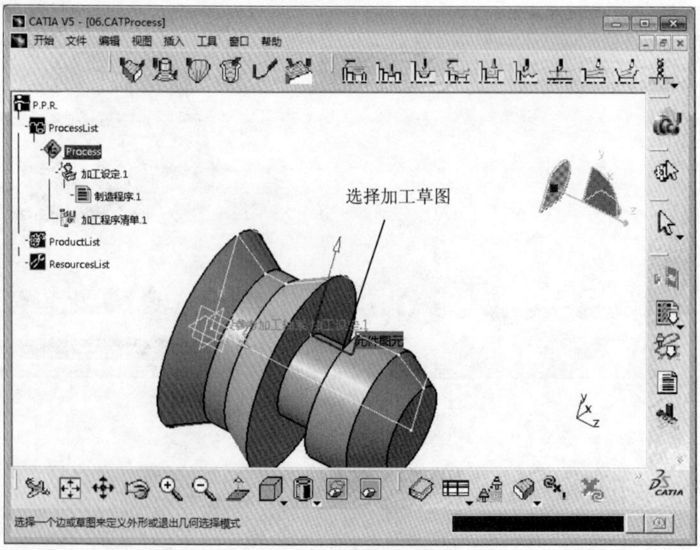

图 7-37　选择加工草图

Step4 设置刀具参数，如图 7-38 所示。

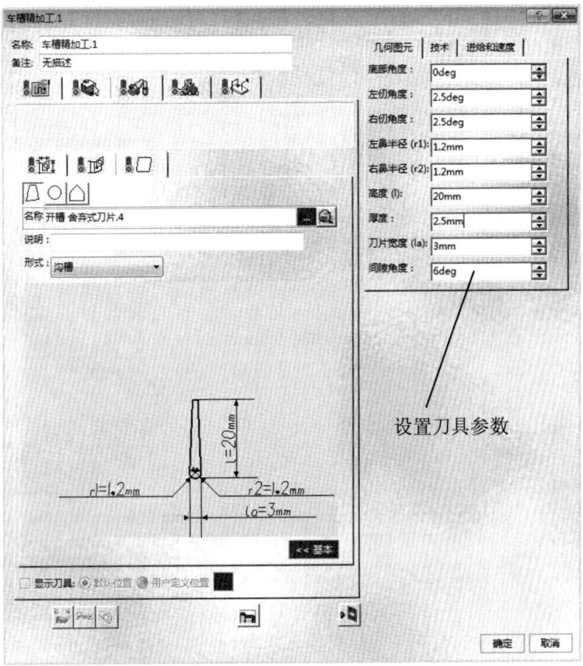

图 7-38　设置刀具参数

Step5 设置刀路样式，如图 7-39 所示。

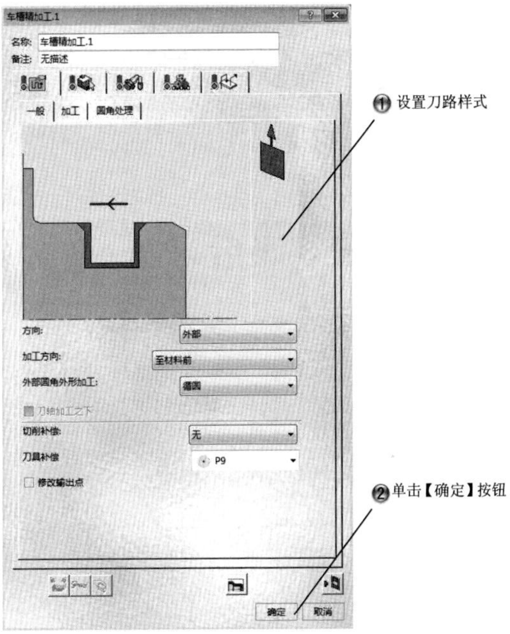

图 7-39　设置刀路样式

Step6 刀具模拟，如图 7-40 所示。

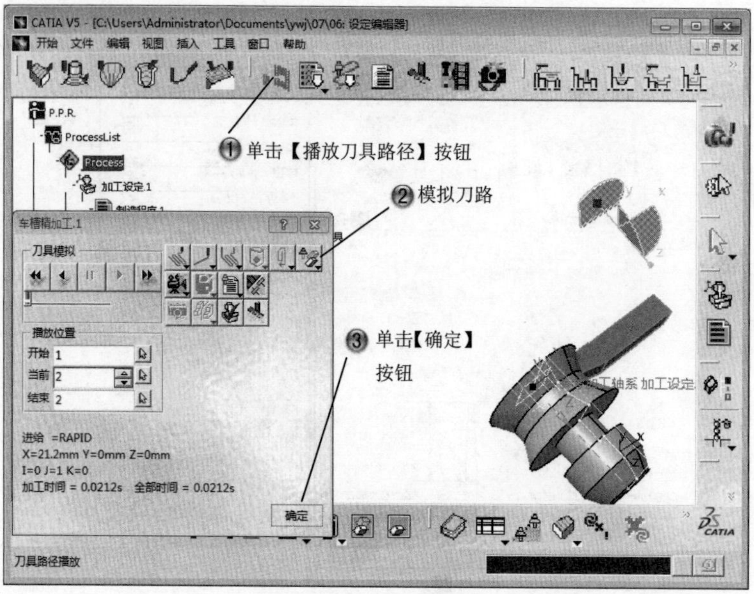

图 7-40　刀具模拟

7.4　专家总结

数控加工中的车削加工是现代模具制造加工的一种先进手段。与普通机床加工方法相比，数控加工对刀具提出了更高的要求，不仅需要刚性好、精度高，而且要求尺寸稳定，耐用度高，同时要求安装调整方便，这样来满足数控机床高效率的要求。本章主要介绍了车削加工中的顺序车削、沟槽精车加工和斜升车加工方式。

7.5　课后习题

7.5.1　填空题

（1）顺序车削的作用是________。

（2）斜升车加工和普通车削的不同点是________。

（3）车削精加工命令有________、________、________、________。

7.5.2 问答题

（1）粗车削加工的命令都有什么？
（2）沟槽车削和面车削使用的刀具都是什么？

7.5.3 上机操作题

如图 7-41 所示，使用本章学过的知识来创建定位轮的加工程序。
练习步骤和方法：
（1）创建定位轮。
（2）创建轮廓粗车工序。
（3）创建沟槽粗车工序。
（4）创建轮廓精车工序

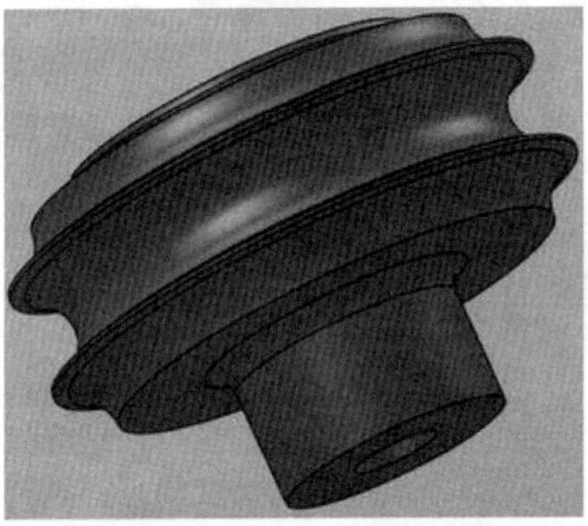

图 7-41　定位轮

第 8 章　孔和螺纹加工

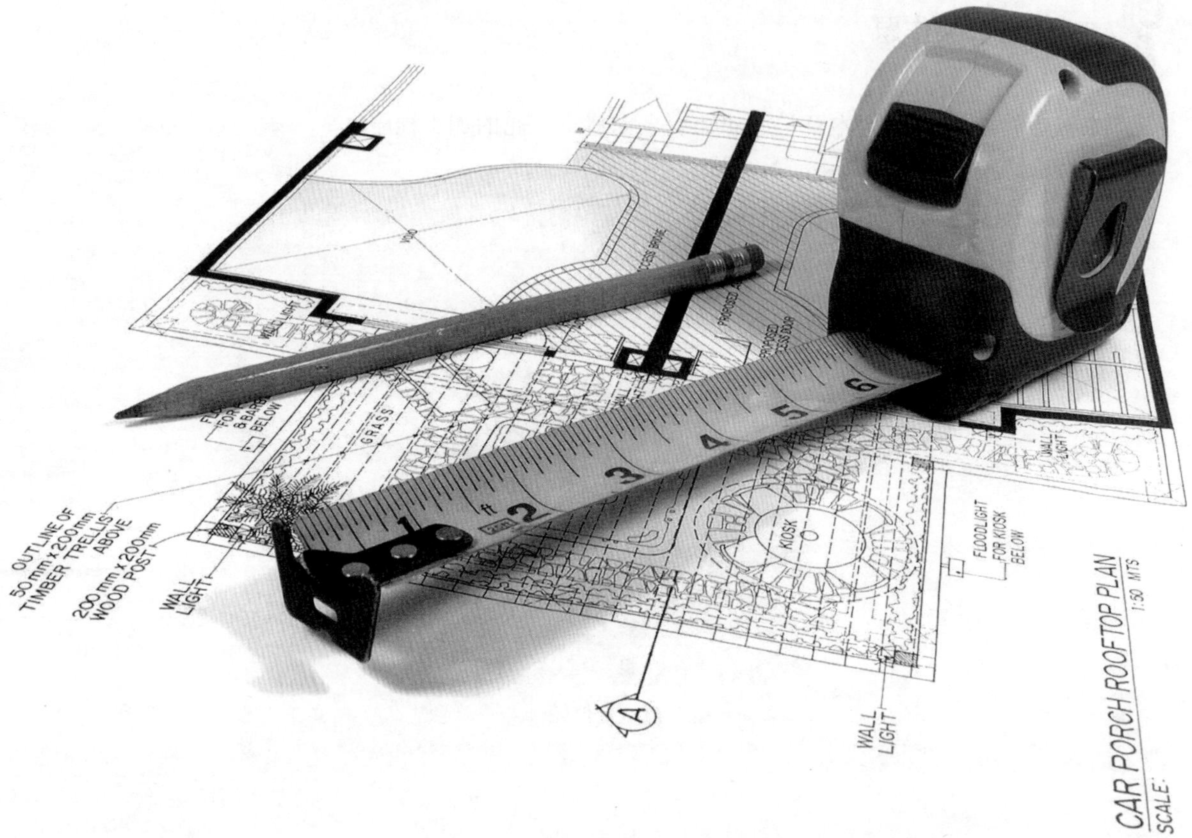

课训目标	**内　容**	**掌握程度**	**课　时**
	孔加工	熟练运用	2
	外螺纹加工	熟练运用	2
	内螺纹加工	熟练运用	2

课程学习建议

孔加工一般分为钻孔、铰孔、扩孔、镗孔等。机床上对孔的加工可以用钻头、镗刀、扩孔钻头、铰刀进行钻孔、镗孔、扩孔和铰孔。例如，在深孔钻镗床上对工件的孔进行车削的方法叫镗孔，镗孔可以作粗加工，也可以作精加工。镗孔分为镗通孔和镗不通孔，镗通孔分为粗镗、半精镗和精镗，只是进刀和退刀方向相反。精镗内孔时要进行试切和试测，其方法与车外圆相同。在车床上车削螺纹可采用成形车刀或螺纹车刀。用成形车刀车削螺纹，由于刀具结构简单，是单件和小批生产螺纹工件的常用方法；用螺纹车刀车削螺纹，生产效率高，但刀具结构复杂，只适于中、大批量生产中车削细牙的短螺纹工件。

本章主要介绍孔和螺纹这些特征的加工设置及方法。

本课程主要基于软件的二轴半和车床数控加工模块来讲解，其培训课程表如下。

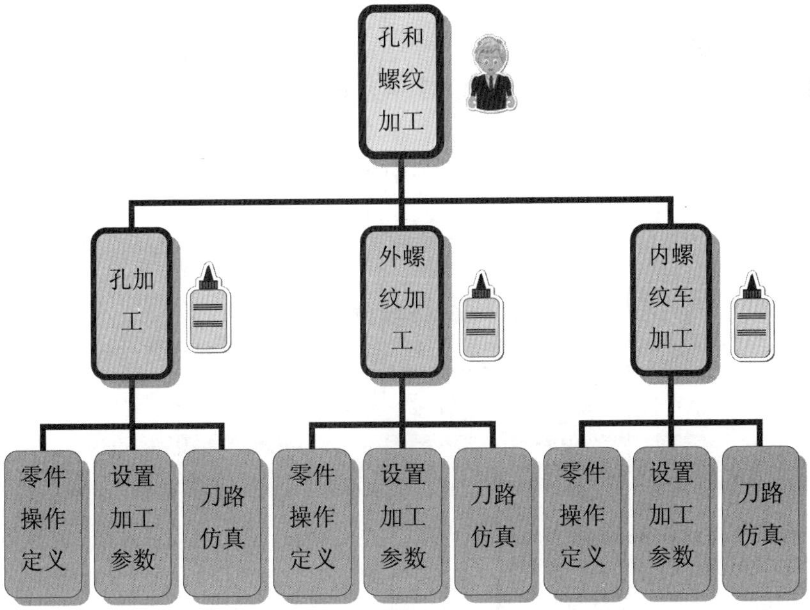

8.1 孔加工

基本概念

2.5 轴数控加工包含了多种钻孔加工，有中心钻、钻孔、攻螺纹、镗孔、绞孔、沉孔和倒角孔等。由于钻孔加工操作的设置都比较类似，这里主要介绍钻孔加工。

课堂讲解课时：2 课时

8.1.1 设计理论

孔加工是在【钻孔.1】对话框中设置的，必须定义孔特征。

8.1.2 课堂讲解

1. 设置加工参数

（1）定义几何参数

选择【开始】|【加工】|【二轴半加工】菜单命令，切换到 2.5 轴加工工作台。在特征树中选中【制造程序.1】节点，然后选择【插入】|【加工动作】|【轴向切削动作】|【钻孔】菜单命令，插入一个钻孔加工操作，系统弹出图 8-1 所示的【钻孔.1】对话框。

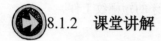

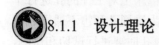

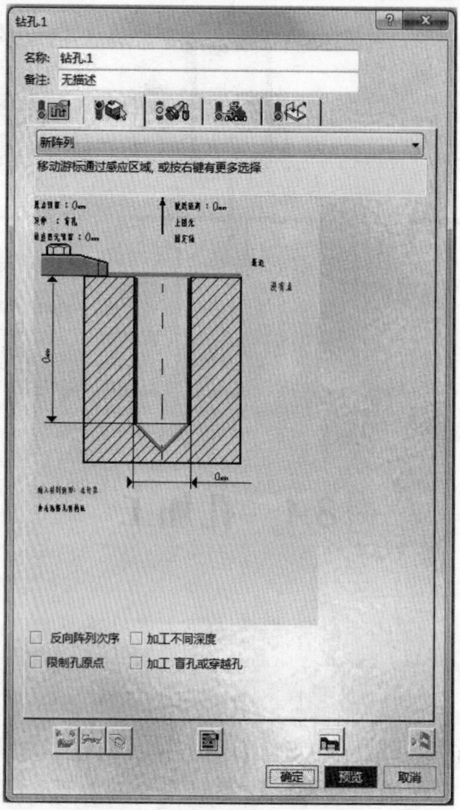

图 8-1 【钻孔.1】对话框

（2）定义加工区域

单击“几何参数”选项卡，单击孔侧壁感应区，系统弹出图 8-2 所示的【特征选择】窗口，选择其中的【加工阵列.1】。在图形区空白处双击，系统返回到【钻孔.1】对话框。

图 8-2　【特征选择】对话框

（3）设置刀具参数

在【钻孔.1】对话框中单击“刀具参数”选项卡，设置刀具参数，如图 8-3 所示。

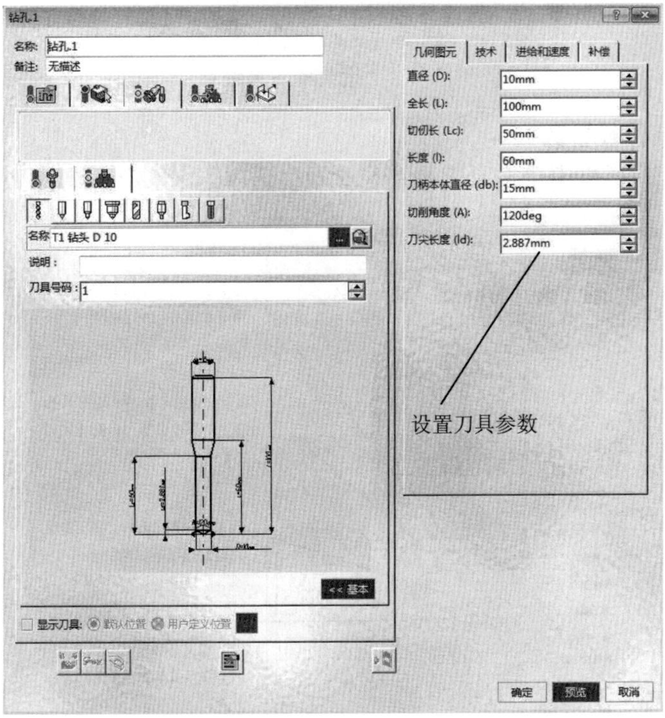

图 8-3　设置刀具参数

（4）定义进给率

在【钻孔.1】对话框中单击“进给率”选项卡，设置参数，如图 8-4 所示。

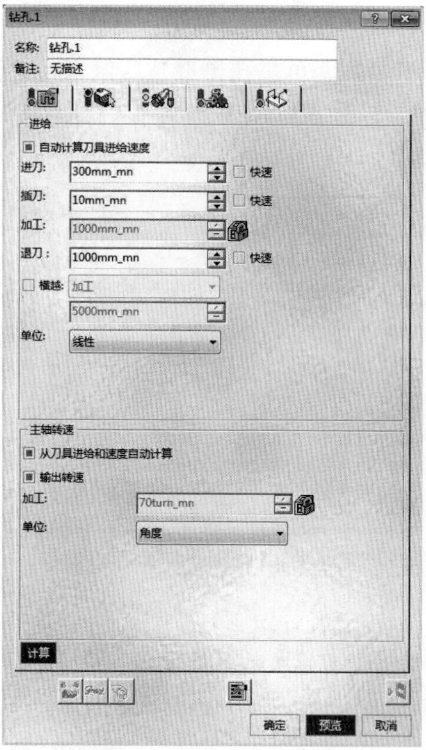

图 8-4 “进给率”选项卡

（5）定义刀具路径参数

在【钻孔.1】对话框中单击“刀具路径参数”选项卡，设置参数，如图 8-5 所示。

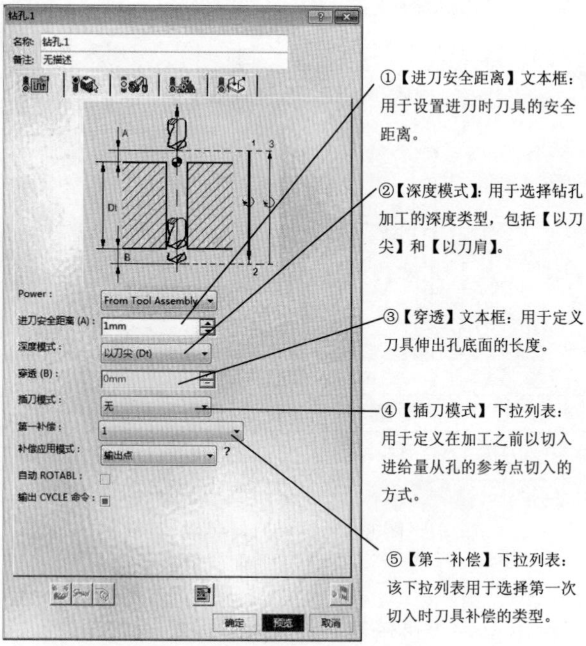

图 8-5 “刀具路径参数”选项卡

（6）定义进刀/退刀路径

在【钻孔.1】对话框中单击“进刀/退刀路径”选项卡，设置参数，如图 8-6 所示。

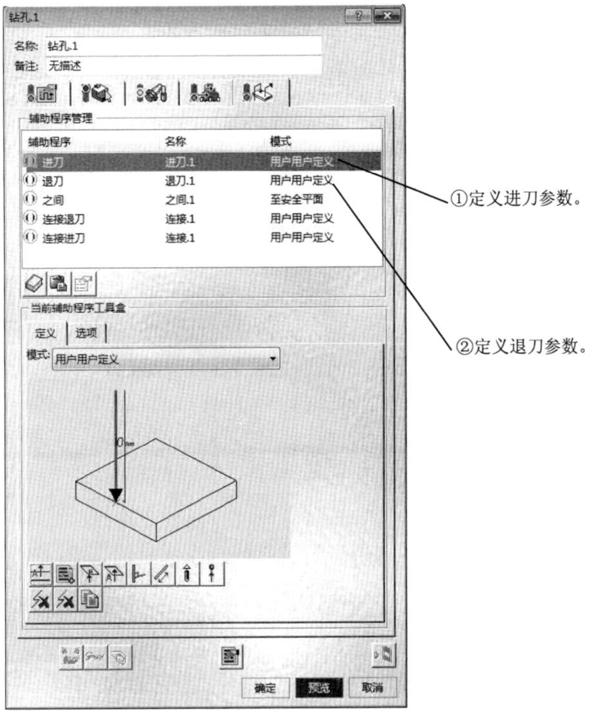

图 8-6 “进刀/退刀路径”选项卡

2. 刀路仿真

在【钻孔.1】对话框中单击【播放刀具路径】按钮，系统弹出【钻孔.1】对话框，且在图形区显示刀路轨迹，如图 8-7 所示。

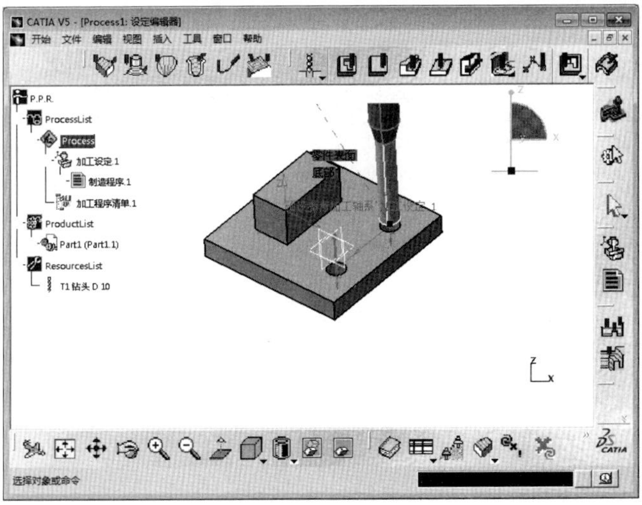

图 8-7 刀路仿真

8.1.3 课堂练习——创建孔加工

课堂练习开始文件： ywj /08/01.CATPart

课堂练习完成文件： ywj /08/02.CATProcess

多媒体教学路径： 光盘→多媒体教学→第 8 章→8.1 练习

Step1 进入加工模块，如图 8-8 所示。

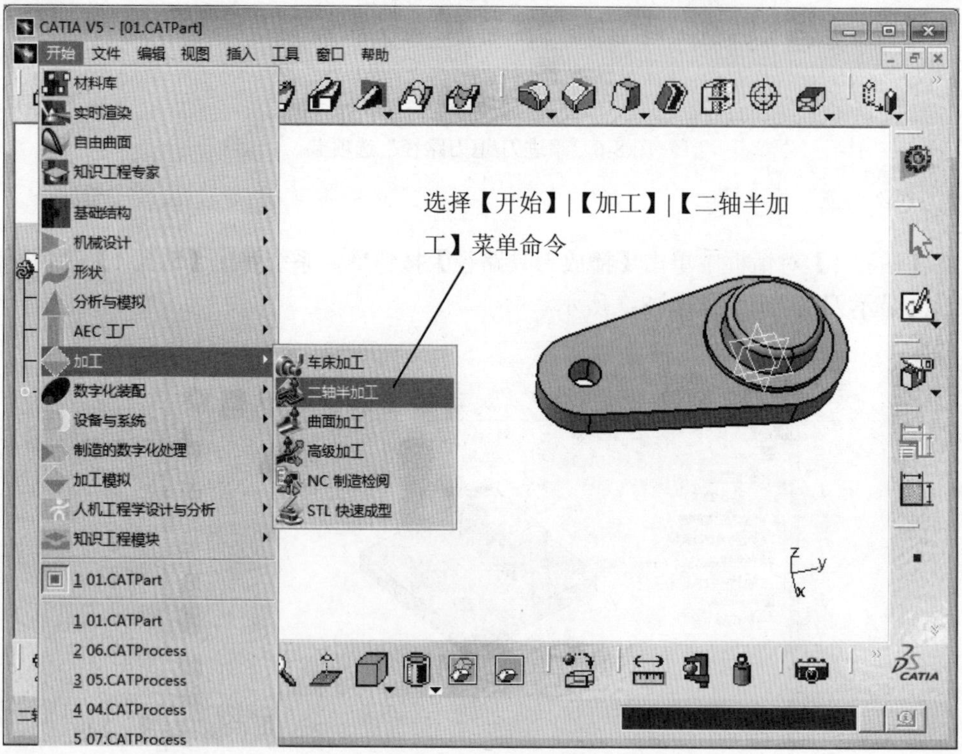

图 8-8　进入加工模块

Step2 设置加工动作，如图 8-9 所示。

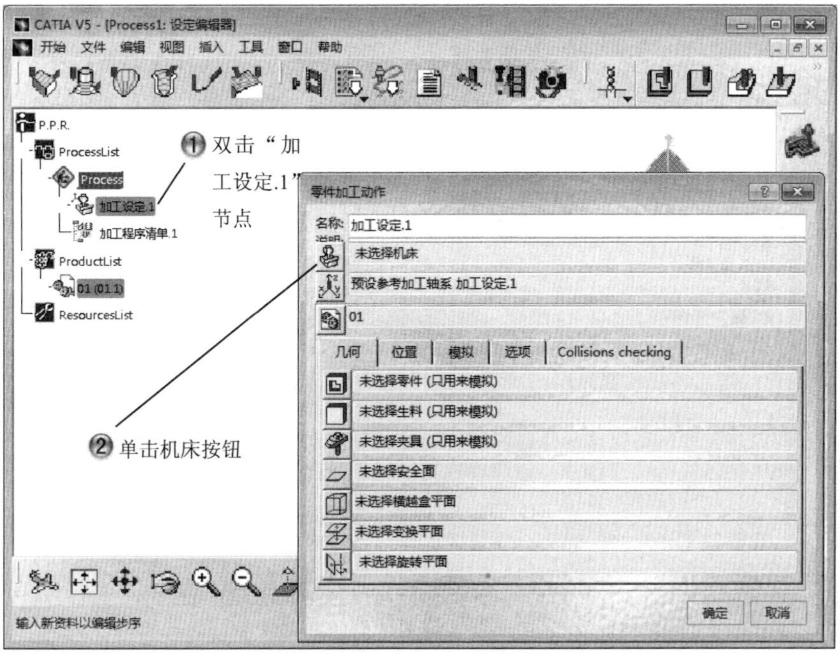

图 8-9　设置加工动作

Step3 设置机床参数，如图 8-10 所示。

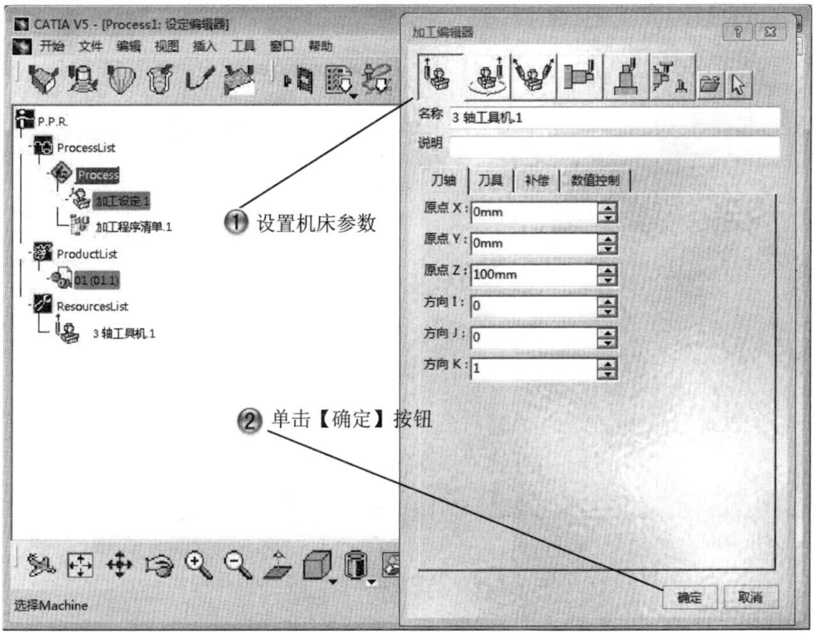

图 8-10　设置机床参数

Step4 选择零件按钮，如图 8-11 所示。

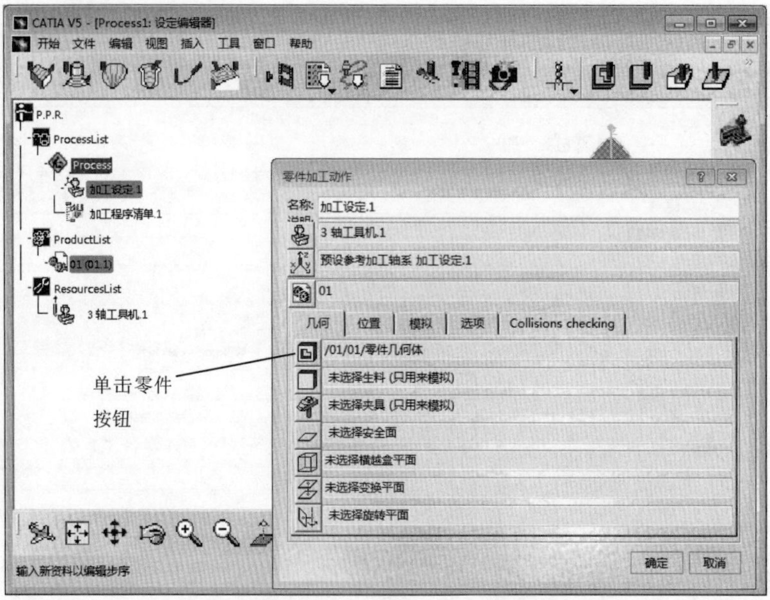

图 8-11　选择零件按钮

Step5 选择加工零件，如图 8-12 所示。

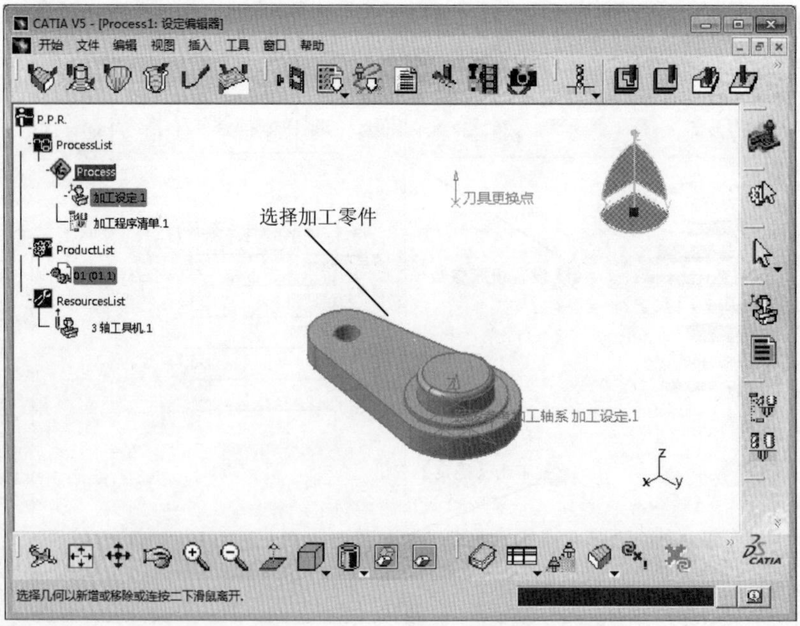

图 8-12　选择加工零件

Step6 选择加工命令，如图 8-13 所示。

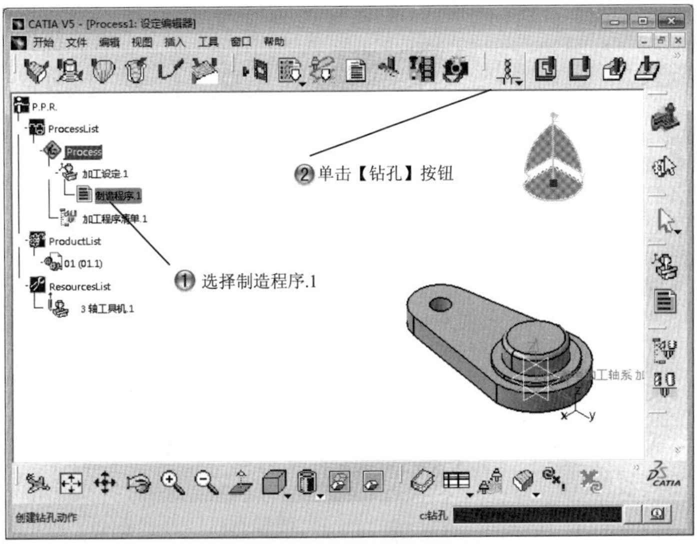

图 8-13 选择加工命令

Step7 单击加工区域，如图 8-14 所示。

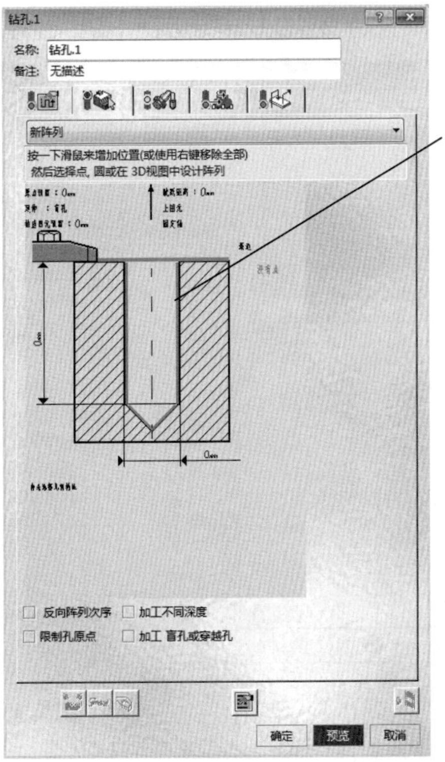

图 8-14 单击加工区域

Step8 选择孔特征，如图 8-15 所示。

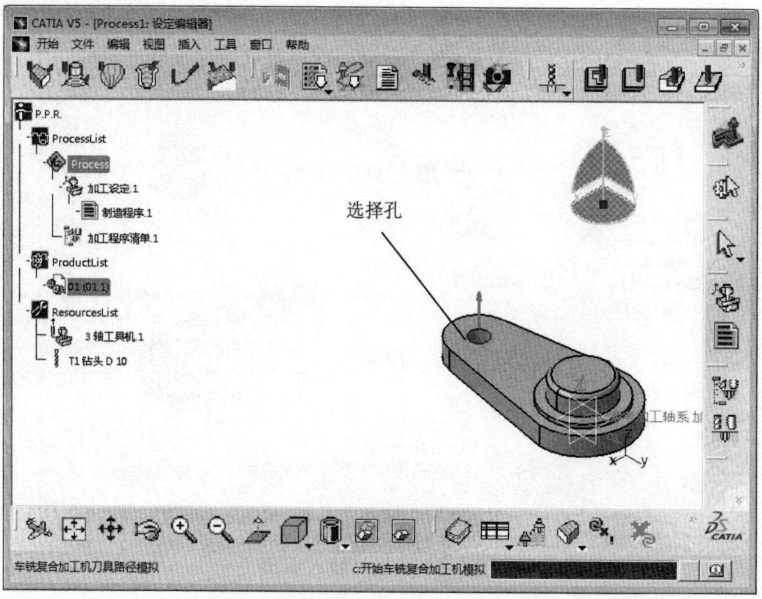

图 8-15 选择孔特征

Step9 设置刀具参数，如图 8-16 所示。

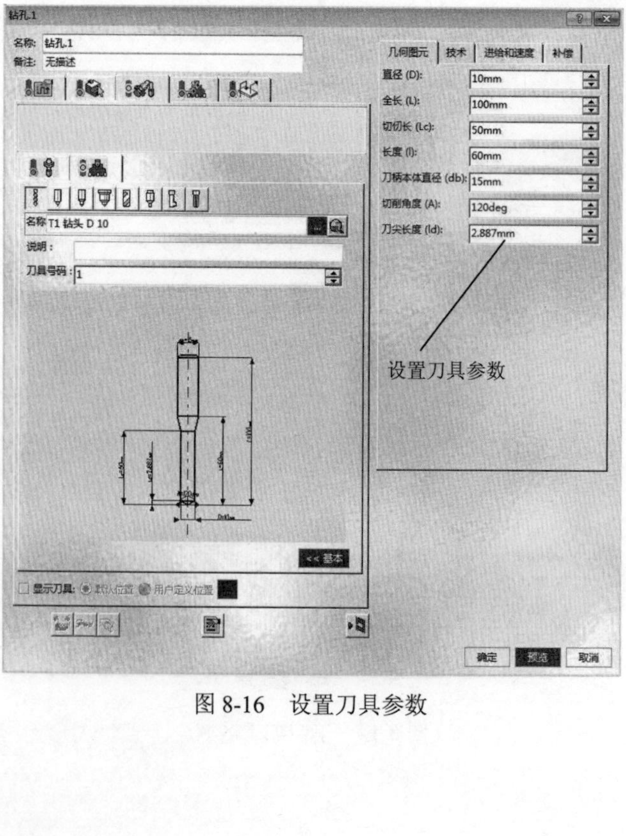

图 8-16 设置刀具参数

Step10 刀具模拟，如图 8-17 所示。

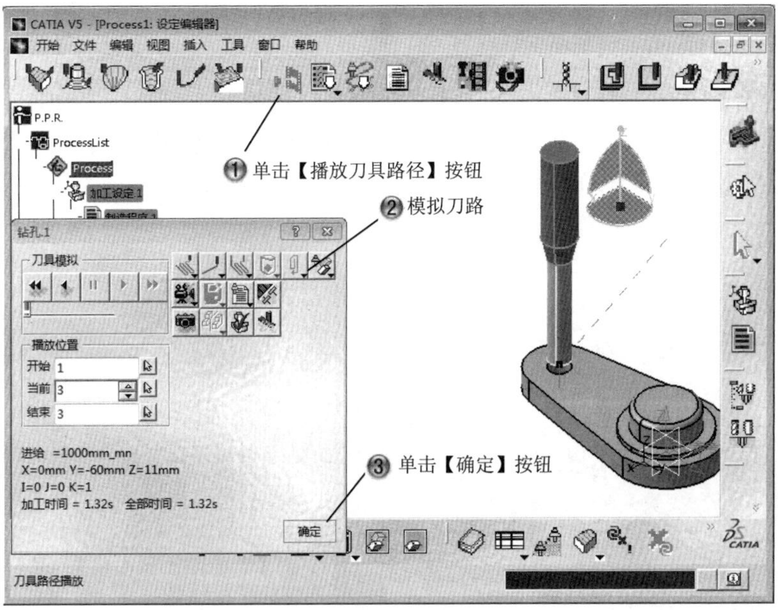

图 8-17　刀具模拟

8.2　外螺纹加工

基本概念

一般使用普通螺纹车刀对外螺纹的车削加工。

课堂讲解课时：2 课时

8.2.1　设计理论

外螺纹加工是在【车螺纹.1】对话框中设置的，必须定义加工草图轮廓和限制点。

8.2.2 课堂讲解

1. 设置加工参数

选择【开始】|【加工】|【车床加工】菜单命令，切换到车削加工工作台。在特征树中选中【制造程序.1】节点，然后选择【插入】|【加工动作】|【车螺纹】菜单命令，插入一个螺纹车削加工操作，系统弹出如图 8-18 所示的【车螺纹.1】对话框。

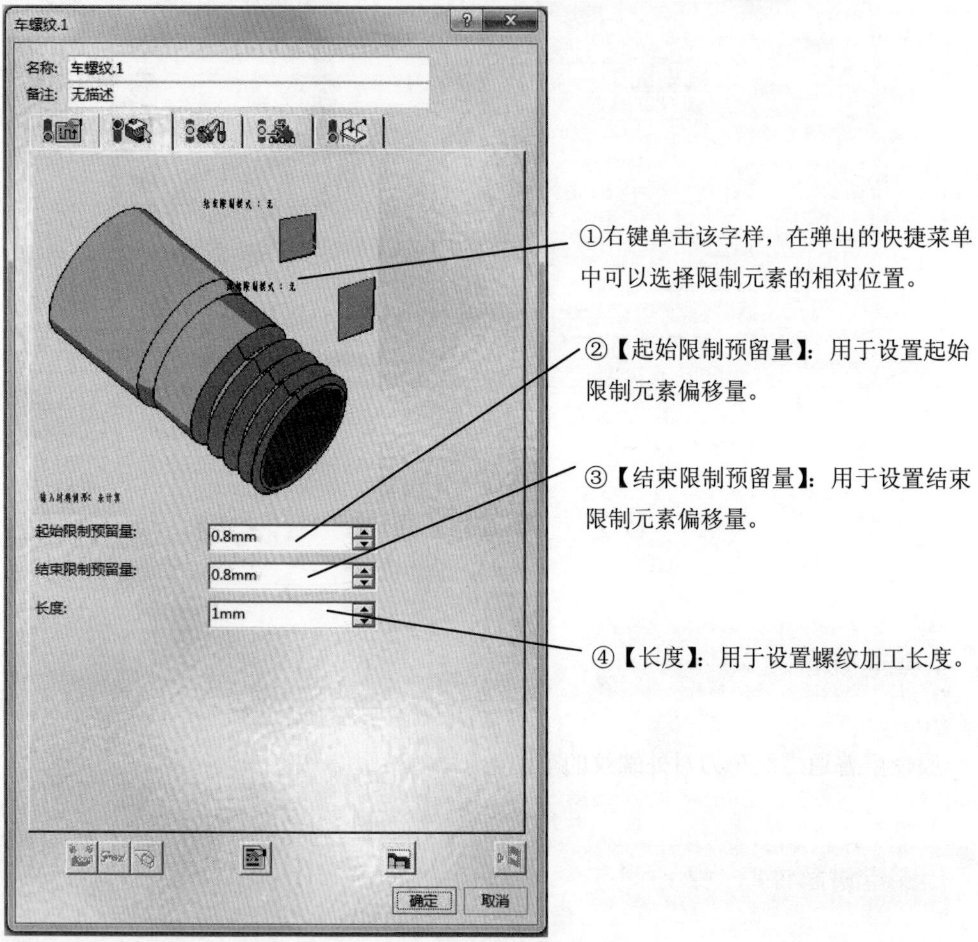
车螺纹.1
名称: 车螺纹.1
备注: 无描述
起始限制预留量: 0.8mm
结束限制预留量: 0.8mm
长度: 1mm
确定
取消
①右键单击该字样，在弹出的快捷菜单中可以选择限制元素的相对位置。
②【起始限制预留量】：用于设置起始限制元素偏移量。
③【结束限制预留量】：用于设置结束限制元素偏移量。
④【长度】：用于设置螺纹加工长度。

图 8-18 【车螺纹.1】对话框

（1）定义几何参数。

单击【车螺纹.1】对话框中的元件图元感应区，系统弹出【边界选择】工具栏，在图形区选择图 8-19 所示的直线作为毛坯边界，单击【边界选择】工具栏中的【OK】按钮，系统返回到【车螺纹.1】对话框。

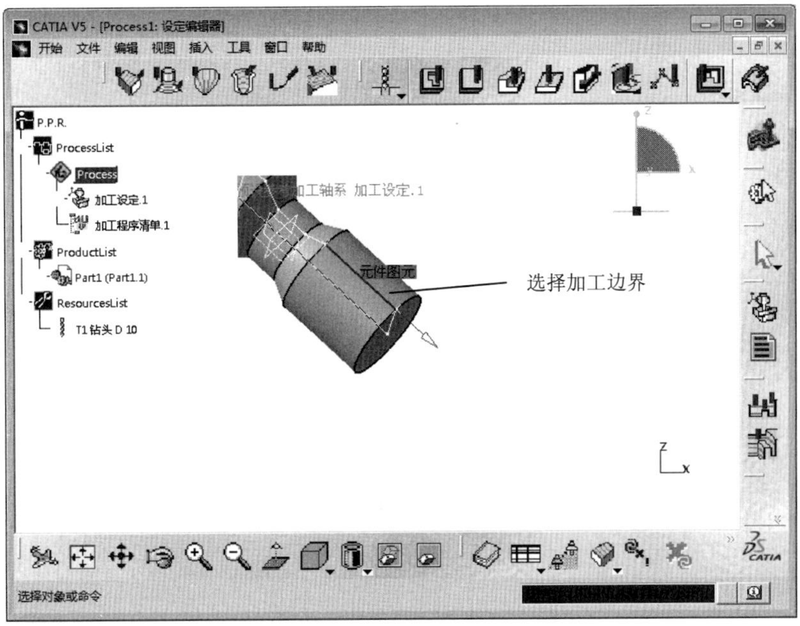

图 8-19 选择加工边界

在【车螺纹.1】对话框中右键单击【起始限制模式】和【结束限制预留量】，单击选择起始和终止限制元素感应区，如图 8-20 所示。

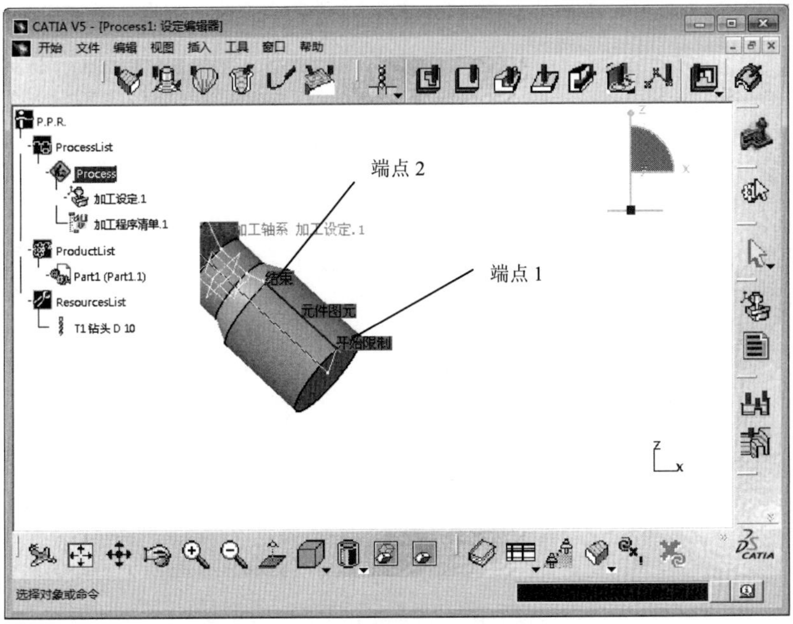

图 8-20 选择螺纹起点和终点

（2）定义刀具参数。

在【车螺纹.1】对话框中单击“刀具参数”选项卡，设置参数，如图 8-21 所示。

设置刀具参数

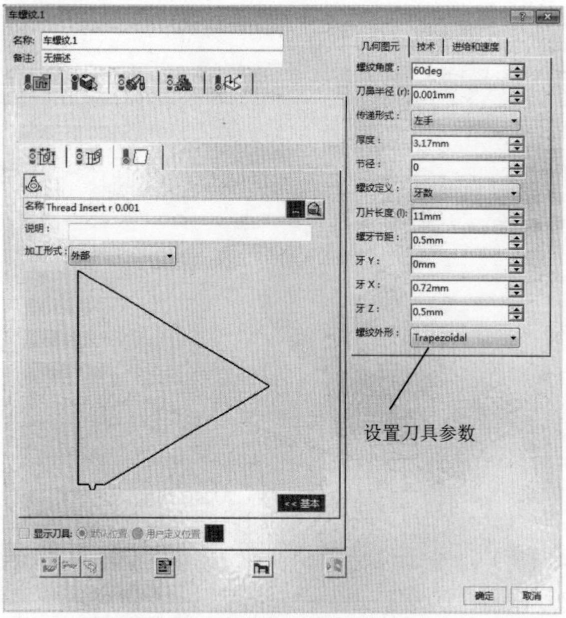

图 8-21　"刀具参数"选项卡

（3）定义进给率。

在【车螺纹.1】对话框中单击 选项卡，设置参数，如图 8-22 所示。

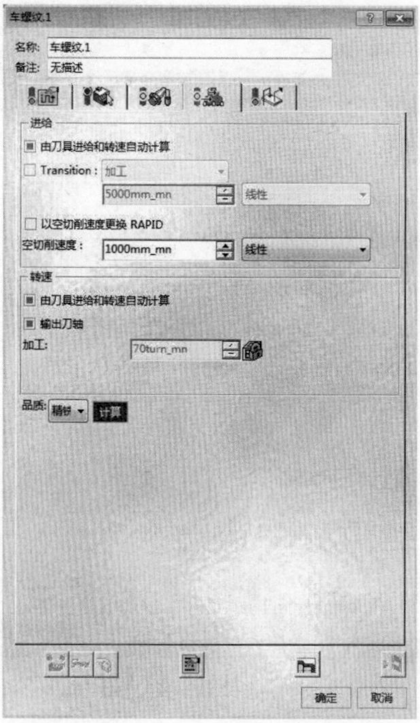

图 8-22　"进给率设置"选项卡

（4）定义刀具路径参数。

在【车螺纹.1】对话框中单击 选项卡，设置螺纹参数，如图 8-23 所示。

①【断面轮廓】下拉列表：用于选择螺纹轮廓类型。

②【方向】下拉列表：用于选择螺纹的方位，包括【内部】和【外部】两个选项。

③【位置】下拉列表：用于选择螺纹的位置，包括【前面】和【后面】两个选项。

④【螺纹数目】文本框：用于定义螺纹的数目。

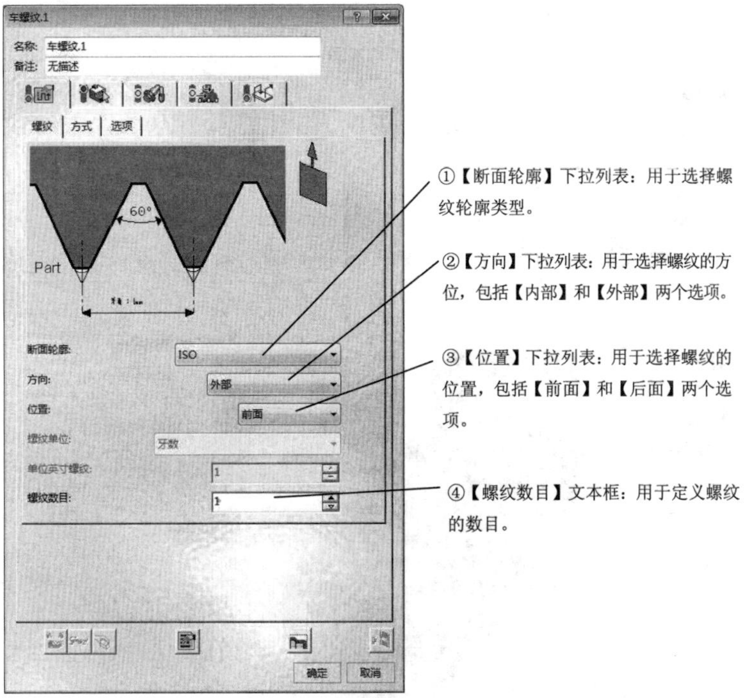

图 8-23　"刀具路径参数"选项卡

（5）定义进刀/退刀路径

在【车螺纹.1】对话框中单击"进刀/退刀路径"选项卡 ，设置参数，如图 8-24 所示。

①定义进刀参数。

②定义退刀参数。

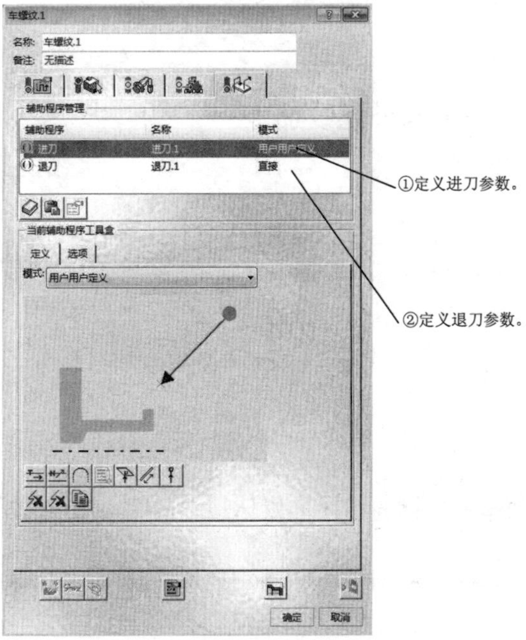

图 8-24　"进刀/退刀路径"选项卡

2. 刀路仿真

在【车螺纹.1】对话框中单击【播放刀具路径】按钮，系统弹出【车螺纹.1】对话框，且在图形区显示刀路轨迹，如图 8-25 所示。

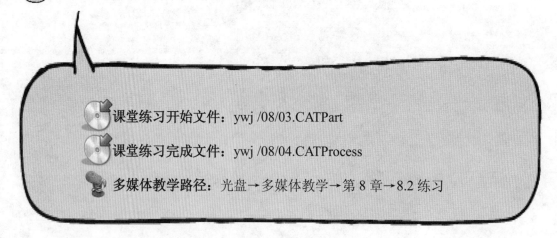

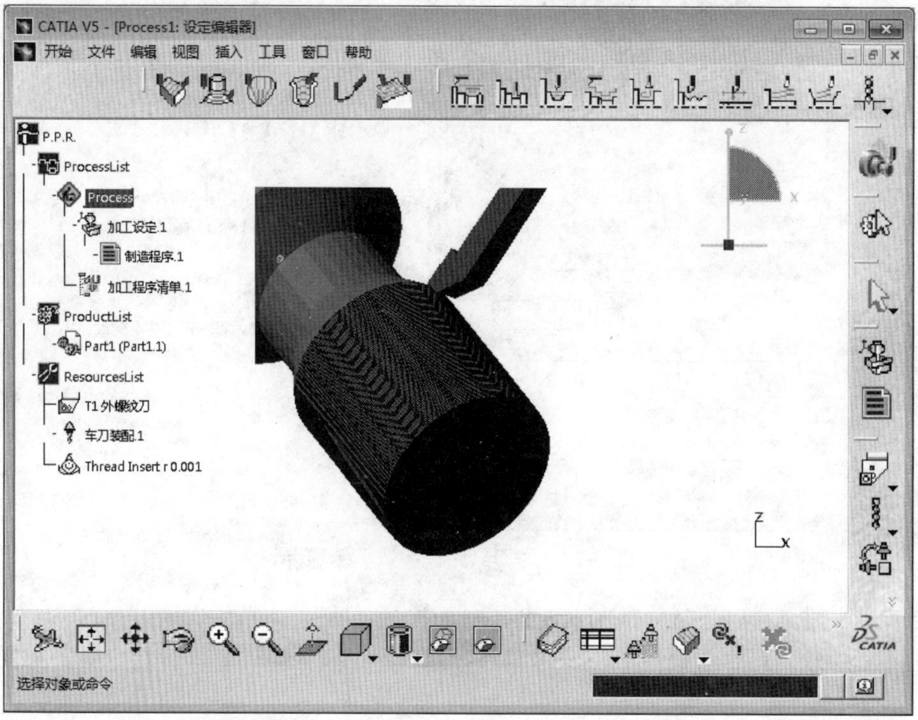

图 8-25　刀路仿真

8.2.3　课堂练习——创建外螺纹加工

课堂练习开始文件：ywj /08/03.CATPart

课堂练习完成文件：ywj /08/04.CATProcess

多媒体教学路径：光盘→多媒体教学→第 8 章→8.2 练习

Step1 进入加工模块，如图 8-26 所示。

图 8-26　进入加工模块

Step2 选择加工命令，如图 8-27 所示。

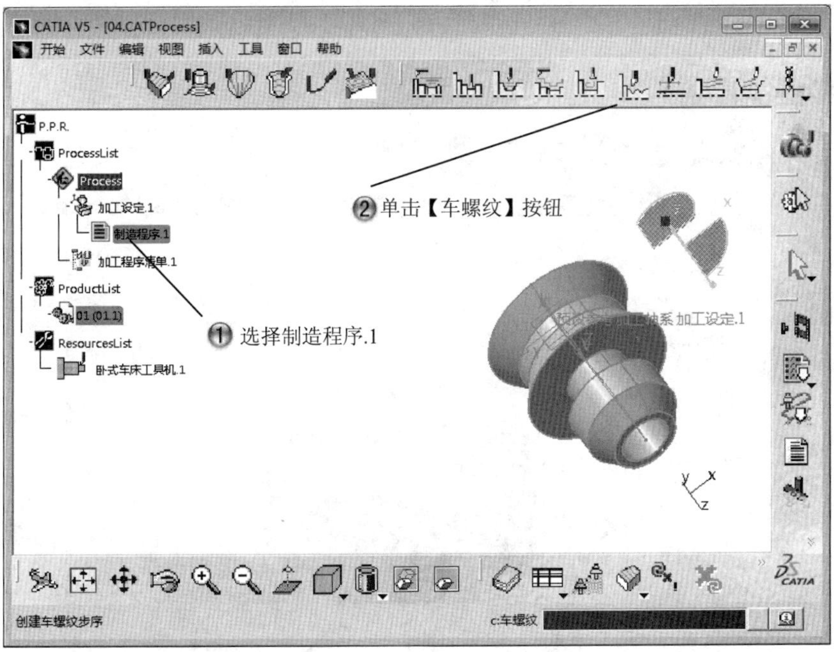

图 8-27　选择加工命令

Step3 单击元件加工区域，如图 8-28 所示。

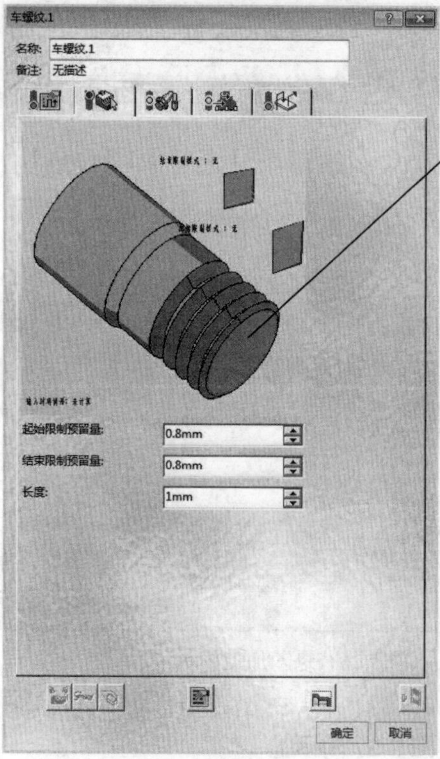

图 8-28　单击元件加工区域

Step4 选择元件图元，如图 8-29 所示。

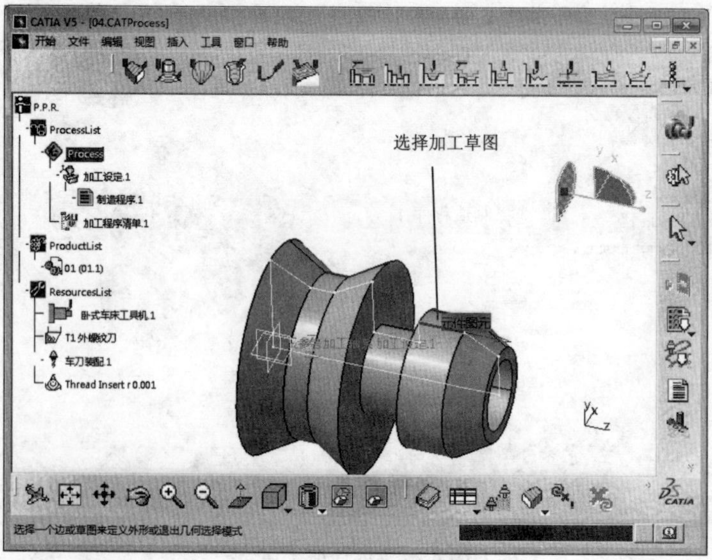

图 8-29　选择元件图元

Step5 单击限制图元，如图 8-30 所示。

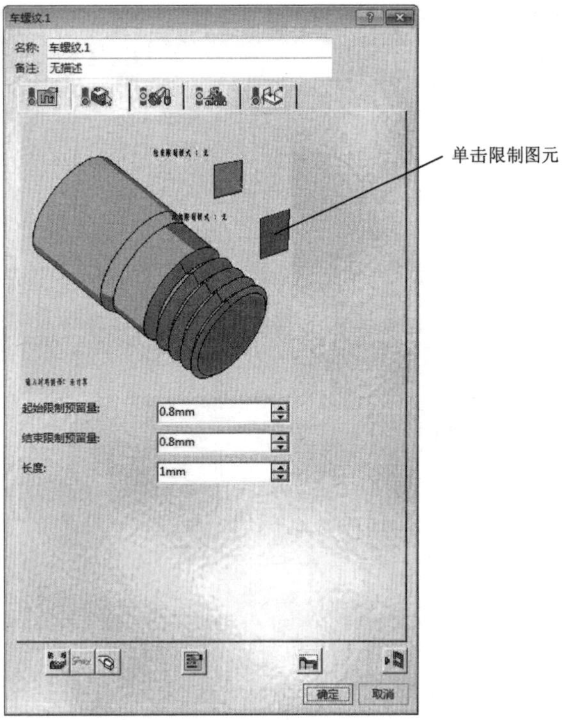

图 8-30　单击限制图元

Step6 选择限制点，如图 8-31 所示。

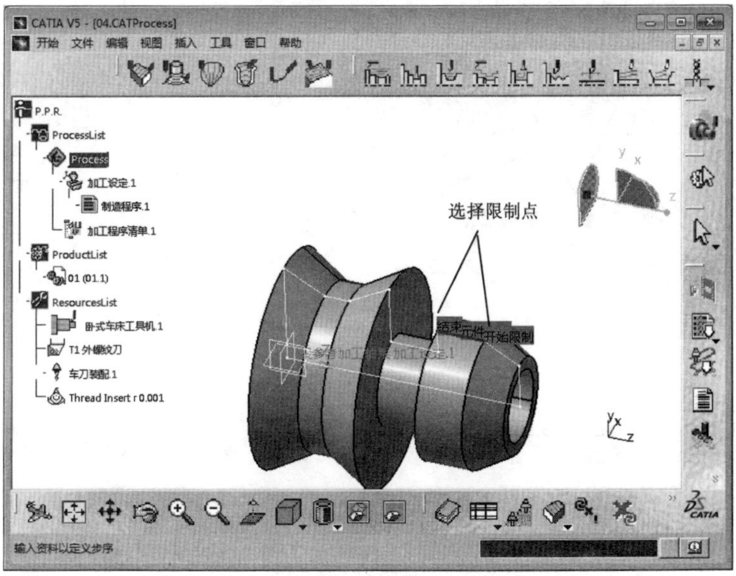

图 8-31　选择限制点

Step7 设置刀具参数，如图 8-32 所示。

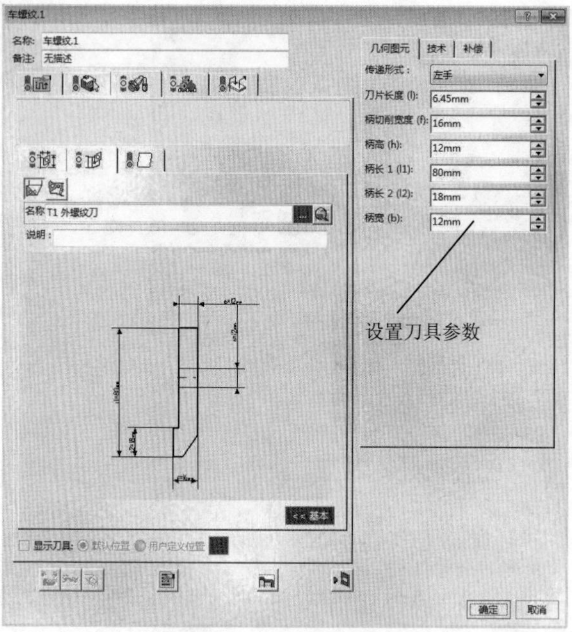

图 8-32　设置刀具参数

Step8 设置螺纹参数，如图 8-33 所示。

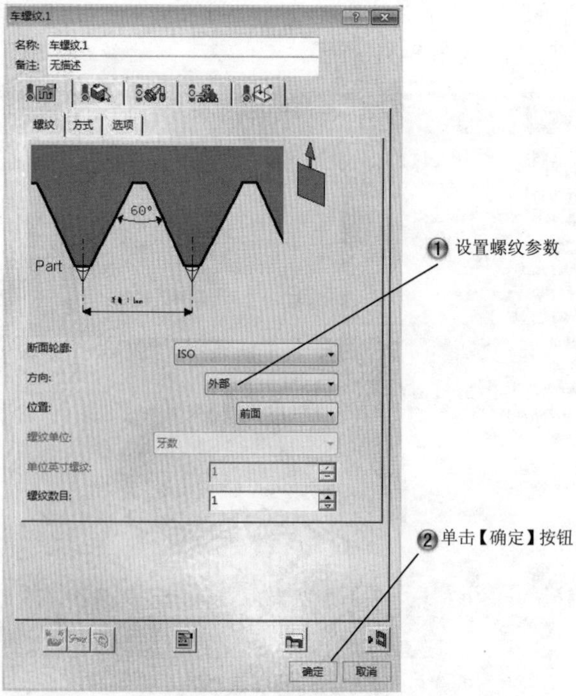

图 8-33　设置螺纹参数

Step9 刀具模拟，如图 8-34 所示。

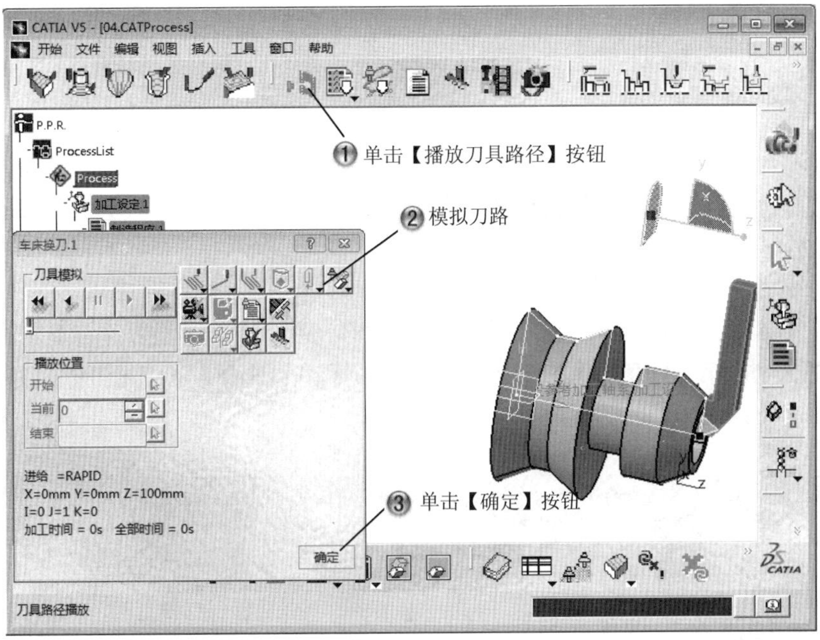

图 8-34　刀具模拟

8.3　内螺纹加工

基本概念

通常使用内螺纹车刀进行内螺纹的车削。

课堂讲解课时：2 课时

8.3.1　设计理论

外螺纹加工是在【车螺纹.1】对话框中设置的，必须定义加工草图轮廓和限制点。它和外螺纹的区别在设置方法的不同。

8.3.2 课堂讲解

1. 设置加工参数

选择【开始】|【加工】|【车床加工】菜单命令，切换到车削加工工作台。在特征树中选中【制造程序.1】节点，然后选择【插入】|【加工动作】|【车螺纹】菜单命令，插入一个螺纹车削加工操作，系统弹出【车螺纹.1】对话框。

（1）定义几何参数。

单击【车螺纹.1】对话框中的元件图元感应区，系统弹出【边界选择】工具栏，在图形区选择图 8-35 所示的直线作为毛坯边界，单击【边界选择】工具栏中的【OK】按钮，系统返回到【车螺纹.1】对话框。

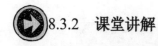

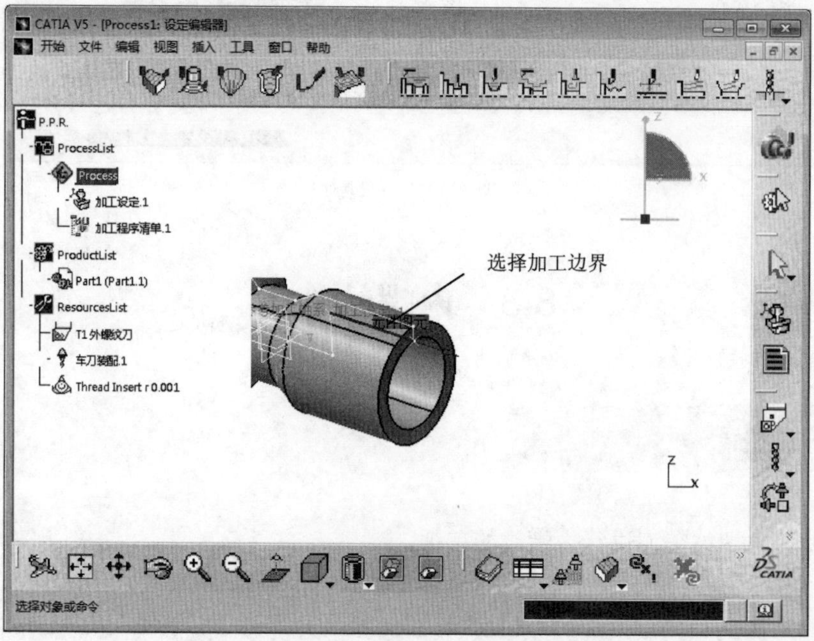

图 8-35　选择加工边界

在【车螺纹.1】对话框中右键单击【起始限制模式】和【结束限制预留量】，在系统弹出的快捷菜单中选择【几何上】命令，单击起始和终止限制元素感应区，选择图 8-36 所示直线的端点，系统返回到【车螺纹.1】对话框。

（2）定义刀具参数。

在【车螺纹.1】对话框中单击“刀具参数”选项卡，设置参数，如图 8-37 所示。

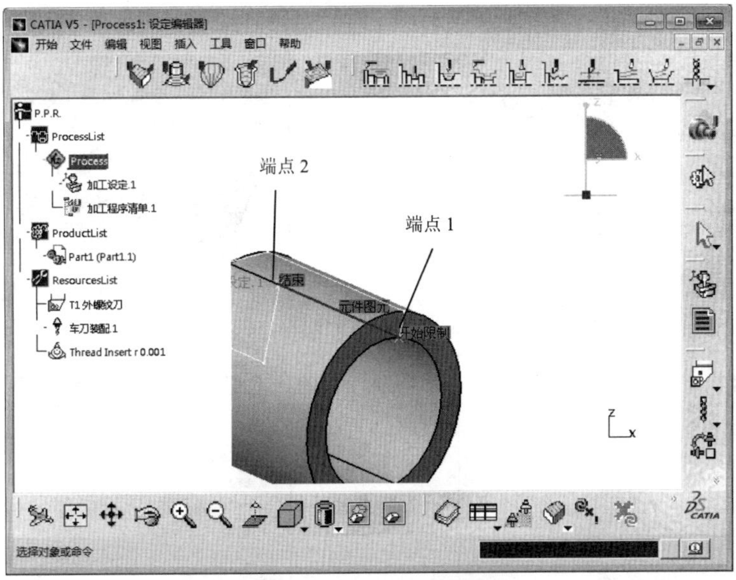

图 8-36 选择螺纹起点和终点

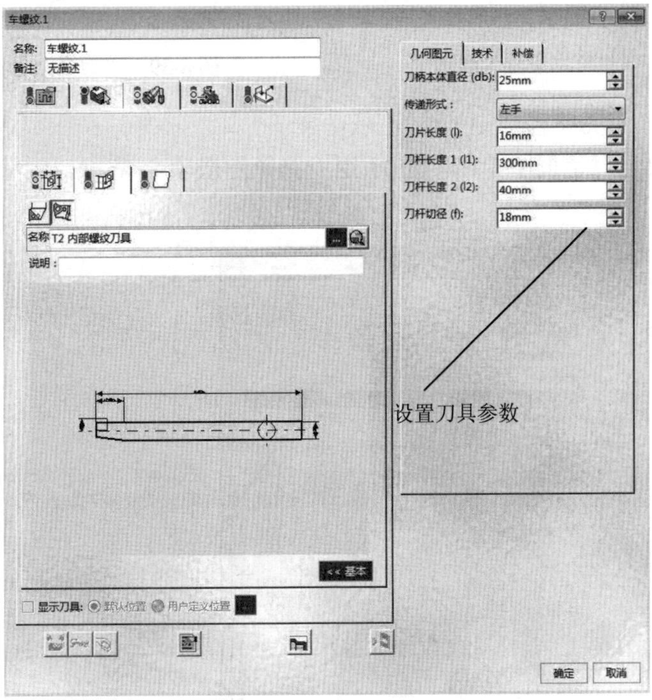

图 8-37 “刀具参数”选项卡

（3）定义进给率。

在【车螺纹.1】对话框中单击选项卡，设置参数，如图 8-38 所示。

（4）定义刀具路径参数。

在【车螺纹.1】对话框中单击选项卡，设置参数，如图 8-39 所示。

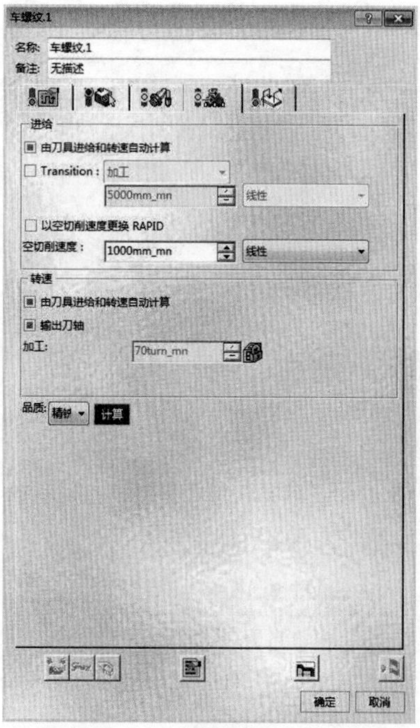

图 8-38　“进给率设置”选项卡

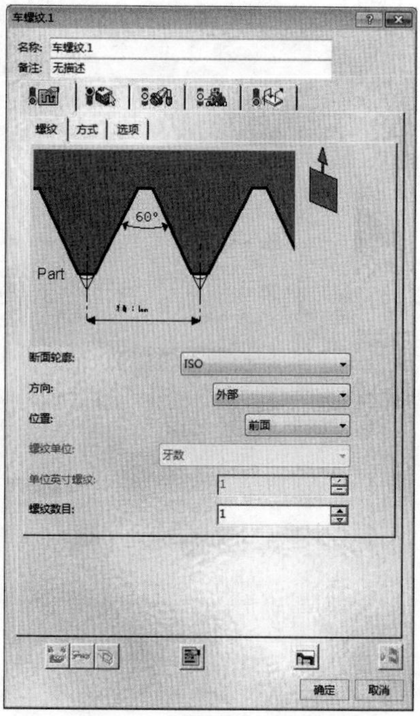

图 8-39　“刀具路径参数”选项卡

（5）定义进刀/退刀路径

在【车螺纹.1】对话框中单击“进刀/退刀路径”选项卡，设置参数，如图 8-40 所示。

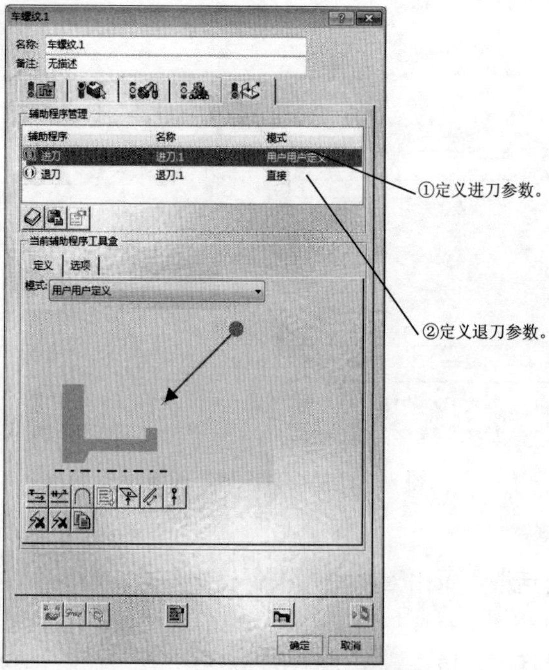

图 8-40　“进刀/退刀路径”选项卡

2. 刀路仿真

在【车螺纹.1】对话框中单击【播放刀具路径】按钮，系统弹出【车螺纹.1】对话框，且在图形区显示刀路轨迹，如图 8-41 所示。

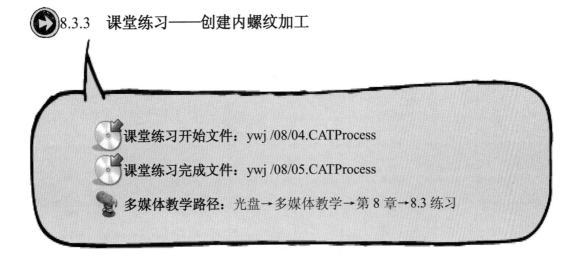

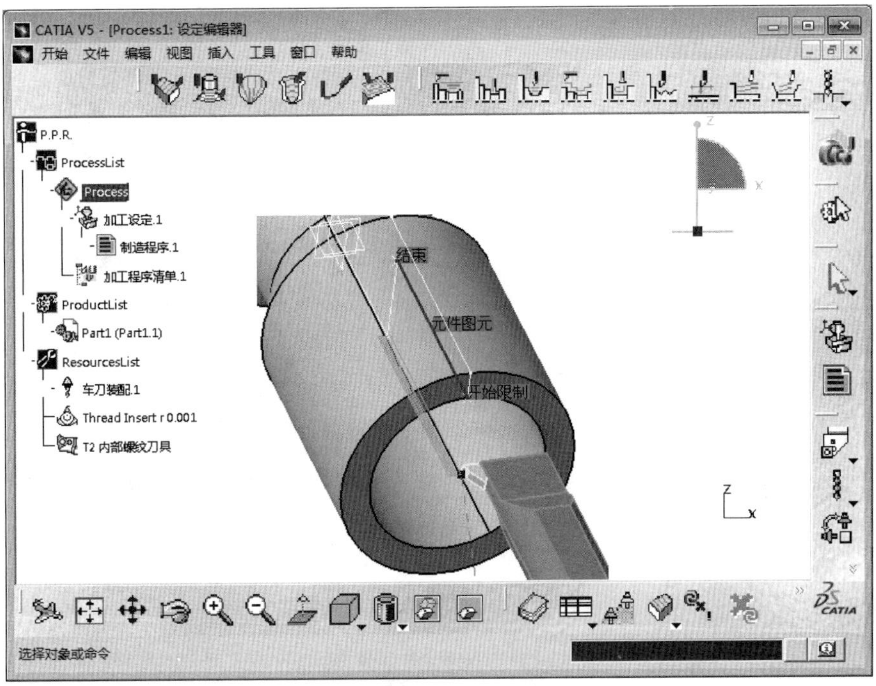

图 8-41 刀路仿真

8.3.3 课堂练习——创建内螺纹加工

课堂练习开始文件： ywj /08/04.CATProcess

课堂练习完成文件： ywj /08/05.CATProcess

多媒体教学路径： 光盘→多媒体教学→第 8 章→8.3 练习

Step1 选择加工命令，如图 8-42 所示。

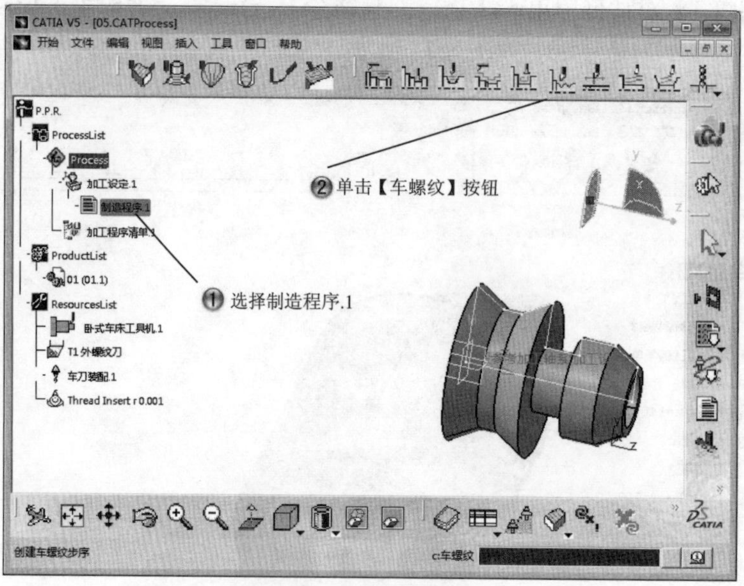

图 8-42　选择加工命令

Step2 单击加工元件区域和限制点，如图 8-43 所示。

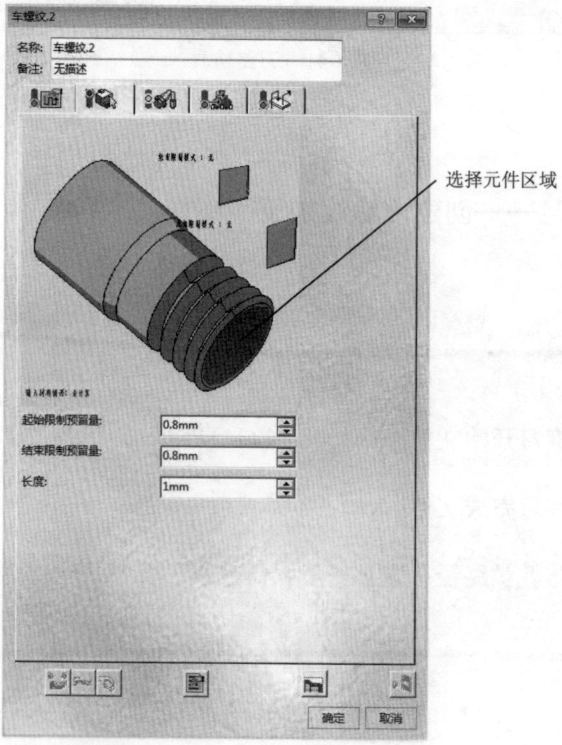

图 8-43　单击加工元件区域和限制点

Step3 选择元件图元和限制点，如图 8-44 所示。

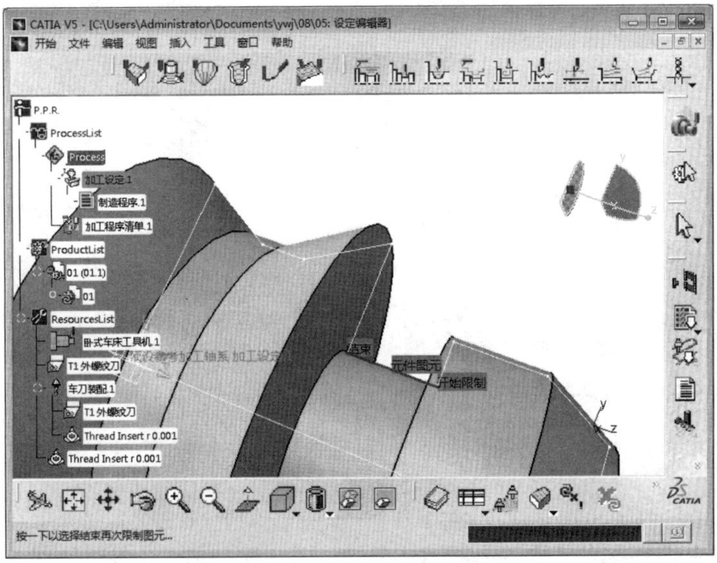

图 8-44　选择元件图元和限制点

Step4 设置螺纹参数，如图 8-45 所示。

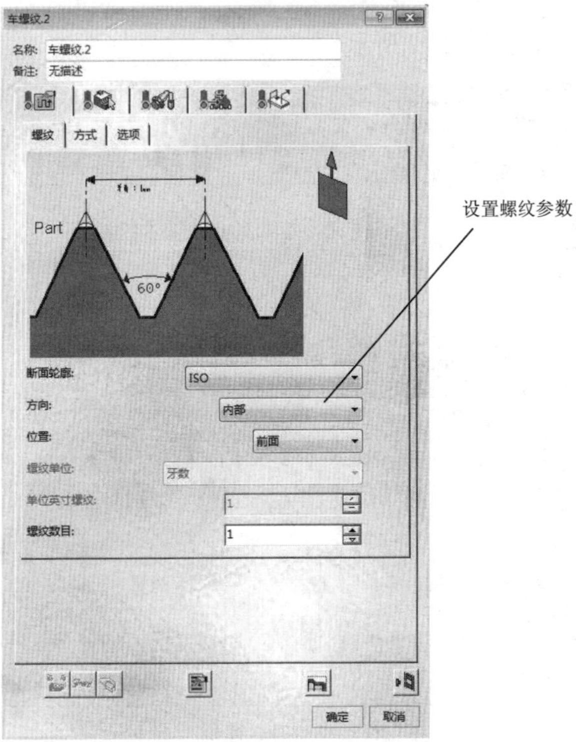

图 8-45　设置螺纹参数

Step5 设置刀具参数，如图 8-46 所示。

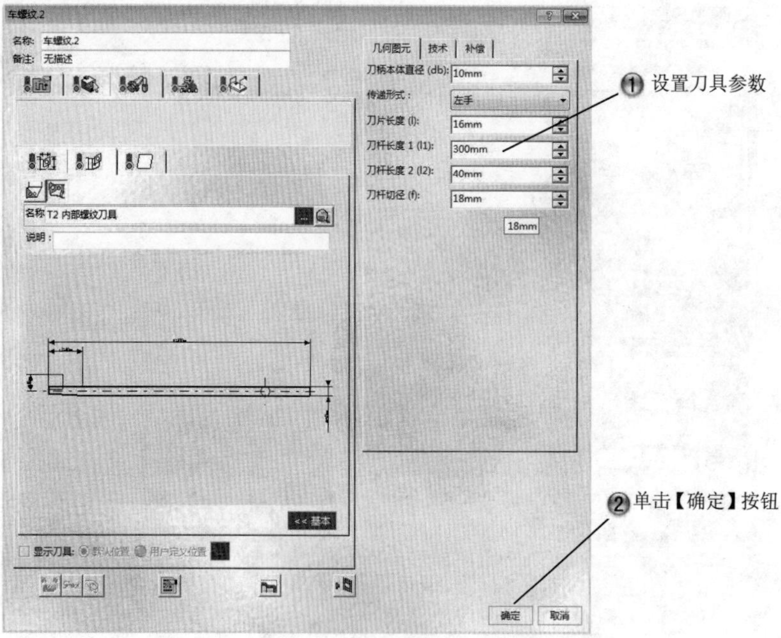

图 8-46　设置刀具参数

Step6 刀具模拟，如图 8-47 所示。

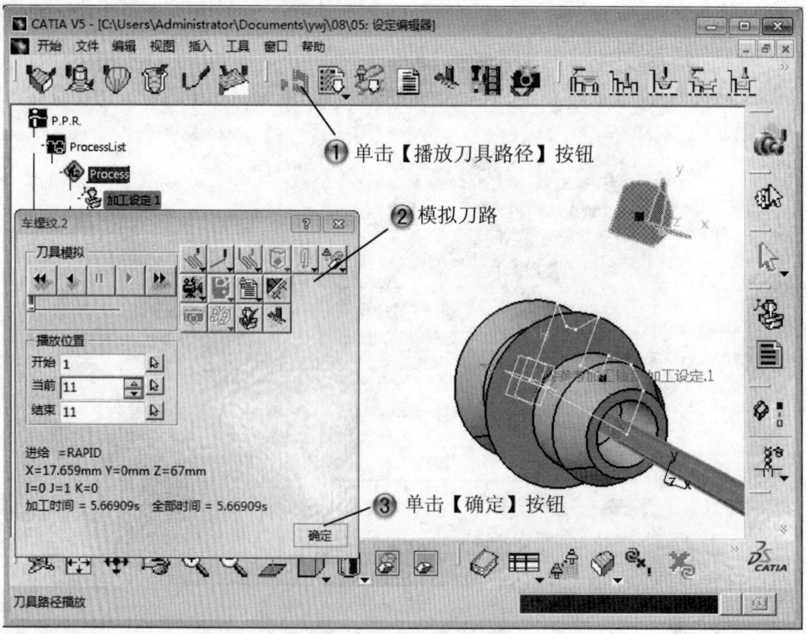

图 8-47　刀具模拟

8.4　专家总结

本章主要介绍了数控加工中较特殊的加工方式，螺纹加工和孔加工。普通内螺纹加工一般要先用钻头打孔，然后用内孔车刀精车，螺纹大径和中径，螺纹的松紧度，最好是用环规或塞规检测，中径可用螺纹千分尺检测。牙底弧度要符合要求，可以参考国标。不能产生乱牙，普车加工的话最好是一次性完成，不可二次装夹。其次要根据材料和图纸要求选用合适的转速和刀具。

8.5　课后习题

8.5.1　填空题

（1）孔加工可以有________顺序加工选项。

（2）外螺纹加工的设置在________选项设置。

8.5.2　问答题

（1）内螺纹和外螺纹加工的区别是什么？

（2）内螺纹的刀具有什么特点？

8.5.3　上机操作题

如图 8-48 所示，使用本章学过的知识来创建接头的加工程序。

练习步骤和方法：

（1）创建接头零件。

（2）创建孔加工程序。

（3）创建外螺纹加工程序。

图 8-48　接头零件